Software im Automobil

Fabian Wolf
Hrsg.

Software im Automobil

Ein maschinell-generierter
Literaturüberblick

Hrsg.
Fabian Wolf
Technische Universität Clausthal
Clausthal-Zellerfeld, Deutschland

Die Übersetzung wurde mit Hilfe von künstlicher Intelligenz (maschinelle Übersetzung durch den Service DeepL.com) angefertigt. Da die anschließende Überprüfung hauptsächlich im Hinblick auf inhaltliche Gesichtspunkte erfolgte, kann sich der Text des Buches stilistisch von einer konventionellen Übersetzung unterscheiden. Springer Nature arbeitet bei der Publikation von Büchern kontinuierlich mit innovativen Technologien, um die Arbeit der Autoren unterstützen.

ISBN 978-3-662-67155-9   ISBN 978-3-662-67156-6 (eBook)
https://doi.org/10.1007/978-3-662-67156-6

Die Deutsche Nationalbibliothek verzeichnet diese Publikation in der Deutschen Nationalbibliografie; detaillierte bibliografische Daten sind im Internet über http://dnb.d-nb.de abrufbar.

© Der/die Herausgeber bzw. der/die Autor(en), exklusiv lizenziert an Springer-Verlag GmbH, DE, ein Teil von Springer Nature 2023, korrigierte Publikation 2023
Das Werk einschließlich aller seiner Teile ist urheberrechtlich geschützt. Jede Verwertung, die nicht ausdrücklich vom Urheberrechtsgesetz zugelassen ist, bedarf der vorherigen Zustimmung des Verlags. Das gilt insbesondere für Vervielfältigungen, Bearbeitungen, Übersetzungen, Mikroverfilmungen und die Einspeicherung und Verarbeitung in elektronischen Systemen.
Die Wiedergabe von allgemein beschreibenden Bezeichnungen, Marken, Unternehmensnamen etc. in diesem Werk bedeutet nicht, dass diese frei durch jedermann benutzt werden dürfen. Die Berechtigung zur Benutzung unterliegt, auch ohne gesonderten Hinweis hierzu, den Regeln des Markenrechts. Die Rechte des jeweiligen Zeicheninhabers sind zu beachten.
Der Verlag, die Autoren und die Herausgeber gehen davon aus, dass die Angaben und Informationen in diesem Werk zum Zeitpunkt der Veröffentlichung vollständig und korrekt sind. Weder der Verlag noch die Autoren oder die Herausgeber übernehmen, ausdrücklich oder implizit, Gewähr für den Inhalt des Werkes, etwaige Fehler oder Äußerungen. Der Verlag bleibt im Hinblick auf geografische Zuordnungen und Gebietsbezeichnungen in veröffentlichten Karten und Institutionsadressen neutral.

Lektorat/Planung: Markus Braun
Springer Vieweg ist ein Imprint der eingetragenen Gesellschaft Springer-Verlag GmbH, DE und ist ein Teil von Springer Nature.
Die Anschrift der Gesellschaft ist: Heidelberger Platz 3, 14197 Berlin, Germany

Vorwort

Der Einfluss der Digitalisierung aus dem Bereich der Unterhaltungselektronik und der globalen Vernetzung, der Trend zum autonomen Fahren und die ökologische Notwendigkeit für neue Antriebskonzepte stellen die Automobilindustrie vor große Herausforderungen. Neue Mobilitätskonzepte und Produktideen implizieren einen radikalen Wandel der etablierten Technik- und Verfahrenskonzepte, erfordern aber verlässliche Plattformen für die nachhaltige Umsetzung von Kundenwünschen. Die Evolution der gesamten Technik des Fahrzeugs, das auch in Zukunft die Basis der individuellen Mobilität sein wird, muss berücksichtigt werden. Dies gilt auch für radikal neue Konzepte, wie elektrische Antriebe, verschiedene Konzepte der Konnektivität und insbesondere für den Bereich des autonomen Fahrens.

Der Weg zur digitalen und autonomen Elektromobilität wird von der kontinuierlichen Verbesserung, Weiterentwicklung und Innovation aktueller Konnektivitäts-, Elektronik- und Antriebskonzepte im Fahrzeug geprägt sein. Als Schnittstelle zwischen der Produktvision und ihrer konkreten Umsetzung spielt das Software-Engineering eine Schlüsselrolle in der Elektromobilität und definiert eine neue Disziplin in der Entwicklung der Fahrzeuggenerationen von morgen, ihrer Fähigkeiten und des daraus resultierenden Kundennutzens.

Einige der Grundlagen für die Produkte und die Mobilität von morgen sind bereits in heutigen Fahrzeugen vorhanden und können im Sinne einer pragmatischen Umsetzung neuer Produktideen weiterentwickelt werden. Fast alle Funktionen des Fahrzeugs werden bereits heute durch Software gesteuert, geregelt oder überwacht. Die vorhandenen Freiheitsgrade müssen jedoch Randbedingungen wie hohen Qualitäts- und Sicherheitsanforderungen, Normen, Gesetzen, kurzen Entwicklungszeiten und der zunehmenden Forderung nach einer Erweiterung der Fahrzeugfunktionen durch Software-Updates oder Aktualisierungen im Lebenszyklus Rechnung tragen. Dies ist eine Voraussetzung, um die für zukünftige Mobilitätskonzepte notwendigen Innovationen zu entwickeln.

Für den Auswahlprozess der maschinell ausgewählten Beiträge greift der Herausgeber auf seine inhaltlichen, organisatorischen und Managementerfahrungen im Bereich der verteilten Entwicklung von Software für Motorsteuerungen und Lenkungselektronik sowie des Produktmanagements für innovative Konzepte zurück. Die Struktur dieses maschinell geschriebenen Buches basiert auf den Erfahrungen des Herausgebers in Bezug auf etablierte frühere Arbeiten auf diesem Gebiet. Nach einer Einführung in das Gebiet des Automotive Software Engineering wird jedes Kapitel einzeln vorgestellt und die bei der Analyse gefundenen Artikel in Beziehung gesetzt.

Clausthal-Zellerfeld, Deutschland   Fabian Wolf

Danksagung

An Pia, Maja, meine Familie und Freunde: Obwohl ich weit weg bin, denke ich oft an euch und versuche, die Dinge und Gedanken zu bewahren, die wirklich zählen.

Über dieses Buch

Hinweis aus dem Lektorat
Eine maschinen-generierte Veröffentlichung in deutscher Sprache ist Neuland für uns als Verlag wie auch den Herausgeber dieses Werks. Dabei muss „maschinen-generiert" relativiert werden. Eine Mensch-Maschine-Kooperation trifft wohl eher die Arbeitsweise. Die Hauptaufgabe der Maschine – unter der Betreuung von Springer Nature Mitarbeitern – ist es, anhand von Stichworten im großen Sammelbecken der Springer Nature Journalveröffentlichungen in englischer Sprache nach passenden Inhalten zu suchen. Für die Ausgabe der gefundenen Inhalte werden einige Kriterien vorgegeben, bspw. die Anzahl der Beiträge pro Kapitel oder die zu berücksichtigenden Copyright-Jahre. Heraus kommt eine Sammlung von Beiträgen, die dem Herausgeber zur Verfügung gestellt wird.

Der Herausgeber sichtet und bewertet die gesammelten Inhalte hinsichtlich thematischer Angemessenheit. Nicht qualifizierte Inhalte werden entsprechend ausgesiebt. Dann nimmt sich die Maschine erneut der Suche nach passenderen Inhalten an. Dabei werden auch die Stichworte für die Suche angepasst. Der zweite Durchlauf liefert im vorliegenden Fall das nach Ansicht des Herausgebers zur Veröffentlichung geeignete Ergebnis, allerdings in englischer Sprache. Um zu einem deutschsprachigen Werk zu kommen, bedarf es einer weiteren maschinellen Unterstützung. Springer Nature arbeitet mit DeepL zusammen, um bestehende Werke einer Sprache automatisiert in eine andere Sprache zu übertragen. Diese Technologie wurde auch für das vorliegende Werk genutzt, um von Englisch nach Deutsch zu übersetzen. Die Endkontrolle der Texte vor Veröffentlichung liegt wiederum beim Herausgeber, ganz im Sinne der Mensch-Maschine-Kooperation.

Erfahrung des Herausgebers: Maschinell erzeugtes Schreiben
Für den Herausgeber, der sowohl im industriellen als auch im akademischen Schreiben sowie in der Literaturanalyse und -recherche erfahren ist, stellt das maschinengenerierte Schreiben einen ersten Versuch dar, um einem Team eine Struktur und Leitlinien für die stichwortbasierte Literaturrecherche zu den Kapiteln zu geben. Die alleinige Online-Kommunikation mit einem anonymen Analyseteam brachte einige Herausforderungen mit sich, erwies sich jedoch als effiziente und effektive Art der Zusammenarbeit und führte

schließlich zu diesem vielversprechenden Ergebnis unter sehr experimentellen Bedingungen. Besonderer Dank gilt dem Analyseteam für seine hervorragende Arbeit und dem gesamten Springer-Team für die Möglichkeit, diese neuartige Art des Schreibens zu erleben.

Da die ersten Abstracts in den frühen Schleifen nicht ganz den inhaltlichen und kontextuellen Erwartungen entsprachen, führte eine wiederholte Verfeinerung der Schlagworte und eine manuelle Zuordnung zur vorgegebenen Struktur schließlich zu dem vorliegenden Ergebnis. Im Umfeld einer einfachen suchmaschinen- und teambasierten Zusammenstellung eines Buches sind die Ergebnisse sowohl inhaltlich als auch kontextuell beachtlich und in besonderer Weise beeindruckend: Das ist die Tatsache, dass zum Zeitpunkt der Erstellung der Analyse unbekannte Quellen ihren Weg in die endgültige Publikation gefunden haben. Der Leser wird natürlich seine eigenen Beobachtungen machen, wie die Suchergebnisse in das Gesamtbild eines Buches über Automobilsoftware und -systeme passen.

Einführung
Kundenwünsche, Trends und gesetzliche Vorgaben für eine nachhaltige Mobilität erfordern neue Konzepte für Elektromobilität, Abgasnachbehandlung, Digitalisierung, autonomes Fahren und neue Antriebskonzepte. Dazu entwickelt die Automobilindustrie neue Technologien, unter anderem Vernetzung, Bedienkonzepte, Elektromotoren und Energiespeicher wie Batterien. Neben diesen Schlüsseltechnologien leistet die produktunabhängige Elektronik und Software des Fahrzeugs einen wesentlichen Beitrag zur Steuerung und damit zur effektiven und effizienten Nutzung dieser Innovationen. Insbesondere das autonome Fahren wird sowohl in der akademischen Forschung als auch in der industriellen Produktentwicklung unter Berücksichtigung von Sicherheitsaspekten und rechtlichen Prämissen ein neues Feld eröffnen.

Im Gegensatz zu den kurzen Lebenszyklen von Elektronik und Software im Bereich der IT-Systeme, Unterhaltungselektronik oder Smartphones als Produkte sind die Lebenszyklen der Software im Fahrzeug oft an die Entwicklungsprozesse der Fahrzeugplattformen gekoppelt. Diese mehrjährigen Zyklen werden zum einen durch die Komplexität des Gesamtprodukts, aber zum anderen auch durch den Kunden bestimmt. In der Regel wechselt der durchschnittliche Kunde das Fahrzeug seltener als sein Smartphone. Auch sind die Kundenerwartungen an die Zuverlässigkeit des Fahrzeugs höher als bei reinen Softwareprodukten oder Unterhaltungselektronik. Der Wunsch des Kunden, seine digitale Umgebung in das Auto zu integrieren, spielt jedoch eine große Rolle bei zukünftigen Produkten der Automobilindustrie.

Die langen Entwicklungszyklen begrenzen einerseits die Entwicklungsgeschwindigkeit für neue Produkttrends oder Kundenanforderungen, gewährleisten aber andererseits die gesicherte Funktionalität mit allen Nebenaspekten und für alle Varianten im Gesamtsystem Fahrzeug. Die evolutionäre Entwicklung neuer Funktionen erfordert die Kenntnis der Gesamtarchitektur des Fahrzeugs als System aus Mechanik, Elektronik und Software.

Unter weiterer Berücksichtigung der Umwelteinflüsse und des Fahrers entsteht ein komplexes mechatronisches Steuerungssystem, das im Rahmen des autonomen Fahrens sogar in hohem Maße mit der Umwelt interagieren wird, ohne den Fahrer zu involvieren.

Bei der Umsetzung von Kundenwünschen und Spezifikationen in Software kann es jedoch zu Fehlern, Missverständnissen und menschlichem Versagen kommen, was entsprechende Prozesse zur Sicherstellung der korrekten Systementwicklung erfordert. In diesem Zusammenhang können Mechanik, Elektronik und Software nur bedingt getrennt betrachtet werden. In Software implementierte Fahrzeugfunktionen werden im System als Eigenschaft des Gesamtprodukts entwickelt, freigegeben und verkauft. Der immer beliebter werdende reine Verkauf von Funktionen in Form eines Software-Updates des bestehenden Fahrzeugs ist technisch eine Erweiterung der heute üblichen Praxis der Reparatur des Fahrzeugs durch Updates oder Software Life Cycle Management. Sie unterliegt daher den gleichen Rahmenbedingungen. Auch diese müssen sich in die Architektur des Fahrzeugs einfügen, ohne dass eine physische Veränderung stattfindet. Sie müssen in diesem Zusammenhang für alle Varianten entwickelt, getestet und freigegeben werden.

Die Struktur dieses Buches ist als Leitfaden für die stichwortbasierte Analyse der Literaturdatenbank und die Zusammenstellung der Zusammenfassungen vordefiniert. In jedem Kapitel werden die Analyseergebnisse ausgewertet und der Inhalt der Abstracts in den größeren Kontext dieses Buches und des Gesamtbildes, das mit dieser Arbeit erreicht werden soll, eingeordnet.

In Kap. 1 konzentriert sich die Analyse der Literaturdatenbank auf die Fahrzeugarchitektur und -infrastruktur, gefolgt von Kap. 2 über softwarebasierte Funktionen für verschiedene Bereiche im Auto, z. B. Antriebsstrang oder Infotainment. Kap. 3 präsentiert die Suchergebnisse zur strukturierten Softwareentwicklung, gefolgt von Kap. 4 zum Softwaretest. Reife Softwareentwicklung und sicherheitsrelevante Themen werden in Kap. 5 vorgestellt.

Inhaltsverzeichnis

1 **Fahrzeugarchitektur und Infrastruktur** 1
   Fabian Wolf

2 **Software-basierte Funktionen** 51
   Fabian Wolf

3 **Strukturierte Softwareentwicklung** 141
   Fabian Wolf

4 **Software-Tests** 215
   Fabian Wolf

5 **Reifegrad der Softwareentwicklung** 251
   Fabian Wolf

Erratum zu: Strukturierte Softwareentwicklung E1

Über den Herausgeber

Prof. Dr.-Ing. Fabian Wolf war in verschiedenen Bereichen und Positionen für Automotive Software Design und Engineering bei der Volkswagen AG in Wolfsburg und Braunschweig tätig.

Parallel dazu lehrt er an der Technischen Universität Clausthal das Fach „Fahrzeuginformatik".

Seit 2018 arbeitet er als Produktmanager für FAW-Volkswagen in Changchun, China, unterrichtet weiterhin und ist in der akademischen Gemeinschaft aktiv.

Fahrzeugarchitektur und Infrastruktur

Fabian Wolf

Einführung von Fabian Wolf

In diesem Kapitel wurden die Schlüsselwörter und Suchanfragen angegeben, um Suchergebnisse zu Fahrzeugarchitektur und -infrastruktur zu erhalten. Während allgemeine Ansätze und Literatur zu diesen Themen gut bekannt sind, konzentriert sich das Ergebnis auf zusätzliche Arbeiten, die durch spezifischere wissenschaftliche Ansätze zum Stand der Technik beitragen und diesen Mainstream mit zusätzlichen Inhalten ergänzen.

Ausgehend von Bussystemen werden in diesem Abschnitt Ansätze für eine sichere Kommunikation in Fahrzeugnetzen und eine Methode zur Absicherung des Controller Area Network mit verdeckten Spannungskanälen vorgestellt. Die Analyse der Sicherheitsschwachstellen von Netztopologien anhand von Graphen-Darstellungen schließt diesen Abschnitt ab.

Im Abschnitt über Architektur und Vernetzung werden verschiedene Aspekte des VA-NET (Vehicular ad-hoc Network) behandelt. Dieses weit verbreitete Netzprinzip liegt den meisten Artikeln in diesem Abschnitt zugrunde. Darüber hinaus wurden ein Beitrag über verzögerungsbeschränkte knotenübergreifende Mehrweglenkung in softwaredefinierten Fahrzeugnetzen und eine vertrauensbasierte authentifizierte und sichere Verbreitung von Notfallinformationen für vernetzte Fahrzeuge hinzugefügt, um verschiedene Konzepte zu präsentieren.

Im Teil über Betriebssysteme und Basissoftware werden die Auswirkungen, Herausforderungen und Aussichten von softwaredefinierten Fahrzeugen erläutert, bevor ein Ansatz zur Berücksichtigung der Sicherheit als nichtfunktionale Anforderung in verteilten Fahr-

F. Wolf (✉)
Technische Universität Clausthal, Clausthal-Zellerfeld, Deutschland
E-Mail: fabsw@gmx.de

zeugsteuerungssystemen vorgestellt wird. Ein Artikel über die statische Analyse zur Erkennung von High-Level-Races in RTOS-Kernen, um machbare Zeitpläne zu bestimmen, schließt diesen Abschnitt ab.

Der eher produktorientierte Abschnitt über Anzeigen und Displays beginnt mit einem realen Experiment über die Auswirkung von HUD (Head-up-Display) auf HMI (Human Machine Interface), Fahrleistung und Sicherheit. Ein modellbasierter Entwurf eines Onboard-Stereo-Vision-Systems führt in die Abschätzung von Hindernisbewegungen für kooperative automatisierte Fahrzeuge ein, bevor die sehr wichtigen Aspekte der Anwendung von Kameras als Augen von autonomen Fahrzeugen beleuchtet werden.

Maschinell erstellte Zusammenfassungen

Maschinell erzeugte Schlüsselwörter: Netzwerk, Protokoll, fahrzeugintern, Vanet, Kommunikation, Fahrzeug, Knoten, Sicherheit, Nachricht, Kanal, Verbreitung, sicher, Straße, drahtlos, Übertragung

1.1. Bus-Systeme

Maschinell erzeugte Schlüsselwörter: Fahrzeug, Sicherheit, sichere, Kommunikation, Netzwerk, Kanal, Authentifizierung, Gateway, Protokoll, zusätzlicher, Controller, Connect Vehicle, Automotive, Connect, Bus

Übersicht über sichere Kommunikationsansätze für bordeigene Netzwerke
DOI: https://doi.org/10.1007/s12239-018-0085-1

Kurzfassung – Zusammenfassung
Im Vergleich zu herkömmlichen Fahrzeugen müssen bei vernetzten Fahrzeugen mehr Informationen übertragen werden.

Sensorsignale und kritische Daten müssen geschützt werden, um die Cybersicherheit von vernetzten Fahrzeugen zu gewährleisten.
 Die Kommunikation zwischen Steuergeräten, Sensoren und Gateways erfolgt über bordeigene Netzwerke.
 In diesem Papier wird der Stand der Technik in Bezug auf sichere Kommunikation für bordeigene Netze erörtert.
 Wir haben die bestehenden Ansätze für eine sichere Kommunikation verglichen und gegenübergestellt.
 Auf der Grundlage des Überblicks über die aktuellen Forschungsarbeiten wurden die künftigen Entwicklungsrichtungen der Sicherheit von Kfz-Netzen erörtert.

1 Fahrzeugarchitektur und Infrastruktur

Der Zweck dieses Papiers ist es, einen Überblick über die aktuellen Techniken für die sichere Kommunikation in Kraftfahrzeugen zu geben und geeignete sichere Ansätze für die Implementierung in bordeigene Netze vorzuschlagen.

Danksagung
Eine maschinell erstellte Zusammenfassung basierend auf der Arbeit von Hu, Qiang; Luo, Feng 2018 in International Journal of Automotive Technology

Absicherung des Controller Area Network mit verdeckten Spannungskanälen
DOI: https://doi.org/10.1007/s10207-020-00532-5

Kurzfassung – Zusammenfassung
Während viele seiner Eigenschaften ihn als geeigneten Kandidaten für den zukünftigen Einsatz in der Automobilvernetzung qualifizieren, macht das Fehlen von Sicherheitsmechanismen ihn für sicherheitskritische Anwendungen problematisch.

Wir schlagen die Verwendung eines verdeckten Spannungskanals vor, der für die Übertragung zusätzlicher Daten genutzt werden kann, die für bestimmte Sicherheitsmechanismen erforderlich sind.

Wir demonstrieren die Anwendung unseres Ansatzes auf eingebetteten Low-End- und High-End-Automobilplattformen und beweisen seine Eignung für die Implementierung von Authentifizierungsmechanismen und Schlüsselaustauschprotokollen über CAN unter Beibehaltung der Abwärtskompatibilität.

Einführung
Wir untersuchen das Konzept der Nutzung verdeckter Kanäle zur Übertragung zusätzlicher Informationen durch Huckepack-Übertragung von normalerweise übertragenen CAN-Frames.

Der verdeckte Kanal kodiert Bits als unterschiedliche Busspannungspegel während der Übertragung der dominanten Bits des Huckepack-Rahmens.

Die daraus resultierende Übertragung weist Schwankungen in den Spannungspegeln der dominanten Bits auf, die für reguläre CAN-Controller transparent sind, aber von Analog-Digital-Wandlern (ADC) interpretiert werden können, um Daten aus dem verdeckten Kanal zu extrahieren.

Wir schlagen einen spannungsbasierten verdeckten Kanal für die CAN-Kommunikation vor, der auf der Anwendungsschicht mit minimalen Hardwareänderungen implementiert werden kann und den normalen CAN-Verkehr oder die Buslast nicht beeinträchtigt.

Wir testen unseren Ansatz in einem konkreten Setup und präsentieren eine Proof-of-Concept-Implementierung, bei der CAN-Authentifizierungsdaten über den verdeckten Kanal transportiert werden.

Wir demonstrieren auch die Verwendung von spannungsbasierten verdeckten Kanälen für die Implementierung von Schlüsselvereinbarungen über CAN.

Hintergrund und verwandte Arbeiten

In diesem Abschnitt werden Überlegungen zum CAN-Bus und bestehende Arbeiten vorgestellt, die sich mit alternativen Kommunikationskanälen im Fahrzeug und insbesondere mit verdeckten CAN-Kanälen befassen.

Einen ähnlichen Ansatz verfolgen die Autoren von [1], die zwei zeitbasierte verdeckte Kanäle implementieren, von denen einer auf den Eintreffzeiten von CAN-Frames und der andere auf den Taktverschiebungen der Sendeknoten basiert.

Die dritte Option, die in [1] für die Implementierung eines verdeckten Kanals in Betracht gezogen wird, ist die Einbettung von Authentifizierungsdaten in das niederwertigste Bit mehrerer CAN-Frames mit dem Ziel, angesichts der geringen Kapazität dieser verdeckten Kanalvariante eher Sender als Nachrichten zu authentifizieren.

Die in [2] geleistete Arbeit bringt Verbesserungen der früheren Arbeit aus [3] in Bezug auf den erreichbaren Durchsatz über einen zeitlich verdeckten Kanal mit der Fähigkeit, 3–5 verdeckte Bits pro Frame zu übertragen.

Die Datenrate dieser Ansätze (basierend auf Timing-Informationen) ist sehr niedrig, bis zu einigen hundert Bits pro Sekunde (bps), während ein spannungsgesteuerter verdeckter Kanal eine viel höhere Datenrate erreichen kann, wie wir später im experimentellen Abschnitt diskutieren.

Spannungsbasierter verdeckter Kanal

Verdeckte Übertragungen werden in den Spannungspegeln der dominanten Bits regulärer CAN-Frames verschlüsselt, die wir Carrier Frames nennen.

Das erste dominante Bit des Steuerfeldes (IDE in Standardrahmen oder r1 in erweiterten Rahmen) wird nicht für die Kodierung verdeckter Bits verwendet, um den Dekodierknoten einen Referenzwert für den dominanten Spannungspegel des Trägerrahmens zu liefern (der dem logischen Wert 1 des verdeckten Kanals entspricht).

Systemanforderungen Da normale CAN-Transceiver nur den Trägerrahmen dekodieren können, ist ein ADC (Analog-Digital-Wandler) erforderlich, um die Spannungspegel, die die verdeckten Bits darstellen, direkt von den CAN-High- und CAN-Low-Leitungen abzutasten.

Die Kapazität eines spannungsbasierten verdeckten Kanals hängt von einer Reihe von Faktoren ab, z. B. von der Anzahl der verdeckten Bits, die pro Trägerbit kodiert werden, von der Trägerbitrate, von der Anzahl der dominanten Bits im Trägerrahmen und von der Abtastrate/-zeit des ADC.

Anwendungen für verdeckte Kanäle

Aus diesem Grund muss auch die Umkehrung der ursprünglichen Sequenz gesendet werden, da sonst ein Knoten, der eine 0 (dominant) sendet, den von seinem Gegenstück gesendeten Wert nicht erkennen kann (das Ergebnis auf dem Bus wird unabhängig vom Wert des vom zweiten Knoten gesendeten Bits dominant sein).

1 Fahrzeugarchitektur und Infrastruktur

Um die Schlüsselvereinbarung von Mueller und Lothspeich über den spannungsbasierten verdeckten Kanal zu implementieren, müssen die beteiligten Knoten a priori den Inhalt des Trägerrahmens kennen.

Beginnend mit dem zweiten dominanten Bit, das auf das Arbitrierungsfeld folgt, übertragen beide Knoten gleichzeitig ihre zufälligen Bitfolgen über den verdeckten Kanal und lesen die Buspegel mit Hilfe des ADC aus.

Bits, die von beiden Knotenpunkten erzeugt werden, die denselben verdeckten Bitwert übertragen, sind undicht, da sie unterschiedliche Spannungspegel erzeugen.

Es ist uns gelungen, verdeckte Übertragungen zu erreichen, während ein Angreiferknoten einen konstanten dominanten Pegel auf dem Bus aufrechterhält.

Einzelheiten der Durchführung und Bewertungsergebnisse
Ähnlich wie bei der S12X-Behandlung wird die verdeckte Information im Voraus als Bit-Array vorbereitet, basierend auf der vorherigen Kenntnis des Inhalts des Trägerrahmens (nur rezessive Bits werden über den verdeckten Kanal während rezessiver oder unbrauchbarer dominanter Bits im Träger gesendet, um CAN-Protokollfehler zu vermeiden).

Die Implementierung eines Fehlerkorrekturmechanismus wäre in diesem Fall aufgrund des begrenzten Bitspeichers im verdeckten Kanal und der entsprechenden Rechenkosten ineffizient.

Der Durchsatz wird auf der Grundlage der Anzahl der verdeckten Bits berechnet, die von einem 8-Byte-Frame ohne Fehler übertragen werden können, wobei eine CAN-Baudrate von 500 kbit/s und eine Buslast von 50 % zugrunde gelegt werden (d. h. 2500 Frames werden pro Sekunde übertragen).

In Anbetracht der geringen Menge an verschlüsselten Bits, die in jedem Rahmen kodiert werden, bieten die zeitbasierten verdeckten Kanäle geringere Durchsätze: TA-CAN-IAT [1] ist auf 2,5 kbit/s begrenzt, während CANTO [2] (verbesserte Version von INCANTA [3]) bis zu 12,5 kbit/s erreichen kann.

Schlussfolgerung und künftige Arbeiten
In unserer Arbeit wird ein neuartiger Ansatz zur Erhöhung der Datenrate über den CAN-Bus durch die Implementierung eines spannungsbasierten verdeckten Kanals vorgeschlagen.

Plattformen mit geringerer Rechenleistung können bei der Implementierung des verdeckten Kanals mit hohen Bitraten auf Probleme stoßen, wenn sie auch reguläre Aufgaben parallel ausführen müssen.

Dieses Problem kann durch die Entwicklung spezieller HW-Module für die Verarbeitung des verdeckten Kanals oder durch die Verringerung der Bitrate des verdeckten Kanals behoben werden.

Als zukünftige Arbeit betrachten wir eine HW-basierte Implementierung des vorgeschlagenen spannungsgesteuerten Kanals.

Danksagung
Eine maschinell erstellte Zusammenfassung basierend auf der Arbeit von Murvay, Pal-Stefan; Popa, Lucian; Groza, Bogdan 2021 in der Internationalen Zeitschrift für Informationssicherheit

Analyse der Sicherheitsschwachstellen von fahrzeuginternen Netzwerktopologien unter Verwendung von Graphendarstellungen
DOI: https://doi.org/10.1007/s10836-021-05973-x

Kurzfassung – Zusammenfassung
In diesem Artikel werden Fragen der Cybersicherheit im Zusammenhang mit bordeigenen Kommunikationsnetzen untersucht.

Die Sicherheit des bordeigenen Kommunikationsnetzes wird auf der Grundlage der Schutzmerkmale der Netzkomponenten und der Netztopologie bewertet.

Die Topologien der Kfz-Kommunikationsnetze werden als ungerichtete gewichtete Graphen dargestellt, und ihre Verwundbarkeit wird anhand der spezifischen Merkmale des generierten Graphen geschätzt.

Einführung
Die Trends in der Automobilindustrie zeigen, dass der Verkehr und die Fahrzeuge automatisiert werden und miteinander kommunizieren, um die Sicherheit im Straßenverkehr zu erhöhen, und die Zahl der Steuergeräte (ECU) mit immer mehr ADAS-Funktionen (Advanced Driver Assistance Systems) wird weiter zunehmen.

Autos haben Domain-ECUs und zentrale Gateways, aber in naher Zukunft wird das Aufkommen zonaler Gateways und zentraler Computerplattformen erwartet, die die E/E-Architekturen (Elektrik/Elektronik) im Fahrzeug revolutionieren werden.

Die aktuellen und ältesten E/E-Architekturen und Domänencontroller könnten ein hohes Maß an Sicherheit bieten, wenn die Topologie sehr präzise gestaltet ist und es neben dem zentralen Gateway zusätzliche Sub-Gateways gibt, die sicherheitskritische Funktionscontroller verbinden [4, 5].

In Fahrzeugen, in denen alle vier oben genannten Kommunikationsprotokolle (mit Ausnahme von Automotive Ethernet) vorhanden sind, werden die folgenden Topologietypen verwendet: Stern, Bus, Ring und eine Mischung aus diesen, die als Hybridtopologie bezeichnet wird.

Verwandte Werke
Die Entwickler können die Robustheit der Fahrzeugnetzarchitektur unterstützen, indem sie das Entwicklungskonzept „Secure by Design" anwenden, das die Risiken verringert oder es einem böswilligen Angreifer gegebenenfalls nahezu unmöglich macht, sein Ziel zu erreichen.

Einer der schwächsten Punkte des IVN ist, dass es keinen Authentifizierungsprozess gibt und dass es anfällig für Spoofing-Angriffe ist, wenn ein abtrünniger Knoten authentische Nachrichten an den Bus sendet.

Um die Sicherheit von Steuergeräten und Gateways zu verbessern, ist eine der am häufigsten verwendeten Gegenmaßnahmen zur Abwehr von Angriffen durch Nachahmung die Authentifizierung.

Gateways verwenden den öffentlichen Schlüssel des OEM, um die Gültigkeit des Controller-Zertifikats zu überprüfen [6].

Nur zertifizierte Steuergeräte können Nachrichten an das Fahrzeugbussystem senden.

Methodik

In einem ersten Schritt wurden die Topologien der untersuchten Kommunikationsnetze dargestellt, dann wurden die Kommunikationsverbindungen zwischen den verschiedenen Komponenten auf der Grundlage der Sicherheitsstufe der jeweiligen Verbindung eingestuft.

In unserer Studie wurde daher der kürzeste Weg von einer Fahrzeugkomponente zur anderen in einem Fahrzeugkommunikationsnetz mit Hilfe des verallgemeinerten Dijkstra-Algorithmus unter Annahme des Schutzniveaus der Komponenten ermittelt [7].

Wir haben einen MATLAB-Code erstellt, um die Netzwerktopologien zu konstruieren: Die Kanten eines Netzes wurden durch ihre Anfangspunkte s und ihre Endpunkte t definiert. Die geschätzte Sicherheitsstufe der Kanten wird durch w beschrieben. Der Graph der Topologie wird mit dem Graph-Befehl aufgebaut, und der Befehl für den kürzesten Weg definiert die kürzesten Routen zwischen den Knoten des Graphen.

Ergebnisse

Wir haben die angewandte Bewertungsmethodik beschrieben, um die Anfälligkeit der verschiedenen Kommunikationsnetztopologien zu analysieren.

Es ist möglich, das Sicherheitsniveau des bordeigenen Kommunikationsnetzes durch fortgeschrittene Verschlüsselungstechniken, Authentifizierungsmethoden oder Systeme zur Erkennung von Eindringlingen zu erhöhen.

Zum unteren Ende der Tabelle hin nimmt die Sicherheit des Netzes zu und die geschätzte Anfälligkeit der Topologien nimmt entsprechend ab.

Im Vergleich zu anderen Forschungsstudien [8–10], die in gewisser Weise die Gefährdungsgrade von Fahrzeugen auf der Grundlage der Topologie/Architektur des bordeigenen Netzes eingestuft haben, ist festzustellen, dass ähnliche Ergebnisse erzielt wurden.

Nach der angewandten Methodik sind die Fahrzeugkomponenten mit geringerem Sicherheitswert stärker gefährdet.

Das wesentliche Ziel des Schutzes des bordeigenen Netzes besteht darin, die Zuverlässigkeit des Kommunikationsprozesses zu gewährleisten, insbesondere im Hinblick auf Integrität, Verfügbarkeit und Vertraulichkeit.

Schlussfolgerung

Die Anfälligkeit verschiedener bordeigener Netze wurde auf der Grundlage des Dijkstra-Algorithmus für den kürzesten Weg untersucht.

Die Kommunikationsverbindungen zwischen den verschiedenen Komponenten wurden auf der Grundlage der Sicherheitsstufe der jeweiligen Verbindung eingestuft (1, 2, 3).

Anschließend wurden die analysierten Netze durch ungerichtete gewichtete Graphen dargestellt, und unter Berücksichtigung des Schutzniveaus der Kanten als widerstandsähnliche Parameter wurde das Gesamtschutzniveau jedes Kommunikationsnetzes geschätzt.

Nach Anpassung der Anforderungen verschiedener moderner Kommunikationsprotokolle kann der vorgeschlagene methodische Ansatz in großem Umfang im Bereich der Sicherheitsbewertung von Kraftfahrzeugen eingesetzt werden.

Danksagung
Eine maschinell erstellte Zusammenfassung basierend auf der Arbeit von Petho, Zsombor; Khan, Intiyaz; Torok, Árpád 2021 in Journal of Electronic Testing

1.2. Architektur und Vernetzung

Maschinell erzeugte Schlüsselwörter: vanet, Netzwerk, Knoten, Nachricht, Fahrzeug, Protokoll, Verbreitung, drahtlos, Paket, Route, Broadcast, Straße, drahtlose Kommunikation, mobil, Verzögerung

Stand der Technik bei Clustering-Protokollen in VANET: ein Überblick
DOI: https://doi.org/10.1007/s11276-020-02392-2

Kurzfassung – Zusammenfassung
Das Fehlen von Router-Geräten in der flachen Fahrzeug-zu-Fahrzeug-Netzstruktur von VANET kann komplizierte Probleme wie Skalierbarkeit, Ressourcenknappheit, Zuverlässigkeit und das Problem der versteckten Endgeräte innerhalb des Netzes aufwerfen.

Das Konzept des Fahrzeug-Clusters wurde im VANET eingeführt, um die Leistung des Netzes durch die Behandlung all dieser Probleme zu verbessern.

Dieses Papier bietet eine eingehende Klassifizierung von Clustering-Protokollen in VANET auf der Grundlage ihrer Designziele.

Bei der Überprüfung von Clustering-Protokollen in VANET werden zwei große Kategorien berücksichtigt: allgemeine und anwendungsabhängige.

Bei allgemeinen Clustering-Protokollen zielt das Cluster-Design auf das Erreichen des primären Ziels ab, d. h. die Bildung eines robusten Clusters mit einer langen Lebensdauer, während bei anwendungsabhängigen Clustering-Protokollen das Cluster-Design darauf abzielt, die Leistung spezifischer Anwendungen (z. B. Zielverfolgung, Verkehrsabschätzung, Erkennung von Fehlverhalten, Schutz der Privatsphäre, Widerruf von Zertifikaten usw.) in Bezug auf verschiedene Leistungskennzahlen zu verbessern.

Unser Versuch, Forscher auf dem betreffenden Gebiet zu ermutigen, indem wir eine umfassende Analyse des Clustering in VANET bereitstellen.

Erweitert:

Mit dem Wissen und dem Verständnis, das wir durch diese Arbeit gewonnen haben, möchten wir in Zukunft versuchen, einen effizienteren und robusteren Cluster-basierten Rahmen für Sicherheitsprotokolle in VANET zu entwerfen, indem wir fortschrittliches maschinelles Lernen, neuronale Netzwerke und KI-basierte Techniken verwenden.

Einführung

Einige davon sind sehr wichtig, wie z. B. rechtzeitige und effiziente Datenverbreitung, Netzstabilität, Datenmanagement, Routingfragen wie Zuverlässigkeit und Skalierbarkeit, MAC-Fragen wie fairer Kanalzugang, Sicherheitsfragen wie Erkennung von Fehlverhalten, Widerruf, Authentifizierung, Datenschutz und Vertrauensüberprüfung von Fahrzeugen, und müssen für ein effizientes Funktionieren des VANET behandelt werden.

Die clusterbasierte Kommunikationsinfrastruktur in VANETs bildet ein zuverlässiges Rückgrat für die effiziente Verbreitung von Nachrichten und damit verbundenen Netzwerkdiensten an alle Fahrzeuge innerhalb des Netzwerks [11].

Die detaillierten Beiträge unseres Papiers sind wie folgt: Unsere Klassifizierungshierarchie wird durch die Einbeziehung neuer clusterbasierter Anwendungen wie Zielverfolgung, Verkehrsabschätzung, Verkehrsmanagement, Erkennung von Fehlverhalten, Schutz der Privatsphäre und Authentifizierung sowie Zertifikatswiderruf bereichert; eine umfassende Analyse bestehender Forschungsbeiträge in jeder Kategorie wird bereitgestellt, nachdem sie anhand vieler wichtiger Metriken verglichen wurden; schließlich werden ein relativer Vergleich, Vorzüge und Nachteile aller diskutierten Clustering-Protokolle zur weiteren Analyse bereitgestellt.

Clustering im VANET

In Clustern können die Fahrzeuge im Allgemeinen folgende Rollen einnehmen: Clusterkopf (CH) Mindestens ein Fahrzeug, das die Datenkommunikation mit seinen Mitgliedern und mit anderen CHs koordiniert.

Auf der Grundlage solcher Berechnungen wird ein geeignetes Fahrzeug ausgewählt, das dann als Clusterkopf bezeichnet wird.

Das Fahrzeug-zu-Fahrzeug-Kommunikationsprotokoll verwendet zwei Ansätze für die Datenverbreitung im Netz: Flooding und Relaying.

Aufgrund der Einschränkungen von proaktiven, reaktiven und geografischen Routing-Protokollen in VANET benötigen wir solche Routing-Protokolle, die die Skalierbarkeit und Zuverlässigkeit des Routings, die effiziente Bandbreitennutzung und die Verringerung der Verzögerung bei der Datenübertragung verbessern.

Clusterbasierte Routing-Protokolle erfüllen diese Beschränkungen in hohem Maße.

Bei den clusterbasierten Routing-Protokollen wird das ausgedehnte Netz in kleine Teile, sogenannte Cluster, unterteilt.

Clustering-Protokolle sind für MAC-Anwendungen ebenso wichtig wie für Routing-Anwendungen [12].

Taxonomie von Clustering-Protokollen in VANET
Abgesehen von den wichtigen clusterbasierten Anwendungen, die in bestehenden Übersichtsarbeiten [13–15] berücksichtigt wurden, versuchen wir in diesem Papier, viele andere wichtige Anwendungen im VANET zu erforschen, wie z. B. Zielverfolgung, Verkehrsabschätzung, Erkennung von Fehlverhalten im Verkehrsmanagement, Fahrzeugauthentifizierung, Schutz der Privatsphäre usw., bei denen Clustering wertvolle Vorteile bietet.

Ein effizientes Auswahlverfahren für mobile Gateways, ein besserer Handover-Mechanismus für mobile Gateways und ein hybrider Gateway-Discovery-Mechanismus verbessern die Leistung des vorgeschlagenen clusteringbasierten, multimetrischen, adaptiven Mechanismus für mobile Gateways (CMGM) im integrierten Netzwerk im Vergleich zu anderen Systemen [16, 17] in Bezug auf PDR, Kontrollpaket-Overhead, Durchsatz usw. Die Forschung, die sich in den letzten zehn Jahren auf die Entwicklung von VANETs konzentrierte, war nicht mit Modellen ausgestattet, die das Gruppenmobilitätsmuster von Fahrzeugen berücksichtigen.

Die oben vorgeschlagenen cluster-basierten MAC-Protokolle in der Literatur verwenden verschiedene Modelle/Techniken, um einen fairen Kanalzugang zwischen Fahrzeugen für sichere und nicht-sichere Anwendungen zu ermöglichen.

Forschungslücken für zukünftige Arbeiten im VANET
Die Rolle des clusterbasierten Routing-Protokolls für eine genaue Positionsvorhersage in einem Szenario mit ungleichmäßiger Fahrzeugdichte sollte umfassend analysiert werden.

In der Literatur finden sich verschiedene clusterbasierte MAC-Lösungen, um das Problem zu lösen [18, 19].

Eine umfassende Analyse des clusterbasierten MAC-Protokolls ist erforderlich, um die zeitlich begrenzte Zustellung von Sicherheitsnachrichten auch bei variierender Geschwindigkeit und Dichte der Fahrzeuge zu bewältigen.

Cluster-basierte Zielverfolgungslösungen werden in [20–22] vorgestellt.

Es gibt verschiedene clusterbasierte Verfahren, die als Lösung für die Erkennung von Fehlverhalten in VANET vorgeschlagen werden [23–26].

In [27] wird ein clusterbasierter Ansatz für den Widerruf von Zertifizierungen vorgeschlagen, der jedoch einige Einschränkungen hinsichtlich des hohen Kommunikationsaufwands und der Sicherheit bei der Verteilung der CRL aufweist.

Ein clusterbasierter Ansatz, der die CRL effizient und sicher mit geringer Verzögerung über das Netz verteilt, ist ein offenes Forschungsthema.

Schlussfolgerung

Dieses Papier behandelt verschiedene wichtige bestehende Vorschläge auf der Grundlage von Clustering-Protokollen in den Kategorien der allgemeinen und anwendungsabhängigen.

Verallgemeinerte Clustering-Protokolle werden ohne eine spezifische Anwendungsperspektive entworfen.

Die anwendungsabhängigen Clustering-Protokolle werden speziell für eine bestimmte Anwendung mit dem Ziel der Leistungssteigerung entwickelt.

Mit dem Wissen und dem Verständnis, das wir durch diese Arbeit gewonnen haben, möchten wir in Zukunft versuchen, einen effizienteren und robusteren Cluster-basierten Rahmen für Sicherheitsprotokolle in VANET zu entwerfen, indem wir fortschrittliches maschinelles Lernen, neuronale Netzwerke und KI-basierte Techniken verwenden.

Danksagung
Eine maschinell erstellte Zusammenfassung basierend auf der Arbeit von Katiyar, Abhay; Singh, Dinesh; Yadav, Rama Shankar 2020 in drahtlosen Netzwerken

Ein verzögerungsbeschränktes knotenentkoppeltes Multipath-Routing in softwaredefinierten Fahrzeugnetzwerken
DOI: https://doi.org/10.1007/s12083-022-01304-9

Kurzfassung – Zusammenfassung

Die Verarbeitung des Datenroutings in Ad-hoc-Netzwerken (VANETs) mit einigen QoS-Beschränkungen, einschließlich Verzögerungsgrenzen und begrenzter Bandbreite, ist ein NP-schweres Problem.

Die Lotsenknoten berechnen den r-günstigsten knotenübergreifenden Pfad, indem sie einen globalen Überblick über die Informationen der Fahrzeuge und die Abwägung zwischen der Verzögerungsgrenze und dem Pfadnutzen haben.

Der Pfadnutzenfaktor wird auf der Grundlage der Restbandbreite der Fahrzeuge, der Paketüberlastung und der Verbindungsstabilität berechnet.

Die vorgeschlagene Methode berechnet disjunkte Pfade unter Berücksichtigung des Pfadnutzungsfaktors und der Priorisierung der Anwendungen bei der Daten-Routing-Verarbeitung, die angemessen auf zunehmenden Verkehr, ständige topologische Änderungen und Verbindungsunterbrechungen in VANETs reagieren kann.

Die Effizienz der vorgeschlagenen Methode ist anderen Methoden in der Literatur in Szenarien mit unterschiedlichen Fahrzeugdichten und verschiedenen Verkehrslasten in Bezug auf Datenpaketlieferungsanteil, durchschnittliche Ende-zu-Ende-Verzögerung, Durchsatz und normalisierte Routinglast durch Simulation überlegen.

Erweitert:
Der Pfadnutzungsfaktor würde die Effizienz der Auswahl des weiterleitenden Fahrzeugs entsprechend dem Kompromiss zwischen der Restbandbreite, dem Überlastungsgrad und der Verbindungsstabilität der Fahrzeuge messen.

Die vorgeschlagene Methode umfasst die folgenden Punkte: 1) Software-definiertes Fahrzeugnetzmodell mit Annahmen, 2) Nachbarschaftserkennungsphase und Sammeln von Informationen in der lokalen Steuerung, 3) Prioritätszuweisung an verschiedene Anwendungen und 4) Berechnung der r-geringsten, knotendisjunkten Pfade, die an die Ende-zu-Ende-Verzögerung gebunden sind.

Die vorgeschlagene Methode unterstützt sowohl die zentrale als auch die dezentrale Steuerung und ist daher eine hybride Steuerung.

Die vorgeschlagene Methode reduziert Paketkollisionen und Fahrzeugkonkurrenz auf ausgewählten Pfaden, indem sie Restbandbreite und Paketstaus berücksichtigt.

Die vorgeschlagene Methode hilft dabei, Pakete in weniger überlastete Bereiche zu leiten, so dass der Durchsatz des Netzes trotz steigender Anzahl von Fahrzeugen erhalten bleibt.

Einführung
Disjunkte Knotenpfade und disjunkte Verbindungspfade sind zwei in der Literatur häufig verwendete Multipath-Routing-Protokolle.

Das SDN bietet auch einen zentralen Controller, der die Routenauswahl, Kollisionsvermeidung, Anwendungspriorisierung, das Management von Pfadausfällen und andere Dienste übernimmt [28].

Die Nutzung der globalen Informationen über die Fahrzeugtopologie, die von SDNs bereitgestellt werden, kann einen Kompromiss zwischen der Mehrdeutigkeit bei der Bestimmung der geeigneten Route und der Komplexität bei der Entdeckung von knotendisjunkten Mehrfachrouten von Quell- zu Zielfahrzeugen darstellen.

In diesem Papier wird ein knotenübergreifendes Multipath-Routing vorgeschlagen, das SDN in das VANET integriert.

Die wichtigsten Beiträge dieses Papiers sind wie folgt: Es wird ein knotenübergreifendes Multipath-Routing vorgeschlagen, indem ein neuartiges Pfadnutzenkonzept eingeführt wird.

Der Pfadnutzungsfaktor wählt die beste Route zum Senden von Datenpaketen von der Quelle zum Zielfahrzeug auf der Grundlage eines Kompromisses zwischen Paketstau, Restbandbreite und Verbindungsstabilität.

Verwandte Arbeiten
Einige der in der Literatur vorhandenen Arbeiten zum Daten-Routing in softwaredefinierten Fahrzeugnetzen und in SDNs integrierte Multipath-Routing-Protokolle werden besprochen.

1 Fahrzeugarchitektur und Infrastruktur

In [29] wurde ein auf SDN und Fog Computing basierendes Routing-Protokoll namens EEMSFV für VAENETs vorgeschlagen, das Bandbreitenanforderungen und Verzögerungsbeschränkungen berücksichtigt.

In [30] wurde eine Methode namens MPResiSDN auf der Grundlage eines SDN vorgestellt, ein Multipath-Routing zur Bereitstellung von Konnektivität im intelligenten Netzwerk.

Für die Anwendung dieser Methode in einer dynamischen Fahrzeugumgebung ist es notwendig, die Eigenschaften der Fahrzeugnetze bei der Berechnung der Routingkriterien zu berücksichtigen.

Die in [30, 31–36] beschriebenen Methoden haben Multipath-Routing-Protokolle in das SDN integriert.

Mit dem Vorteil der Kombination von Multipath-Routing-Protokollen in SDNs zielt dieses Papier darauf ab, ein neues Routing-Kriterium bereitzustellen und Anwendungen auf der Grundlage der Netzwerkeigenschaften und Anwendungsanforderungen zu priorisieren, um die genannten Einschränkungen zu mildern.

Die vorgeschlagene Methode

Die vorgeschlagene Methode umfasst die folgenden Punkte: 1) Software-definiertes Fahrzeugnetzmodell mit Annahmen, 2) Nachbarschaftserkennungsphase und Sammeln von Informationen in der lokalen Steuerung, 3) Prioritätszuweisung an verschiedene Anwendungen und 4) Berechnung der r-geringsten, knotendisjunkten Pfade, die an die Ende-zu-Ende-Verzögerung gebunden sind.

Routing-Manager: Der Routing-Manager berechnet zunächst eine Kostenfunktion, die auf dem Kompromiss zwischen Restbandbreite, Paketstau, Verbindungsstabilität und Entfernung zum Ziel für alle Fahrzeuge basiert.

Befindet sich eine RSU im Sendebereich von Fahrzeugen, kann sie die von diesen Fahrzeugen gesendeten Hello-Pakete empfangen und an den zentralen SDN-Controller weiterleiten (Zeile 12).

Befindet sich das Zielfahrzeug im Erfassungsbereich des lokalen Lotsen (RSUs), berechnen die RSUs den r-geringsten Pfad, der die Beschränkungen für die End-zu-End-Verzögerung erfüllt.

Nachdem die RSU den r-ärmsten Pfad gefunden hat, sendet sie ein Antwortpaket mit diesen berechneten Pfaden an das Ausgangsfahrzeug zurück.

Ergebnisse und Diskussion

Die vorgeschlagene Methode vermeidet das Versenden von Datenpaketen aus gebildeten Engpässen im Netz, indem sie die Routen mit geringem Paketstau und mehr Restbandbreite berücksichtigt.

Die vorgeschlagene Methode reduziert Paketkollisionen und Fahrzeugkonkurrenz auf ausgewählten Pfaden, indem sie Restbandbreite und Paketstaus berücksichtigt.

Das HSDV-Protokoll hat zu einer höheren Latenz geführt als die vorgeschlagene Methode, da diese Methode nicht mehrere Routen und Kriterien berücksichtigt, die die Pfade mit weniger Überlastung und mehr Restbandbreite auswählen können.

Die vorgeschlagene Methode reduziert die Paketverlustrate im Vergleich zu anderen Methoden, indem sie die Überlastung und die verbleibende Bandbreite auf dem gebildeten Datenübertragungspfad berücksichtigt.

Die Vernachlässigung von Strecken mit hoher Verkehrsbelastung oder Restbandbreite in den HSDV- und GPSR-Methoden hat zu mehr Datenpaketverlusten geführt als die vorgeschlagene Methode.

Schlussfolgerung
In diesem Artikel wird ein neues softwaredefiniertes Fahrzeugnetzwerk mit einem knotenübergreifenden Multipath-Routing-Protokoll vorgeschlagen, um QoS-Faktoren bei der Datenverbreitung zu garantieren.

Die vorgeschlagene Methode besteht aus drei Phasen: dem Manager für die Messung des Pfadnutzens, dem Routing-Manager für die Auswahl mehrerer Pfadrouten und dem Prioritätsmanager.

Mit Hilfe der Kostenfunktion und der Verzögerungsbeschränkung wurden knotenübergreifende Mehrwegrouten berechnet.

Einige der zukünftigen Arbeiten können wie folgt beschrieben werden: 1) Bereitstellung einer adaptiven Lösung für die Netzauswahl mit einem Kompromiss zwischen Kosten und Netzleistung durch Anwendung von Rechenintelligenz, 2) Entwicklung eines Staukontrollmechanismus für Szenarien mit dichtem Datenverkehr, der in einem softwaredefinierten Fahrzeugnetz eingesetzt werden soll, und 3) Berücksichtigung der Vertrauenswürdigkeit von Fahrzeugen, um mit illegal veränderten Paketen fertig zu werden, die die Routen passieren, einschließlich Datenpaketen und Kontrollpaketen durch böswillige Fahrzeuge.

Danksagung
Eine maschinell erstellte Zusammenfassung basierend auf der Arbeit von MalekiTabar, Mahsa; Rahmani, Amir Masoud 2022 in Peer-to-Peer-Netzwerken und Anwendungen

TREE: Vertrauensbasierte, authentifizierte und sichere Weitergabe von Notfallinformationen für das Netzwerk vernetzter Fahrzeuge
DOI: https://doi.org/10.1007/s13369-022-06753-1

Kurzfassung – Zusammenfassung
Im VCN wurden zahlreiche Systeme zur Verbreitung von Notfallmeldungen vorgeschlagen, um die Sicherheit der Verkehrsteilnehmer zu gewährleisten.

Um das oben genannte Problem anzugehen, haben wir ein vertrauensbasiertes System (TREE) vorgeschlagen, um die Authentizität des Fahrzeugs und der Warnmeldungen im VCN zu überprüfen.

1 Fahrzeugarchitektur und Infrastruktur

Das vorgeschlagene System liefert authentifizierte Warnmeldungen an die Fahrzeuge und entschärft gleichzeitig Angriffe mit falschen Informationen.

Die vorgeschlagene Methode wird durch umfangreiche Simulationen unter verschiedenen Verhältnissen von bösartigen Knoten im VCN analysiert.

Wir haben die Leistung des vorgeschlagenen Schemas mit den modernsten Schemata in VCN für die Zustellungsrate, die Übertragungsverzögerung und den Kontroll-Overhead verglichen.

Die Simulationsergebnisse bestätigen, dass das vorgeschlagene System eine geringe Fehlentscheidungsquote (< 10 %) und eine hohe Erkennungsrate (> 97 %) aufweist und die Ereignisinformationen effizient an die umliegenden Fahrzeuge weitergibt.

Das vorgeschlagene System ist für eine Vielzahl von Anwendungen geeignet und verbessert die Verkehrseffizienz, die Verkehrssicherheit und den Benutzerkomfort.

Erweitert:

Um die oben genannten Bedenken auszuräumen, stellen wir in diesem Papier ein sicheres Verfahren zur Verbreitung von Ereignisinformationen vor, das auf einem vertrauensbasierten Ansatz beruht.

Wir haben den Kommunikations-Overhead des vorgeschlagenen Systems mit anderen bestehenden Systemen im Ergebnisteil verglichen.

Einführung

Die kurze Kommunikationsreichweite der Fahrzeuge und die dynamische Netztopologie führen zu auf Multi-Hop-Übertragung basierenden Nachrichtenverbreitungsschemata im VCN [37].

Vertrauensbasierte Sicherheitsmodelle spielen eine entscheidende Rolle bei der Bereitstellung zuverlässiger Kommunikationskanäle in VCN, indem sie es jedem Fahrzeugknoten ermöglichen, die Zuverlässigkeit anderer Fahrzeuge und empfangener Daten zu bewerten.

In diesem Beitrag wird TREE – Trust-Based Authentication of Emergency Event Information – vorgestellt. Dabei handelt es sich um eine sichere und zuverlässige Multi-Hop-Verbreitungsstrategie, die einen sicheren Kommunikationskanal für die Weiterverbreitung von Informationen bereitstellt und die Auswahl geeigneter Relaisknoten auf der Grundlage von Vertrauens- und Ähnlichkeitsfaktoren nutzt.

Die folgenden Punkte beschreiben den Hauptbeitrag der vorgeschlagenen Arbeit: Zur Verbreitung von Warnmeldungen in VCN-Sicherheitsanwendungen wird ein geeigneter Mechanismus zur Auswahl von Relaisknoten vorgeschlagen, der auf mehrwertigen Entscheidungsfaktoren basiert, die das Vertrauen und die Ähnlichkeit von Fahrzeugen und die Haltbarkeit der Verbindung nutzen.

Es wird ein sicheres EAM-Verbreitungsschema vorgestellt, das das Modell der Vertrauensbewertung und -verwaltung verwendet, das auf der Reputation des Knotens in einem Netz intelligenter Fahrzeuge basiert, indem sein Verhalten und seine Beteiligung am Netz bewertet wird.

Die Literaturübersicht

Vertrauensbasierte Modelle befinden sich im Bereich der Fahrzeugkommunikationsnetze noch in einem vergleichsweise frühen Stadium.

Infrastrukturbasierte Vertrauensmodelle (IBT) erfordern einige grundlegende strukturelle Vorkehrungen wie zentrale Kontrolle, eine Zertifizierungsstelle (CA) und Zugangspunkte (APs), um ein vertrauensbasiertes sicheres Kommunikationssystem im VCN zu etablieren.

Li und andere [38] haben ein reputationsbasiertes Modell zum Aufbau von globalem Vertrauen zwischen Fahrzeugen vorgestellt, das als RGTE-Modell bezeichnet wird und bei dem das Reputationsmanagementzentrum (RMC) ausreichende Vertrauensinformationen von autorisierten Fahrzeugen sammelt und auf dieser Grundlage den Reputationswert bewertet.

Li und andere [39] schlugen ein reputationsbasiertes Ankündigungsmodell (RA) vor, das eine Kombination aus digitaler Signatur, asymmetrischer Kryptographie und Vertrauenszertifikaten verwendet, um ein vertrauensbasiertes und sicheres Kommunikationsschema zur Verbreitung von EAMs im VCN zu etablieren.

Je nach dem Zielobjekt für die Vertrauensbewertung lassen sich die bestehenden vertrauensbasierten Sicherheitsmodelle grob in entitätszentrierte und datenzentrierte Modelle einteilen.

Netzwerkvorbereitungen und Systemmodell

Die empfangenen Vorwarninformationen werden auf der Grundlage der Vertrauensstufe des jeweiligen Absenderfahrzeugs behandelt.

Anhand der Informationen, die durch Bakenmeldungen bereitgestellt werden, schätzen wir die Entfernung zwischen den beiden Fahrzeugen im Fahrzeugnetz.

Das anfragende Fahrzeug ist ein vertrauenswürdiges Fahrzeug, und es berechnet das Vertrauen des Zielfahrzeugs in die Weiterleitung der Informationen im Netz.

Genaue Vertrauensbewertung: Das Vertrauensbewertungssystem muss den Vertrauenswert genau bewerten, um vertrauenswürdige und bösartige Fahrzeuge im Netzwerk zu identifizieren.

Sichere und authentifizierte Weitergabe von EAMs: Nach dem Empfang einer Warnmeldung authentifiziert ein Zielfahrzeug zunächst die empfangene Nachricht auf der Grundlage der Vertrauenswürdigkeit des Quellfahrzeugs.

Einbindung des entitätszentrierten Vertrauens in die datenzentrierte Vertrauensbewertung: Normalerweise sendet das ehrliche Fahrzeug die zuverlässigen Ereignisinformationen im Netz, während böswillige Fahrzeuge ständig versuchen, falsche Nachrichten im Netz zu verbreiten.

Vorgeschlagene TREE-Methode

Jedes Fahrzeug, das Ereignisinformationen auf der Grundlage der Zieladresse erhält, leitet diese an den nächsten Relaisknoten weiter.

Wenn das Empfängerfahrzeug selbst das Zielfahrzeug ist, authentifiziert es die empfangenen Ereignisinformationen mithilfe des vertrauensbasierten Authentifizierungsverfahrens.

Auf der Grundlage der Vertrauensbewertung wählt er den nächsten Knoten aus, der die Nachricht weiterleitet.

Basierend auf den drei oben genannten Parametern, d. h. Vertrauenswert, Knotenähnlichkeitswert und Verbindungsdauer, wird ein neuer Relaisknoten zur Weiterleitung der Informationen ausgewählt.

Das nächste Relaisfahrzeug wird mit Algorithmus 3 auf der Grundlage von drei Entscheidungsparametern ausgewählt: Vertrauenswert, Ähnlichkeitswert und Zuverlässigkeit der Verbindung.

Wenn ein Fahrzeug eine Warnmeldung von einem Fahrzeug in der Nähe des Ereignisortes (d. h. dem Quellfahrzeug) erhält, analysiert es die Meldung und weist dem Absenderfahrzeug auf der Grundlage des Bewertungsergebnisses einen Reputationswert zu.

Experimente und Leistungsbewertung
Um die Leistung der TREE-Methode zu bewerten, haben wir zwei bekannte Angriffe untersucht, nämlich den Angriff auf die Nachrichtenübermittlung und den Angriff auf die Erzeugung von Fehlalarmen, wobei wir die Anzahl der böswilligen Fahrzeuge in einem städtischen Szenario erhöht haben.

Die vorgeschlagene TREE-Methode wird auf der Grundlage der Fehlentscheidungsquote für einen unterschiedlichen Prozentsatz bösartiger Fahrzeuge im Fahrzeugnetz bewertet und mit anderen Verfahren verglichen.

Die TREE-Methode hat im Vergleich zu anderen Verfahren eine geringere Fehlentscheidungsrate, selbst wenn 50 % böswillige Fahrzeuge vorhanden sind.

Der Verbreitungsaufwand nimmt bei allen Verfahren ab, wenn die Zahl der fahrenden Fahrzeuge im Netz steigt.

Die vorgeschlagene TREE-Methode zeigt eine geringere Verzögerung als andere Verfahren (z. B. Flooding-Algorithmus) im städtischen Netzszenario aufgrund der sicheren Multi-Hop-Verbreitung von Daten zwischen den sozial verbundenen Fahrzeugen.

Schlussfolgerung und künftiger Anwendungsbereich
Wir haben ein vertrauensbasiertes Nachrichtenverbreitungsschema für VCN entwickelt, um das Problem böswilliger Knoten zu lösen, die falsche Warnmeldungen senden.

Wir haben zunächst einen vertrauensbasierten Mechanismus entwickelt, um die Reputation des Knotens zu bewerten, indem wir die Nachrichtenweiterleitungsrate und die Ereignisberichterstattungsleistung des Knotens nutzen, um die echte EAM zu authentifizieren.

Auf der Grundlage der Reputation der Knoten wird der Vertrauenswert für jeden Knoten im VCN geschätzt.

Um die falschen EAMs zu identifizieren, haben wir eine vertrauensbasierte Authentifizierungsmethode eingesetzt, die den Vertrauenswert und den Gewichtungsfaktor der Knoten des Fahrzeugnetzes verwendet.

Danksagung
Eine maschinell erstellte Zusammenfassung basierend auf der Arbeit von Tripathi, Kuldeep Narayan; Yadav, Ashish Mohan; Sharma, S. C. 2022 in Arabian Journal for Science and Engineering

Ein neuer Weg für nachhaltige Kommunikation im VANET-Netz auf Gebirgsstraßen
DOI: https://doi.org/10.1007/s11277-020-07322-1

Zusammenfassung
VANET-Netze gehören zu den Anwendungen von Mobilfunknetzen, die die Sicherheit im Straßenverkehr erhöhen und den Fahrgästen Komfort bieten sollen.

Fahrzeugkoffer-Netzwerke unterscheiden sich in Bezug auf Architektur, Funktionen, Herausforderungen und Anwendungen von mobilen beweglichen Netzwerken.

Bevor viele Autonetze eingeführt werden, müssen eine Reihe technischer Herausforderungen bewältigt werden, um die Vorteile dieser Netze zu nutzen.

Einige dieser Herausforderungen sind in Kfz-Netzen mit anderen drahtlosen Netzen gemeinsam, während andere auf die einzigartigen Eigenschaften von Kfz-Netzen zurückzuführen sind.

Wir versuchen, eine neue Methode für den Informationsaustausch auf Autobahnen zu entwickeln, die sich auf das Netz zwischen den Fahrzeugen stützt.

Erweitert:

Fahrzeugkoffernetze gehören zu den Anwendungen mobiler Koffernetze, die die Sicherheit im Straßenverkehr erhöhen und den Fahrgästen Komfort bieten sollen.

Fahrzeugkoffernetze können als Schlüsselfaktor für die Entwicklung des intelligenten Verkehrs betrachtet werden.

Fahrzeugkoffernetze können als Schlüsselfaktor für die Entwicklung des intelligenten Verkehrs betrachtet werden.

Einführung
Fahrzeugkoffer-Netzwerke unterscheiden sich in Bezug auf Architektur, Funktionen, Herausforderungen und Anwendungen von mobilen beweglichen Netzwerken [40].

In Kraftfahrzeugnetzen wird ein Auto für die Kommunikation zwischen den Fahrzeugen sowie für die Beziehung zwischen den Fahrzeugen und der zentralen Steuereinheit verwendet, wobei verschiedene Routing-Protokolle zum Einsatz kommen.

1 Fahrzeugarchitektur und Infrastruktur

Der Hauptunterschied zwischen dem Netz und dem kollaborativen Autonetz besteht darin, dass keine zentrale Station oder ein Netzknoten das Netz steuert und das Netz aus einer Reihe von Autos besteht, die mobil und nicht stabil sind.

Ein Autofunknetz ist eine Art drahtloses Netz, in dem die Knotenpunkte Autos sind, die sich entweder bewegen oder an einem Ort stehen.

Es gibt verschiedene Technologien für das drahtlose Netz im Auto, der Ansatz ist die Verwendung des DSRC-Routing-Protokolls, das eine Art Wi-Fi ist.

Verwandte Werke
In [41] wird eine Methode vorgeschlagen, die auf der Verwendung von Boden-Clustering-Algorithmen basiert, um die Stabilität der Lebensdauer von Clustern in fahrzeugübergreifenden Netzen zu erhöhen.

Es hat sich gezeigt, dass der vorgeschlagene Algorithmus die Anzahl der Schritte zu den Knotenpunkten reduziert und die Effizienz im Vergleich zum Algorithmus zur Auswahl des nächsten Schritts an Kreuzungen und unter bestimmten Verkehrsbedingungen erhöht, da er in der Lage ist, die Auswirkungen der Telekommunikationsreichweite der einzelnen Fahrzeuge zu unterscheiden und zu untersuchen.

Ein anderer Ansatz wurde kürzlich in [42] vorgeschlagen, der auf der Signalstärke der Knoten basiert, die eine zuverlässige Freigabefähigkeit und die Reichweite der Übertragung jedes Fahrzeugs behauptet, jedoch im Falle einer späten Verzögerung End-to-End-Rate des Empfangs von Datenpaketen mit Mängeln konfrontiert ist.

Das vorgeschlagene Modell, das auf dem Algorithmus zur Auswahl des Relaisknotens basiert, ist nicht optimal und der vorgeschlagene Übermittlungsmechanismus ist nicht geeignet.

Vorgeschlagene Methode
Der erste Schritt der Clusterbildung in diesem Algorithmus beginnt mit der regelmäßigen Aussendung von HELLO-Nachrichten, die alle notwendigen Informationen (Fahrzeug-ID, Sendeleistung, Mobilitätsrichtung, Geschwindigkeit) an die One-Hop-Nachbarn enthalten.

Wenn eine kritische Situation eintritt, wird eine große Anzahl von Fahrzeugen eine Notfallnachricht an andere Fahrzeuge innerhalb des Clusters senden oder übermitteln, und in diesem Fall wird τ so hoch wie möglich (in einigen Fällen nahe bei 1).

Der Back-off-Mechanismus wird eingesetzt, um Störungen beim Senden von Notfallmeldungen durch Fahrzeuge zu verhindern.

Wenn von einem Gerät oder Fahrzeug aus versucht wird, eine neue Nachricht in das gesamte Netz zu senden a. Für alle Fahrzeuge i. Legen Sie die Entfernungen der Fahrzeuge fest ii.

Verwendung eines gewichteten Parameters zum Auffinden von Ziel- und Nachbarfahrzeugen b. Ende c. Für alle Notfallmeldungen i. Kanalschätzung für das Senden und Empfangen von Daten im Routing ii.

Simulation und Ergebnisse
Satelliten und GPS werden in solchen Situationen nicht senden können, und die Verzögerungen bei der Datenübertragung werden auf ein hohes Niveau sinken, und das Signal-Rausch-Verhältnis wird mit Sicherheit ebenfalls abnehmen, so dass den Fahrzeugen nur sehr wenige Informationen zur Verfügung stehen werden.

Die PDR wird in Intervallen von Null (Simulationsbeginn) analysiert, solange sich nur ein Fahrzeug im abgedeckten Bereich innerhalb oder außerhalb des Tunnels befindet und Netzressourcen nutzt.

Am Ende dieses Diagramms ist jedoch zu erkennen, dass bei der Einfahrt in den Tunnel die Bitfehlerrate im Vergleich zum Normalzustand des abfallenden Berges gestiegen ist.

Die Verzögerung war auch zu Beginn der Simulation 1 und erreichte schließlich fast den Nullpunkt, aber die Höhen und Tiefen für den Eintritt in große Höhen und Tunnel haben auch Auswirkungen wie Bitfehlerraten auf die Verzögerungen, die in einigen Sektoren Ausgänge, diese Zahlen sind relativ hoch.

Schlussfolgerung
Fahrzeugkoffernetze können als Schlüsselfaktor für die Entwicklung des intelligenten Verkehrs betrachtet werden.

Je nach der Beziehung des Fahrzeugs zur zentralen Steuereinheit wird ein Auto zur Verbindung von Fahrzeugen und verschiedenen Routing-Protokollen verwendet.

Ein effizientes und effektives Routing-Protokoll in Kfz-Koffernetzen spielt eine wichtige Rolle bei der Verbesserung der Sicherheit der Fahrgäste.

Wir versuchen, eine neue Methode für den Informationsaustausch auf Autobahnen zu entwickeln, die auf dem Inter-Car-Netzwerk basiert.

Danksagung
Eine maschinell erstellte Zusammenfassung basierend auf der Arbeit von Mosharmovahed, Babak; Pourmina, Mohammad Ali; Jabbehdari, Sam 2020 in drahtloser persönlicher Kommunikation

Analyse der Effektivität von TCA-CBB durch Vergleich verschiedener VANET-Broadcasting-Algorithmen in Bezug auf die Dienstqualität
DOI: https://doi.org/10.1007/s11277-021-09337-8

Kurzfassung – Zusammenfassung
Die IEEE hat Wireless Access in Vehicular Environment (WAVE) als Standard für diese Nachrichtenverteilung anerkannt.

In Szenarien mit hoher Fahrzeugdichte verlangsamt die zunehmende Übertragungsrate die Leistung der Übertragungsmethode und erhöht die Paketverlustrate.

Verschiedene Broadcasting-Algorithmen werden im Hinblick auf die Dienstgüte (QoS) verglichen, um den besten Algorithmus zu analysieren, der eine hohe Paketlieferquote erreicht und die Leistung bei hoher Fahrzeugdichte verbessert.

Ein neuer Broadcasting-Algorithmus Traffic Condition Aware Customized Beacon Broadcasting (TCA-CBB) wird vorgestellt und mit anderen Methoden verglichen.

Am Ende der Leistungsbewertung zwischen den Broadcasting-Methoden zeigt sich, dass der vorgeschlagene TCA-CBB-Algorithmus die besten Ergebnisse liefert.

Erweitert:

Am Ende der vergleichenden Ergebnisse kommt man zu dem Schluss, dass die vorgeschlagene Methode TCA-CBB die beste Broadcasting-Methode gegenüber den anderen Broadcasting-Algorithmen wie PCPB, VIDM-PB, DPP und JSPC ist.

Einführung

VANET ist ein aktives und eigenständiges mobiles Ad-Hoc-Netzwerk (MANET), das Kommunikationssysteme von Fahrzeug zu Fahrzeug und von Fahrzeug zu Straßenrand ermöglicht [43].

Diese Art von Anwendung erfordert die Übertragung und Weiterleitung der empfangenen Daten von der Quelle, dem Alarmgeber, an alle Knotenpunkte des Netzes sowie die Verbindung zwischen der Straßeninfrastruktur und den Kraftfahrzeugen.

VANET wurden geschaffen, um den Autofahrern auf der Straße mit einer Reihe von Anwendungen zu helfen, insbesondere um Gefahren abzuwenden und Leben zu retten.

In diesem Papier wird eine Studie zum Thema Rundfunk in Fahrzeugnetzen und eine Diskussion über verschiedene Leistungs- und QoS-Belange im Zusammenhang mit Rundfunk in dieser Forschung vorgestellt.

Die meisten Broadcasting-Protokolle übertragen Nachrichten an Fahrzeuge innerhalb des Sendebereichs und senden sie an die übrigen Fahrzeuge des Netzes weiter.

Im VANET ist ein effizienterer Broadcasting-Algorithmus erforderlich, um bessere QoS-Ergebnisse zu erzielen.

Verwandte Werke

Im Vergleich zur regulären mobilen Kommunikation weist das VANET drei einzigartige Merkmale auf [44].

In erster Linie verwendet das VANET Broadcast-basierte Netzwerke für die Übermittlung von Notfallnachrichten, um eine große Anzahl von Empfängern in kurzer Zeit zu erreichen.

Viele Vorgänge werden von VANET unterstützt, wie z. B. MANET mit zusätzlichen Merkmalen wie Fahrzeug-zu-Fahrzeug-Kommunikation (V2V), Informationsaustausch mit straßenseitigen Einheiten, bekannt als Vehicle 2 Infrastructure (V2X), und Fußgängern, unter anderem [45].

Broadcasting wird in VANETs häufig als Nachrichtenübertragungsmuster verwendet.

IEEE hat zwei grundlegende Normen als VANET-Normen angenommen.

Die Autoren von [45–47] befassten sich mit allgemeinen Merkmalen von Fahrzeugnetzen, Netztopologie und -design, Kommunikationssystemen und internationalen VANET-Projekten.

Eine Studie über verschiedene Technologien, die in Fahrzeugnetzen eingesetzt werden, findet sich in [48], was ein weiteres relevantes Thema für VANET-Reviewer ist.

Vergleichende Analyse von Broadcasting-Algorithmen im VANET
Bakenwarnungen werden verwendet, um den nächsten Sendeknoten zu lokalisieren, was nicht korrekt ist, da Bakennachrichten für die Notfallkommunikation bestimmt sind und nur der aktuelle Standort des Fahrzeugs ausgetauscht wird. (Bakennachrichten enthalten Informationen über die Position der sendenden Fahrzeuge, wie z. B. ihre aktuelle Position, Geschwindigkeit und Fahrtrichtung).

Dieses Segment besteht aus den folgenden vier Teilen: Teil 1 – Mobility Data Gathering Unit (MDGU) Teil 2 – Traffic Condition Estimation Unit (TCEU) Teil 3 – Self-Position Estimator Unit (SPEU) Teil 4 – Beacon Construction and Broadcasting Unit (BCBU) Mobility Data Gathering Unit (MDGU) Die MDGU-Einheit umfasst den Optimal Innovation-based Adaptive Estimation Kalman Filter (OIAE-KF) [49], der Daten wie die aktuelle Position, Geschwindigkeit und Richtung des Fahrzeugs sendet.

Teil 1- Beacon Message Receiving Unit (BMRU) Teil 2- Adjacent Position Estimation Unit (APEU) Beacon Message Receiving Unit (BMRU) Die Bakennachricht des sendenden Fahrzeugs wird von der Beacon Message Receiving Unit (BMRU) gesendet.

Dienstqualitätsmetriken von Broadcasting-Protokollen im VANET
Aufgrund verschiedener Aspekte wie der dynamischen Topologie von VANET-Netzen, der Stabilität, der verzögerungsbeschränkten Übertragung, der hohen Mobilität und des Volumens der Fahrzeuge sowie der Heterogenität des Einsatzkontexts scheint es eine Herausforderung zu sein, QoS in Ad-hoc-Vehikelnetzen einzurichten und aufrechtzuerhalten.

Der Aufbau und die Aufrechterhaltung von QoS in Ad-hoc-Netzen für Fahrzeuge ist aufgrund von Faktoren wie der dynamischen Topologie von VANET-Netzen, der Stabilität, der verzögerungsbeschränkten Übertragung, der höheren Dichte und des Volumens der Fahrzeuge sowie der Vielfalt des Installationskontexts schwierig.

Der Wert der Datenlatenz wird durch die hohe Mobilität der Knoten beeinträchtigt, da die Geschwindigkeit der Fahrzeuge zu häufigen Verbindungsausfällen führt.

Erreichbarkeit Die Erreichbarkeit in einem Fahrzeugnetz wird berechnet, indem die Gesamtzahl der Zielknoten im Netz durch den Anteil der Fahrzeuge, die eine Broadcast-Nachricht empfangen, geteilt wird.

Redundanz Bei der Übertragung von Daten von einem Fahrzeugknoten zum nächsten kann es zu Ausfällen einzelner Knoten kommen, wenn die Daten übertragen werden.

Leistungsbewertung

Leistungskennzahlen wie Paketübertragungsrate (PDR), Overhead, End-to-End-Verzögerung, Durchsatz und Paketverlustrate werden zum Vergleich der Ergebnisse von Broadcasting-Methoden verwendet [50].

Um eine bessere Leistung der Broadcasting-Methode zu erreichen, sollte sie die höchste Paketübertragungsrate bringen.

Die vorgeschlagene Methode TCA-CBB erreicht etwa 97,3 % der Paketzustellungsrate, was der höchste PDR-Prozentsatz ist, der von anderen Übertragungsfahrzeugen erreicht wird.

JSPC weist am Ende der Simulation eine Verzögerung von 4,28 ms auf, während die vorgeschlagene Methode TCA-CBB bei hoher Fahrzeugdichte nur eine Verzögerung von 1,47 ms am Ende der Paketzustellung erreicht.

JSPC erreicht etwa 76,98 % des Durchsatzes, während die vorgeschlagene Methode TCA-CBB den höchsten Durchsatz von 91,23 % bei einer hohen Fahrzeugdichte von 200 Fahrzeugen erreicht.

Die vorgeschlagene Methode TCA-CBB verliert nur 9 Pakete beim Versenden von 50 Datenpaketen, was die geringste Paketübertragungsrate bedeutet.

Schlussfolgerung

In Fahrzeugnetzen ist Broadcasting die ideale Methode für die Verbreitung von Notfallmeldungen, da so eine große Anzahl von Knoten in kurzer Zeit erreicht werden kann.

Da alle Zwischenknoten im VANET eingehende Nachrichten wiedergeben, steigt das Nachrichtenaufkommen im Netz sprunghaft an, was zu einem Broadcast Storm führt.

Die Methoden zur Erleichterung des Rundfunks sollten sicherstellen, dass alle Fahrzeuge im Netz die Notsignale erhalten, und gleichzeitig das Problem des Rundfunksturms vermeiden.

Danksagung

Eine maschinell erstellte Zusammenfassung basierend auf der Arbeit von Sumithra, S.; Vadivel, R. 2021 in drahtloser persönlicher Kommunikation

1.3. Betriebssysteme und Basissoftware

Maschinell erzeugte Schlüsselwörter: Aufgabe, Fehler, statisch, beheben, Kontrollsystem, Protokoll, auftreten, Programm, Kommunikationsprotokoll, erkennen, Fahrzeug, Hardware, verteilen, Zugang, Service

Auswirkungen, Herausforderungen und Aussichten von softwaredefinierten Fahrzeugen

DOI: https://doi.org/10.1007/s42154-022-00179-z

Kurzfassung – Zusammenfassung

Software-definierte Fahrzeuge haben aufgrund ihrer Auswirkungen auf das Ökosystem der Automobilindustrie in Bezug auf Technologien, Produkte, Dienstleistungen und Unternehmenskooperationen immer mehr Aufmerksamkeit auf sich gezogen.

Ausgehend von der aktuellen Situation und dem Bedarf der industriellen Entwicklung werden die wichtigsten Herausforderungen identifiziert, die die Realisierung von softwaredefinierten Fahrzeugen behindern. Dazu gehört, dass sich traditionelle Forschungs- und Entwicklungsmodelle nicht an die iterative Nachfrage nach neuen Automobilprodukten anpassen können, dass die Umwandlung von Unternehmensfähigkeiten mit zahlreichen Herausforderungen konfrontiert ist und dass viele Widersprüche in der industriellen Arbeitsteilung bestehen.

Einführung

Die Konnektivitätsrevolution ermöglicht die vollständige Interaktion von Daten, und die Intelligenzrevolution fördert effektiv die Nutzung von Daten, die sich gegenseitig ergänzen und zu neuen Automobiltechnologien, Infrastrukturen sowie Forschungs- und Entwicklungsmodellen (F&E), Fertigung und Dienstleistungen führen und schließlich das industrielle Ökosystem umgestalten [51].

Es kann vorausgesagt werden, dass intelligente Fahrzeuge in Zukunft zum Kern des digitalen Lebens werden, indem sie intelligenten Verkehr, intelligente Stadt und intelligente Energie verbinden und den Datenfluss ermöglichen [52].

Software als Werkzeug zur Datenerzeugung, -verbreitung und -anwendung wird in den Phasen von Forschung und Entwicklung, Produktion, Verkauf, Betrieb und Service während des gesamten Lebenszyklus von Fahrzeugen eine wichtige Rolle spielen.

Im Vergleich zu datendefinierten Fahrzeugen können softwaredefinierte Fahrzeuge (SDVs) den Wandel im Verhältnis zwischen Hardware und Software und die Entwicklungsrichtung von Automobilprodukten besser widerspiegeln.

Es sollte klargestellt werden, dass das Konzept der SDV nicht dasselbe ist wie das der intelligenten Fahrzeuge.

Industrieller Wiederaufbau durch SDV

Die technischen Elemente der SDV werden zusammengefasst als funktionale Hardware, elektrische/elektronische Architektur (EEA), Rechenplattform, Betriebssystem (OS) Kernel, Middleware, Serviceschicht der serviceorientierten Architektur (SOA), funktionale Anwendung, Serviceanwendung und Cloud-Service-Plattform.

Automobilunternehmen können Software und Hardware entkoppeln, so dass die Daten nicht mehr in Subsystemen eingeschlossen sind [53].

Datenerfassung, schichtweise entkoppelte Software und dienstorientierte Anwendungsentwicklung werden die Flexibilität der Softwarearchitektur im Automobilbereich erheblich verbessern.

Entsprechende Unternehmen können den Nutzern mit Hilfe von Software vielfältige Dienstleistungen anbieten; daher ist nicht nur der Wertzuwachs in dieser Phase am größten, sondern auch die Bedeutung des Wertes kann durch die Ausweitung der Grenzen der Automobilindustrie erweitert werden.

Das Plattformunternehmen wird als Integrator aller Elemente im Zentrum des industriellen Musters stehen und das Recht haben, die Fahrzeugarchitektur zu definieren und Software und Hardware zu integrieren.

Herausforderungen bei der Verwirklichung von SDV
Die meisten der Fähigkeiten traditioneller Automobilunternehmen konzentrieren sich auf die Forschung und Entwicklung sowie die Herstellung von Hardware.

Was die Talente betrifft, so benötigt das Forschungs- und Entwicklungsteam aufgrund der Sicherheitsanforderungen an Automobilsoftware grenzüberschreitende Talente mit Fähigkeiten sowohl im Hardware- als auch im Softwaredesign.

Die Talente aus dem traditionellen Bereich der Automobilelektronik sind mit der Forschung und Entwicklung der zugrundeliegenden Hardware vertraut, aber es fehlt ihnen die Fähigkeit zur agilen Entwicklung der Softwarearchitektur.

Die Organisationsstruktur traditioneller Automobilunternehmen ist oft nicht so flach, wie sie für das Hardware-F&E-Modell sein sollte.

Bei der Arbeitsteilung dieser Elemente traten eine Reihe von Problemen auf, z. B. die Frage, wie die Grenzen der eigenen F&E zu bestimmen sind, wie die jeweiligen Vorteile bei der Zusammenarbeit voll zur Geltung gebracht werden können und wie eine wirksame Zusammenarbeit zwischen ausgelagerten Produkten und Produkten durch eigene F&E erfolgen kann. Neben Hardware und Software werden die Daten auch dazu führen, dass die Automobilunternehmen mit den Zulieferern spielen [54].

Die Vorschläge zur industriellen Entwicklung für SDV
Um die Agilität und Flexibilität von SOP-X zu erreichen, muss die Forschung und Entwicklung von Hardware und Software getrennt werden, und die Automobilunternehmen sollten eine EEA-F&E-Plattform, eine Software-F&E-Plattform und eine Plattform für automatische Datenkreisläufe schaffen, die auf den Eigenschaften, Anforderungen und Iterationszyklen von Hardware, Software und Algorithmen basieren.

Starke Zulieferer können sich dafür entscheiden, mit Automobilunternehmen zusammenzuarbeiten, um Schnittstellenstandards zu formulieren und bei der Forschung und Entwicklung von entsprechenden Softwarelösungen zu kooperieren.

Da der Betriebssystemkern nur einen begrenzten Einfluss auf die Differenzierung von Anwendungen der oberen Ebene hat und IKT-Unternehmen offensichtliche Technologie- und Kostenvorteile in der Forschung und Entwicklung haben, sollten starke Automobilunternehmen die Auslagerung der kundenspezifischen Entwicklung an Zulieferer in Betracht ziehen.

Dieses Problem muss in verschiedenen Szenarien gelöst werden: Bei starken Automobilunternehmen und starken Zulieferern verfügen beide über starke Fähigkeiten, und es kann zu einem Wettbewerb zwischen ihnen bei der Forschung und Entwicklung von Software kommen.

Schlussfolgerungen

Software und Hardware sind voneinander entkoppelt, und die Software kann die Hardware frei aufrufen und steuern. So wird die kontinuierliche Weiterentwicklung von datengesteuerten Automobilprodukten möglich, die den Nutzern ständig neue Erfahrungen bieten.

Vor diesem Hintergrund wird die Wertschöpfungsökologie von Automobilprodukten allmählich von Software dominiert werden und alte Marktteilnehmer zur aktiven Umgestaltung und neue Marktteilnehmer zum Markteintritt bewegen.

Da es schwierig ist, die Verbesserung des technologischen Niveaus, die Änderung des F&E-Modells, die Umwandlung der Unternehmenskapazitäten und die industrielle Arbeitsteilung zu erreichen, ist die effektive Kombination industrieller ökologischer Ressourcen noch nicht erreicht worden.

Danksagung
Eine maschinell erstellte Zusammenfassung basierend auf der Arbeit von Liu, Zongwei; Zhang, Wang; Zhao, Fuquan 2022 in der Automobil-Innovation

Ein Ansatz zur Berücksichtigung der Sicherheit als nicht-funktionale Anforderung in verteilten Fahrzeugsteuerungssystemen
DOI: https://doi.org/10.1007/s40313-019-00483-w

Kurzfassung – Zusammenfassung

Verteilte Fahrzeugsteuerungssysteme umfassen mehrere sicherheitskritische Prozesse, so dass Zuverlässigkeitsaspekte immer mehr an Bedeutung gewinnen, was zu Bedenken hinsichtlich der Beeinträchtigung durch Fehler führt.

Vor diesem Hintergrund wird in diesem Beitrag eine Kombination von aspektorientierten Konzepten zur Modellierung von Fehlern in frühen Entwurfsphasen von verteilten Fahrzeugsteuerungssystemen vorgestellt.

Es wird ein Ansatz zur Fehlermodellierung in Kommunikationsprotokollen in Form von nicht-funktionalen Anforderungen (NFR) vorgeschlagen, der die aspektorientierte Modellierung (AOM) mit Unterstützung des Real-Time From Requirements to Design using Aspects (RT-FRIDA) Frameworks verwendet.

Die Analyse mit der Softgoal-Gewicht-Methode bietet auch eine alternative Sicht auf die Auswirkungen der Fehlermodellierung in fahrzeugkritischen Echtzeitsystemen.
Erweitert:
Zukünftige Arbeiten sehen die Anwendung der Methode für die Kartierung anderer Fehlertypen und auch ihre Implementierung in einem realen intra-vehicularen Netzwerk vor, wobei die Leistung und Möglichkeiten für Verbesserungen analysiert werden.

Einführung
Ein weiteres Kommunikationsprotokoll, das speziell für den Automobilsektor entwickelt wurde und fehlertolerante Konzepte beinhaltet, ist das FlexRay-Protokoll (Tuohy et al. [55]).

Die vorliegende Arbeit kombiniert die NFR-Spezifikation von Fehlern und die Strategie der aspektorientierten Modellierung (AOM) im Entwurf verteilter Kontrollsysteme und ermöglicht die Modellierung fehlertoleranter und fehlerdiagnostischer Mechanismen zur Verbesserung der Zuverlässigkeit von Kommunikationsprotokollen mit Schwerpunkt auf intra-vehicularen Netzwerken.

Das Forschungsproblem konzentriert sich auf das Fehlen von Fehlermodellierungstechniken in frühen Entwurfsphasen, wobei der Schwerpunkt auf fahrzeuginternen Kommunikationsprotokollen liegt, die aufgrund der Komplexität, die durch die in der Automobilindustrie angewandten neuen Technologien gefordert wird, in zunehmendem Maße Fehlern und Interferenzen ausgesetzt sind.

Der Hauptbeitrag dieses Papiers ist die Erforschung von AOM für die Fehlermodellierung in früheren Entwurfsphasen, wobei der Schwerpunkt insbesondere auf Zuverlässigkeitsaspekten der Kommunikationsprotokolle liegt.

Überblick über die Fehlermodellierung für intra-vehikuläre Netze
Nach Kienzle et al. [56] konzentriert sich AOM auf die Anwendung von Techniken, die auf Aspekten basieren, mit dem Ziel, transversale Konzepte (Querschnittsbelange) unter Verwendung von Modellierungsnotationen und Abstraktionsebenen zu modularisieren.

In der Arbeit von Wehrmeister et al. [57] wird die Anwendung von Software-Engineering in der Industrieautomatisierung hervorgehoben, wobei der Schwerpunkt auf der Verwendung aspektorientierter Konzepte liegt, die bei der Entwicklung neuer Anwendungen für eingebettete Systeme aufgrund ihrer Fähigkeit, die Effizienz des Software-Lebenszyklus und die Zuverlässigkeit zu verbessern, ein Trend sind.

In traditionellen Software-Engineering-Ansätzen werden spezifische Probleme im Zusammenhang mit der NFR-Spezifikation, wie z. B. transiente Fehler in Kommunikationsprozessen, nicht berücksichtigt, was eine offene Forschungsherausforderung darstellt (Oetjens et al. [58]; Huang et al. [59]).

Die Unterstützung von AOM, die aspektorientierte Programmierung (AOP), ist durch die Verwendung spezifischer Notationen im Quellcode gekennzeichnet, die übergreifende Belange darstellen, die das zu entwickelnde System als Ganzes betreffen.

Obwohl diese Konzepte in verschiedenen Kontexten angewandt werden, gibt es Lücken in Bezug auf Fehlermodellierungstechniken in frühen Entwurfsphasen mit der zunehmenden Komplexität verteilter Fahrzeugsteuerungssysteme.

Verwandte Werke
In der Arbeit von Chiremsel et al. [60] wird ein probabilistischer Ansatz für die Fehlerdiagnose bei sicherheitsgerichteten Systemen auf der Grundlage der Fehlerbaumanalyse (FTA) und Bayes'scher Netze (BN) vorgestellt.

Eine neuere Arbeit, die in Akkaya et al. [61] vorgestellt wurde, zeigt, wie die aspektorientierte Modellierung in einem modellbasierten Entwurf verwendet werden kann, und betont, wie der Ansatz die Systemkomplexität bewältigen kann.

Eine weitere Arbeit, die die Grundlage dieser Forschung, d. h. die Zuverlässigkeitsmodellierung in den Entwurfsphasen, hervorhebt, wird in Mo et al. [62] vorgestellt.

Die vorliegende Arbeit zielt darauf ab, die nicht-funktionale Anforderungsspezifikation im Zusammenhang mit Fehlern in Kommunikationsprotokollen zu behandeln und auf ähnliche Weise zur Zuverlässigkeit der verteilten eingebetteten Steuerungssysteme beizutragen.

Die in Roque et al. [63] vorgestellte Arbeit schlägt eine Erweiterung des RT-FRIDA-Rahmens vor, um diese Lücke zu schließen, und zwar durch die Klassifizierung von Fehlern nach spezifischen NFR und deren Modell unter Verwendung des aspektorientierten Paradigmas.

Vorgeschlagene Fehlermodellierung für verteilte Fahrzeugsteuerungssysteme
Um einen Beitrag zur Lösung dieser Probleme zu leisten, wird in der vorliegenden Arbeit die Integration der aspektorientierten Modellierungsmethodik und RT-FRIDA mit neueren Arbeiten auf der Grundlage von AOM zur Korrelation und Modellierung von Kommunikationsfehlern als Aspekte vorgeschlagen.

Die Interaktion verdeutlicht, dass sich die vorliegende Arbeit auf Protokolle konzentriert, die in fahrzeuginternen Netzen verwendet werden, und auf verschiedene Arten von Fehlern, die mit Hilfe von „Aspekten" als NFR modelliert werden.

In der Arbeit von Freitas et al. [64] werden verschiedene Anforderungen, die den Betrieb des Echtzeitsystems beeinflussen, in vier Gruppen eingeteilt: „Zeit", „Leistung", „Verteilung" und „eingebettet".

Fehler können sich auf die von Freitas et al. [64] vorgeschlagene Klassifizierung auswirken und viele NFR gleichzeitig verändern.

Das Framework RT-FRIDA konzentriert sich auf Echtzeitanforderungen mit einem neuen Teil „Fehleraspekte", der verschiedene Fehlertypen berücksichtigt, die mit AOM spezifiziert werden können.

Fallstudie zur Fehlermodellierung mit RT-FRIDA Extended

Nach der Spezifikation dieser Anforderungen wird das Anwendungsfalldiagramm aktualisiert und enthält „Aspekte"-Stereotypen, die den zusätzlichen Teil der modellierten NFR darstellen.

RT-FRIDA wird für die NFR-Fehlerspezifikation auf der Grundlage von AOM eingesetzt, und UML MARTE ergänzt diesen Prozess durch die Bereitstellung spezifischer Stereotypen zur Verdeutlichung der Entwicklung.

Durch die Zuordnung von NFR im Zusammenhang mit EFT-Fehlern und die Aktualisierung des Anwendungsfalldiagramms wurde ein Klassendiagramm für das aktive Federungssystem entwickelt.

Die Verwendung von aspektorientierten Konzepten in Kombination mit dem erweiterten RT-FRIDA-Rahmen trägt zur Spezifikation von NFR in Bezug auf die betreffende Domäne bei und ermöglicht die Darstellung dieser Aspekte in angepassten UML-Modellen.

Diese Modellierungsmethode, die durch eine frühzeitige Fehleranalyse, Vorlagen und Checklisten des RT-FRIDA-Frameworks unterstützt wird, kann in verschiedenen verteilten eingebetteten Systemen in den Entwurfsphasen wiederverwendet werden, wobei die Verbindung zwischen den Testphasen, den Anforderungen und dem Entwurf aufrechterhalten wird, was die Rückverfolgbarkeit und die Systemwartung fördert.

NFR-Bewertung mit der Softgoal-Gewicht-Methode

SIG hingegen kann quantitativ darstellen, wie sich verschiedene Fehlertypen auf die Anforderungsspezifikation auswirken können (Subramanian und Zalewski 65).

Basierend auf den Konzepten des NFR-Rahmens von Chung et al. [66] und neueren Arbeiten zur quantitativen Bewertung von NFR (Subramanian und Zalewski [65]; Yamamoto [67]) wurde ein Softgoal Interdependence Graph (SIG) entwickelt, um die Echtzeit-NFR für ein Fahrzeug-Fehlerdiagnosesystem darzustellen und zu bewerten.

Der Vergleich dieses quantitativen Ergebnisses für das erweiterte und das ursprüngliche RT-FRIDA, 1 bzw. 3/5, zeigt, wie die Ergänzung der NFR-Spezifikation durch aspektorientierte Konzepte zur Fehlermodellierung und damit zur Verbesserung der Systemzuverlässigkeit beitragen kann.

Nach Experimenten zur Analyse der Fehleranfälligkeit in Fahrzeugnetzen ermöglicht der erweiterte RT-FRIDA-Rahmen durch spezifische Checklisten und NFR-Vorlagen eine detaillierte Beschreibung von Art, Ursache und Auswirkungen der Fehlerbeeinträchtigung.

In Kombination mit der angewandten Softgoal-Gewichtungsmethode ist es möglich, den Beitrag der Fehlerspezifikation als NFR und der Fehlermodellierung in den Entwurfsphasen zu beobachten.

Schlussfolgerungen und zukünftige Arbeiten

Die Modellierung von Fehlern in frühen Entwurfsphasen ist für die Verbesserung der Zuverlässigkeit und Wartungsfreundlichkeit unerlässlich.

Es ist möglich, einen auf der vorgeschlagenen Methode basierenden Fehlerbeobachter in intra-vehicularen Netzwerken zu implementieren, um Standardfehler und Leistungsverschlechterungen zu erkennen.

Es wurden Experimente in einem realen CAN-Bus-Netzwerk durchgeführt, um die Auswirkungen von EFT-Fehlern auf die Leistung des kritischen Steuerungssystems zu überprüfen.

Die Checkliste und die Modelle, die im RT-FRIDA-Rahmenwerk zusammengefasst sind, stellen die Möglichkeiten dar, die Auswirkungen von Fehlern nach deren Analyse und der Spezifikation geeigneter NFR abzubilden.

Der Ansatz trägt zur Verbesserung der Fehlermodellierung in den Entwurfsphasen bei.

Zukünftige Arbeiten sehen die Anwendung der Methode für die Abbildung anderer Fehlertypen und die Implementierung in einem realen intra-vehicularen Netzwerk vor, wobei die Leistung und Möglichkeiten für Verbesserungen analysiert werden.

Danksagung
Eine maschinell erstellte Zusammenfassung basierend auf der Arbeit von Roque, Alexandre dos Santos; Pohren, Daniel; Freitas, Edison Pignaton; Pereira, Carlos Eduardo 2019 in Journal of Control, Automation and Electrical Systems

Statische Analyse zur Erkennung von High-Level-Races in RTOS-Kerneln
DOI: https://doi.org/10.1007/s10703-020-00354-0

Kurzfassung – Zusammenfassung
Wir schlagen einen auf statischer Analyse basierenden Ansatz zur Erkennung von High-Level-Races in RTOS-Kerneln vor, die häufig in sicherheitskritischer eingebetteter Software verwendet werden.

Bisherige Techniken zur Erkennung von High-Level-Races beruhen auf Modellprüfungsansätzen, die ineffizient und a priori unsolide sind.

Wir evaluieren unsere Technik an vier populären RTOS-Kerneln und zeigen, dass sie effektiv und mit hoher Präzision Rassen erkennt, von denen viele schädlich sind.

Erweitert:

Wir möchten diesen Ansatz auf Kernel ausweiten, die mehrere Kerne (wie TI-RTOS) und mehrere Partitionen (im Sinne eines Separationskerns) wie P-RTOS verwenden.

Einführung
Wir konzentrieren uns in dieser Arbeit auf High-Level-Races, die in den Kernel-API-Funktionen von Echtzeitbetriebssystemen (RTOS) auftreten, die häufig in eingebetteter Software verwendet werden.

Die Erkennung von High-Level-Races in den Kernel-APIs eines RTOS ist wichtig und schwierig zugleich.

Man konstruiert ein Modell für eine „allgemeinste" Anwendung A, die nicht-deterministisch alle Kernel-API-Funktionen nutzt, und verwendet den Model-Checker, um erschöpfend nach High-Level-Races zu suchen.

Unser High-Level-Race-Detection-Algorithmus führt im Wesentlichen eine Disjoint-Block-Analyse der Kernel-API-Funktionen durch und prüft dann für jedes Paar konfligierender kritischer Zugriffe, ob sie durch ein Paar Disjoint-Blöcke „abgedeckt" sind.

Unsere Analyse findet mehrere schädliche High-Level-Races in jedem dieser RTOSs (mit Ausnahme von ChibiOS) in einer Laufzeit von wenigen Sekunden und mit einer geringen Rate an Fehlalarmen.

Übersicht

Als Entwickler können wir die Zeilen 3–9 in ProcessResume als kritischen Zugriff A kennzeichnen. Dieses Codestück greift auf Kernel-Strukturen wie die verzögerte und die fertige Warteschlange zu und muss eindeutig „ausschließlich" vor anderen kritischen Zugriffen auf eine dieser Strukturen erfolgen, da die Datenstrukturen andernfalls in einen inkonsistenten oder fehlerhaften Zustand geraten könnten.

Die Zeilen 2–16 in TimeDelay können als kritischer Zugriff B auf die verzögerten und bereiten Warteschlangen sowie auf die Tick-Count-Variable betrachtet werden.

Von einem High-Level-Race, an dem die kritischen Zugriffe A und B beteiligt sind, spricht man, wenn ein Anwendungsprogramm ausgeführt wird, das diese Kernel-Routinen so nutzt, dass sich die kritischen Zugriffe bei der Ausführung überlagern (oder überschneiden).

Unterbrechungsgesteuerte Programme mit Rückrufen

Jeder Thread ist einer von drei Typen: Task-Threads, die wie Standard-Threads sind, ISR-Threads, die Interrupt-Service-Routinen darstellen, und Callback-Threads, die von ISR-Threads aktiviert werden.

Task-Threads können von anderen Task-Threads oder Callback-Threads (wenn Unterbrechungen nicht deaktiviert sind und der Scheduler nicht angehalten ist) oder von ISR-Threads (wenn Unterbrechungen nicht deaktiviert sind) überholt werden.

Callback-Threads sind anfangs deaktiviert und können durch einen Aktivierungsbefehl von einem ISR aus aktiviert werden.

Ein Callback-Thread wird nach seiner Ausführung deaktiviert und kann durch einen Aktivierungsbefehl von einer ISR wieder aktiviert werden.

Wenn der laufende Thread ein Task-Thread ist, kann der Thread t, der die aktuelle Anweisung ausführt, ein beliebiger aktivierter Thread sein, wenn Unterbrechungen nicht deaktiviert sind und der Scheduler nicht angehalten ist; entweder der laufende Thread oder ein ISR-Thread, wenn Unterbrechungen nicht deaktiviert sind, aber der Scheduler angehalten ist; nur der laufende Thread, wenn Unterbrechungen deaktiviert sind.

Hochrangige Rennen

Wir sagen, dass zwei konkurrierende kritische Zugriffe A und B in zwei verschiedenen Threads eines Programms P in ein High-Level-Rennen verwickelt sind (oder einfach rasend sind), wenn es eine Ausführung von P gibt, in der sie sich zeitlich überschneiden; das heißt, ein Pfadsegment, das einem kritischen Zugriff entspricht, beginnt irgendwo zwischen dem Anfang und dem Ende eines Pfadsegments, das dem anderen Zugriff entspricht.

Die Ausführung des (geänderten) Programms, das durch die Abfolge der Zeilennummern: gegeben ist, führt zu einem High-Level-Race, da sich Block B in produce mit Block A in consume überschneidet.

Wir stufen einen Wettlauf zwischen den kritischen Zugriffen A und B als schädlich ein, wenn es eine Ausführung gibt, bei der sie sich überschneiden und die Ausführung einen Zustand erreicht, der nicht erreicht werden kann, wenn die beiden kritischen Zugriffe nacheinander in einer seriellen Weise ausgeführt werden.

High-Level-Race-Erkennung mit disjunkten Blöcken

Genauer gesagt bilden zwei Codeblöcke F und G ein Paar disjunkter Blöcke in einem Programm P, wenn sich bei jeder Ausführung von P die Teile der Ausführung, die den Pfadsegmenten in F und G (falls vorhanden) entsprechen, zeitlich nie überschneiden.

Für IDC-Programme können wir ein D-Block-Muster definieren, d. h. einen Block in einem Task-Thread, der mit einem Disableint beginnt und mit einem Enableint endet, ohne dass dazwischen ein Enableint liegt.

Die Behauptung ist, dass jedes dieser acht Paare von Mustern gültige disjunkte Blockmuster für IDC-Programme sind.

Betrachten Sie ein IDC-Programm P mit zwei Threads, die jeweils einen S-Block F und einen C-Block G enthalten.

S- und C-Blöcke bilden ein gültiges disjunktes Blockmuster für IDC-Programme.

Mit einem ähnlichen Argument lässt sich begründen, dass die anderen Paare gültige disjunkte Blockmuster für IDC-Programme bilden.

Analyse des P-RTOS-Kernels

Kehren wir zu dem Problem zurück, High-Level-Races in den Kernel-APIs von P-RTOS zu finden.

Wir sind daran interessiert zu wissen, ob es ein High-Level-Race mit den markierten kritischen Zugriffen gibt, in dem Sinne, dass es eine P-RTOS-Anwendung gibt, die die Kernel-APIs aufruft, und eine Ausführung dieser Anwendung, bei der sich zwei widersprüchliche kritische Zugriffe überschneiden.

P-RTOS hat 45 API-Funktionen, die von Task-Threads aufgerufen werden können, und 23 API-Funktionen, die von Callbacks aufgerufen werden können.

Algorithmus 2 zeigt unseren Algorithmus zur Erkennung von High-Level-Races in P-RTOS.

Damit haben wir einen soliden Algorithmus zur Erkennung von High-Level-Races im P-RTOS-Kernel.

Analysieren des TI-RTOS-Kernels
TI-RTOS-Anwendungen zeichnen sich durch die Verwendung von Software-Interrupts und feinkörnigen Synchronisationsmechanismen aus, die verschiedene Arten von Threads deaktivieren und aktivieren.

Eine Anwendung in dieser Sprache hat drei Arten von Threads: Tasks, Software-Interrupts (SWI) und Hardware-Interrupts (HWI).

Der Haupt-Thread ist ein Task-Thread, der globale Variablen initialisiert und den Start-Befehl aufruft, um die Task- und SWI-Scheduler zu aktivieren und auch um Interrupts zu aktivieren.

Ein Task-Thread kann von anderen Task-Threads vorgezogen werden (wenn die Task- und SWI-Scheduler aktiviert sind und Interrupts aktiviert sind), oder von SWI-Threads (wenn der SWI-Scheduler und Interrupts aktiviert sind), oder von HWI-Threads (wenn Interrupts aktiviert sind).

TI-RTOS verfügt über 45 API-Funktionen, von denen konventionsgemäß 16 in Task-Threads, 13 in SWI-Threads und 12 in HWI-Threads verwendet werden können.

Analysieren des ChibiOS-Kernels
Ein Programm in dieser Sprache besteht aus Task-Threads und ISR-Threads.

Die Task-Threads können von anderen Task- oder ISR-Threads vorweggenommen werden, wenn die Unterbrechungen nicht deaktiviert sind.

Der Haupt-Task-Thread initialisiert gemeinsam genutzte Kernel-Datenstrukturen und erstellt dann andere Task-Threads.

Jeder der Task- und ISR-Threads ruft nicht-deterministisch die Funktionen der Kernel-APIs auf.

APIs ohne Suffix können von den Task-Threads aus aufgerufen werden.

APIs mit dem Suffix „S" müssen innerhalb eines sysLock-sysUnlock-Blocks in einem Task-Thread aufgerufen werden.

Die APIs mit dem Suffix „I" werden innerhalb der Blöcke sysLock-sysUnlock und sysLockFromISR-sysUnlockFromISR von Task- bzw. ISR-Threads aufgerufen.

Wenn diese APIs im Zusammenhang mit einem Task-Thread aufgerufen werden, sollte ein Aufruf an den Scheduler folgen.

Es gibt 29 Task-APIs und 8 ISR-APIs, die von ChibiOS unterstützt werden.

Analysieren des FreeRTOS-Kernels
Ein IDP-Programm erlaubt nur Task- und ISR-Threads mit einfacheren Beschränkungen für die Vorkaufsrechte.

Ein IDP-Programm verwendet jedoch zusätzlich zu den üblichen Interrupt- und Scheduler-Disable-Enable-Befehlen auch Flags zur Synchronisation.

Das Papier identifiziert acht disjunkte Blockmuster für IDP-Programme.

Dazu gehören die Blöcke, die denen ähneln, die wir für unsere anderen Sprachen diskutiert haben, wie z. B. Disable-Enable-Blöcke, Scheduler Suspend-Resume-Blöcke, alle Task- und ISR-Thread-Blöcke.

Experimentelle Bewertung

Zunächst haben wir die Kernel-API-Funktionen vorbereitet, indem wir den Initialisierungscode identifiziert haben (z. B. wird in FreeRTOS beim Start eine Idle-Task erstellt, die auf viele gemeinsam genutzte Kernelvariablen zugreift, oder in ChibiOS und TI-RTOS wird die Ready-Queue erstellt und initialisiert usw.), der Teil des Haupt-Threads sein soll.

Das Tool meldet einen Wettlauf zwischen kritischen Zugriffen in den API-Funktionen ProcessCreate und TimeDelay, die beide auf die eState-Struktur einer Aufgabe zugreifen.

Alle von unserem Tool für ChibiOS gemeldeten Races erwiesen sich aufgrund der Art und Weise, wie kritische Zugriffe markiert wurden, als Fehlalarme.

Ein Beispiel für ein echtes positives, aber gutartiges Rennen in P-RTOS ist der kritische Zugriff in der SetEvent-Funktion.

Von einem schädlichen Rennen haben wir kritische Zugriffe in den BufferSend und Tick_ISR Funktionen von P-RTOS.

In TI-RTOS sind einige der schädlichen Wettläufe mit Zugriffen in der Task-Löschfunktion verbunden.

Verwandte Arbeiten

Die Lockset-basierte statische Analyse für Data Races in klassischen nebenläufigen Programmen [68–71] könnte prinzipiell erweitert werden, um High-Level-Races zu behandeln.

Schwarz et al [72, 73] bieten eine präzise Datenflussanalyse zur Überprüfung von Wettläufen in unterbrechungsgesteuerten Anwendungen, die flag-basierte Synchronisation und unterbrechungsgesteuertes Scheduling behandelt.

Wang et al. [74] analysieren unterbrechungsgesteuerte Anwendungen mit einer Kombination aus symbolischer und dynamischer Analyse auf Rassen.

Chopra et al. [75] schlagen den Begriff der disjunkten Blöcke vor, um Datenrennen zu erkennen und eine Datenflussanalyse für Free-RTOS-ähnliche interruptgesteuerte Kernel durchzuführen.

Unsere Arbeit erweitert die Verwendung von disjunkten Blöcken zur Behandlung von High-Level-Races und identifiziert außerdem disjunkte Blockmuster für neue Klassen von unterbrechungsgesteuerten Programmen mit Callbacks, Software-Interrupts und Yields.

Die eng verwandte Arbeit [76] verwendet einen Model-Checking-Ansatz, um alle High-Level-Races in v6.1.1 des FreeRTOS-Kernels zu finden.

1 Fahrzeugarchitektur und Infrastruktur

Schlussfolgerung
Wir haben den ersten umfassenden, auf statischer Analyse basierenden Ansatz zur Erkennung von High-Level-Races in RTOS-Kerneln vorgestellt.

Wir sind der Meinung, dass der Ansatz auf den Bereich der interruptgesteuerten Kernel weithin anwendbar ist, in dem viele spezialisierte und proprietäre Kernel im Einsatz zu sein scheinen.

Wir möchten diesen Ansatz auf Kernel ausweiten, die mehrere Kerne (wie TI-RTOS) und mehrere Partitionen (im Sinne eines Separationskerns) wie P-RTOS verwenden.

Danksagung
Eine maschinell erstellte Zusammenfassung basierend auf der Arbeit von Pai, Rekha; Singh, Abhishek; D'Souza, Deepak; D'Souza, Meenakshi; Prakash, Prathibha 2021 in Formale Methoden im Systementwurf

1.4. Anzeigen und Displays

Maschinell erzeugte Schlüsselwörter: Vision, Kamera, automatisiertes Fahrzeug, fahrzeugintern, adas, Fahrzeug, Experiment, Bild, autonomes Fahrzeug, Wahrnehmung, Realwelt, Modul, automatisieren, Zeitraum, Softwarearchitektur

Verbesserte Fahrinformationen: ein Praxisexperiment über die Auswirkungen von HUD auf die Mensch-Maschine-Schnittstelle, die Fahrleistung und die Sicherheit

DOI: https://doi.org/10.1007/s13177-021-00277-y

Kurzfassung – Zusammenfassung
Das Head-up-Display (HUD), das die Fahrinformationen in die Windschutzscheibe reflektiert, soll die Anstrengung des Fahrers bei der Informationsaufnahme verringern und dadurch die Sicherheit erhöhen, indem es Risiken wie Müdigkeit und Stress reduziert.

Die Nutzerakzeptanz von fortschrittlichen Fahrassistenzsystemen (ADAS) ist bemerkenswert gering.

Nach jeder Fahrt bewerteten die Teilnehmer ihr Fahrerlebnis im Hinblick auf die Mensch-Maschine-Schnittstelle (HMI), ihr Sicherheitsgefühl und ihre Fahrleistung.

Ergebnisse von CMP-Regressionen (Roodman, Stata J. 11, 159–206 [77]) zeigen, dass das HUD einen signifikant positiven Effekt auf die Fahrleistung und das Sicherheitsgefühl sowie auf das Fahrerlebnis insgesamt hat.

Erweitert:
ADAS sind nicht mehr die Zukunft, sondern bereits die Gegenwart auf unseren Straßen.

Einführung

Die Informationen, die den Fahrern angezeigt werden, haben in direktem Zusammenhang mit dem Aufschwung der fortgeschrittenen Fahrassistenzsysteme (ADAS) an Bedeutung gewonnen.

Das HUD zeigt uns fahrrelevante Inhalte mit dem Ziel, die Anstrengung des Fahrens durch die Informationsaufnahme zu verringern und dadurch die Sicherheit zu erhöhen, indem es die mit z. B. Müdigkeit, Stress und Ablenkung verbundenen Risiken verringert [78–80].

Unsere Haupthypothese ist einfach: Das HUD verbessert die Mensch-Maschine-Schnittstelle, verringert die wahrgenommene Fahrleistung und erhöht das Sicherheitsgefühl.

H1: HUD steht in Zusammenhang mit psychologischen Faktoren (z. B. Risikovermeidung).

H1a: Die Risikoaversion der Fahrer vermittelt die Auswirkungen des HUD auf die wahrgenommene Fahrleistung und das Sicherheitsgefühl.

H2: Der HUD-Effekt ist kontextabhängig (z. B. Fahrzeugmodell).

Die Risikoaversion der Fahrer kann darüber entscheiden, ob die Wirkung des HUD auf das Fahrerlebnis positiv und signifikant ist.

Versuchsaufbau und -ablauf

Sie wurden lediglich darüber informiert, dass das Hauptziel darin bestand, die Fahrzeuge zu testen und eine allgemeine Bewertung vorzunehmen, d. h. nach jeder der vier Fahrten beantwortete jeder Proband eine Reihe von Fragen, um sein allgemeines Fahrerlebnis zu bewerten.

Um eine Verzerrung der Bewertungen aufgrund von Unterschieden in der ADAS-Konfiguration in Fahrzeug A und B zu vermeiden, baten wir die Probanden, jedes Fahrzeug mit den Standardeinstellungen zu fahren, sowohl für LKAS als auch für HUD.

Wir geben den Wortlaut der Fragen wieder: Bewerten Sie auf einer Skala von 1 = nicht zufrieden bis 7 = sehr zufrieden die folgenden Bewertungskriterien für die LKAs „Inwieweit haben sich Ihre Erwartungen an die Kommunikation, die Funktionalität und das Ziel von ADAS bei den Lenkmanövern, die möglicherweise zu Fahrkorrekturen führen, erfüllt?"

„Inwieweit hat ADAS dazu beigetragen, Ihre Erwartungen an die Fahrleistung zu erfüllen?"

Ergebnisse

Aus der ersten Zeile geht hervor, dass das positive β für das HUD zeigt, dass seine Aktivierung die Verwendung des HDD allein deutlich übertrifft, und zwar bei der wahrgenommenen Fahrleistung und dem Sicherheitsgefühl sowie bei der Gesamtbewertung der HMI-Interaktion.

Wir stellen fest, dass der HUD-Effekt bei der HMI-Interaktion mit β = 0,802 am stärksten ist, d. h. für die Fahrer hat das HUD einen stärkeren Effekt auf ihre HMI-Interaktionsbewertung als auf ihre Fahranstrengung und ihr Sicherheitsempfinden.

Aus den positiven und signifikanten βs in den Spalten (1) und (3) schließen wir, dass das Sicherheitsgefühl dazu beiträgt, die wahrgenommene Fahrleistung zu reduzieren und den Fahrern zu helfen, ihre Erwartungen in Bezug auf die HMI-Interaktion zu erfüllen.

Aus Modell (8) geht hervor, dass das Sicherheitsgefühl den positiven Effekt des HUD auf die Fahrleistung und die HMI-Interaktion vermittelt, d. h. wenn das HUD aktiviert ist, trägt das Sicherheitsgefühl dazu bei, die wahrgenommene Fahrleistung zu verringern.

Diskussion

Die allgemeine Annahme und damit die Hypothese unserer Studie ist, dass ADAS das Fahrerlebnis verbessern, indem sie die wahrgenommene Fahrleistung verringern und das Sicherheitsgefühl erhöhen.

Unsere Analyse und Ergebnisse basieren auf einem Modell, bei dem die Akzeptanz von ADAS durch den Fahrer von zwei Hauptfaktoren abhängt: der wahrgenommenen Fahrleistung und dem Sicherheitsgefühl.

Der HUD-Effekt, d. h. wenn das HUD aktiviert ist, ist bei älteren Fahrern, Studenten und Frauen stärker ausgeprägt, da sie deutlich weniger Anstrengung beim Fahren empfanden, als wenn sie nur mit dem HDD fuhren.

In Anbetracht der Komplexität der internen und externen Validität bei der Untersuchung von Fahrszenarien (d. h. reale Versuchskosten, Endogenität der Parameter, Einstellung der Fahrer, verkehrsrechtliche Fragen usw.) sind wir der Ansicht, dass wir einen wichtigen Schritt zur Analyse der Akzeptanz von ADAS-Nutzern getan haben.

Danksagung

Eine maschinell erstellte Zusammenfassung basierend auf der Arbeit von Luzuriaga, Miguel; Aydogdu, Seda; Schick, Bernhard 2021 in International Journal of Intelligent Transportation Systems Research

Ein modellbasierter Entwurf eines Onboard-Stereobildverarbeitungssystems: Schätzung von Hindernisbewegungen für kooperative automatisierte Fahrzeuge

DOI: https://doi.org/10.1007/s42452-022-05078-w

Kurzfassung – Zusammenfassung

Kooperative Software für automatisierte Fahrzeuge muss fortschrittliche Software-Engineering-Methoden verwenden, um die Komplexität verteilter Software zu bewältigen.

In diesem Artikel wird ein Entwurfsmodell für ein Stereosichtsystem für kooperative automatisierte Fahrzeuge vorgestellt, das auf objektorientierten Analyse- und Entwurfsmethoden und Konzepten einer einheitlichen Modellierungssprache basiert.

Wir verwenden einen rationalen, einheitlichen Prozess und das 4+1 Architekturmodell, um das Stereosichtsystem zu entwickeln.

Das entworfene und entwickelte System wird mit der Simulationsumgebung Carla und der Forschungsplattform Renault Twizy für kooperative automatisierte Fahrzeuge evaluiert.

Erweitert:

In diesem Artikel wird eine modellbasierte Entwurfsmethodik zur Entwicklung eines Onboard-Stereosichtsystems für kooperative automatisierte Fahrzeuge vorgestellt.

Einführung

Das i-CAVE ist ein Forschungsprojekt, das sich mit den Herausforderungen bei der Konzeption und Entwicklung einer Platoon-Fahrzeugplattform befasst [81].

In dieser Plattform für Zugfahrzeuge werden alle unabhängigen elektronischen Steuergeräte (ECU) in den Fahrzeugen eingesetzt, um die digitale Steuerung funktionaler Aspekte wie Sicht, Radar, Lenkung, Gas und Bremsen durchzusetzen [82].

Da die Anzahl unabhängiger Steuergeräte in der Plattform eines Zugfahrzeugs zunimmt, müssen fortschrittliche Software-Engineering-Methoden und Entwurfskonzepte eingesetzt werden, um die Softwarekomplexität zu beherrschen [83].

Um Anforderungsfehler oder Designmängel zu vermeiden, benötigen wir eine gute Softwarearchitektur und ein Designmodell, bevor wir ein System in der Praxis entwickeln können.

Es ist einfach, eine Schnittstelle zu bestehenden Steuergeräten in der kooperativen automatisierten Fahrzeugsoftwarearchitektur herzustellen.

Die wichtigsten Beiträge dieses Artikels sind: In diesem Beitrag haben wir ein Modell eines Onboard-Stereosichtsystems für kooperative automatisierte Fahrzeuge vorgestellt.

Architektur von kooperativen automatisierten Fahrzeugen

In der platoonbasierten kooperativen automatisierten Fahrzeugarchitektur enthält jedes Fahrzeug die folgenden Funktionskomponenten: (i) Die Sense-Komponente entspricht der Interface-In-Schicht und der Sensor-Schicht der Funktionsarchitektur des automatisierten Fahrzeugs, (ii) die Control-Komponente entspricht der Control-Schicht der Funktionsarchitektur des automatisierten Fahrzeugs, (iii) die Actuate-Komponente entspricht der Actuator-Schicht und der Interface-Out-Schicht der Funktionsarchitektur des automatisierten Fahrzeugs, (iv) die V2V-In-Komponente verarbeitet die eingehenden drahtlosen Nachrichten des Fahrzeugs, und (v) V2V-Out verarbeitet die ausgehenden drahtlosen Nachrichten des Fahrzeugs.

Vorgeschlagenes Onboard-Stereosichtsystem für kooperative automatisierte Fahrzeuge

Dieses Modul führt Objekterkennung, Tiefenschätzung, radiale Abstandsschätzung, Relativgeschwindigkeitsschätzung, Azimutwinkelschätzung, Höhenwinkelschätzung, Fahrspurerkennung und Freiraumerkennung durch, um die Fähigkeit des Fahrzeugs zu bestimmen, sich frei und sicher innerhalb des gewünschten Pfades zu bewegen: Objekterkennung: Der Objekterkennungsalgorithmus erkennt, klassifiziert und verfolgt die verschiedenen Klassen von Objekten wie Autos, Fußgänger, Fahrräder, Verkehrsschilder und Verkehrsampeln.

Schätzung des radialen Abstands: Der Algorithmus zur Schätzung des Objektabstands schätzt den radialen Abstand jedes erkannten Objekts, indem er die berechnete Objekttiefe und den entsprechenden Objektpunkt in der linken Stereokamerabildebene verwendet.

Der Algorithmus zur Schätzung des radialen Abstands schätzt den relativen radialen Abstand des Führungsfahrzeugs zum Ego-Fahrzeug in einem Platooning-Szenario.

Der Algorithmus zur Schätzung des Azimut- und Höhenwinkels eines Objekts verwendet die Tiefe und den horizontalen radialen Abstand des Führungsfahrzeugs, um den Azimutwinkel des Führungsfahrzeugs in Bezug auf das Ego-Fahrzeug in einem Platooning-Szenario zu schätzen.

Analyse der Anforderungen
Die Hauptanforderungen an das vorgeschlagene Stereo-Vision-System bestehen darin, die Verkehrsumgebungsinformationen vor dem Ego-Fahrzeug wahrzunehmen und die verarbeiteten Verkehrsumgebungsinformationen an das automatische Fahrzeugsteuerungssystem des Ego-Fahrzeugs zu übermitteln.

Im Folgenden werden die wichtigsten funktionalen Anforderungen an das vorgeschlagene Stereobildsystem aufgeführt: (i) Betrieb, das Stereosichtsystem muss immer dann funktionsfähig sein, wenn der Fahrer das Stereosichtsystem über die Benutzerschnittstelle aktiviert, (ii) Umgebungswahrnehmung, das Stereosichtsystem muss die stationären und beweglichen Objekte wahrnehmen, wie z. B. die Art der Objekte, die verfügbaren Fahrspuren, die fahrbare kollisionsfreie Raumgrenze, einschließlich der Dynamik der Objekte, wie z. B. der radialen Entfernung zu den Objekten, der relativen Geschwindigkeit der Objekte, des Azimutwinkels und des Elevationswinkels der Objekte, (iii) Kooperation, das Stereo-Vision-System muss das Platooning unterstützen, indem es die wahrgenommenen Hindernisbewegungsinformationen an das Ego-Fahrzeugsteuerungssystem weitergibt.

Modellbasierter Entwurf eines Onboard-Stereosichtsystems
Um die Stereowahrnehmung zu erreichen, interagiert das Stereobildsystem mit den folgenden Akteuren: Fahrer, linke Stereokamera, rechte Stereokamera, Kalibrierungsdatei, Objekte, Fahrbahnmarkierungen, Freiraumbegrenzung, Fahrzeugsteuerungssystem und Display.

Das entzerrte linke Kamerabild wird als Eingabe für die Anwendungsfälle Objekterkennung, Objekttiefenschätzung, Objektabstandsschätzung, Objektgeschwindigkeitsschätzung, Objektwinkelschätzung, Fahrspurerkennung, Freiraumerkennung, Senden von Hindernisinformationen und Visualisierung verwendet.

Der Anwendungsfall Objektabstandsschätzung schätzt den radialen Abstand jedes erkannten Objekts anhand der berechneten Objekttiefe und des entsprechenden Objektpunkts in der linken Stereokamerabildebene.

Die physikalische Umgebung des Stereo-Vision-Systems besteht aus einer Stereokamera (linke Stereokamera und rechte Stereokamera), die Stereobilder aufnimmt, einer Fahrzeugbatterie, die die Stromversorgung sicherstellt, einem Desktop-PC (Host), der für die Entwicklung der Stereo-Vision-Software verwendet wird und dann die entwickelte Stereo-Vision-Software auf dem Nvidia Drive PX2 bereitstellt, einem Nvidia Drive PX2 (Target), einem Echtzeit-PC, der das Matlab-Simulink-Modell des Fahrzeugsteuerungssystems enthält, und einem Monitor, der die Ergebnisse der Stereo-Vision-Software auf dem Display des Fahrzeugs anzeigt.

Automatische Codegenerierung und Entwicklung von Stereovision-Software
Die Entwicklungsplattform für die Stereovision-Software ist Ubuntu 16.04 LTS unter Verwendung der Sprache C++ mit Nvidia DriveWorks 1.2, CUDA 9.2 und der CuDNN 7.4.1-Bibliothek.

Ausführliche Informationen zu den entwickelten Stereobildverarbeitungsmethoden finden Sie in [84].

Experimenteller Aufbau
Das Ego-Fahrzeug, der Renault Twizy, ist mit einer Gigabit Multimedia Serial Link (GMSL)-Stereokamera, einer Nvidia Drive PX2-Hardwareplattform und einer Stereo-Vision-Software ausgestattet.

Wir haben die von uns vorgeschlagene Stereo-Vision-Software vom Desktop-PC (Host) über ein Ethernet-Kabel auf die Hardware-Plattform Drive PX2 AutoChauffeur (Target) übertragen [85].

Die vorgestellte Stereo-Vision-Software ist Teil einer Wahrnehmungssoftware für kooperative automatisierte Fahrzeuge, mit der die Umgebung in Echtzeit wahrgenommen werden kann.

Die On-Board-Stereo-Vision-Software erfasst die Eingangsbilder von der Stereokamera über das GMSL-Kabel, erkennt die verschiedenen Hindernisse auf der Straße und stellt deren Informationen über den CAN-Bus dem Fahrzeugsteuerungssystem in Bezug auf das Ego-Fahrzeug zur Verfügung.

Wir haben einen kleinen Monitor verwendet, der die Ergebnisse der Stereo-Vision-Software über ein HDMI-Kabel (High-Definition Multimedia Interface) im Fahrzeugdisplay anzeigt.

Experimentelle Ergebnisse
In diesem Abschnitt werden die Ergebnisse der experimentellen Bewertung unseres vorgeschlagenen Stereo-Vision-Systems mit Simulations- und Forschungsfahrzeugen erörtert.

Wir haben die vorgeschlagene Stereo-Vision-Software auf einem Renault Twizy, einem kooperativen automatisierten Forschungsfahrzeug, eingesetzt.

Die Farbe der Boundingboxen stellt die erkannten Klassen wie folgt dar: rot für ein Auto, grün für eine Person, blau für ein Fahrrad, magenta für ein Straßenschild und orange für ein Verkehrsschild.

Der identifizierte befahrbare Freiraum auf der Straße und die Hindernisklassifizierung werden als Freiraumgrenzpunkte angezeigt.

Jedem Pixel auf der Grenze wird eine der vier semantischen Bezeichnungen zugeordnet: rot für ein Fahrzeug, blau für einen Fußgänger, grün für einen Bordstein und gelb für andere.

Diskussionen

Das hier besprochene Entwurfsmodell des Stereo-Vision-Systems basiert auf OOAD-Methodologien mit UML-Konzepten.

Basierend auf der Verwendung von mehreren und gleichzeitigen Ansichten wird das 4+1-Ansichtsmodell der Softwarearchitektur zur Beschreibung der Architektur des vorgeschlagenen Stereosystems verwendet.

Der vorgestellte Softwareentwicklungsprozess mit dem 4+1-Sicht-Architekturmodell ist jedoch kein vollständig automatisch generierter Code aus dem entworfenen Systemmodell.

Die Autoren implementierten den Prototyp des entworfenen Modells auf der Grundlage des vom Autocode generierten Skeletalcodes.

Schlussfolgerungen

In diesem Artikel wird eine modellbasierte Entwurfsmethodik zur Entwicklung eines Onboard-Stereosichtsystems für kooperative automatisierte Fahrzeuge vorgestellt.

Die OOAD-Methoden mit UML-Konzepten vereinfachen den Software-Entwicklungsprozess, während Software-Design-Methoden das Stereo-Vision-System modularer machen.

Die modellgesteuerten Methoden werden aus dem entworfenen Modell abgeleitet, das entwickelt und in ein unabhängiges Stereo-Vision-System integriert wird.

Danksagung
Eine maschinell erstellte Zusammenfassung basierend auf der Arbeit von Kemsaram, Narsimlu; Das, Anweshan; Dubbelman, Gijs 2022 in SN Angewandte Wissenschaften

Über die Anwendung von Kameras in autonomen Fahrzeugen

DOI: https://doi.org/10.1007/s11831-022-09741-8

Kurzfassung – Zusammenfassung

Autonome Fahrzeuge haben sich nach großen Fortschritten in der Fahrzeugsensorik und bei intelligenten Erfassungsalgorithmen zunehmend zu einer kritischen Technologie mit Vorteilen in Bezug auf Sicherheit, Effizienz und Komfort entwickelt.

Unter allen Modulen für autonome Fahrzeuge sind die Wahrnehmungsmodule wesentliche Komponenten, und die bordeigene Kamera ist eine von ihnen.

Diese Forschungsarbeit konzentriert sich auf die Theorie und die Anwendungen von Fahrzeugkameras sowie auf die Beschreibung der Eigenschaften und Leistungen.

Erweitert:

Die Technologie der Mensch-Maschine-Interaktion kann eine wesentliche Forschungsrichtung für die Zukunft sein.

Einführung

Da die Wahrnehmungsfähigkeit autonomer Fahrzeuge eng mit den Kameras im Fahrzeug zusammenhängt, hat die Entwicklung der Technologie für autonomes Fahren auch die Weiterentwicklung der Kameratechnologie gefördert.

Es gibt zahlreiche Arten der bestehenden Kameraforschung, wie z. B. intelligente Wahrnehmungsalgorithmen auf der Grundlage verschiedener visueller Funktionen, Wahrnehmungssensoren [86] für fortschrittliche Fahrerassistenzsystemanwendungen und funktionale Modultechnologietrends für autonome Fahrzeuge [87–93] usw. Sie konzentrieren sich entweder auf die Ausarbeitung von Wahrnehmungsalgorithmen, die Bilddaten in einer bestimmten Richtung anwenden, oder beginnen mit einer Einführung in das autonome Fahren aus der Makroperspektive und erörtern kurz einige Anwendungen von Kameras in Kraftfahrzeugen.

In dem Bericht werden verschiedene Aspekte von Fahrzeugkameras, einschließlich ihrer Entwicklung, Prinzipien, Typen, Anwendungen und Algorithmen, umfassend vorgestellt.

Kinderstube (1956–1991) Die Entwicklung von Fahrzeugkameras befand sich zwischen 1956 und 1991 in der Anfangsphase.

Anfängliche Entwicklungsphase (1991–2006) Von 1991 bis 2006 befanden sich die Fahrzeugkameras in einem frühen Stadium der Entwicklung.

Wir wollen eine systematische Übersicht über die Anwendung von Kameras im Fahrzeug für das autonome Fahren erstellen.

Theorie

Eine Objektivgruppe, ein Bildsensorchip und ein DSP-Chip machen den Großteil der Fahrzeugkamera aus.

Da Fahrzeuge in unterschiedlichen Straßenumgebungen fahren, müssen bordeigene Kameras mit verschiedenen schwierigen Bedingungen zurechtkommen, darunter hohe und niedrige Temperaturen, Feuchtigkeit und Hitze, starkes und schwaches Licht, Vibrationen usw. Gemäß GT/C 2218–2019 [94] muss eine bordeigene Kamera daher die folgenden Anforderungen erfüllen: Sichtfeld Das Sichtfeld (FOV) [95] bezieht sich auf den Winkel, der von den beiden Kantenlinien des maximalen Bereichs der beobachtbaren Objekte und dem Scheitelpunkt gebildet wird, wenn sich das Kameraobjektiv im Scheitelpunkt befindet.

Der typische SNR beträgt 45 dB bis 55 dB. Bei einem Signal-Rausch-Verhältnis von 50 dB wird das Ausgangssignal der Kamera mit einer geringen Menge Rauschen vermischt, während die Kamera bei einem SNR von 60 dB eine hervorragende Bildqualität liefert. Dynamikbereich Der Dynamikbereich gibt das Verhältnis zwischen den hellsten und dunkelsten Tönen an, die die Kamera in jedem Bild darstellen kann.

Typen
Die Surround-View-Kamera verwendet in der Regel ein Fisheye-Objektiv, und das Sichtfeld erstreckt sich über mehr als 180 (bis zu 220 Grad), die weniger Bilder zu einem Panorama des Fahrzeugs zusammenfügen können, um Fehler beim Zusammenfügen zu vermeiden.

Montageposition Rundumsichtkameras können an verschiedenen Stellen angebracht werden, z. B. auf dem Dach, den Logos (oder in der Nähe) und den Rückspiegeln der Fahrzeuge.

Einbaulage Die Einbaulage der Nachtsichtkamera ist die gleiche wie die der Frontkamera und der eingebauten Kamera, die eine Erweiterung der beiden Kameras ist, so dass die Erkennung von Hindernissen und die Erkennung der Fahrsituation des Fahrers im Fahrzeug auch bei Nacht möglich ist.

Es gibt sechs Arten von Fahrzeugkameras, die Frontkamera, die Surround-View-Kamera, die Seitenkamera, die Rückfahrkamera, die integrierte Kamera und die Nachtsichtkamera.

Algorithmen
In diesem Abschnitt werden die klassischen Algorithmen zur Erkennung von Fahrspuren, zur Bildverschleierung und zur Bildentwässerung vorgestellt, einschließlich gängiger Lösungen und Arbeitsablaufdiagramme.

Es gibt zwei Haupttypen von Fahrspurerkennungsmethoden: die traditionellen und die Deep-Learning-Algorithmen.

Das Prinzip herkömmlicher Algorithmen basiert auf den physischen Informationen von Fahrspurlinien wie Farbe und Kontur, der Extraktion der Merkmale der Fahrspurlinien und der anschließenden Erkennung von Fahrspurlinienbildern mit Hilfe von Vorlagenabgleich oder anderen Methoden.

Deep-Learning-Algorithmen zur Erkennung von Fahrspuren lassen sich auf der Grundlage unterschiedlicher Technologien in zwei Typen unterteilen: Der eine basiert auf einer semantischen Segmentierung, der andere nicht.

Das Konzept eines auf Deep Learning basierenden Ansatzes zur Entfernung von Regen in Bildern besteht darin, einen Deep-Learning-Algorithmus zu verwenden, um ein Netzwerk zu trainieren, das Regenmuster in Bildern entfernt und den Vorgang der Regenentfernung durchführt.

Schlussfolgerung und künftige Ausrichtung
Die Entwicklungsrichtung von Fahrzeugkameras lässt sich in die folgenden drei Aspekte unterteilen: Multisensor-Fusionstechnologie, elektronische Spiegel und Mensch-Maschine-Interaktion.

Multi-Sensor-Fusionstechnologie Das Fahrzeug-Automatisierungssystem ist nicht in der Lage, Informationen über den Zustand der Außenwelt zu erfassen, da es sich in einer unbekannten Straßenumgebung befindet.

Die Multi-Sensor-Fusionstechnologie [96] wird in großem Umfang entwickelt und eingesetzt, um die Beschränkungen und Unsicherheiten der Interpretation der Umgebung durch einen einzelnen Sensor zu umgehen und das sichere Fahren autonomer Fahrzeuge in unterschiedlichen Kontexten zu gewährleisten.

Die Fusion mehrerer Sensoren ermöglicht es autonomen Fahrzeugen, bessere Leistungen bei der Straßenerkennung, der Verfolgung mehrerer Ziele, der Identifizierung von Fahrspuren usw. zu erbringen, und liefert umfassendere Umweltinformationen [97].

Mit der Verbesserung der Technologie des autonomen Fahrens hat sich die weitere Entwicklung in Richtung Komfort und Bequemlichkeit der Fahrzeuge verlagert, da die Nachfrage der Menschen nach einem hochwertigen Reiseerlebnis allmählich steigt.

Danksagung
Eine maschinell erstellte Zusammenfassung basierend auf der Arbeit von Wang, Chaoyang; Wang, Xiaonan; Hu, Hao; Liang, Yanxue; Shen, Gang 2022 in Archiv für Berechnungsmethoden im Ingenieurwesen

Literatur

1. Ying X, Bernieri G, Conti M, Poovendran R (2019) TACAN: transmitter authentication through covert channels in controller area networks. In: Proceedings of the 10th ACM/IEEE international conference on cyber-physical systems, ICCPS 2019, April 16–18, 2019. Montreal, QC, S 23–34
2. Groza B, Popa L, Murvay PS (2021) Canto-covert authentication with timing channels over optimized traffic flows for can. IEEE Trans Inf Foren Secur 16:601–616. https://doi.org/10.1109/TIFS.2020.3017892
3. Groza B, Popa L, Murvay PS (2019) INCANTA-intrusion detection in controller area networks with time-covert authentication. Security and Safety Interplay of Intelligent Software Systems. Springer International Publishing, Cham, S 94–110
4. Hegde R, Kumar S, Gurumurthy K (2013) The impact of network topologies on the performance of the in-vehicle network. Int J Comput Theory Eng 5(3):405

5. Moritz R, Ulrich T, Thiele L (2012) Evolutionary exploration of e/e-architectures in automotive design. In: Operations research proceedings 2011. Springer, Berlin, S 361–366
6. Ueda H, Kurachi R, Takada H, Mizutani T, Inoue M, Horihata S (2015) Security authentication system for in-vehicle network. SEI Tech Rev 81:5–9
7. Deng Y, Chen Y, Zhang Y, Mahadevan S (2012) Fuzzy Dijkstra algorithm for shortest path problem under uncertain environment. Appl Soft Comput 12(3):1231–1237
8. Ghadi M, Sali Á, Szalay Z, Török Á (2020) A new methodology for analyzing vehicle network topologies for critical hacking. J Amb Int Humanized Comp:1–12
9. Miller C, Valasek C (2014) A survey of remote automotive attack surfaces. Black Hat USA 2014:94
10. Miller C, Valasek C (2015) Remote exploitation of an unaltered passenger vehicle. Black Hat USA 2015:91
11. Jin D, Shi F, Song J (2015) Cluster based emergency message dissemination scheme for vehicular ad hoc networks. In: Proceedings of the 9th international conference on ubiquitous information management and communication. ACM, Bali, S 2
12. Gupta N, Prakash A, Tripathi R (2015) Medium access control protocols for safety applications in vehicular ad-hoc network: A classification and comprehensive survey. Veh Communi 2(4):223–237
13. Cooper C, Franklin D, Ros M, Safaei F, Abolhasan M (2017) A comparative survey of VANET clustering techniques. IEEE Commun Surv Tutor 19(1):657–681
14. Vodopivec S, Bešter J, Kos A (2012) A survey on clustering algorithms for vehicular ad-hoc networks. In: 2012 35th international conference on telecommunications and signal processing (TSP). IEEE, Prague, S 52–56
15. Bali RS, Kumar N, Rodrigues JJ (2014) Clustering in vehicular ad hoc networks: Taxonomy, challenges and solutions. Veh Commun 1(3):134–152
16. Setiawan FP, Bouk SH, Sasase I (2008) Ein optimaler Gateway-Auswahlmechanismus mit mehreren Metriken für die Integration von MANET und infrastrukturellen Netzen. In: 2008 IEEE wireless communications and networking conference. IEEE, Las Vegas, S 2229–2234
17. Sommer C, Dressler F (2007) Das DYMO-Routing-Protokoll in VANET-Szenarien. In: 2007 IEEE 66th vehicular technology conference. IEEE, Baltimore, S 16–20
18. Pal R, Gupta N, Prakash A, Tripathi R (2018) Adaptive mobility and range based clustering dependent MAC protocol for vehicular ad hoc networks. Wirel Pers Commun 98(1):1155–1170
19. Haq AU, Liu K, Latif MB (2019) A location-and mobility-aware clustering-based TDMA MAC protocol for vehicular ad-hoc networks. In: 2019 28th wireless and optical communications conference (WOCC). IEEE, Beijing, S 1–5
20. Khakpour S, Pazzi RW, El-Khatib K (2017) Using clustering for target tracking in vehicular ad hoc networks. Veh Commun 9:83–96
21. Khakpour S, Pazzi RW, El-Khatib K (2013) A distributed clustering algorithm for target tracking in vehicular ad-hoc networks. In: Proceedings of the third ACM international symposium on design and analysis of intelligent vehicular networks and applications. ACM, Barcelona, S 145–152
22. Khakpour S, Pazzi RW, El-Khatib K (2014) A prediction based clustering algorithm for target tracking in vehicular ad-hoc networks. In: Proceedings of the fourth ACM international symposium on development and analysis of intelligent vehicular networks and applications. ACM, Montreal QC, S 39–46
23. Dutta N, Chellappan S (2013) A time-series clustering approach for Sybil attack detection in vehicular ad hoc networks. In: International conference on advances in vehicle systems, technology and applications. Nice, S 21–26

24. Daeinabi A, Rahbar AG (2013) Erkennung von böswilligen Fahrzeugen (DMV) durch Überwachung in Ad-hoc-Fahrzeugnetzwerken. Multimed Tools Appl 66(2):325–338
25. Wahab OA, Mourad A, Otrok H, Bentahar J (2016) CEAP: SVM-based intelligent detection model for clustered vehicular ad hoc networks. Expert Syst Appl 50:40–54
26. Amirat H, Lagraa N, Kerrach CA, Ouinten Y (2018) Fuzzy clustering for misbehaviour detection in VANET. S 200–204. https://doi.org/10.1109/SaCoNeT.2018.8585454
27. Brijilal-Ruban C, Paramasivan B (2018) Cluster-based secure communication and certificate revocation scheme for VANET. Comput J 62(2):263–275
28. Chahal M, Harit S, Mishra K-K, Sangaiah A-K, Zheng Z (2017) A survey on software-defined networking in vehicular ad hoc networks: challenges, applications and use cases. Sustain Cities Soc 35:830–840
29. Kadhim AJ, Seno SH (2019) Energy-efficient multicast routing protocol based on SDN and fog computing for vehicular networks. Ad Hoc Netw 85:68–81
30. Aljohani SL, Alenazi MF (2021) MPResiSDN: multipath resilient routing scheme for SDN-enabled smart cities networks. Appl Sci 11(4):1900
31. Jinyao Y, Hailong ZH, Qianjun SH, Bo L, Xia G (2015) HiQoS: An SDN-based multipath QoS solution. China Commun 12(5):123–133
32. Jiawei W, Xiuquan Q, Guoshun N (2018) Dynamic and adaptive multipath routing algorithm based on software-defined network. Int J Distrib Sens Netw 14(10):1550147718805689
33. Chen S, Song M, Sahni S (2008) Two techniques for fast computation of constrained shortest paths. IEEE/ACM Trans Netw 16(1):105–115
34. Singh PK, Sharma S, Nandi SK, Nandi S (2019) Multipath TCP for V2I communication in SDN controlled small cell deployment of smart city. Veh Commun 15:1–15
35. Dutra DC, Bagaa M, Taleb T, Samdanis K (2017) Ensuring end-to-end QoS based on multi-paths routing using SDN technology. In: 2017 IEEE global communications conference, GLOBECOM 2017 (IEEE global communications conference). IEEE, Singapore, S 1–6
36. Egilmez HE, Dane ST, Bagci KT, Tekalp AM (2012) Open-qos: An openflow controller design for multimedia delivery with end-to-end quality of service over software-defined networks. In: the 2012 Asia Pacific signal and information processing association annual summit and conference. California, S 1–8
37. Tripathi KN, Sharma SC (2019) A trust based model (TBM) to detect rogue nodes in vehicular ad-hoc networks (VANETS). Int J Syst Assur Eng Manag 11:1–15
38. Li X, Liu J, Li X, Sun W (2013) RGTE: A reputation-based global trust establishment in VANETs. In: 2013 5th international conference on intelligent networking and collaborative systems. IEEE, Massachusetts, S 210–214
39. Li Q, Malip A, Martin KM, Ng SL, Zhang J (2012) A reputation-based announcement scheme for VANETs. IEEE Trans Veh Technol 61(9):4095–4108
40. AlMheiri SM, AlQamzi HS (2015). MANETs und VANETs clustering-algorithmen: a survey. In: Proceedings of the 8th IEEE GCC conference and exhibition, 1–4 February, 2015. Muscat
41. Almalag Mohammad S, Weigle Michele C (2010) Verwendung des Verkehrsflusses für die Clusterbildung in Ad-hoc-Netzwerken von Fahrzeugen. In: 2010 IEEE 35th conference local computer networks (LCN), 10–14 October 2010. Denver, CO, S 631–636
42. Lu H, Poellabauer C (2010) Balancing broadcast reliability and transmission range in VANETs. In: Proceedings of the IEEE 2010 vehicular networking conference (VNC'10), December 13–15, 2010, Hoboken, NJ, USA. IEEE, Piscataway, S 247–254
43. Shaikh RA, Alzahrani AS (2014) Intrusion aware trust model for vehicular ad hoc networks. Secur Commun Netw 7(11):1652–1669. https://doi.org/10.1002/sec.862
44. Harika E, Satyananda Reddy C (2017) A trust management scheme for securing transport networks. Int J Comput Appl 180(8):38–42. https://doi.org/10.5120/ijca2017916070

45. Shaikh RA (2016) Fuzzy risk-based decision method for vehicular ad hoc networks. Int J Adv Comput Sci Appl 7(9):54–62. https://doi.org/10.14569/IJACSA.2016.070908
46. Pham TND, Yeo CK (2018) Adaptive trust and privacy management framework for vehicular networks. Elsevier Vehicular commun 13:1–12. https://doi.org/10.1016/j.vehcom.2018.04.006
47. Safi QGK, Luo S, Wei C, Pan L, Yan G (2018) Cloud-basierte Sicherheit und datenschutzbewusste Informationsverbreitung über ubiquitäre VANETs. Comput Stand Inter 56:107–115. https://doi.org/10.1016/j.csi.2017.09.009
48. Kim Y, Lee M, Lee T (2016) Coordinated multichannel MAC protocol for vehicular Ad Hoc networks. IEEE Trans Veh Technol 65(8):6508–6517. https://doi.org/10.1109/TVT.2015.2475165
49. Sumithra S, Vadivel R (2021) Optimal innovation-based adaptive estimation kalman filter for measuring noise uncertainty during vehicle positioning in VANET. Int J Appl Math Comput Sci 31(1):45–57. https://doi.org/10.34768/amcs-2021-0004
50. Punzo V, Borzacchiello MT, Ciuffo B (2011) Zur Bewertung der Genauigkeit von Fahrzeugtrajektorendaten und Anwendung auf die Daten des Programms Next Generation Simulation (NGSIM). Transp Res Part C: Emerg Technol 19(6):1243–1262. https://doi.org/10.1016/j.trc.2010.12.007
51. Zhao F, Liu Z, Hao H, Shi T (2018) Characteristics, trends and opportunities in changing automotive industry. J Automot Saf Energy 9(3):233–249
52. Liu Z, Song H, Hao H, Zhao F (2021) Innovation and development strategies of China's new-generation smart vehicles based on 4S integration. Strateg Studie CAE 23(03):153–162
53. Mckinsey&Company (2020) The case for an end to end automotive software platform. https://www.mckinsey.com/~/media/McKinsey/Industries/Automotive%20and%20Assembly/Our%20Insights/The%20case%20for%20an%20end%20to%20end%20automotive%20software%20platform/The-case-for-an-end-to-end-automotive-software-platform.ashx. Zugegriffen am 11.11.2021
54. Beier G, Kiefer J, Knopf J (2020) Potenziale von Big Data für das betriebliche Umweltmanagement: eine Fallstudie aus der deutschen Automobilindustrie. J Ind Ecol 24(4):1–14. https://doi.org/10.1111/jiec.13062
55. Tuohy S, Glavin M, Hughes C, Jones E, Trivedi M, Kilmartin L (2015) Intra-vehicle networks: A review. IEEE Trans Intell Transp Syst 16(2):534–545
56. Kienzle J, Al Abed W, Fleurey F, Jézéquel JM, Klein J (2010) Aspektorientierter Entwurf mit wiederverwendbaren Aspektmodellen. In: Transactions on aspect-oriented software development VII. Springer, Berlin, S 272–320
57. Wehrmeister MA, Pereira CE, Rammig FJ (2013) Aspektorientiertes modellgetriebenes Engineering für eingebettete Systeme, angewandt auf Automatisierungssysteme. IEEE Trans Industr Inform 9(4):2373–2386
58. Oetjens JH, Bannow N, Becker M, Bringmann O, Burger A, Chaari M et al (2014) Sicherheitsbewertung von Automobilelektronik mit virtuellen Prototypen: State of the art and research challenges. In: Proceedings of the 51st annual design automation conference. ACM, San Francisco, S 1–6
59. Huang S, Zhou C, Yang L, Qin Y, Huang X, Hu B (2016) Transient fault tolerant control for vehicle brake-by-wire systems. Reliab Eng Syst Saf 149:148–163
60. Chiremsel Z, Said RN, Chiremsel R (2016) Probabilistische Fehlerdiagnose von sicherheitsgerichteten Systemen basierend auf Fehlerbaumanalyse und Bayes'schem Netzwerk. J Fail Anal Prev 16(5):747–760
61. Akkaya I, Derler P, Emoto S, Lee EA (2016) Systems Engineering für industrielle cyber-physische Systeme unter Verwendung von Aspekten. Proc IEEE 104(5):997–1012
62. Mo H, Wang W, Xie M, Xiong J (2017) Modellierung und Analyse der Zuverlässigkeit von digitalen vernetzten Steuerungssystemen unter Berücksichtigung vernetzter Degradationen. IEEE Trans Autom Sci Eng 14(3):1491–1503

63. Roque AS, Steinmetz C, Freitas EP, Pereira CE (2017b) Modellierung von Fehlern in Kommunikationsprotokollen basierend auf einer aspektorientierten Methode. In: Industrial informatics (INDIN), 15th int conf on. IEEE, Emden, S 732–737
64. Freitas EP, Wehrmeister MA, Pereira CE, Wagner FR, Silva ET, Carvalho FC (2007) Verwendung von aspektorientierten Konzepten bei der Anforderungsanalyse von verteilten eingebetteten Echtzeitsystemen. In: Entwurf eingebetteter Systeme: Themen, Techniken und Trends. Springer, Berlin, S 221–230
65. Subramanian N, Zalewski J (2016) Quantitative Bewertung der Safety und Security von Systemarchitekturen für cyberphysische Systeme mit dem nfr-Ansatz. IEEE Syst J 10(2):397–409
66. Chung L, Nixon BA, Yu E, Mylopoulos J (2012) Non-functional requirements in software engineering, Bd 5. Springer, New York
67. Yamamoto S (2015) An approach for evaluating softgoals using weight. In: Informations- und Kommunikationstechnologie. Springer, Cham, S 203–212
68. Abadi M, Flanagan C, Freund SN (2006) Types for safe locking: static race detection for Java. ACM Trans Program Lang Syst 28(2):207–255
69. Engler D, Ashcraft K (2003) Racerx: effektive, statische Erkennung von Race Conditions und Deadlocks. SIGOPS Oper Syst Rev 37(5):237–252
70. Sterling N (1993) WARLOCK-ein statisches Werkzeug zur Analyse von Datenrennen. In: Proc. Usenix Winter Technical Conference. San Diego, S 97–106
71. Voung JW, Jhala R, Lerner S (2007) RELAY: static race detection on millions of lines of code. In: Proceedings of ESEC/SIGSOFT foundation software engineering (FSE). Dubrovnik, S 205–214
72. Schwarz MD, Seidl H, Vojdani V, Apinis K (2014) Precise analysis of value-dependent synchronization in priority scheduled programs. In: Proceedings of verification, model checking, and abstract interpretation (VMCAI). Springer, Berlin, S 21–38
73. Schwarz MD, Seidl H, Vojdani V, Lammich P, Müller-Olm M (2011) Static analysis of interrupt-driven programs synchronized via the priority ceiling protocol. In: Proceedings of ACM SIGPLAN-SIGACT principles of programming languages (POPL). Austin, S 93–104
74. Wang Y, Wang L, Yu T, Zhao J, Li X (2017) Automatic detection and validation of race conditions in interrupt-driven embedded software. In: Proceedings of the 26th ACM SIGSOFT international symposium on software testing and analysis (ISSTA). ACM, Santa Barbara, S 113–124
75. Chopra N, Pai R, D'Souza D (2019) Data races and static analysis for interrupt-driven programs. In: Proceedings of 28th European symposium on programming (ESOP), Prague, Czech Republic. LNCS, Bd 11423. Springer, Cham, S 1–27
76. Mukherjee S, Kumar A, D'Souza D (2017) Detecting all high-level data races in an RTOS kernel. In: Proceedings of verification, model checking, and abstract interpretation (VMCAI). Proceedings, Paris, S 405–423
77. Roodman DM (2011) Fitting fully observed recursive mixed-process models with cmp. Stata J 11:159–206
78. François M, Osiurak F, Fort A, Crave P, Navarro J (2017) Automotive HMI design and participatory user involvement: review and perspectives. Ergonomics 60(4):541–552
79. Large DR, Burnett G, Crundall E, Skrypchuk L, Mouzakitis A (2019) Evaluating secondary input devices to support an automotive touchscreen HMI: a cross-cultural simulator study conducted in the UK and China. Appl Ergon 78:184–196
80. Porter JM, Summerskill SJ, Burnett GE, Prynne K (2005) BIONIC-"eyesfree" design of secondary driving controls. In: Proc. of the accessible design in the digital world conference, Dundee, UK. Springer, Berlin/Heidelberg
81. i-CAVE: i-Cave-Beteiligung ITS European Congress 2019 (2019). https://i-cave.nl/i-cave-deelname-its-european-congress-2019/

82. Bertoluzzo M, Bolognesi P, Bruno O, Buja G, Landi A, Zuccollo A (2004) Drive-by-wire-Systeme für Bodenfahrzeuge. In: 2004 IEEE international symposium on industrial electronics, Bd 1. IEEE, Ajaccio, S 711–716
83. Reschka A, Böhmer JR, Gacnik J, Köster F, Wille JM, Maurer M (2011) Entwicklung von Software für offene autonome Fahrzeugsysteme im Rahmen des stadtpilot-Projekts
84. Kemsaram N, Das A, Dubbelman G (2020) Architecture design and development of an on-board stereo vision system for cooperative automated vehicles. In: Proceedings of 23rd international conference on intelligent transportation systems 2020 (ITSC 2020). IEEE, Rhodes
85. Fahren: Autonomous Vehicle Development Platforms (2019). https://developer.nvidia.com/drive/
86. Günay FB, Öztürk E, Çavdar T, Hanay YS et al (2021) Vehicular ad hoc network (vanet) localization techniques: a survey. Arch Comput Methods Eng 28(4):3001–3033
87. Ruta A, Porikli F, Watanabe S, Li Y (2011) In-vehicle camera traffic sign detection and recognition. Mach Vis Appl 22(2):359–375
88. Rajasekhar M, Jaswal AK (2015) Autonomous vehicles: the future of automobiles. In: 2015 IEEE international transportation electrification conference (ITEC). IEEE, Chennai, S 1–6
89. Nunes U, Laugier C, Trivedi MM (2009) Guest editorial introducing perception, planning, and navigation for intelligent vehicles. IEEE Trans Intell Transp Syst 10(3):375–379
90. Laghari AA, Wu K, Laghari RA, Ali M, Khan AA (2021) A review and state of art of internet of things (iot). Arch Comput Methods Eng:1–19
91. Thakkar A, Lohiya R (2021) A review on machine learning and deep learning perspectives of ids for iot: recent updates, security issues, and challenges. Arch Comput Methods Eng 28(4):3211–3243
92. Arooj A, Farooq MS, Akram A, Iqbal R, Sharma A, Dhiman G (2021) Big Data processing and analysis in internet of vehicles: Architecture, taxonomy, and open research challenges. Arch Comput Methods Eng:1–37
93. Velasco-Hernandez G, Barry J, Walsh J, andere (2020) Autonomous driving architectures, perception and data fusion: a review. In: 2020 IEEE 16th international conference on intelligent computer communication and processing (ICCP). IEEE, Cluj-Napoca, S 315–321
94. Miit (2019) QC/T 1128-2019. https://www.chinesestandard.net/PDF/English.aspx/QCT1128-2019. Zugegriffen am 01.11.2021
95. Kakani V, Kim H, Kumbham M, Park D, Jin C-B, Nguyen VH (2019) Feasible self-calibration of larger field-of-view (fov) camera sensors for the advanced driver-assistance system (adas). Sensors 19(15):3369
96. Barry J, Walsh J et al (2020) A review of multi-sensor fusion system for large heavy vehicles off road in industrial environments. In: 2020 31st Irish signals and systems conference (ISSC). IEEE, Letterkenny, S 1–6
97. Zakeri H, Nejad FM, Fahimifar A (2017) Image based techniques for crack detection, classification and quantification in asphalt pavement: a review. Arch Comput Methods Eng 24(4):935–977

Software-basierte Funktionen

Fabian Wolf

Einführung von Fabian Wolf

Wie bereits im vorangegangenen Text beschrieben, basieren die meisten Funktionen im Auto auf Software. Ausgehend von dieser Prämisse können der Kundennutzen und ein höherer Preis für die Fahrzeuge durch eine reine Software-Implementierung von Funktionen generiert werden, ohne dass dem Fahrzeug kostspielige Hardware hinzugefügt wird. In diesem Zusammenhang zeigt das Kapitel Software-Implementierungsbeispiele in verschiedenen Bereichen, angefangen beim etablierten konventionellen Antrieb bis hin zum Zukunftsthema autonomes Fahren. Diagnostik als Schlüssel zur Fehleranalyse, Wartung und Softwareaktualisierung von Fahrzeugen wird ebenfalls vorgestellt.

Der Abschnitt über konventionelle Antriebe und Motoren beginnt mit einer Studie über die Leistung eines Common-Rail-Direkteinspritzmotors mit Mehrfacheinspritzungsstrategien, die ein Beispiel für den Stand der Forschung zu derzeit etablierten Technologien darstellt. Es wird davon ausgegangen, dass diese in mittelfristigen Mobilitätskonzepten immer noch eine wichtige Rolle spielen werden. Energiebedarf und Emissionen eines mit CNG, Gasohol, wasserhaltigem Ethanol und Nassethanol betankten PKWs auf Basis der Eckpunkte des WLTC legen den Fokus auf die Alternative CNG anstelle von flüssigen Kraftstoffen, bevor dieser Abschnitt mit einem Überblick über verschiedene Regelungsbenchmarks mit Fokus auf die Fahrzeugregelung abgeschlossen wird.

Für das elektrische Fahren ist die Optimierung der zukünftigen Ladeinfrastruktur für kommerzielle Elektrofahrzeuge unter Verwendung eines genetischen Algorithmus und realer Reisedaten ein Thema, das nicht direkt mit den Funktionen der Fahrzeugsoftware

F. Wolf (✉)
Technische Universität Clausthal, Clausthal-Zellerfeld, Deutschland
E-Mail: fabsw@gmx.de

© Der/die Autor(en), exklusiv lizenziert an Springer-Verlag GmbH, DE, ein Teil von Springer Nature 2023
F. Wolf (Hrsg.), *Software im Automobil*, https://doi.org/10.1007/978-3-662-67156-6_2

zusammenhängt, aber eine sehr wichtige Voraussetzung für die Durchführbarkeit der Elektromobilität darstellt. Die Konzepte berücksichtigen sowohl kommerzielle als auch normale Kunden-Elektrofahrzeuge. Die Modellierung der Auswirkungen der Pläne der EU-Länder zur Einführung von Elektroautos auf die Emissionen und Konzentrationen in der Atmosphäre konzentriert sich mehr auf die Auswirkungen dieser neuen Technologie über die konventionellen Antriebe hinaus. Intelligente Elektromobilität wird als ein interaktives Ökosystem aus Forschung, Innovation, Technik und Unternehmertum interpretiert. Die Erforschung der Bereitschaft von Städten, den Markterfolg von Mikro-Elektrofahrzeugen zu fördern, wird als Schlüssel zur Ermöglichung der urbanen Elektromobilität angesehen.

Auf der technischen Seite der elektrischen Fahrfunktionen, die Teil des eigentlichen Fahrzeugs sind, bewältigt ein Fuzzy-basierter Sliding-Mode-Regelungsansatz für die Beschleunigungsschlupfregelung von batterieelektrischen Fahrzeugen das Hauptproblem des hohen Drehmoments elektrischer Antriebe aus der Kundenperspektive hinsichtlich des Fahrverhaltens des Autos. Der Hardwareentwurf und Test der Schaltsteuerung eines Mehrganggetriebes für Elektrofahrzeuge fokussiert auf den Aspekt, dass Getriebe auch im Zeitalter des elektrischen Fahrens benötigt werden, während die kritischen Drehzahlen von Elektrofahrzeugen für das regenerative Bremsen im Kontext der Energierückgewinnung für das System betrachtet werden.

Für die Fahrwerksregelung werden Softwarefunktionen für eine adaptive koordinierte Bahnverfolgungsstrategie für autonome Fahrzeuge mit direkter Giermomentenkontrolle besprochen. Eine adaptive elektronische Differenzialregelung des Fahrzeugs durch Drehmomentausgleich wird vorgestellt, bevor ein Artikel über ein automatisiertes System zur Planung und Verfolgung von Trajektorien zur Vermeidung von Gefahren für Fahrzeuge mit Reifenplatzern auf Schnellstraßen bereits den Bereich des autonomen Fahrens berührt. Was den Komfortbereich betrifft, so befasst sich ein Beitrag über die Bewertung des Energieverbrauchs von Elektrofahrzeugen im Hinblick auf den thermischen Komfort mit dem Hauptproblem des Kompromisses zwischen Reichweite und Komfort, während sich die Verbesserung der Kühl- und Heizleistung von Sitzen mit verbesserter Klimatisierung eher auf den Aspekt des Kundenkomforts konzentriert.

Im Bereich Infotainment und Konnektivität ist der Stand der Technik in der Produktentwicklung kaum in akademischen Artikeln zu finden, da es sich hierbei um ein höchst vertrauliches oder sogar geheimes Thema in der Automobilindustrie handelt. In Bezug auf die Interaktion mit dem Fahrer wird dieses Thema jedoch in einem Artikel über die kontinuierliche Erkennung von Berührungsgesten für kapazitive Näherungssensoren und einer leistungsorientierten Analyse für einen adaptiven Fahrzeugnavigationsdienst auf wissenschaftlichere Weise behandelt. Den wirtschaftlichen Aspekten widmet sich ein Artikel über den konzeptionellen Rahmen gemeinsam genutzter automobiler Dienstleistungssysteme, bevor Anwendungsfälle, Technologien und Versuche in grenzüberschreitenden Umgebungen für das vernetzte und automatisierte Fahren mit 5G zum Thema autonomes Fahren überleiten.

Maschinell erstellte Zusammenfassungen

Maschinell erzeugte Schlüsselwörter: elektrisch, Steuerung, Elektrofahrzeug, Diagnose, Energie, Rad, Fuzzy, Fehler, Motor, Signal, Kraftstoff, Abstand, Drehmoment, Bremsen, Automobil

2.1. Konventioneller Antrieb

Maschinell erzeugte Schlüsselwörter: Diesel, Kraftstoff, Emission, Motor, Theorie, Öl, Lücke, Energie, fossil, Kontrolle, geben, Problem, Gas, Kraftstoffverbrauch, akademisch

Eine Studie über die Leistung eines Motors mit Common-Rail-Direkteinspritzung und Mehrfacheinspritzungsstrategien
DOI: https://doi.org/10.1007/s13369-019-04110-3

Kurzfassung – Zusammenfassung
Ein Motor mit Common-Rail-Direkteinspritzung (CRDi) weist einen höheren thermischen Wirkungsgrad (BTE) und geringere Emissionen auf als ein Motor im Kompressionszündungsmodus (CI).

Dieses Forschungspapier zeigt die Ergebnisse eines Dieselmotors, der im CRDi-Modus mit Einfacheinspritzung (SI) und Mehrfacheinspritzung (MI) von Kraftstoff unter Verwendung von Diesel und Biodiesel aus Honneöl bei 80 % Last betrieben wird.
 Der CRDi-Motor, der sowohl mit Ottomotor als auch mit Dieselmotor betrieben wurde, wies im Vergleich zum CI-Betrieb einen höheren BTE-Wert und niedrigere Emissionen auf.
 Der Spitzendruck und die Wärmefreisetzungsrate eines CRDi-Motors waren im Vergleich zum CI-Betrieb niedriger.
 Erweitert:
 Der CRDi-Motor wies im SI- und MI-Modus im Vergleich zum CI-Modus eine etwas höhere BTE und eine etwas niedrigere BSFC auf.
 Der CRDi-Motorbetrieb reduzierte die NO_x-Emissionen drastisch um 40,8 % bzw. 50 % bei DI und TI mit Biodiesel, während die Rauchemissionen um 10 % bzw. 16,6 % bei DI und TI reduziert wurden.

Einführung
Der Einsatz von Abgasnachbehandlungssystemen und alternativen Kraftstoffen trägt dazu bei, dass diese Motoren eine bessere Leistung bei geringeren Emissionen erzielen.

Sie erzeugen schädliche Emissionen, wenn sie als Primärkraftstoff für den Betrieb von Dieselmotoren verwendet werden.

Pflanzenöle und ihre Ester könnten als alternative Kraftstoffe für den Antrieb von Dieselmotoren verwendet werden [1].

Weitere Probleme im Zusammenhang mit der Verwendung von Biodiesel als Kraftstoff für Dieselmotoren sind: Materialverträglichkeit, Verdünnung des Schmieröls und Haltbarkeit der Nachbehandlungseinrichtungen.

Die Auswirkungen von Einspritzdruck (IP) und Einspritzzeitpunkt (IT) auf die Sprühcharakteristik eines mit Karanja-Biodiesel betriebenen CRDi-Motors wurden untersucht, und die Studie ergab, dass ein fortgeschrittener Einspritzbeginn (SOI) geringere PM-Werte ergab [2].

Die umfassende Literaturrecherche hat deutlich gezeigt, dass es nur wenig Literatur zu Leistungsstudien von CRDi-Motoren mit Mehrfacheinspritzungsstrategien mit Biodiesel gibt.

Es ist ein Versuch, die Leistung eines mit Biodiesel (BHO) betriebenen CRDi-Motors mit Mehrfacheinspritzungsstrategien zu untersuchen.

Experimentelles Verfahren

Als eingespritzte Kraftstoffe wurden Diesel und Biodiesel aus Honneöl (BHO) verwendet.

Der Dieselmotor wird zu einem CRDi-Motor mit allen erforderlichen Instrumenten umgebaut, wobei die Betriebsvariablen des Motors wie Einspritzdruck (IP), Einspritzzeitpunkt (IT) und eingespritzte Kraftstoffmenge variiert werden.

Der Kraftstoff wurde bei 10° BTDC, 13° BTDC und 15° BTDC bei Einfacheinspritzung (SI), Doppeleinspritzung (DI) und Dreifacheinspritzung (TI) eingespritzt.

Ein elektronisches Steuergerät (ECU), das die Kraftstoff-IT und die Dauer der Kraftstoffeinspritzung steuert, wurde intern entwickelt und ist in der Lage, den Kraftstoff mehrfach einzuspritzen.

Der Kraftstoff wurde über einen Zeitraum von 9° CA bei 80 % Last eingespritzt.

Bei DI wurde der Kraftstoff zu 33,3 % in der Vor- und zu 66,7 % in der Haupteinspritzung eingespritzt.

Der Rauchgehalt des Probengases wurde mit dem der reinen Luft verglichen, indem der Messwert durch das Reinluftrohr aufgezeichnet wurde, um den Nullpunkt festzulegen.

Ergebnisse und Diskussion

Außerdem wies der CRDi-Motor mit TI eine niedrigere PP- und HRR-Werte auf als der SI- und DI-Motor.

Darüber hinaus ergab der CRDi-Betrieb mit TI eine niedrigere BTE aufgrund eines leichten Anstiegs der BSFC sowohl mit Diesel als auch mit Biodiesel im Vergleich zu SI und DI.

Die BSFC des CRDi-Motors mit Ottomotor betrug 1,1 kg/h und 1,27 kg/h für Diesel bzw. Biodiesel, während die BSFC für DI und TI mit Biodiesel um 2,4 % bzw. 4 % anstieg.

HC- und CO-Emissionen stiegen mit TI im Vergleich zu SI- und DI-Motoren an, während für Rauch- und NO-Emissionen des CRDi-Motors der umgekehrte Trend festgestellt wurde.

Beim Betrieb des CRDi-Motors mit Ottomotor lag die Rauchentwicklung bei 25 HSU und 30 HSU für Diesel und Biodiesel, während sie bei DI und TI mit Biodiesel um 10 % bzw. 16,6 % zurückging.

Schlussfolgerungen
An einem modifizierten CRDi-Motor, der mit Biodiesel und Diesel mit SI- und MI-Strategien betrieben wird, wurde eine experimentelle Arbeit bei 80 % Last durchgeführt.

Der modifizierte CRDi-Motor läuft sowohl mit Diesel als auch mit Biodiesel einwandfrei.
Der CRDi-Motor wies im SI- und MI-Modus im Vergleich zum CI-Modus eine etwas höhere BTE und eine etwas niedrigere BSFC auf.
Es konnte festgestellt werden, dass der modifizierte Dieselmotor, der im CRDi-Modus betrieben wird, mit Biodiesel reibungslos funktioniert.

Danksagung
Eine maschinell erstellte Zusammenfassung basierend auf der Arbeit von Khandal, S. V.; Tatagar, Yunus; Badruddin, Irfan Anjum
2019 in Arabian Journal for Science and Engineering

Energiebedarf und Emissionen eines Personenkraftwagens, der mit CNG, Gasohol, wasserhaltigem Ethanol und Nassethanol betankt wird, basierend auf den Eckpunkten des WLTC
DOI: https://doi.org/10.1007/s11356-021-16995-5

Kurzfassung – Zusammenfassung
Eine kompakte Limousine, die von einem 1,4-dm-Ottomotor (^{3}) angetrieben wird, der mit komprimiertem Erdgas (CNG), brasilianischem Benzin, wasserhaltigem Ethanol (95 % v/v) und nassem Ethanol (88 % v/v) betrieben wird, wurde in den wichtigsten Punkten des weltweit harmonisierten Testzyklus für leichte Fahrzeuge (WLTC) bewertet.

Die Fahrzeugbetriebspunkte mit der längsten Verweildauer auf dem WLTC wurden für die Bewertung des Kraftstoffverbrauchs und der Emissionen unter stationären Bedingungen ausgewählt.
Die Ethanol-Wasser-Gemische führten zu geringeren Stickoxidemissionen (NO_x), aber zu einem höheren spezifischen Kraftstoffverbrauch, Kohlenmonoxid (CO) und Treibhausgasemissionen im Vergleich zu CNG und Benzin.
Der Betrieb mit Benzin führte zu den geringsten CO-Emissionen aller getesteten Kraftstoffe sowie zum besten Kraftstoffverbrauch unter den flüssigen Kraftstoffen, trotz der höchsten Kohlendioxidwerte (CO_2) und erhöhtem NO_x.
Erweitert:
Die Ethanol-Wasser-Gemische lieferten sehr niedrige NO_x und THC, aber höhere CO-, Alkohol- und Aldehyd-Emissionen sowie eine starke Reduzierung der Abgastemperatur.

Der Betrieb mit E27 führte in allen Fällen zu den magersten λ-Werten, was auch zu den besten volumetrischen Wirkungsgraden beitrug.

Der Betrieb mit CNG lieferte den besten Kraftstoffverbrauch, die geringsten THG-Emissionen sowie die niedrigsten THC-, Alkohol- und Aldehyd-Emissionen bei mittlerer bis niedriger Last.

Bei einer Analyse von der Quelle bis zum Rad wird erwartet, dass dieses Ergebnis stark variiert.

Einführung

Xu u. a. [3] wies ein Vierzylinder-Ottomotor mit Fremdzündung, der für den Betrieb mit Erdgas und Benzin umgerüstet wurde, bei einem höheren CNG-Benzin-Substitutionsverhältnis geringere CO-, CO_2 und HC-Emissionen auf.

Schirmer und andere untersuchten die Auswirkungen des Luft-Kraftstoff-Verhältnisses und wasserfreier Ethanol-Benzin-Gemische in einem kleinen Fremdzündungsmotor [4]. Sowohl im mageren als auch im fetten Betrieb sanken die CO-, HC- und NO-Emissionen$_x$ mit zunehmendem Ethanolgehalt.

Um eine faire Bewertung zwischen den Kraftstoffen vorzunehmen, werden in dieser Arbeit die Leistung und die Emissionen einer Kompaktlimousine verglichen, die von einem Saugmotor mit Ottomotor angetrieben wird, der mit brasilianischem Benzin (E27), CNG, handelsüblichem wasserhaltigem Ethanol (E95W05) und nassem Ethanol (E88W12) unter Betriebsbedingungen betrieben wird, die durch die Eckpunkte des WLTC Typ B festgelegt sind.

Materialien und Methoden

Der Schaltzeitpunkt während des Zyklus wurde nach den GTR 15-Richtlinien [5] berechnet, so dass das Fahrzeug im Geschwindigkeitsbereich von null bis 11 km/h im 1st-Gang, von 12 bis 22 km/h im 2nd-Gang, von 23 bis 36 km/h im 3rd-Gang, von 37 bis 51 km/h im 4th-Gang und über 51 km/h im 5th-Gang fuhr. Die Umgebungsbedingungen während der Tests waren 291 K Raumtemperatur, 51 % Luftfeuchtigkeit und 1,014 bar (101,4 kPa) atmosphärischer Druck in 95 m Höhe.

Die ausgewählten Betriebspunkte wurden mit den Kraftstoffen (d. h. E95W05, E88W12, E27 und CNG) in dem vom Fahrzeughersteller angegebenen, am besten geeigneten Gang bei dieser Fahrzeuggeschwindigkeit getestet.

Der Fahrzeugmotor wurde vorgeheizt, bis sich die Öltemperatur bei 363 K +/− 8 K stabilisierte. Für jeden Prüfpunkt wurden die Ansaug-, Auspuff- und Öltemperaturen sowie der Ansaugdruck, die Motordrehzahl, das Raddrehmoment und der Luftüberschussfaktor überwacht und aufgezeichnet.

Ergebnisse und Diskussionen

An diesen Punkten wurden der Kraftstoffverbrauch, die Emissionen, der Energiebedarf, die Verbrennung und der volumetrische Wirkungsgrad des Fahrzeugs im stationären Betrieb bewertet.

Am Testpunkt 5 führte der Betrieb mit CNG jedoch zu einem höheren Energiebedarf als der Betrieb mit flüssigen Kraftstoffen, da die Einstellung bei dieser Last instabil war.

In absoluten Werten der Kraftstoffumwandlung des Motors ergaben sich bei niedrigen Lastpunkten für alle Kraftstoffe Wirkungsgrade zwischen 10 und 12 %, während bei höheren Lasten Gesamtwerte um 20 % erreicht wurden.

Die Verwendung von E88W12 führte zu höheren THC-Emissionen als E95W05, so dass sich der höhere Wassergehalt im Kraftstoff möglicherweise nachteilig auf die Verringerung der Verbrennungstemperatur und -geschwindigkeit auswirkte [6].

Die geringeren Emissionen solcher Verbindungen haben dazu beigetragen, dass CNG unter allen Kraftstoffen den besten Verbrennungswirkungsgrad aufweist, auch wenn die NO_x-Emissionen und die Ergebnisse der adiabatischen Verbrennungstemperatur auf niedrigere Zylindertemperaturen im Vergleich zu E27 hindeuten.

Schlussfolgerung

Die Leistung und die Emissionen einer kompakten Limousine, die mit E27, E95W05, E88W12 und CNG betrieben wird, wurden an den wichtigsten Punkten des WLTC-3B bewertet.

Der Betrieb mit CNG lieferte den besten Kraftstoffverbrauch, die geringsten THG-Emissionen sowie die niedrigsten THC-, Alkohol- und Aldehyd-Emissionen bei mittlerer bis niedriger Last.

Der E27-Betrieb verursachte die schlechtesten NO_x, THC- und CO_2-Emissionen unter allen Kraftstoffen.

Die Verwendung von CNG führte zu den niedrigsten Werten der gesamten THG-Emissionen unter allen Kraftstoffen, während E88W12 die höchsten Werte aufwies.

Trotz des ähnlichen Energiebedarfs aller Kraftstoffe in den wichtigsten Punkten des WLTC bietet CNG nur wenige Vorteile gegenüber den anderen Kraftstoffen, insbesondere hinsichtlich der Treibhausgas- und unverbrannten Kohlenwasserstoffemissionen.

Die breite Einführung der Start-Stopp-Technologie könnte den Kraftstoffverbrauch und die Emissionen im Zusammenhang mit dem häufigsten Betriebspunkt des WLTC, dem Leerlauf, erheblich reduzieren.

Danksagung

Eine maschinell erstellte Zusammenfassung basierend auf der Arbeit von Hatschbach, Leonardo Sonego; Mazer, Maria Fernanda Possebon; dos Santos, Igor Rodrigues; Dalla Nora, Macklini

2021 in Umweltwissenschaft und Umweltverschmutzungsforschung

Ein Überblick über verschiedene Kontroll-Benchmarks mit Schwerpunkt auf der Automobilkontrolle

DOI: https://doi.org/10.1007/s11768-019-8268-5

Kurzfassung – Zusammenfassung
Benchmark-Probleme können dazu beitragen, diese Lücke zu schließen, und bieten zahlreiche Möglichkeiten für Mitglieder sowohl der Kontrolltheorie als auch der Anwendungsgemeinschaft.

Ziel ist es, einen Überblick und Hinweise auf verschiedene allgemeine Steuerungs- und Modellierungsprobleme zu geben, die als Inspiration für zukünftige Benchmarks dienen können, und dann die Benchmark-Abdeckung speziell auf Anwendungen in der Automobilsteuerungstechnik zu konzentrieren.

Es werden Überlegungen darüber angestellt, wie verschiedene Kategorien von Benchmark-Designern, Benchmark-Lösern und Drittnutzern von der Bereitstellung, Lösung und Untersuchung von Benchmark-Problemen profitieren können.

Danksagung
Eine maschinell erstellte Zusammenfassung basierend auf der Arbeit von Lars, Eriksson 2019 in Steuerungstheorie und -technik

2.2. Elektrischer Antrieb

Maschinell erzeugte Schlüsselwörter: elektrisch, Elektrofahrzeug, evs, Transport, Stadt, Batterie, städtisch, Motor, Drehmoment, Verschiebung, Kraftstoff, Geschwindigkeit, Kontrolle, regenerativ, öffentlich

Optimierung der zukünftigen Ladeinfrastruktur für kommerzielle Elektrofahrzeuge mit Hilfe eines multikriteriellen genetischen Algorithmus und realer Fahrdaten
DOI: https://doi.org/10.1007/s12530-019-09295-4

Kurzfassung – Zusammenfassung
Eine gut ausgebaute Ladeinfrastruktur ist eine Grundvoraussetzung, um die steigende Stromnachfrage zu decken.

Ziel dieses Beitrags ist es zu zeigen, wie die Optimierung für den Ausbau der öffentlichen Ladeinfrastruktur für Elektrofahrzeuge (EVs) genutzt werden kann.

Der Standort und die Art der Ladestationen werden im Hinblick auf die Anzahl der Fehlfahrten aufgrund leerer Batterien und die Gesamtkosten der Infrastruktur optimiert.

Da die Nutzung von Nutzfahrzeugen beim Umstieg auf E-Fahrzeuge unverändert bleibt, können die Fahrdaten von Nutzfahrzeugen mit Verbrennungsmotoren als Ausgangspunkt für die Optimierung der Ladeinfrastruktur dienen.

Einführung

Es wurden mehrere Modelle entwickelt, die den Standort von Ladestationen optimieren, um die Reichweitenangst der Autofahrer zu verringern.

Mit Hilfe einer Raumanalyse wurden optimale Standorte für Ladestationen in verschiedenen Regionen ermittelt [7].

Dong et al. [8] haben ein Modell entwickelt, das verschiedene Arten von Ladestationen mit einer Budgetbeschränkung in der Region Seattle berücksichtigt, indem sie die Anzahl der fehlgeschlagenen Fahrten aus realen Reisedaten minimieren.

Xie et al. [9] konzentrierten sich auf die Schnellladeinfrastruktur für Fahrten zwischen Städten und schlugen ein Mehrzielmodell vor, das die Abdeckung und Kapazität berücksichtigt und mit einem genetischen Algorithmus gelöst wurde.

Um sicherzustellen, dass das Modell realistischen und aktuellen Bedingungen entspricht, schlagen wir einen erweiterten Ansatz vor, der die Daten von bestehenden Ladestationen einbezieht und zusätzliche Ladestationen an den Parkpositionen von Nutzfahrzeugen in einer bestimmten Entfernung vorsieht.

Beschreibung der Daten

Standortdaten zu aktuellen Ladestationen sind auf Open Charge Map [10] verfügbar, einer gemeinnützigen Gemeinschaft, die von mehreren öffentlichen und privaten Einrichtungen unterstützt wird.

Der Open Charge Map-Datensatz umfasst mehr als 111.000 Ladestationen und 57.500 verschiedene Standorte weltweit.

In Deutschland gibt es 23.646 Ladestationen an fast 10.000 Standorten.

Kerninhalte wie Leistung oder Füllstand der Ladestationen wurden aus Stromstärke- und Spannungsinformationen berechnet oder manuell recherchiert.

Etwa 31 % der gesamten Ladeinfrastruktur in Deutschland besteht aus Level-1-Stationen. Ladestationen der Stufe 1 werden vor allem beim nächtlichen Aufladen genutzt.

Stufe-2-Ladegeräte machen 61 % aller öffentlichen Ladestationen aus.

Level-3-Ladegeräte sind Schnellladestationen mit hoher Stromstärke, die die Batterie innerhalb von 45 min wieder aufladen können.

Sie machen etwa 8 % der derzeitigen Ladestationen aus.

Methodik

Um sicherzustellen, dass die Fahrer einen kurzen Fußweg zwischen der Ladestation und ihrem Point of Interest (POI) zurücklegen können, wurde ein dichtebasiertes Clusterverfahren gewählt, das durch einen maximalen Durchmesser begrenzt wurde.

Die Anzahl der ausgefallenen Fahrten und die Gesamtkosten für Ladestationen werden für jede Person berechnet.

Für jeden potenziellen Ladestationsstandort wird die Anzahl der fehlgeschlagenen Fahrten in einem Array indFail gespeichert.

Für jeden potenziellen Ladestationsstandort wird die Anzahl der aufeinanderfolgenden Fehlfahrten addiert und in indFail gespeichert.

Eine Ladestation konnte nur dann aufgestellt und wieder aufgerüstet werden, wenn beim Verlassen dieses Ortes Fehlfahrten auftraten.

Um festzustellen, ob die Aufrüstung keinen Einfluss auf die Anzahl der fehlgeschlagenen Fahrten hatte, wurde eine Bewertung vorgenommen, die sicherstellte, dass die Ladestationen wieder zurückgestuft oder entfernt werden konnten.

Ergebnisse und Diskussion

Bei Clustern mit einer hohen Anzahl von Fehlfahrten ist die Wahrscheinlichkeit hoch, dass sie mit einer Ladestation ausgestattet werden, da dieses Ladegerät viele Fehlfahrten vermeiden kann.

Wenn ein Teil der täglichen Fahrten mit konventionellen Fahrzeugen durchgeführt wird, kann die Eignung um mehr als 50 % erhöht werden, z. B. bei einer Fahrzeugreichweite von 160 km, wenn man die Eignung für 100 % und 80 % erfolgreich durchgeführte Fahrten mit E-Fahrzeugen berücksichtigt.

Da die Kurve immer flacher wird, waren mehrere Ladestationen erforderlich, um eine zusätzliche Fahrt erfolgreich zu absolvieren und die Zahl der Fehlfahrten weiter zu verringern.

Im Vergleich zur geringeren Reichweite von 160 km erhöht sich die Eignung bei konstanten Gesamtkosten von z. B. 5 Mio. € bei 100 erfolgreich absolvierten Fahrten um mehr als den Faktor 3.

Schlussfolgerung und künftige Arbeiten

Wir haben einen genetischen Optimierungsalgorithmus vorgeschlagen, der für die Platzierung von öffentlicher Ladeinfrastruktur unabhängig von gegebenen Netzen verwendet werden kann.

Die Standorte wurden nach einem modifizierten Cluster-Algorithmus ausgewählt, der auch die maximale Entfernung zwischen POI und Ladestation berücksichtigt.

Die vorgeschlagene zusätzliche Ladeinfrastruktur ist geeignet, die Eignung von E-Fahrzeugen drastisch zu erhöhen.

Was die Vorverarbeitung der Daten anbelangt, so könnten verschiedene Cluster-Algorithmen die Auswahl möglicher Ladestellen verbessern und zu einer geringeren Anzahl ausreichender Cluster führen.

Um die Kapazität der Ladestation abzuschätzen, sollte der parallele Ladevorgang mehrerer Fahrzeuge berücksichtigt werden.

In unserem Datensatz fanden 4,32 % aller Ladevorgänge an derselben Ladestation zur gleichen Zeit statt.

Historische Nutzungsdaten von bestehenden Ladestationen könnten in das Modell implementiert werden, um die begrenzte Verfügbarkeit zu berücksichtigen.

Danksagung
Eine maschinell erstellte Zusammenfassung basierend auf der Arbeit von Zeng, Li; Krallmann, Timo; Fiege, Andrea; Stess, Marek; Graen, Timo; Nolting, Michael
  2019 in Evolving Systems

Modellierung der Auswirkungen der Pläne der EU-Länder zur Einführung von Elektroautos auf Emissionen und Konzentrationen in der Atmosphäre
DOI: https://doi.org/10.1186/s12544-019-0377-1

Kurzfassung – Zusammenfassung
Dazu werden drei Modelle (PRIMES-TREMOVE, DIONE und SHERPA) miteinander verknüpft, um ein Basis- und ein Alternativszenario zu untersuchen.

Das alternative Szenario stützt sich auf die in der Richtlinie (2014/94/EU) geforderte Bewertung der nationalen politischen Rahmenbedingungen für die Infrastruktur für alternative Kraftstoffe.
  Bis zum Jahr 2030 wird der Pkw-Verkehr in der EU28 nach dem Alternativszenario etwa 425 $MtCO_2$/Jahr erzeugen.
  Im Vergleich zum Basisszenario tragen Elektrofahrzeuge zu einer 3 %igen Verringerung der CO_2 Auspuffemissionen bei.

Einführung
Ein Beispiel dafür ist die Richtlinie (2014/94/EU) über den Aufbau einer Infrastruktur für alternative Kraftstoffe (im Folgenden „die Richtlinie"), in der die Mitgliedstaaten aufgefordert werden, der Europäischen Kommission ihre nationalen Politikrahmen (NPF) zu übermitteln [11].

  Autos sind für 44,4 % der gesamten verkehrsbedingten Treibhausgasemissionen verantwortlich [12].
  Die EUA [13] schätzt, dass über 400.000 vorzeitige Todesfälle in Europa im Jahr 2012 auf Luftverschmutzung zurückzuführen sind.
  Ziel dieser Arbeit ist es, die wichtigsten Umweltauswirkungen des Einsatzes von Elektrofahrzeugen in der EU28 bis 2030 zu quantifizieren, wobei die von den EU-Mitgliedstaaten entwickelten NPFs zur Richtlinie berücksichtigt werden.
  Die Analyse umfasst sowohl Treibhausgasemissionen als auch Luftschadstoffemissionen und -konzentrationen.

Methoden und Modelle
Das DIONE-Modell ist ein sehr detailliertes technisches Modell, das auf der Grundlage der technischen Spezifikationen von Fahrzeugantrieben und Motorgrößen eine größere Anzahl von Luftschadstoffemissionen berechnet (als PRIMES-TREMOVE).

Während die PRIMES-TREMOVE-Ausgabe für NO$_x$, PM$_{2,5}$ und SO$_x$ zur Verfügung stand, lieferte das DIONE-Modell zusätzlich die NMVOC- und NH$_3$-Emissionen, die für die Analyse erforderlich waren.

Die Modellierung lässt sich wie folgt zusammenfassen: Projektionen des Fahrzeugbestands und seiner Zusammensetzung sowie der Verkehrsnachfrage werden mit Verbrauchsfunktionen und Kraftstoffeffizienzwerten kombiniert, um den Energieverbrauch zu schätzen, der wiederum zusammen mit Emissionsfaktoren zur Berechnung der Emissionen in jedem Mitgliedstaat bis 2030 verwendet wird.

PRIMES-TREMOVE simuliert den Verkehrssektor als ein Marktgleichgewichtsproblem, bei dem Nachfrager und Anbieter, einschließlich des Selbstversorgungsverhaltens der Nutzer von Privatfahrzeugen, als individuelle Agenten modelliert werden.

Dabei werden drei Schlüsselvariablen/Outputs des PRIMES-TREMOVE-Modells verwendet, nämlich: Fahrzeugbestand, Verkehrstätigkeit und Endenergiebedarf.

Daten aus der NPF-Bewertung

Die Richtlinie zielt darauf ab, die Markteinführung von Fahrzeugen und Schiffen mit alternativen Kraftstoffen sowie den Aufbau der Infrastruktur zu erleichtern.

Die Richtlinie legt Mindestanforderungen an die Infrastruktur für alternative Kraftstoffe fest.

Die Pläne der Mitgliedstaaten für den Aufbau der Infrastruktur in den NPF wurden zusammen mit Informationen über ihre Schätzungen zur Marktdurchdringung von Fahrzeugen mit alternativen Kraftstoffen vorgestellt.

Wie bei der Infrastruktur waren die Schätzungen für E-Fahrzeuge erst für das Jahr 2020 verbindlich.

Konstruktion von Szenarien

Im Basisszenario wurden die Projektionen des EU-Referenzszenarios für den Pkw-Bestand 2018–2030 für jedes Land verwendet.

Der Unterschied zwischen dem Basis- und dem NPF-Szenario liegt im projizierten EV-Bestand.

Im Jahr 2030 erreicht der Bestand an Elektrofahrzeugen im NPF-Szenario ca. 18,7 Mio. Fahrzeuge, verglichen mit 11,8 Mio. im Basisszenario.

In einer frühen Phase des Forschungsdesigns wurden mehrere Ansätze zur Lösung dieses Problems ermittelt: (i) Verwendung von Durchschnittswerten der ersten Gruppe, (ii) Berücksichtigung soziodemografischer Merkmale, (iii) Annahme konstanter Werte des EV-Bestands über das letzte Jahr hinaus, für das ein NPF-Wert verfügbar ist (d. h. 2020 oder 2025, je nach Land), oder (iv) Übernahme der Werte des Basisszenarios über das letzte verfügbare Jahr hinaus.

Wir sind davon ausgegangen, dass jeder in der NPF-Bewertung ermittelte zukünftige E-Fahrzeugbestand einen mittelgroßen konventionellen Pkw (Benzin- oder Dieselfahrzeug) ersetzt.

Ergebnisse für die wichtigsten Umweltindikatoren und Diskussion

Verglichen mit dem Basisszenario tragen E-Fahrzeuge zu einer 3 %igen Verringerung der Auspuff-CO_2-Emissionen von Autos in diesem Jahr bei.

Die Auspuff-CO_2-Emissionen pro Fahrzeug sind beim Basisszenario im Jahr 2030 um 21 % niedriger als im Jahr 2015.

Es ist jedoch anzumerken, dass der Bestand an Elektrofahrzeugen in BG im Jahr 2030 (i) den niedrigsten Wert dieser Ländergruppe im Basisszenario aufweist und (ii) im NPF-Szenario nur 4 % des gesamten Fahrzeugbestands ausmacht (im Gegensatz zu 31 % in IE und 24 % in AT).

Dieses Ergebnis lässt sich durch die Tatsache erklären, dass der simulierte Bestand an Benzinfahrzeugen im ÖPNV im NPF größer ist als im Basisszenario.

Der Fall von FI ist ebenfalls bemerkenswert: Obwohl im NPF ausnahmsweise ein geringerer EV-Bestand als im Basisszenario simuliert wird (−5 %), sind die entsprechenden CO_2 Emissionen geringer (−0,4 %).

Schlussfolgerungen und weitere Forschung

Während das Basisszenario auf dem PRIMES-TREMOVE-Output für eine angepasste Version des EU-Referenzszenarios 2016 basierte, war das NPF-Szenario das Ergebnis der Quantifizierung der Auswirkungen der Richtlinie (2014/94/EU) auf die europäischen Länder, die in ihren NPFs zukünftige EV-Bestandsschätzungen mitgeteilt haben.

Aufgrund des im EU-Referenzszenario projizierten Wachstumstrends der Pkw-Nachfrage auf EU28-Ebene sind die Gesamtreduktionen der CO_2-Emissionen zwischen 2015 und 2030 im Basisszenario geringer (13 %) als die, die auf Pkw-Basis erreicht werden könnten (21 %) (d. h. wenn der Wert der durchschnittlichen jährlichen Pkw-Fahrleistung im Jahr 2030 auf demselben Niveau wie im Jahr 2015 bliebe).

In Relation zu den in der Einleitung hervorgehobenen Zielen für die Verringerung der Treibhausgasemissionen bleibt das simulierte Niveau der CO_2 Emissionen von EU-Pkw im Jahr 2030 nach dem NPF-Szenario relativ hoch.

Auf der Grundlage unserer Simulationen kann davon ausgegangen werden, dass Länder mit einem höheren Ambitionsniveau eine stärkere Verringerung der Treibhausgasemissionen und der Konzentration von Luftschadstoffen erreichen werden.

Danksagung

Eine maschinell erstellte Zusammenfassung basierend auf der Arbeit von Gómez Vilchez, Jonatan J.; Julea, Andreea; Peduzzi, Emanuela; Pisoni, Enrico; Krause, Jette; Siskos, Pelopidas; Thiel, Christian
2019 in European Transport Research Review

Intelligente Elektromobilität: Interaktives Ökosystem aus Forschung, Innovation, Technik und Unternehmertum

DOI: https://doi.org/10.1007/s12008-020-00710-8

Zusammenfassung
Dieser Wandel hat neue städtische Mobilitätsumgebungen hervorgebracht, von denen einige effizienter sind als andere, je nach Land, Kultur und Gesellschaft, in der sie sich entwickeln.

Außerdem ist es in diesen Zeiten des schnellen exponentiellen Wandels nützlich, informelle und unstrukturierte Organisationen zu haben, die ein offenes und interaktives Ökosystem für den Austausch von Ideen und den Informationsfluss schaffen, das Innovationsprojekte begründet und stärkt.

In diesem Artikel werden die verschiedenen Akteure beschrieben, deren Rolle in einem interaktiven Ökosystem aus Forschung, Innovation, Ingenieurwesen und Unternehmertum von Bedeutung ist, um einen Konsens über gemeinsame Ziele im Zusammenhang mit der tiefgreifenden und positiven Umgestaltung der Gesellschaft zu erzielen.

Es wird ein konzeptionelles Modell und ein Rahmen vorgeschlagen, um auf systematische und interaktive Weise das Ökosystem für Forschung, Innovation, Technik und Unternehmertum im Bereich der Elektromobilität zu behandeln.

Erweitert:

Es werden ein konzeptionelles Modell und ein Rahmen vorgeschlagen, um das interaktive Ökosystem von Forschung, Innovation, Technik und Unternehmertum im Bereich der Elektromobilität am Beispiel Mexikos systematisch und gegliedert anzugehen.

Einführung
Wenn die Städte weiter wachsen und die Organisation für wirtschaftliche Zusammenarbeit und Entwicklung (OECD) prognostiziert, dass bis 2050 70 % der Weltbevölkerung in städtischen Gebieten leben werden, müssen die öffentlichen und privaten Akteure Wege finden, um Menschen und Güter so zu bewegen, dass der Raum optimal genutzt und die sozialen Kosten minimiert werden [14].

Die Autoren dieses Papiers sind der Ansicht, dass ein Elektromobilitätsplan im Kontext eines interaktiven Ökosystems natürlich digitale Grundlagentechnologien einbeziehen muss, die die Entwicklung und Umsetzung eines relevanten, robusten, sicheren und zuverlässigen Elektromobilitäts-Ökosystems ermöglichen [15–17].

Durch die Schaffung eines effizienten Ökosystems, das sich mit diesen Schwierigkeiten auseinandersetzt, können multimodale und effiziente Lösungen für die urbane Mobilität in jeder Stadt entwickelt werden.

Interaktive Gestaltung und Metodologie
In dieser Arbeit wird ein Ansatz für ein interaktives Ökosystem aus Forschung, Innovation, Technik und Unternehmertum rund um das Thema Elektromobilität vorgeschlagen, wie es in diesem Artikel beschrieben und formuliert wird.

Die verschiedenen Verbindungen zwischen den Hauptakteuren im Ökosystem der Elektromobilität machen die Einbeziehung interaktiver Design- und Engineering-Methoden relevant und nützlich.

Um das Problem des Ökosystems Elektromobilität zu lösen, muss der Kontext von interaktivem Design und technischer Gestaltung berücksichtigt werden.

Die Interaktionen zwischen den verschiedenen Akteuren des Ökosystems müssen miteinander verbunden sein und in koordinierter und ausgewogener Weise stattfinden, damit das Ökosystem der Elektromobilität aktiv werden kann.

Es ist definiert, dass die Konzepte der Interaktivität von Design/Engineering sich auf eine interdependente Dynamik aufgrund der soziotechnischen Aspekte des Ökosystems beziehen [18].

Schaffung eines interaktiven Ökosystems, in diesem Fall eines interaktiven Ökosystems der Elektromobilität.

SoA: Initiativen zur Elektromobilität in Schwellenländern
Es gibt einige Beispiele, in denen die Einführung von Elektrofahrzeugen in verschiedenen Ländern begonnen hat, zusammen mit der Erstellung von Elektromobilitätsplänen, um Anreize für deren Kauf und Nutzung zu schaffen.

Diese Anreizpläne werden in mehreren EU-Ländern verbessert, vor allem im Hinblick auf die Finanzierung von Elektrofahrzeugen oder die Senkung der Steuern für den Kauf von Elektrofahrzeugen; die besten Maßnahmen wurden von Ländern wie dem Vereinigten Königreich, Frankreich, Deutschland und den Niederlanden entwickelt [19–23].

In Schwellenländern wie Mexiko gibt es erste politische Maßnahmen und Anreize für den Kauf von Elektrofahrzeugen, wie z. B. Steuerabzüge und -ermäßigungen, Vorzugstarife für Energie, verlängerte Prüfzeiten für niedrige Emissionen und andere Investitionsprivilegien, die jedoch nicht so gut sind wie in den EU-Ländern.

Ergebnisse: Soziotechnisches Ökosystem-Elektromobilität
Die Universität spielt eine wichtige Rolle in den sozioökonomischen Aktivitäten eines Landes, sofern sie neben der Lehre auch Forschungs- und Entwicklungstätigkeiten innerhalb der Universität hervorbringen kann und in gleicher Weise an der Gründung neuer Unternehmen beteiligt ist oder Ausgründungen und Start-ups fördert [24].

Die Regierung spielt eine weitere wichtige Rolle, da sie die Einrichtungen oder Bremsen für die Entwicklung der Technologie und der Komponenten bereitstellt, die ein effizientes Ökosystem der Elektromobilität ausmachen, und zwar durch die Schaffung von Vorschriften, Anreizen, Steuern und neuen politischen Maßnahmen [25].

Eine weitere wichtige Rolle der Regierung besteht darin, die Entwicklung und Erforschung dieser Technologien wirtschaftlich zu unterstützen, da dies eine Kostenreduzierung durch die lokale Produktion derselben ermöglicht und nicht durch den Import von Technologie, die teurer sein könnte.

Weitere, aber nicht weniger wichtige Akteure sind Investoren und Unternehmer, die die Aufgabe haben, neue Geschäftsmodelle zu entwickeln, die die Entwicklung von Ökosystemkomponenten unterstützen [26].

Schlussbemerkungen und weitere Arbeiten

Diese Arbeit beginnt mit einem Vorschlag zur Schaffung eines Ökosystems der intelligenten Elektromobilität, in dem die führenden Rollen, die für den Akteur oder die Komponente, die ihm entsprechen müssen, definiert werden, wobei ein Leitfaden erstellt wird, der auf dem basiert, was in den letzten Jahren im Zusammenhang mit der Elektromobilität in verschiedenen Ländern, ob entwickelt oder aufstrebend, gesehen wurde.

Das in diesem Papier vorgeschlagene interaktive Ökosystem für Forschung, Innovation, Technik und Unternehmertum im Bereich der Elektromobilität muss das Ergebnis der Aufgaben aller Hauptakteure dieses Ökosystems sein.

Alle Akteure müssen in einen Dialog treten und das Gemeinwohl anstreben, unter der Bedingung, dass die Nutzung der Ressourcen und der Schutz der Umwelt respektiert werden, um gute Lebenszyklen der für das Ökosystem der Elektromobilität zu entwickelnden Komponenten zu erreichen.

Danksagung

Eine maschinell erstellte Zusammenfassung basierend auf der Arbeit von Curiel-Ramirez, Luis A.; Ramirez-Mendoza, Ricardo A.; Bustamante-Bello, M. Rogelio; Morales-Menendez, Ruben; Galvan, Jose Alfredo; de J. Lozoya-Santos, Jorge

2020 in der Internationalen Zeitschrift für interaktives Design und Fertigung (IJIDeM)

Untersuchung des Einflusses von Städten auf den Markterfolg von Mikro-Elektrofahrzeugen

DOI: https://doi.org/10.1186/s12544-020-00416-8

Kurzfassung – Zusammenfassung

In diesem Beitrag wird ein Index erstellt, der die Erfolgsaussichten von Städten auf dem Markt für Mikro-Elektrofahrzeuge untersucht, indem Aspekte der Differenzierung, der Umsetzung, der Kommerzialisierung, der Anforderungen von Verbrauchern und Herstellern sowie der wirtschaftlichen Stabilität und Rentabilität einbezogen werden.

Die Ergebnisse verdeutlichen, dass der Erfolg von Mikro-EVs auf dem Markt höchstwahrscheinlich von der Verankerung des städtischen Verkehrssystems beeinflusst werden könnte.

Trotz der inhärenten Schwierigkeiten, die sich aus dem „Lock-in" ergeben, deutet unser Index darauf hin, dass es für Kleinst-EVs ein Zeitfenster für den Erfolg geben könnte.

Die Einführung von Mikro-EVs in Städten mit einer höheren Bereitschaft könnte einen Dominoeffekt haben, der auch in anderen Städten zu Veränderungen führt.

Erweitert:

In Abschnitt 5 werden mögliche Auswirkungen dieser Ergebnisse skizziert, und in Abschnitt 6 werden abschließend die wichtigsten Ergebnisse des Indexes zusammengefasst, die Grenzen der Studie aufgezeigt und mögliche zukünftige Schritte angesprochen.

Dies könnte neue Möglichkeiten für Städte schaffen, die sich derzeit eher in einer Sackgasse befinden, indem eine breitere gesellschaftliche Bewegung zugunsten von Mikro-EVs und letztlich zugunsten des Übergangs zur Nachhaltigkeit im Verkehrssektor motiviert wird.

Einführung

Von diesen Technologien sind die Mikro-EVs besonders interessant, wenn man die oben genannten Herausforderungen des Verkehrssektors berücksichtigt.

Sie sind im Wesentlichen eine synthetische Technologie, die sich aus der Anpassung von Elektrofahrzeugen an den Kontext der Mikromobilität ergibt und die das Potenzial hat, viele unserer Verkehrsprobleme zu lösen [27].

Sie bieten sowohl die Vorteile „traditioneller" E-Fahrzeuge als auch die Vorteile von Mikromobilitätstechnologien und mildern gleichzeitig andere zusätzliche Verkehrsprobleme, wie z. B. die soziale Ausgrenzung.

Die Betrachtung der zahlreichen Facetten, die für einen maximalen Markterfolg von Mikro-EVs in einer Stadt erforderlich sind, gibt Aufschluss darüber, wo diese Technologie potenziell zuerst eingeführt werden könnte, und untersucht die Möglichkeit, das Unternehmensrisiko und das Scheitern von Innovationen zu minimieren.

Auf der Grundlage des Markterfolgs dieser Technologien in den derzeitigen Verkehrssystemen können wir daher Möglichkeiten für Mikro-EVs aufzeigen, die sich in das breitere Verkehrskonzept einfügen.

Hintergrund

Um den möglichen Markterfolg von Mikro-EVs besser zu verstehen, ist es wichtig, zunächst die aktuellen Trends für die beiden „Mutter"-Innovationen im Verkehrssystem, EVs und Mikromobilität, zu skizzieren und zu diskutieren, die beide trotz der oben genannten Phänomene erfolgreich sind.

Mikro-EVs können als elektrische Verkehrstechnologien zusammengefasst werden, die folgende Merkmale aufweisen [28]: (1) geringe Größe, um ein Minimum an Straßen- und Parkraum zu beanspruchen, (2) hohe Manövrierfähigkeit, (3) minimale Umweltbelastung, (4) einfache Bedienung und (5) niedrige Anschaffungs- und Betriebskosten.

Dadurch hat die Technologie das Potenzial, dieselben Verkehrsprobleme zu lösen oder zu minimieren wie größere E-Fahrzeuge und Mikromobilitäts-Technologien zusammen, und kann darüber hinaus auch andere Probleme, wie z. B. Schwierigkeiten bei der Entsorgung am Ende der Lebensdauer, mindern.

Die vorliegende Studie stützt sich bei ihrem Vergleich der verschiedenen Facetten des Innovationssystems für nachhaltige Verkehrstechnologien auf deren Methodik und unterstreicht gleichzeitig die Notwendigkeit einer Forschung, die sich speziell auf Mikro-EV-Technologien konzentriert (ebd.).

Methodik
Da der mögliche Markterfolg von Mikro-EVs in erster Linie auf denselben Grundsätzen beruht, schien eine Anpassung der Methodik des Handbuchs (ebd.), die stattdessen auf die Leistung von Städten angewandt wird, für die Erstellung des CI am besten geeignet.

Die in dieser Studie verwendeten Variablen wurden dann auf der Grundlage dieser Überprüfung bestehender Indizes sowie der Befragung von Experten und der Literatur- und Hintergrundrecherche ausgewählt, wobei die Informationen an den Kontext der Mikro-EV angepasst wurden.

Die Kombination von GII, GCII und MPI ermöglicht somit die Erstellung eines umfassenden Indexes, der die Innovationsverbreitung, die Umsetzung, die Kommerzialisierung, die Anforderungen von Verbrauchern und Herstellern sowie die wirtschaftliche Lebensfähigkeit und Stabilität misst und so einen umfassenden analytischen Rahmen für die „Neigung von Städten zum Erfolg auf dem Mikro-EV-Markt" bildet.

Ergebnisse
Bei diesem ersten Ergebnis schnitten Shanghai und London ähnlich ab, obwohl sie bei den Weltmeisterschaften sehr unterschiedlich abschnitten.

Beide Städte scheinen fast die gleiche Neigung zur Einführung von Kleinst-EVs zu haben, was angesichts der unterschiedlichen Ergebnisse in den einzelnen Unterkategorien unwahrscheinlich ist.

Die zweite Reihe von Ergebnissen ergibt ein relativ konstantes Ergebnis für Shanghai, das mit 0,586 bewertet wurde, während ein signifikanter Rückgang für London mit einem Wert von 0,474 zu beobachten ist; Shanghai führt nun mit einem Vorsprung von 11 %.

Der Unterschied in den Ergebnissen wird deutlich, wenn man die ersten acht Kategorien betrachtet, denn Shanghai übertrifft London sechsmal.

Die endgültige Gewichtungsmethode führt erneut dazu, dass Shanghai eine höhere Punktzahl als London erhält, nämlich 0,592 bzw. 0,579.

Alle drei Methoden führen zu denselben Ergebnissen: Schanghai hat in seiner jetzigen Form eine potenziell höhere Wahrscheinlichkeit für den Erfolg von Mikro-EVs als London.

Diskussion
Wie bereits erwähnt, weisen die aktuellen Prognosen für den Verkehrssektor auf ein zunehmendes Marktwachstum für E-Fahrzeuge hin, vor allem wenn die Technologie verkleinert wird, und sagen auch voraus, dass die Technologien der Mikromobilität auf dem Vormarsch sind.

Die Neigung einer Stadt, sich auf dem Markt für Mikro-EVs durchzusetzen, ist im Wesentlichen ein Maß für den Grad der Verschlossenheit dieser Stadt, da der CI Variablen misst, die sowohl mit dem Verbraucher als auch mit dem Mikro-EV-Hersteller zusammenhängen, aber auch mit dem strukturellen, wirtschaftlichen und politischen Umfeld der jeweiligen Stadt.

Entwicklungsländer und ihre Städte verfügen eher über relativ „plastische" Systeme, so dass sie einen geringeren Grad an „Lock-in" erleben und eine höhere Neigung zum Erfolg auf dem Innovationsmarkt haben [29].

Dies könnte neue Möglichkeiten für Städte schaffen, die sich derzeit eher in einer Sackgasse befinden, indem eine breitere gesellschaftliche Bewegung zugunsten von Mikro-EVs und letztlich zugunsten des Übergangs zur Nachhaltigkeit im Verkehrssektor motiviert wird.

Schlussfolgerungen
Um das Risiko eines Scheiterns der Innovation zu minimieren und die Chancen für eine erfolgreiche Markteinführung von Mikro-EVs zu maximieren, wurde ein zusammengesetzter Indikator (CI) erstellt, der 16 Variablen in Bezug auf marktbezogene, wirtschaftliche, rechtliche und organisatorische Aspekte von Städten misst.

Es sollte hervorgehoben werden, dass dieser zusammengesetzte Index (KI) in erster Linie dazu dient, den Anlegern ein Sondierungsinstrument für die Neigung von Mikro-EV zum Markterfolg an die Hand zu geben.

Die Ergebnisse dieser Studie geben daher Aufschluss über i) das Potenzial von Kleinst-EVs für die Zukunft sowie ii) die Notwendigkeit von Forschung und quantitativen Instrumenten, um genauer zu untersuchen, wo diese Technologien als Vorreiter eingesetzt werden sollten, um die Chancen für eine erfolgreiche Markteinführung zu maximieren.

Durch weitere Iterationen und Entwicklungen der Unterkategorien des Indexes und der für die Gewichtung verwendeten Methoden könnte der Index selbst zu einem potenziellen kommerziellen Instrument werden, das Unternehmen wichtige Erkenntnisse darüber liefert, welche Städte die größte Wahrscheinlichkeit für einen Erfolg auf dem Mikro-EV-Markt haben könnten.

Danksagung
Eine maschinell erstellte Zusammenfassung basierend auf der Arbeit von Loustric, Ilona; Matyas, Melinda
2020 in der Zeitschrift European Transport Research Review

Ein Fuzzy-basierter Sliding-Mode-Regelungsansatz für die Beschleunigungsschlupfregelung von batteriebetriebenen Elektrofahrzeugen

DOI: https://doi.org/10.1186/s10033-022-00729-w

Kurzfassung – Zusammenfassung
Aufgrund des schnellen Ansprechens und des großen Drehmoments des Elektromotors können die Antriebsräder eines batteriebetriebenen Elektrofahrzeugs in der Anfangsphase des Anfahrens leicht durchdrehen.

Um den Schlupf an den Antriebsrädern zu verhindern, wurde ein gleitender Regelungsansatz für die Beschleunigungsschlupfregelung entwickelt.

Die experimentellen Ergebnisse mit geringem Überschwingen und schnellem Ansprechen beim Anfahren zeigen, dass der Gleitkommaregler eine gute Regelwirkung auf die Schlupfverhältnisregelung hat.

In diesem Artikel wird eine Methode zur Regelung des Beschleunigungsschlupfs vorgeschlagen, die die Sicherheit beim Beschleunigen von batteriebetriebenen Elektrofahrzeugen verbessert.

Erweitert:

Forschungsgegenstand ist ein heckgetriebenes Logistik-BEV, dessen Geschwindigkeit über die Vorderräder erreicht werden kann, so dass der entworfene Ansatz in der technischen Praxis erprobt und verifiziert werden kann.

Ein Fuzzy-Regler wird verwendet, um online Gewichtsfaktoren zu generieren, die eine hohe Reaktionsgeschwindigkeit unter den flexiblen Lasten gewährleisten können.

Die experimentellen Ergebnisse zeigen, dass der entworfene Regelungsansatz für die Beschleunigungsschlupfregelung ein geringes Überschwingen und ein schnelles Ansprechen sowohl unter Straßenbedingungen mit geringer als auch mit hoher Adhäsion aufweist.

Einführung

Zu den Antischlupfmaßnahmen für Verbrennungsmotoren gehören die Verringerung des Öffnungsgrads der Drosselklappen zur Reduzierung der Motorleistung, die Steuerung des radseitigen Bremsmoments und die Anpassung der Niederhaltekraft der Kupplung [30].

Der Radschlupf kann durch die Regelung des Ausgangsdrehmoments des Elektromotors gesteuert werden [31].

Für ein batterieelektrisches Fahrzeug mit alleinigem Hinterradantrieb wird ein dynamischer Drehmomentverteilungsregler entwickelt, um dieses Problem zu lösen [32].

Auf der Grundlage der modellprädiktiven Steuerung (MPC) optimierten Yuan und andere neben der Regelung des Radschlupfs auch die Fahrzeugsicherheit, die Bremsleistung, den Fahrerkomfort und die Energieeffizienz, indem sie einige zusätzliche Kostenfunktionen hinzufügten [33].

Um das Problem des Radschlupfes während des Beschleunigungsvorgangs eines batteriebetriebenen Elektrofahrzeugs zu lösen, wird in diesem Beitrag ein gleitender Regelungsansatz entwickelt.

Beschreibung des Problems

Die VCU erzielt das maximale Drehmoment durch Schätzung der Systemkapazität des aktuellen Zustands, die hauptsächlich durch die Leistung des Antriebsmotors und die Leistung begrenzt wird.

Aufgrund der niedrigen Geschwindigkeit und des hohen Drehmoments der PMSM können die Räder bei geringer Adhäsion leicht durchdrehen, was zur Instabilität des Fahrzeugs führen kann.

2 Software-basierte Funktionen

Gleichzeitig kann durch die Begrenzung des Schlupfverhältnisses der Räder innerhalb der optimalen Regelzone eine hohe Längshaftung gewährleistet und ein mögliches Außer-Kontrolle-Geraten vermieden werden.

Wenn die Antriebsräder λ_{opt} überschreiten, muss der ASR-Controller sofort aktiviert werden.

Fall 1: Aufgrund der Eigenschaften der Formel für das Schlupfverhältnis werden die Messfehler der Raddrehzahlsensoren verstärkt, wenn das Fahrzeug mit niedriger Geschwindigkeit fährt, was zu einer Änderung des Schlupfverhältnisses führt.

Die beiden Steuersysteme, DCS und ASR, können je nach den unterschiedlichen Arbeitsbedingungen zeitlich umgeschaltet werden, was das ASR-System zu einem praktischen aktiven, sicheren Fahrassistenzsystem macht.

Schieberegler

Das Schlupfverhältnis der Räder ist wie folgt definiert: v_ω ist die lineare Radgeschwindigkeit, m/s; v ist die Fahrzeuglängsgeschwindigkeit, m/s. Wenn das Fahrzeug auf einer Straße mit ungleichmäßigen Haftungskoeffizienten fährt, gibt es einen Unterschied im Schlupfverhältnis zwischen den beiden Antriebsrädern.

Das „Hochauswahlprinzip" wird angewandt, um das größere Schlupfverhältnis als Steuerobjekt zu nehmen, vor dem die größere Radwinkelgeschwindigkeit wie folgt ermittelt werden muss, wobei ω_l und ω_r die Winkelgeschwindigkeiten des linken bzw. rechten Rads sind.

Die Formel für die Radumdrehung lautet wie folgt: J_i ist das Trägheitsmoment, kg·m²; T_i ist das Antriebsmoment am Rad, N·m; r ist der Rollradius des Rades, m; F_{xi} ist die Radlängskraft, N; und M ist die halbe Masse des gesamten Fahrzeugs, kg.

Controller-Analyse

Für die Fehler des Motordrehmoments und des Fahrbahnhaftungskoeffizienten wird die Robustheit des Schiebereglers analysiert.

Das ΔT_i ist der Drehmomentfehler, das tatsächliche Drehmoment ist wie folgt, wobei T_{ia} das tatsächliche Ausgangsdrehmoment ist.

Dies führt zu einem Fehler zwischen dem tatsächlichen Adhäsionskoeffizienten und dem geschätzten Wert.

$\Delta \mu_i$ wird als Fehler des Haftungskoeffizienten angenommen.

Fahrzeug-Straßentest

In diesem Abschnitt werden einige reale Fahrzeugtests unter den beiden typischen Straßenbedingungen – nass und trocken – durchgeführt, um die Leistung des vorgeschlagenen Ansatzes zur Beschleunigungsschlupfregelung zu überprüfen.

Die realen Fahrzeugtests werden auf einer Straße mit geringer Haftung durchgeführt, d. h. auf einem rutschigen Belag mit einem maximalen Haftungskoeffizienten von 0,4 und einem optimalen Rutschverhältnis von 0,11.

Wenn der Fahrer das Gaspedal betätigt, überschreiten das Schlupfverhältnis und die Fahrzeuggeschwindigkeit ihre jeweiligen Schwellenwerte, und die VCU schaltet den ASR-Regler ein.

Wenn der Fahrer das Gaspedal betätigt, überschreiten das Schlupfverhältnis und die Fahrzeuggeschwindigkeit ihre jeweiligen Schwellenwerte, und die VCU schaltet in den Arbeitsmodus des ASR-Reglers.

Nach einem Anpassungsprozess stabilisiert sich das Schlupfverhältnis im optimalen Regelbereich und dauert etwa 1 s. Wenn die Fahrzeuggeschwindigkeit nahe bei 40 km/h liegt, lässt der Fahrer das Gaspedal allmählich los, und die VCU schaltet in das DCS.

Schlussfolgerungen
Der Schlupfvorgang erfolgt in einer kurzen Zeitspanne, weshalb das ASR-System ein geringes Überschwingen und eine schnelle Reaktion aufweisen muss.

Die experimentellen Ergebnisse zeigen, dass der entworfene Regelungsansatz für die Beschleunigungsschlupfregelung ein geringes Überschwingen und ein schnelles Ansprechen sowohl unter Straßenbedingungen mit geringer als auch mit hoher Adhäsion aufweist.

Danksagung
Eine maschinell erstellte Zusammenfassung basierend auf der Arbeit von Shi, Qin; Wang, Mingwei; He, Zejia; Yao, Cheng; Wei, Yujiang; He, Lin
2022 in Chinese Journal of Mechanical Engineering

Hardware-Entwurf und Test eines Schaltsteuerungssystems für ein Mehrganggetriebe für Elektrofahrzeuge
DOI: https://doi.org/10.1007/s42154-019-00072-2

Kurzfassung – Zusammenfassung
Die Realisierung der Dual-Target-Tracking-Steuerung setzt voraus, dass die Getriebesteuerungseinheit (TCU) die Eingangssignale des Schaltsteuerungssystems genau misst und verarbeitet und das Drehmoment des Antriebsmotors und die Position der Schaltmotoren präzise steuert.

Um die oben genannten Anforderungen zu erfüllen, wurde eine auf Elektrofahrzeuge zugeschnittene TCU entwickelt.

Ein Hardware-in-the-Loop-Simulationstestsystem zeigte, dass das TCU-Konzept die Anforderungen an die Messgenauigkeit erfüllte und die Aktionen des Schaltaktuators und des Motorsteuergeräts koordinierte, um ein schnelles und reibungsloses Schalten vor dem Straßentest zu erreichen.

Die Zuverlässigkeit des TCU-Designs wurde außerdem in einem 150.000 km langen Fahrversuch überprüft.

2 Software-basierte Funktionen

Einführung

Das Mehrganggetriebe von Elektrofahrzeugen kann den Drehmomentbereich des Antriebsmotors erweitern und die Fahrzeugdynamik verbessern.

Das Herzstück der Schaltsteuerung eines Mehrganggetriebes ist das Getriebesteuergerät (TCU).

Die TCU muss mit dem Fahrzeugsteuergerät (VCU) und dem Motorsteuergerät (MCU) kommunizieren, die Schaltsignale genau erfassen und das Drehmoment des Antriebsmotors steuern, um eine hohe Schaltqualität zu erreichen.

In der vorliegenden Arbeit wurde eine auf Elektrofahrzeuge zugeschnittene Viergang-TCU entwickelt, die den Anforderungen an die Zweigang-Zielverfolgungssteuerung eines Mehrganggetriebes entspricht, eine automatische Schaltfunktion hat und mit einem Zweiganggetriebe kompatibel ist.

TCU-Hardware-Entwurf

Die Hardware-Anforderungen für das zuverlässige Schalten der TCU sind wie folgt: (1) Anforderungen an die Messung der Drehzahl und des Winkels Bei der Schaltsteuerung von Mehrganggetrieben ist es notwendig, Änderungen der Drehzahl und des Winkels der Eingangs- und Ausgangswelle des Getriebes separat zu messen und dadurch den Antriebsmotor zu steuern, um die Unterschiede in der Drehzahl und dem Winkel auszugleichen [34, 35].

Die Hardware besteht im Wesentlichen aus einem Ein-Chip-Minimalsystemmodul, einem DC-DC-Leistungsmodul, einem Modul zur Steuerung des Schaltmotors, einem Modul zur Formung von Drehzahl- und Winkelimpulsen, einem Modul zur Erfassung des Positionssignals des Schaltaktors, einem Modul zur Stromabtastung des Schaltmotors, einem CAN-Kommunikationsmodul und einer Hardware-Schutzschaltung.

Die Messgenauigkeit der Drehzahl- und Winkelsignale der Eingangs- und Ausgangswellen des Mehrganggetriebes beeinflusst die Schaltzeit und -qualität.

Hardware-in-the-Loop-Simulationstest

Das Hochschalten vom ersten in den zweiten Gang umfasst die Bewegung der Schaltgabel vom ersten in den Leerlauf, den Beginn der Drehzahlsynchronisation, den Beginn der Winkelsynchronisation, das Umschalten des Drehmoments des Antriebsmotors, das Ende der Drehzahl- und Winkelsynchronisation, das Verschieben der Schaltgabel vom Leerlauf in den zweiten Gang und das Erreichen der Zielposition.

Durch die Umschaltung des Motordrehmoments wurde der Drehzahlunterschied zwischen Hülse und Zahnkranz schnell reduziert und eine Drehzahlsynchronisation erreicht.

Während des Schaltvorgangs betrugen die Geschwindigkeits- und Winkelsynchronisationszeiten etwa 120 bzw. 75 ms.

Wenn die Drehzahlen und Winkel der Hülse und des Zahnkranzes synchronisiert sind, steuert die TCU die Position des Schaltmotors durch die Steuerung der PWM-Signale genau und erreicht einen direkten Eingriff der Hülse und des Zahnkranzes [36, 37].

Fahrzeugtest der TCU
Die Verzögerungszeit bei der CAN-Kommunikation kann nicht ignoriert werden, da die Steuerung der Zweizielverfolgung hohe Anforderungen an die Echtzeitleistung des Systems stellt.

Die CAN-Kommunikationsverzögerung muss in Echtzeit abgeschätzt und kompensiert werden.

Die Übertragungsverzögerung bezieht sich auf die Zeit von der Belegung des Busses durch das Telegramm bis zum Verlassen des Busses.

Die Kommunikation zwischen TCU und MCU erfolgt über ein proprietäres CAN, und die Übertragungsdauer ist auf 5 ms eingestellt.

Durch die oben genannten Maßnahmen kann der CAN-Kommunikationsverzögerungsfehler die Regelungsanforderung von weniger als 50 μs erreichen, wodurch die Anforderungen an die Dual-Target-Tracking-Regelung der TCU erfüllt werden.

In der vorliegenden Studie wurde die Schaltqualität und Zuverlässigkeit der TCU in einem realen Fahrzeugtest auf der Straße überprüft.

Die Testergebnisse zeigen, dass die TCU die Schaltvorgänge gut steuert und so die Fahrleistung und die Wirtschaftlichkeit des gesamten Fahrzeugs verbessert.

Schlussfolgerungen
In der vorliegenden Arbeit wurden der Hardware-Entwurf und die Prüfung einer TCU für die Schaltsteuerung eines Mehrganggetriebes für Elektrofahrzeuge durchgeführt.

Entsprechend dem TCU-Eingangs- und Ausgangssystem und der Hardware-Architektur wurde das Schaltungsdesign der wichtigsten Funktionsmodule fertiggestellt, um eine Dual-Target-Tracking-Steuerung zu realisieren.

Umfangreiche Simulations- und Fahrzeugtestergebnisse zeigen, dass die TCU die Eingangs- und Ausgangssignale genau misst und steuert, was zu einer kurzen Schaltzeit und einem minimalen Schaltstoß führt.

Das Schaltkontrollsystem wird auch bei anderen Modellen getestet werden.

Danksagung
Eine maschinell erstellte Zusammenfassung basierend auf der Arbeit von Tian, Feng; Sui, Liqi; Zeng, Yuanfan; Li, Bo; Zhou, Xingyue; Wang, Lijun; Chen, Hongxu
2019 in Automotive Innovation

Kritische Geschwindigkeiten von Elektrofahrzeugen bei regenerativem Bremsen
DOI: https://doi.org/10.1007/s42154-021-00143-3

2 Software-basierte Funktionen

Kurzfassung – Zusammenfassung

Effizientes regeneratives Bremsen von Elektrofahrzeugen (EVs) kann die Effizenz eines Energiespeichersystems (ESS) erhöhen und die Systemkosten senken.

Die kritischen Geschwindigkeiten von Elektrofahrzeugen für die Bremsenergierückgewinnung werden definiert und anhand von Fallstudien untersucht.

Die kritische Bremsgeschwindigkeit mit hoher Wahrscheinlichkeit und die kritische Bremsgeschwindigkeit mit hoher Energie werden auf der Grundlage statistischer Analysen und Berechnungen der Zufälligkeit der Bremsung und der Wahrscheinlichkeitsenergie in den städtischen Fahrzyklen von E-Fahrzeugen ermittelt, verglichen und ausgewertet.

Ein neues optimiertes ESS-Konzept wird im Rahmen eines Batterie/Ultrakondensator-Hybrid-Energiespeichersystems (HESS) in Kombination mit zwei kritischen Geschwindigkeiten vorgeschlagen.

Das Batterie/UC-HESS mit 9 UCs kann eine bessere regenerative Bremsleistung und Entladeleistung erzielen, was darauf hindeutet, dass eine minimale Anzahl von UCs als zusätzliche Energiequelle zur Optimierung des ESS verwendet werden kann.

Die Forschungsergebnisse unterstreichen die Bedeutung der kritischen Geschwindigkeiten von E-Fahrzeugen für das regenerative Bremsen.

Erweitert:

Die Ergebnisse zeigen, dass der Anteil der Wahrscheinlichkeitsenergie von weniger als 510 m^2/s^2 ungefähr 94,79 % beträgt, wenn die kritische Hochenergie-Bremsgeschwindigkeit 22,58 m/s beträgt. Darüber hinaus beträgt die Häufigkeit des Auftretens der Wahrscheinlichkeitsenergie von weniger als 510 m^2/s^2 etwa 98,89 %.

Einführung

Wenn diese Systeme in die Batterie von Elektrofahrzeugen eingebaut werden, verbessert sich die Effizienz der Bremsenergierückgewinnung und die Beschleunigungsleistung, und die Lebensdauer der Batterie wird ebenfalls verlängert.

Auf der Grundlage der kritischen Geschwindigkeiten und einer Batterie/UC HESS-Architektur wird die Batterie/UC HESS optimiert, um die Lebensdauer der Batterie, die Beschleunigungsleistung beim Anfahren und die Leistung der Energierückgewinnung beim Bremsen zu verbessern.

Die wichtigsten Beiträge dieses Papiers sind: (i) ein neues Konzept der kritischen Geschwindigkeiten von EVs für regeneratives Bremsen und die Analysemethoden werden auf der Grundlage der Bremswahrscheinlichkeit und des Wahrscheinlichkeitsenergieanteils vorgeschlagen; (ii) die Parameteranpassung der Batterie/UC HESS von EVs wird als eine Anwendung der vorgeschlagenen kritischen Geschwindigkeiten implementiert; und (iii) das optimierte Batterie/UC HESS-Modell wird zur Überprüfung der Systemleistung erstellt.

Statistische Analyse typischer städtischer Fahrzyklen
Die Forschung zum regenerativen Bremsen zielt darauf ab, die Umwandlung und Speicherung der kinetischen Energie des Fahrzeugs während des Bremsvorgangs von der Ausgangsgeschwindigkeit bis zur Endgeschwindigkeit zu untersuchen.

Lässt man den Energieverlust aufgrund von Änderungen der Fahrzeuggeschwindigkeit außer Acht, so ist die theoretische maximale regenerative Bremsenergie die kinetische Energie, die erzeugt wird, wenn sich die Fahrzeuggeschwindigkeit vom Anfangswert zum Endwert ändert.

Da die Verzögerung im Fahrzyklus der Prozess ist, der in dieser Studie analysiert wird, werden die Leerlauf- und Konstantgeschwindigkeitszustände im Zyklus gelöscht und nur die Daten der Geschwindigkeitswechselzustände bleiben erhalten.

Vierzehn typische städtische Fahrzyklen werden auf ähnliche Weise bearbeitet, wobei nur die Anfangs- und Endgeschwindigkeiten einer Bremsung berücksichtigt werden, um den Einfluss von Faktoren wie Fahrzeugtyp und Masse auf die Berechnungsergebnisse zu eliminieren.

Analysemethoden zur Bestimmung der kritischen Geschwindigkeiten des regenerativen Bremsens
Die Ergebnisse zeigen, dass der Häufigkeitsanteil der Wahrscheinlichkeitsenergie unter 318,5 m^2/s^2 mehr als 91 % beträgt, wenn die kritische Geschwindigkeit 17,85 m/s für jeden Fahrzyklus beträgt.

Die Ergebnisse zeigen, dass der Anteil der Wahrscheinlichkeitsenergie von weniger als 318,5 m^2/s^2 88,47 % beträgt, wenn die kritische Geschwindigkeit 17,85 m/s beträgt, während die Häufigkeit der Wahrscheinlichkeitsenergie von weniger als 318,5 m^2/s^2 96,66 % der gesamten Bremszeiten ausmacht.

Die Ergebnisse zeigen, dass der Anteil der Wahrscheinlichkeitsenergie von weniger als 510 m^2/s^2 ungefähr 94,79 % beträgt, wenn die kritische Hochenergie-Bremsgeschwindigkeit 22,58 m/s beträgt. Darüber hinaus beträgt die Häufigkeit des Auftretens der Wahrscheinlichkeitsenergie von weniger als 510 m^2/s^2 etwa 98,89 %.

Effizienzmodell des regenerativen Bremssystems für ein EV
Das Effizienzmodell des regenerativen Bremssystems wird auf der Grundlage eines EV mit Frontantrieb erstellt, wobei die regenerative Bremsstrategie eine Reihe von regenerativen Bremsvorgängen darstellt [38].

Das regenerative Bremsmoment wird maximal ausgenutzt, und die mechanische Bremse wird so lange betätigt, bis die erforderliche Bremsleistung höher ist als die regenerative Fähigkeit des UC oder das Motordrehmoment die Verzögerungsanforderung nicht erfüllen kann.

Es wird angenommen, dass das Bremsmoment des linken und des rechten Vorderrads gleich groß ist.

2 Software-basierte Funktionen

Optimierung der Batterie/UC HESS auf der Grundlage der kritischen Geschwindigkeiten des regenerativen Bremsens

Das Fahrzeugsteuergerät steuert die Arbeitsweise des Motors, die Gangwahl und die Energieverteilung zwischen Batterie und UCs.

Die Batterietemperaturänderung des Fahrzeugs ist unter Berücksichtigung der Batterie/UC HESS relativ unbedeutend.

Die UCs des Fahrzeugs mit Batterie/UC HESS fungieren beim regenerativen Bremsen als Hauptspeicher und Auslöser.

Dieses Ergebnis deutet darauf hin, dass die UCs der Batterie/UC HESS den Entladestrom der Batterie reduzieren können und somit Schutz bieten.

Die Ergebnisse deuten auch darauf hin, dass die Batterie des Batterie/UC HESS keine negative Leistung trägt.

Dieses Ergebnis deutet darauf hin, dass das Batterie/UC HESS eine bessere Bremsenergierückgewinnung und Entlastungsleistung erzielt als eine einzelne Batterie.

Mit einer geeigneten Energieverteilungsstrategie kann das Batterie/UC-HESS mit 9 UCs eine bessere regenerative Bremsleistung unter dem UDDS-Fahrzyklus erzielen.

Schlussfolgerungen

Die hochwahrscheinliche kritische Bremsgeschwindigkeit und die hochenergetische kritische Bremsgeschwindigkeit werden auf der Grundlage verschiedener typischer städtischer Fahrzyklen ermittelt und analysiert, für die zwei Analysemethoden zum Schutz der Batterie und zur Verbesserung der Leistung des regenerativen Bremssystems auf der Grundlage des Batterie/UC HESS vorgeschlagen werden.

Das Modell der regenerativen Bremseffizienz des Elektrofahrzeugs mit dem Batterie/UC HESS, das die Modelle für die Längskraft des Elektrofahrzeugs, den Motor, den Antriebsstrang, den Radschlupf, den UC und die Batterie umfasst, wird erstellt.

Anhand des Modells der regenerativen Bremseffizienz und der durch das Konfidenzintervall definierten kritischen Geschwindigkeiten ergibt sich das passende Modell der UCs für die Batterie/UC HESS.

Die Machbarkeit und Effektivität des optimierten Batterie/UC-HESS auf der Grundlage der kritischen Geschwindigkeiten werden unter Berücksichtigung der Batterietemperatur-, Batteriestrom- und Batterieleistungsänderungen überprüft.

Danksagung

Eine maschinell erstellte Zusammenfassung basierend auf der Arbeit von Bai, Xianxu; Chen, Gen; Li, Weihan; Jia, Rui; Xuan, Liang; Zhu, Anding; Wang, Jingchang
2021 in der Automobil-Innovation

2.3. Fahrwerk

Maschinell erzeugte Schlüsselwörter: Rad, Stabilität, Lenkung, Fahrzeugstabilität, Gieren, adaptiv, aktiv, Kontrolle, Strategie, Winkel, Verfolgung, Flugbahn, Spur, Reifen, Kontrollstrategie

Adaptive koordinierte Bahnverfolgungsstrategie für autonome Fahrzeuge mit direkter Giermomentenkontrolle
DOI: https://doi.org/10.1186/s10033-021-00666-0

Kurzfassung – Zusammenfassung
Es ist auffällig, dass die Bahnverfolgungsgenauigkeit von autonomen Fahrzeugen, die auf einer aktiven Vorderradlenkung basieren, bei hohen Geschwindigkeiten und großen Krümmungen schlecht ist.

Eine adaptive Bahnverfolgungsstrategie, die die aktive Vorderradlenkung und das direkte Giermoment koordiniert, wird auf der Grundlage eines modellprädiktiven Steuerungsalgorithmus vorgeschlagen.
 Es wird eine adaptive Kontrollstrategie zur Koordinierung der aktiven Frontlenkung und des direkten Giermoments vorgeschlagen, um die Genauigkeit der Bahnverfolgung bei hohen Geschwindigkeiten und großen Krümmungen zu verbessern.
 In Simulationsexperimenten wurde nachgewiesen, dass die vorgeschlagene adaptive koordinierte Kontrollstrategie die Bahnverfolgungsgenauigkeit verbessern und die Fahrzeugstabilität bei hohen Geschwindigkeiten und großen Krümmungen gewährleisten kann.
 Erweitert:
 Da Parameterunsicherheiten, Modellfehler und externe Störungen nicht berücksichtigt wurden, wird eine robuste koordinierte Regelungsstrategie und ein Hardware-in-the-Loop-Test in Zukunft weiter untersucht werden.

Einführung
Koordinierte Kontrollstrategien, die auf AFS und DYC basieren, werden daher häufig für die Verfolgung von Fahrzeugbahnen eingesetzt.

In dieser Studie wird eine neuartige adaptive koordinierte Bahnverfolgungsstrategie mit direkter Giermomentsteuerung auf der Grundlage von MPC vorgeschlagen, um die Verfolgungsgenauigkeit zu verbessern und die Fahrzeugstabilität zu gewährleisten.
 Es wird eine Online-Methode zur Identifizierung der Reifensteifigkeit vorgeschlagen, bei der die Methode der kleinsten Quadrate mit einem Vergessensfaktor verwendet wird, um die Parameter des Systemvorhersagemodells zu aktualisieren und die Genauigkeit der Fahrzeugzustandsvorhersage zu verbessern. (2) Zur Verbesserung der Nachführgenauigkeit bei hohen Geschwindigkeiten und großen Krümmungen wird eine adaptive koordinierte Bahnverfolgungsstrategie vorgeschlagen, der Gewichtskoeffizient der objektiven

Kostenfunktion wird mit Hilfe von Fuzzy-Regeln geändert, und eine adaptive Koordination zwischen Bahnverfolgung und DYC wird realisiert. (3) Der adaptive koordinierte MPC-Regler wurde entworfen und auf der CarSim-Simulink-Plattform unter diesen Bedingungen getestet.

Modell einer Bahnverfolgungssteuerung für autonomes Lenken
Während des Bahnverfolgungsprozesses bei hohen Geschwindigkeiten und großen Krümmungen wird das Giermoment des Fahrzeugs durch die Seitenkraft der Vorder- und Hinterreifen erzeugt.

Die Querbeschleunigung des Fahrzeugs wird hauptsächlich durch die Seitenkraft der Vorder- und Hinterreifen verursacht.

Da der Schräglaufwinkel des Reifens nicht direkt an der Lösung der Regelungsoptimierung beteiligt ist und die Quergeschwindigkeit des Fahrzeugs im Vergleich zur Längsgeschwindigkeit relativ klein ist, kann der Schräglaufwinkel des Vorder- und des Hinterreifens wie folgt approximiert werden Um die nichtlineare Dynamik des Reifens voll auszunutzen und die nichtlineare Komplexität des Reglers zu reduzieren, kann die Seitenkraft des Vorderreifens als Steuereingang für die MPC-Optimierung betrachtet und über die nichtlineare Dynamik des Hinterreifens auf den gewünschten δ-Wert abgebildet werden, um das lineare MPC-Optimierungsproblem genau zu approximieren.

Adaptive koordinierte Steuerung für die Bahnverfolgung
Hier wird eine adaptive, koordinierte Kontrollstrategie vorgeschlagen, bei der die Kurvensteifigkeit der Reifen online ermittelt wird, der Gewichtskoeffizient der objektiven Kostenfunktion adaptiv geändert wird und die Giermomentenkontrolle adaptiv koordiniert wird, um die Fahrzeugbahnverfolgung zu verbessern und die Fahrzeugstabilität unter extremen Bedingungen zu gewährleisten.

Die Kurvensteifigkeit zum k-ten Abtastzeitpunkt ist dann gegeben durch Die Kurvensteifigkeit des Reifens zum nächsten Zeitpunkt wird ermittelt, indem das Vorhersagemodell des Fahrzeugbahnverfolgungssystems mit der aktuellen Parameteridentifikation aktualisiert wird Um eine hohe Verfolgungsgenauigkeit zu gewährleisten und die Fahrzeugstabilität zu verbessern, wird eine adaptive Strategie für die Gewichtungskoeffizienten auf der Grundlage von Fuzzy-Regeln angewendet.

Der Regler gibt die gewünschte Seitenkraft des Vorderreifens und das externe Giermoment aus.

Simulation
Um plötzliche Änderungen zu vermeiden, änderte sich das Giermoment beim Verlassen des vorgeschlagenen Reglers linear, was dazu führte, dass die Spitze der Kurswinkelabweichung mit einem relativ großen Max abs(θ_e) Wert von 2,74° verzögert wurde.

Der vorgeschlagene Regler sorgt für eine bessere Fahrzeugstabilität, insbesondere im Hinblick auf die Spitzenwerte des Schwimmwinkels, des Rollwinkels und der Gierrate.

Dies liegt daran, dass sich das Giermoment am Ausgang des vorgeschlagenen Reglers linear verändert, um plötzliche Änderungen zu vermeiden, was dazu führt, dass die Spitze der Kurswinkelabweichung verzögert wird und einen relativ großen Wert hat.

Der vorgeschlagene Regler ist effektiver für die Bahnverfolgung bei hohen Geschwindigkeiten und großen Krümmungen mit unsicheren Werten des Straßenhaftungskoeffizienten.

Während des Entwurfsprozesses des AFS und der vorgeschlagenen Regler wurden die Anti-Instabilitätsbeschränkungen anhand des Schwimmwinkels und der Gierrate des Fahrzeugs konstruiert, um die Seitenstabilität des Fahrzeugs zu gewährleisten.

Schlussfolgerungen
Im Rahmen dieser Strategie wird das Systemvorhersagemodell durch die Identifizierung der Reifenparameter aktualisiert, der Gewichtskoeffizient der objektiven Kostenfunktion wird mit Hilfe von Fuzzy-Regeln geändert und eine adaptive Koordination zwischen Bahnverfolgung und DYC wird realisiert. (3) Ein Bahnverfolgungsregler wurde auf der Grundlage eines linearen, zeitvariablen, modellprädiktiven Regelungsalgorithmus entwickelt, der systematisch mit den Einschränkungen der Fahrzeugstabilität und den Einschränkungen der Regelgrößen umgehen kann. (4) Die Ergebnisse des gemeinsamen Car-Sim- und Simulink-Simulationstests haben gezeigt, dass die adaptive koordinierte Regelungsstrategie machbar ist.

Die Kontrollstrategie kann nicht nur die Genauigkeit der Bahnverfolgung verbessern, sondern auch die Stabilität des Fahrzeugs gewährleisten.

Danksagung
Eine maschinell erstellte Zusammenfassung basierend auf der Arbeit von Tian, Ying; Yao, Qiangqiang; Hang, Peng; Wang, Shengyuan
2022 in Chinese Journal of Mechanical Engineering

Adaptive elektronische Differenzialsteuerung von Fahrzeugen durch Drehmomentausgleich
DOI: https://doi.org/10.1007/s11036-019-01365-w

Kurzfassung – Zusammenfassung
Die derzeitige adaptive Regelung des Drehmomentausgleichs bei Elektrofahrzeugen mit Radantrieb weist Unzulänglichkeiten bei der elektronischen Differenzialregelung des Antriebsmotors unter Verwendung des Drehzahlmodus auf.

Um dieses Problem zu lösen, wird in diesem Beitrag ein adaptives elektronisches Differenzialregelungsverfahren für ein elektrisch angetriebenes Fahrzeug mit Drehmomentausgleich vorgeschlagen.

2 Software-basierte Funktionen

Ausgehend von der Kinematik und Dynamik der Fahrzeuglenkung werden die Geschwindigkeit und die Kraft jedes angetriebenen Rades bei der Lenkung analysiert, um die zusätzliche Rolle der elektronischen Differenzialsteuerung beim adaptiven Drehmomentausgleich sowie den Einfluss des Lenkradius im Fahrzeug zu erklären.

Basierend auf der optimalen Kombination dieser Parameter wird eine adaptive elektronische Differenzialregelung eines elektrischen Radfahrzeugs durch Drehmomentausgleich mit Fuzzy-Regelung der Wirk- und Blindleistung realisiert.

Erweitert:

Um dieses Problem zu lösen, werden einige nichtlineare Systeme wie neuronale Netze und Fuzzy-Steuerungsalgorithmen eingesetzt, um das Problem der geringen Genauigkeit herkömmlicher Modelle zu verringern.

Einführung

Die wichtigsten Technologien wie der Radnabenmotor und seine Steuerung, das elektronische Differenzialverfahren, die Steuerung der Drehmomentkoordination, die Steuerung der Antriebskraft des Fahrzeugs und die Technologie der Differenzialhilfslenkung bieten weiteren Raum für Forschung und Lösungen.

Aufgrund der dynamischen und zeitlich veränderlichen Eigenschaften des Elektrofahrzeugs beim Kurvenfahren ist es schwierig, die Genauigkeit des mathematischen Modells zu gewährleisten, und es macht die Steuerung komplex [39, 40]. (2) Die elektronische Differenzialtechnik auf Basis der Drehmomentregelung umfasst die direkte Giermomentregelung und die Schlupfratenregelung.

Unter Berücksichtigung der Gierwinkelgeschwindigkeit und des Schlupfwinkels wird ein vernünftiger Regelalgorithmus verwendet, um das Drehmoment des Antriebsrads zuzuordnen, wodurch nicht nur eine Differenzialregelung realisiert, sondern auch die Fahrstabilität und Sicherheit des Fahrzeugs verbessert wird [41].

Auf der Grundlage eines unabhängig angetriebenen Elektrofahrzeugs mit Hinterradantrieb wird die Entwicklung einer elektronischen Differenzialsteuerung erforscht und ein Test der elektronischen Differenzialsteuerung durchgeführt.

Prinzip der elektronischen Differential-Hilfslenkung

Wenn das elektronische Differenzial auf der Grundlage der Geschwindigkeitsregelungsstrategie entworfen wird, müssen den beiden unabhängigen Antriebsrädern Übertragungsbeschränkungen auferlegt werden [42, 43].

In Verbindung mit dem Prinzip der elektronischen Differenziallenkung werden die Notwendigkeit der elektronischen Differenzialsteuerung im Lenkvorgang des Fahrzeugs und die Zusatzwirkung auf die Lenkung theoretisch erläutert.

Es benötigt mehr horizontalen Längsschub $E_{n'}$ als den horizontalen Schub E_n, der vor dem Lenken des Fahrzeugs erforderlich ist, damit das Lenkrad in $x - x$ Richtung stabil rollt.

Entsprechend der optimalen Kombination der Parameter der elektronischen Differentialsteuerung wird die adaptive elektronische Differentialsteuerung des elektrischen Radfahrzeugs mit Hilfe der Fuzzy-Regelung der Wirkleistung und der Blindleistung des elektronischen Differentials realisiert.

Der Zweck der adaptiven elektronischen Drehmomentausgleichsdifferenzialsteuerung von Fahrzeugen mit Elektroantrieb ist erreicht.

Experimentelle Ergebnisse und Analyse
Zum Zeitpunkt t = 3 s wird das Lenksignal in das Lenkrad eingespeist, und der Lenkwinkel bewegt sich innerhalb von 1 s von 0° auf 60°. Das elektronische Drosselsignal und das Lenkradwinkelsignal werden durch zwei Knöpfe ersetzt.

Die Drehzahl und das Drehmoment des Antriebsrads können über den Drehmoment-Leistungsmesser angezeigt werden.

Zahlen, kann es gesehen werden, dass es einen gewissen Fehler in den Prozess der Fahrer Lenkrad, und es ist schwierig, eine präzise Steuerung des Lenkrads Winkel unter der Umgebung von IoTs.

Es gibt eine gewisse Abweichung zwischen dem Drehmoment und der Geschwindigkeit des linken und rechten Antriebsrads und den Simulationsergebnissen, wenn die Fahrzeuggeschwindigkeit bei 20 km/h stabil ist. Aber die Variation ihrer Werte ist im Grunde die gleiche, so dass die Grundfunktionen von Differenzdrehzahl und Differenzdrehmoment erreicht werden.

Schlussfolgerungen
Basierend auf dem heckgetriebenen Elektrofahrzeug wird mit der Entwicklung einer elektronischen Differenziallenkung eine Regelstrategie im Versuchsfahrzeug gut umgesetzt.

Damit wird eine theoretische Grundlage für die weitere Erforschung der Auswirkungen des elektronischen Differenzials auf die Fahrzeuglenkung und das Fahrverhalten geschaffen.

Die weiteren Forschungsarbeiten sind wie folgt. (1) Die integrierte Multizielsteuerung wird auf den Lenkvorgang elektrischer Räder angewandt, um eine hierarchische Steuerung für die Lenkung bei niedriger Geschwindigkeit und bei hoher Geschwindigkeit zu erreichen. (2) Ein einfacheres und schnelleres Reaktionsmodell wird entwickelt.

Das Drehmoment des Antriebsrads wird gesteuert, um die Differentialfunktion der Lenkung bei niedriger Geschwindigkeit zu realisieren.

Danksagung
Eine maschinell erstellte Zusammenfassung basierend auf der Arbeit von Tian, Hong; Zhu, Weiguo; Wang, Sharon
2019 in Mobile Netzwerke und Anwendungen

Automatisierte Flugbahnplanung und -verfolgung zur Vermeidung von Gefahren für Fahrzeuge mit geplatzten Reifen auf Autobahnen

DOI: https://doi.org/10.1007/s11071-019-05171-7

Kurzfassung – Zusammenfassung

In diesem Beitrag wird ein automatisiertes System zur Planung und Verfolgung von Trajektorien für ein Fahrzeug mit Reifenplatzer auf einer Schnellstraße vorgeschlagen, bei dem Detektor, Planer und Controller hierarchisch angeordnet sind.

Es wird ein zeitbasiertes polynomiales Bahnplanungsverfahren entwickelt, um einen reibungslosen Übergang von der aktuellen Fahrspur zur Notspur zu erreichen, bei dem sowohl die Geschwindigkeit als auch die Dynamik des Fahrzeugs problemlos berücksichtigt werden.

In Kombination mit den geschichteten Bahnverfolgungsreglern bestätigt die Simulation eines Reifenplatzers am linken Vorderrad die Durchführbarkeit und Wirksamkeit der vorgeschlagenen Rahmenbedingungen und Methoden.

Erweitert:

Es wird eine Simulink-CarSim-Co-Simulationsplattform eingerichtet und Studien zur Gefahrenabwehr in einer Umgebung mit mehreren Fahrzeugen durchgeführt. Anschließend wird ein Hardware-in-the-Loop (HiL)-Test im Labor durchgeführt, um die Wirksamkeit des vorgeschlagenen Kontrollrahmens und der Methoden weiter zu überprüfen.

Einführung

Jüngste Fortschritte bei der adaptiven Geschwindigkeitsregelung, dem automatischen Fahrspurwechsel und der automatischen Notbremsung bieten wichtige Anhaltspunkte für ein höheres Sicherheitsniveau von Fahrzeugen, bei denen es bei hoher Geschwindigkeit zu einem Reifenplatzer kommt.

Um die Fähigkeiten aktueller Fahrerassistenzsysteme zu erweitern und den Weg zum hochautomatisierten Fahren auf der Autobahn zu ebnen, haben Nilsson und andere in [44] drei grundlegende Fragen systematisch erörtert, nämlich ob, wann und wie ein Spurwechselmanöver durchgeführt werden soll, was uns bei der Entwicklung eines ausfallsicheren Kontrollsystems inspiriert, das die dynamischen Eigenschaften des Fahrzeugs bei einem Reifenplatzer berücksichtigt.

Aus den oben genannten Gründen wird in diesem Papier eine automatisierte Trajektorienplanung und -verfolgung für das Fahrzeug vorgeschlagen, das einem Reifenplatzer ausgesetzt ist. Dazu werden auf das Reifenplatzer-Szenario ausgerichtete automatisierte Spurwechsel- und Notbremsverfahren eingeführt, um ein höheres Sicherheitsniveau zu erreichen.

Verwandte Werke

Über eine am Reifenplatzer-Szenario orientierte Trajektorienplanung für den Spurwechsel, die nicht nur die fahrdynamischen Randbedingungen, sondern auch die Krümmung der geplanten Trajektorie berücksichtigt, wurde bisher nur selten berichtet.

In [45] wurde ein zeitbasiertes Polynomverfahren zur Beschreibung des Problems der Trajektorienplanung für den Spurwechsel untersucht, wobei die Längs- und Querbewegungen des Fahrzeugs in Zeitfunktionen extrahiert wurden.

Um die Systemdynamik und die Einschränkungen der Verkehrseffizienz bei der Planung des Spurwechsels zu berücksichtigen, haben Luo und andere in [46] einen automatischen Spurwechsel-Trajektorienplaner entwickelt, der auf der zeitbasierten Polynom-Methode basiert, bei der die Planung der Referenztrajektorie in ein eingeschränktes Optimierungsproblem umgewandelt wurde, das die genannten Einschränkungen berücksichtigt.

Inspiriert von einer solchen Idee für die Trajektorienplanung wird in dieser Arbeit unter Berücksichtigung der engen Sicherheitsabstände und der dynamischen Eigenschaften des Fahrzeugs nach einem Reifenplatzer ein zeitbasierter polynomischer Trajektorienplaner für den Spurwechsel entwickelt, um den Übergang von der aktuellen Spur auf die Notfallspur zu erreichen.

Beschreibungen von Kontrollsystemen

Wenn die Möglichkeit besteht, das Spurwechselmanöver automatisch durchzuführen, führt das Fahrzeug die Bahnplanung/-verfolgung sequentiell durch; andernfalls hält das Fahrzeug die Ausgangsspur, und wenn genügend Platz zum Anhalten auf der Ausgangsspur vorhanden ist, führt das Fahrzeug eine Notbremsung durch.

Der Trajektorienplaner in der Zwischenebene wird für die Planung der Spurwechsel-Trajektorie eingesetzt, wenn die Aufforderung zur Gefahrenabwehr ausgelöst wird, und die Spurhalte-Trajektorie wird geplant, wenn der Befehl zum Spurhalten erteilt wird.

Was die Planung der Fahrbahn beim Einhalten der Fahrspur anbelangt, so kann sie als Integrationskontrolle des adaptiven Tempomats und des Spurhalteassistenten zum Eingreifen in das Längs- und Querbewegungsverhalten betrachtet werden, wobei Umverteilungen der vertikalen Reifenbelastung ausreichend berücksichtigt werden.

Zur Verfolgung der geplanten Gefahrentransportbahn wird zunächst ein Kinematikregler entworfen, der aufgrund seiner einfach zu implementierenden Randbedingungen auf der Technik der modellprädiktiven Steuerung basiert [47], wodurch die gewünschten Vorwärtsgeschwindigkeits- und Gierratensignale entsprechend erzeugt werden.

Planung von Flugbahnen zur Vermeidung von Gefahren

Die erste Aufgabe des Fahrzeugs nach einem Reifenplatzer ist es, die aktuelle Spur zu befahren, die zweite Aufgabe ist die Flugbahnplanung.

In dieser Studie wird die Methode zur Planung der Fahrspur für ein Fahrzeug mit einem geplatzten Reifen in der M-I-Phase untersucht, die auf den Ansätzen des Spurhalteassistenten und der adaptiven Geschwindigkeitsregelung basiert [48, 49].

Für die effiziente Planung von Fahrspurwechseln mit einem Fahrzeug mit Reifenpanne sind einige Annahmen erforderlich: (a) die Fahrzeugpositionen zu Beginn und am Ende des Spurwechselmanövers können verfügbar sein; (b) alle Fahrzeuge auf den Fahrspuren fahren in die gleiche Richtung, und es gibt kein Fahrzeug auf dem Zielfahrstreifen; (c) die Fahrspur ist lang genug, um den Spurwechsel vollständig durchzuführen, und der Abbruch eines Spurwechselmanövers wird nicht berücksichtigt.

Entwurf von Flugbahnverfolgungsreglern
In der Dynamikverfolgungsschicht wird ein Gleitmodellregler entworfen, der den gewünschten Geschwindigkeitssignalen folgt, und die Steuersignale, d. h. der Vorderradlenkwinkel und das Radausführmoment, werden folglich erzeugt.

Es ist anzumerken, dass die aktive Vorderradlenkung [50] für die Flugbahnverfolgung in den Phasen M-I und M-II verwendet wird, und die direkte Giermomentsteuerung wird für die Flugbahnverfolgung in M-III eingesetzt.

Der erwartete Vorderradlenkwinkel wird direkt an das Fahrzeugsystem übermittelt, und die resultierende Kraft bzw. das resultierende Moment wird an den Steuerungsverteiler [51] gesendet, um die ausführbaren Drehmomentsignale zu erzeugen.

Die Drehmomentsignale wirken zusammen mit dem Vorderradlenkwinkel auf das Fahrzeugsystem ein, um die Leistung bei der Verfolgung der Referenztrajektorie zu verbessern.

Studien zur Simulation
Während des Spurwechsels und der Notbremsung treten aufgrund des Kopplungseffektes zwischen Längs- und Querbewegungen große Längsbewegungsfehler auf, die aber mit Hilfe des entwickelten Reglers in einem akzeptablen Bereich stabilisiert werden können.

Die größeren Tracking-Fehler treten bei großen Kurswinkeln auf, was darauf hindeutet, dass sich der Effekt der Bahnverfolgung in der Phase des Spurwechsels leicht verschlechtert.

Es wird festgestellt, dass die Vorwärtsgeschwindigkeit durch einen Reifenplatzer mit Hilfe des Längsbewegungsreglers nur geringfügig beeinflusst wird, auch wenn ein Spurwechselmanöver von der aktuellen Fahrspur auf die Ausweichspur durchgeführt wird.

Außerdem weist die aktuelle Gierrate eine leichte Oszillation auf, weil der erhöhte Rollwiderstand das Fahrzeug zu diesem Zeitpunkt auf die Seite des platten Reifens zieht, aber sie hat sich durch den Eingriff des Controllers schnell der gewünschten Seite angenähert.

Schlussfolgerung
In diesem Beitrag wird ein automatisiertes System zur Planung und Verfolgung der Flugbahn eines Fahrzeugs mit geplatztem Reifen auf einer Schnellstraße vorgeschlagen, um eine höhere Sicherheit zu erreichen.

Ein mehrstufiges, ausfallsicheres Kontrollsystem mit kooperierender Erkennung, Planung und Verfolgung wurde vorgeschlagen, um die höhere Sicherheitsleistung des Fahrzeugs mit geplatzten Reifen zu erreichen; außerdem wurden die Trajektorienverfolgungsregler für die Verfolgung der geplanten Gefahrenabwehrtrajektorie vorgestellt.

Es wird eine Simulink-CarSim-Co-Simulationsplattform eingerichtet und Studien zur Gefahrenabwehr in einer Umgebung mit mehreren Fahrzeugen durchgeführt. Anschließend wird ein Hardware-in-the-Loop (HiL)-Test im Labor durchgeführt, um die Wirksamkeit des vorgeschlagenen Kontrollrahmens und der Methoden weiter zu überprüfen.

Danksagung
Eine maschinell erstellte Zusammenfassung basierend auf der Arbeit von Yue, Ming; Yang, Lu; Zhang, Hongzhi; Xu, Gang
2019 in Nichtlineare Dynamik

2.4. Komfort

Machine generated keywords: Energieverbrauch, thermische, Klima, Luft, Temperatur, Test, Komfort, Passagier, Verbrauch, Elektrofahrzeug, elektrisch, Energie, Leistung, ganz, kostengünstig

Forschung zur Bewertung des Energieverbrauchs von Elektrofahrzeugen für den thermischen Komfort
DOI: https://doi.org/10.1007/s11356-022-19790-y

Kurzfassung – Zusammenfassung
Unter Verwendung der tatsächlichen Fahrtestdaten von Elektrofahrzeugen wird der Gewichtungskoeffizient des Energieverbrauchswertes pro 100 km des Elektrofahrzeugs mit Unterkühlung, Heizung und Heizung ohne Kühlung durch die Methode der kleinsten Quadrate im umfassenden Energieverbrauchswert des Elektrofahrzeugs pro 100 km über das Jahr hinweg ermittelt.

Die oben genannten Gewichtskoeffizienten werden mit den Testergebnissen des Prüfstands kombiniert, um den Gesamtenergieverbrauch pro 100 km des Elektrofahrzeugs im gesamten Jahr zu ermitteln.

Die entsprechenden Fahrzeuge werden getestet, und die Simulations- und Versuchsergebnisse zeigen, dass die erhaltenen Gewichtskoeffizienten der Methode der kleinsten Quadrate den tatsächlichen Energieverbrauch des gesamten Fahrzeugs besser widerspiegeln können, und der Energieverbrauch von 100 km ist eine Bewertungsmethode für Elektrofahrzeuge.

2 Software-basierte Funktionen

Einführung
Da der Energieverbrauch des Zubehörsystems des Elektrofahrzeugs aus der Batterie stammt [52] und der Energieverbrauch des Zubehörsystems des Kraftstofffahrzeugs aus dem Verbrennungsmotor stammt, hat der Energieverbrauch des Zubehörs einen größeren Einfluss auf den Energieverbrauch des Elektrofahrzeugs während der Nutzung der Klimaanlage des Elektrofahrzeugs [53].

Es wurde eine Energieverbrauchsprüfung des Zubehörsystems und des gesamten Fahrzeugs durchgeführt, und es wurde die Einflussregel der Schlüsselkomponenten der Klimaanlage auf den Energieverbrauch des gesamten Fahrzeugs ermittelt.
Du Qian und andere untersuchten den Energieverbrauch von Hybrid-Elektrofahrzeugen unter verschiedenen Kühl- und Heizbedingungen.
Sie untersuchten auch die Auswirkungen unterschiedlicher Kühl- und Heizbedingungen von Elektrofahrzeugen auf den Energieverbrauch und die Emissionen des Fahrzeugs.
Im Vergleich dazu kann das Datenmodell die Parameteränderungen des Fahrzeugs im tatsächlichen Fahrbetrieb und die Auswirkungen externer Faktoren auf den Energieverbrauch des Fahrzeugs besser erfassen und sogar viele Merkmale des Energieverbrauchs mit Hilfe mathematischer Methoden extrahieren [52].

Untersuchung der Methode zur Bewertung des Energieverbrauchs eines Elektrofahrzeugs unter verschiedenen heißen und kalten Betriebsbedingungen
Bei der Berechnung des jährlichen Gesamtenergieverbrauchs von Elektrofahrzeugen unter Berücksichtigung des Einflusses des Energieverbrauchs von Klimaanlagen und Heizgeräten ist es zur Erzielung besserer Berechnungsergebnisse unbedingt erforderlich, den Gewichtskoeffizienten von Elektrofahrzeugen unter Kühl-, Heiz- und ungekühlten Heizbedingungen zu ermitteln [54].

Der Zweck der Parameteridentifizierung besteht darin, den Gewichtskoeffizienten des Elektrofahrzeugs in verschiedenen Betriebszuständen entsprechend den geprüften Werten, die dem Energieverbrauch des Fahrzeugs in verschiedenen Betriebszuständen des Elektrofahrzeugs entsprechen, umfassend zu bestimmen und in Verbindung mit den Fahrzeugtestdaten in verschiedenen Kühl- und Heizzuständen des Testfahrzeugs den 100-km-Energieverbrauchswert des Testfahrzeugs umfassend zu ermitteln.
Nach der Berechnung des Jahresnutzungsgewichtskoeffizienten des Elektrofahrzeugs bei Kühlung, Heizung und ungekühlter Heizung mit der Methode der kleinsten Quadrate wird der 100-km-Energieverbrauch unter verschiedenen Zyklusbedingungen und verschiedenen Arbeitsbedingungen durch einen Fahrzeugprüfstandstest geprüft.

Simulationsstudie über den Einfluss des Energieverbrauchs von Klimaanlagen auf die Bewertung des Energieverbrauchs von Elektrofahrzeugen
Der Grund, warum der Energieverbrauchswert des gesamten Fahrzeugs, der durch die Methode zur Bestimmung des Gewichtskoeffizienten nach der Zeit ermittelt wird, höher

ist als der tatsächliche Energieverbrauchswert des gesamten Fahrzeugs, liegt darin, dass sich das Elektrofahrzeug im Sommer oder Winter nicht immer im Kühl- oder Heizzustand befindet.

Im Folgenden wird der Einfluss des Energieverbrauchs von Klimaanlagen auf den Energieverbrauch von Elektrofahrzeugen auf der Grundlage des NEFZ-Zyklus (Neuer Europäischer Fahrzyklus) und des CLTC-P-Zyklus (China light-duty vehicle test cycle-passenger) vergleichend untersucht.

Unter den Kühlbedingungen des Elektrofahrzeugs ist der Energieverbrauch der Klimaanlage im CLTC-P-Zyklus um 27,55 % höher als im NEFZ-Zyklus, und der Energieverbrauch des gesamten Fahrzeugs ist um 19,38 % höher als im NEFZ-Zyklus.

Fahrzeugteststudie über den Einfluss des Energieverbrauchs der Klimaanlage auf die Bewertung des Energieverbrauchs von Elektrofahrzeugen

Unter CLTC-P-Betriebsbedingungen ist der jährliche Energieverbrauch von Elektrofahrzeugen, der mit Hilfe des durch die Methode der kleinsten Quadrate ermittelten Gewichtskoeffizienten berechnet wird, einfacher, und im Vergleich zur Methode der Bestimmung des Gewichtskoeffizienten nach der Zeit ist der jährliche Energieverbrauch von Elektrofahrzeugen um 14,62 % geringer.

Um die Auswirkungen des Energieverbrauchs der Klimaanlage auf die Bewertung des Energieverbrauchs von Elektrofahrzeugen unter drei verschiedenen thermischen Komfortmodi weiter zu analysieren, werden in diesem Papier auch die Energieverbrauchsdaten unter drei verschiedenen Strategien zur Steuerung des thermischen Komforts im NEFZ- und CLTC-P-Zyklus analysiert.

Unter Verwendung der Fahrzeugtestdaten und des Gewichtskoeffizienten zeigt die abschließende Berechnung, dass der Energieverbrauch des gesamten Fahrzeugs auf 100 km in der Reihenfolge Komfortmodus, wirtschaftlicher Modus und Energiesparmodus liegt.

Schlussfolgerung

Es wurde eine neue Bewertungsmethode für die Einbeziehung des Energieverbrauchs der Klimaanlage in die Bewertung des Energieverbrauchs von Elektrofahrzeugen entwickelt. (2) Nach den Daten in diesem Papier, da die Klimaanlage und Heizung nicht die ganze Zeit im Sommer und Winter arbeiten, waren die Gewichtskoeffizienten unter Kühlung und Heizung von Elektrofahrzeugen durch die Methode der kleinsten Quadrate berechnet weniger als die einfache Gewichtskoeffizient Gewicht von 0,25.

Weitere Arbeiten werden in den folgenden Bereichen durchgeführt: Angesichts der Auswirkungen des Energieverbrauchs von Klimaanlagen auf die Bewertungsmethode des Energieverbrauchs von Fahrzeugen kann das Arbeitsgewicht von Klimaanlagen entsprechend dem ausgewählten Fahrzeugmodell und sechs Klimaregionen in China berechnet werden, und dann können die 100-km-Energieverbrauchsdaten von Elektrofahrzeugen unter Kühlung, Heizung und ungekühlter Heizung durch Prüfstandsversuche ermittelt werden.

Kombiniert man die oben genannten Daten mit dem Gewichtskoeffizienten, erhält man den jährlichen Gesamtenergieverbrauch des Testfahrzeugs auf 100 km unter Berücksichtigung des Energieverbrauchs der Klimaanlage.

Danksagung
Eine maschinell erstellte Zusammenfassung basierend auf der Arbeit von Li, Ning; Liu, Yingshuai; Zhang, Junzhi; Li, Chao; Ji, Yuan; Liu, Weilong
2022 in Umweltwissenschaft und Umweltverschmutzungsforschung

Verbesserung der Kühl- und Heizleistung von Sitzen mit verbesserter Klimatisierung
DOI: https://doi.org/10.1007/s12239-018-0076-2

Kurzfassung – Zusammenfassung
Klimaanlagen des Typs HVAC eignen sich aufgrund des thermischen Komforts und der Nähe zu den Fahrgästen für die effektive Bereitstellung konditionierter Luft.

Die experimentellen Ergebnisse zeigen, dass CCS des Typs HVAC eine bessere Kühlleistung und eine etwas schlechtere Heizleistung als CCS des Typs TED aufweisen.

Die maximale Abkühlungsleistung von CCS des Typs HVAC war ähnlich wie die der Basis (CCS des Typs Non HVAC).

In der subjektiven Bewertung der Passagiere, die HVAC-Typ CCS, die ehemalige zwölf Minuten aufgezeichnet, um die Komfortrate fünf sowohl in Kühlung und Heizung Test zu erreichen, inzwischen, TED-Typ CCS sind neunzehn Minuten und zehn Minuten jeweils sowohl in der Kühlung und Heizung Test.

Danksagung
Eine maschinell erstellte Zusammenfassung basierend auf der Arbeit von Lee, Daewoong; Lee, Eunwoung
2018 in International Journal of Automotive Technology

2.5. Infotainment

Maschinell erzeugte Schlüsselwörter: Dienstleistung, smart, Ziel, Erkennung, Berechnung, Nähe, Geschäft, oem, Stadt, Sensor, Wert, Abschnitt, Navigation, neuronales, neuronales Netz

Kontinuierliche Erkennung von Berührungsgesten auf der Grundlage von RNNs für kapazitive Näherungssensoren
DOI: https://doi.org/10.1007/s00779-020-01472-6

Kurzfassung – Zusammenfassung
Der Einsatz kapazitiver Sensoren im Automobilbereich eröffnet neue Möglichkeiten bei der Entwicklung neuer Schnittstellen für die Interaktion von Maschinen mit den Fahrzeuginsassen.

Große intelligente Oberflächen mit Gestenerkennung werden möglicherweise Teil solcher neuen Schnittstellen sein.

Wir stellen die Verwendung von Bayes'scher Optimierung mit Einschränkungen der Ausführungsplattform vor, um genaue Gestenerkennungssensoren zu implementieren, die auf 1D kapazitiven Sensorarrays basieren.

Erweitert:

Die Verwendung von Beschränkungen der Ausführungsplattform im Bayes'schen Optimierungsprozess hat sich als effektiv erwiesen, um die Optimierungszeit zu reduzieren.

Einführung
Bei Low-Cost-Sensoren erfordern die Toleranzen der Bauprozesse, die Unterschiede bei der Leiterplattenherstellung und die unterschiedliche Anordnung der mechanischen Elemente, dass jede Konstruktion kalibriert wird, um sicherzustellen, dass die Messwerte auf einen erwarteten Ausgangsbereich abgestimmt sind.

Die Unterschiede in der mechanischen Integration der Sensoren bei den verschiedenen Produktmodellen erschweren die Verwendung eines einzigen Gestenerkennungssystems für alle Modelle.

Wir schlagen vor, unkalibrierte Rohdaten zur Erkennung von Berührungsgesten für die Steuerung von Infotainment- und Komfortsystemen in Fahrzeugen mit kostengünstigen Mikrocontrollern zu verwenden.

Unser Ziel ist ein dreifaches: erstens, die Kalibrierungsphase verschiedener Designs zu vermeiden und die Herstellungskosten zu senken, zweitens, die Leistung von Gestenerkennungsalgorithmen durch die Verwendung von RNNs zu erhöhen und drittens, das erforderliche neuronale Netzwerk in einen ressourcenbeschränkten eingebetteten Mikrocontroller einbetten zu können.

Funktionsweise und damit verbundene Arbeiten
Kapazitive Berührungssensoren basieren häufig auf der mechanischen Verformung, die das Zielobjekt auf einigen der Kondensatorplatten erzeugt.

Da sich die Entfernung d umgekehrt proportional verhält, benötigen Näherungssensoren eine gute Auflösung der C-Messwerte, um deren Wert zu schätzen und eine Gestenerkennung durchzuführen.

Da Näherungssensoren eine geringe räumliche Auflösung haben und die Gestenerkennung von mehreren möglichen Zielen, einschließlich behandschuhter oder nasser Finger, adressieren, ist das Problem mit klassischen Techniken sehr schwer zu lösen.

2 Software-basierte Funktionen

Sie führen eine dynamische Offline-Erkennung von Fußgesten durch, indem sie ein Zeitfenster der Daten von einer Reihe von kapazitiven Sensoren analysieren und diese in eine Reihe von Gestenklassen einteilen.

In [55] verwendete Schweigert CNN, um Gesten von kapazitiven Berührungssensoren zu erkennen.

In einigen anderen Fällen werden die kapazitiven Sensoren mit NNs kombiniert, nicht um Gesten zu erkennen, sondern um die Position des Ziels zu bestimmen.

Konstruktion des Sensors

Zur Durchführung der Messung werden zwei Kondensatoren verwendet: der Messkondensator C_M, dessen Wert unbekannt ist, und der Integrationskondensator C_A, der eine größere Kapazität als der erwartete C_M hat.

VCC und GND können erzwungen werden, indem der Ausgangswert des Pins auf 1 oder 0 gesetzt und das Ausgangsfreigabesignal (OE) des Pins aktiviert wird.

Eine Reihe von Aufladungen von C_M und Ladungsübertragungen auf C_A wird mehrmals durchgeführt.

C_M Das Laden erfolgt, indem Pin 2 auf hohe Impedanz und Pin 1 auf VCC gesetzt wird.

Die Ladung von C_M wird auf C_A übertragen, wenn Pin 1 eine hohe Impedanz aufweist und Pin 2 mit GND verbunden ist.

Nach einer Anzahl von N Ladungsübertragungszyklen wird der Analogwert von Pin 2 über einen 10-Bit-ADC gelesen und zur Berechnung des Kapazitätswerts verwendet.

Gesten-Wortschatz

Unser interaktives System ist darauf ausgelegt, zwei verschiedene Arten von Gesten zu erkennen: Tippen und Streichen.

Da wir neun empfindliche Bereiche haben, haben wir die gleiche Anzahl möglicher Tippgesten-Ereignisse plus Wischgesten nach rechts und links.

Die in Frage kommenden Gestenklassen c, die auch als Gestenvokabular bezeichnet werden, bestehen aus Tippgesten für jeden der 9 Sensoren und aus Wischgesten in die linke und rechte Richtung (auch als Slides bezeichnet).

Da unser System auf einem 1D-Sensor basiert, ist das Gestenvokabular einfacher als bei ähnlichen Arbeiten, die mit 2D-Sensoren arbeiten (z. B. [55], die auch komplexere Gesten wie Kreisbewegungen, Drehungen usw. umfassen.

Für interaktive HMI-Systeme müssen Online-Erkennungssysteme Gestenereignisse in weniger als einer maximalen Reaktionszeit L_{max} (oder Erkennungslatenz) erkennen.

Datenerfassung und -kommentierung

Die Kennung der Folienklasse wird verwendet, um Wischereignisse $S_c \in \{S_l, S_r, \emptyset\}$ zu kennzeichnen.

Obwohl wir nur an den beiden Ereignistypen Tippen und Streichen interessiert sind, ermöglicht uns diese Anmerkung, in Zukunft weitere Analysen durchzuführen.

Eine Berührung zwischen den Tasten hätte einen Mindestabstand von Null. (Also Berührung der Oberfläche), aber keine Berührungen einer Taste.

Für einzelne Berührungsereignisse wird ein binärer Segmentierungsalgorithmus [56] angewendet, der auf dem Sattelpunkt der ersten Ableitung der Sensordaten basiert.

Für Multi-Touch-, Inter-Touch- und Annäherungsereignisse wird eine ähnliche Methode angewandt, um t_0 und Δt zu bestimmen.

Für Schiebegesten war isT_i nicht aus dem Testplan des Datensatzes verfügbar, so dass es zunächst aus einer individuellen binären Segmentierung jedes Kanals ermittelt wurde.

Da der Datensatz von einer einzigen Person erstellt wurde, enthält er einige Verzerrungen hinsichtlich der Merkmale der Ereignisse.

Umsetzung

Fortgeschrittenere RNN-Zellen wie LSTM oder GRU verfügen über eine komplexere Steuerung des internen Zustands, um das Problem der verschwindenden Gradienten zu verringern, das bei Vanilla-Zellen auftritt.

Der Ausgang einer RNN-Zelle ist ein verborgener Zustand beliebiger Dimension.

Durch eine größere Unabhängigkeit des internen Zustands von der Zellausgabe kann die Zelle Informationen länger im Speicher behalten, wodurch das Problem des verschwindenden Gradienten verringert wird.

Eine für den Zustand der Zelle und die andere für den verborgenen Zustand, obwohl die Rückkopplungsschleife für den Zustand der Zelle innerhalb der Zelle liegt und für externe Elemente des Netzes nicht sichtbar ist.

Es ist ersichtlich, dass die Größe des Netzes viermal größer ist als die eines Vanilla-basierten Netzes mit der gleichen versteckten Zustandsdimension.

Es ist nur dreimal so groß wie ein Vanilla-basiertes Netz mit der gleichen verborgenen Zustandsdimension.

Optimierung

Für die verschiedenen Kostenfunktionen betrachten wir die Genauigkeit des Netzes kNetPerf, den benötigten Speicherplatz für die Netzparameter k_{Mem} und die Ausführungszeit des Netzes k_{time}.

Das Training eines Netzes ist bereits eine Optimierung eines mehrdimensionalen Raums, dessen Dimensionen der Anzahl der Parameter entsprechen.

Die Parameter der Netzarchitektur und die Trainingshyperparameter sind Teil des mehrdimensionalen Entwurfsraums.

Wenn ein neuer Punkt im Entwurfsraum ausgewählt wird, werten wir schnell die Constraint-Funktionen aus, um Netzwerkarchitekturen zu verwerfen, die die Anforderungen an Speichergröße und FLOPs nicht erfüllen.

Der ausgewählte Raumpunkt nimmt nicht nur Werte aus den Parametern der Netzarchitektur, sondern auch aus den für das Training verwendeten Hyperparametern auf.

Ergebnisse
Die LSTM- und GRU-Netze haben eine bessere Leistung als Vanilla.

Die Gesamtausführungszeit der Optimierung beträgt mehr als 10, 13 bzw. 12 h für Vanilla-, LSTM- und GRU-Designs.

Die beste Leistung wird von einem LSTM-Netz erbracht, allerdings mit einer nur geringen Verbesserung gegenüber dem besten GRU-Netz.

Einige der Leistungssteigerungen werden durch eine Erhöhung der Parametergröße erreicht, insbesondere beim LSTM-Netz.

Sowohl bei LSTM als auch bei GRU können wir eine ähnliche Leistung beobachten, allerdings mit einer anderen Anzahl von Parametern.

Bei dem für das Modell maximal erforderlichen Arbeitsspeicher benötigt das LSTM mehr als dreimal so viel Speicher wie die GRU-Zelle.

Obwohl das GRU-Netzwerk eine geringere Leistung hat, ermöglicht sein sehr geringer Speicherverbrauch die Verwendung eines kostengünstigeren Mikrocontrollers, was zusätzliche Einsparungen ermöglicht.

Schlussfolgerungen
Wir haben gezeigt, dass RNNs in eingebetteten Systemen verwendet werden können, um die Daten von kostengünstigen kapazitiven Sensoren zu verarbeiten und einfache Gesten wie Berührungen und Schieben in verschiedenen Szenarien zu erkennen, einschließlich der Verwendung von Handschuhen und bloßen Händen.

Die Verwendung von Beschränkungen der Ausführungsplattform im Bayes'schen Optimierungsprozess hat sich als effektiv erwiesen, um die Optimierungszeit zu reduzieren.

Obwohl weitere Optimierungen möglich sind, wäre die Investition gerechtfertigt, wenn dadurch entweder die Genauigkeit des Systems erhöht oder die Anforderungen an die Plattform verringert werden können, so dass billigere Hardware-Plattformen verwendet werden können, die zusätzliche Einsparungen ermöglichen.

Danksagung
Eine maschinell erstellte Zusammenfassung basierend auf der Arbeit von Castells-Rufas, David; Borrego-Carazo, Juan; Carrabina, Jordi; Naqui, Jordi; Biempica, Ernesto
  2020 in Personal and Ubiquitous Computing

Leistungsorientierte Analyse für einen adaptiven Auto-Navigationsservice auf HPC-Systemen
DOI: https://doi.org/10.1007/s42979-019-0035-7

Kurzfassung – Zusammenfassung
Die zunehmende Welle selbstfahrender Autos und die steigende Nachfrage nach Echtzeit-Verkehrsdaten werden voraussichtlich zu einem massiven Anstieg der Routing-Anfragen und der Verarbeitungszeit in großen Graphen führen, die die städtischen Netze darstellen.

Im Zusammenhang mit intelligenten Städten werden neue, dynamische Lösungen benötigt, um qualitativ hochwertige Autonavigationsdienste auf der Grundlage kommunaler Verkehrsüberwachungsdaten bereitzustellen, die in der Lage sind, eine so große erwartete Nachfrage mit einem vernünftigen Einsatz finanzieller Mittel zu bewältigen.

Wir stellen ein adaptives Autonavigationssystem und sein Leistungsmodell vor, das dazu dient, die Größe der Computerinfrastruktur in Abhängigkeit von den Merkmalen der betrachteten Umgebung zu optimieren.

Einführung
Die Menschen vertrauen immer mehr auf Autonavigationssysteme und verlassen sich auf die vom Computer vorgeschlagenen Routen und nicht auf ihre eigene Fahrpraxis.

Der Fahrer wird schließlich zum Passagier und überlässt seinem Auto und damit seinem Navigationssystem die Aufgabe, den Weg für ihn zu wählen.

Intelligente Städte könnten ihre historischen Verkehrsüberwachungsdaten nutzen, um den Bürgern einen präzisen Autonavigationsdienst zur Verfügung zu stellen, der die örtlichen Autofahrer zufriedener und die Stadt insgesamt weniger verstopft machen würde.

In diesem Beitrag wird ein adaptives Autonavigationssystem beschrieben, das für künftige intelligente Städte entwickelt wurde.

Der nächste Abschnitt gibt einen Überblick über das angestrebte adaptive Autonavigationssystem, dann wird das entwickelte Leistungsmodell beschrieben.

Das adaptive Auto-Navigationssystem
Die Gemeinde wird einen Dienst anbieten, der das Navigationserlebnis erheblich verbessert, sei es durch zuverlässigere und schnellere Wege in Bezug auf die erwartete Reisezeit oder durch Ermäßigungen bei anderen Ausgaben wie Parktickets, Bußgeldern oder Genehmigungen für den Zugang zu verkehrsbeschränkten Gebieten.

Aus der Sicht des Endnutzers würde ein guter Dienst qualitativ hochwertige Ergebnisse liefern, d. h. eine Route mit der besten Reisezeit und einer realistischen Antwortzeit, wobei der Weg möglicherweise durch Umleitungsanfragen angepasst wird.

Der kürzeste Weg in Bezug auf die Entfernung oder die durchschnittliche Fahrzeit ist möglicherweise nicht in jedem Zeitrahmen optimal, und daher sollte eine erwartete Ankunftszeit unter Berücksichtigung des aktuellen Geschwindigkeitsprofils auf den gegebenen Strecken berechnet werden, um den besten Weg auszuwählen.

2 Software-basierte Funktionen

Neuordnungsphase In dieser Phase werden für jede einzelne Anfrage die von den k vom PTDR-Modul berechneten Instanzen gelieferten Zeitinformationen zusammen mit anderen Merkmalen, die sich auf die ausgewählten Pfade beziehen, gesammelt und gemäß einer Kostenfunktion neu geordnet.

Modellierung

Place Resources modelliert die Anzahl der für die ARP-Phase verfügbaren parallelen Server.

Eingehende Anfragen, hier dargestellt durch Petri-Netz-Token, werden an der Stelle Eingehend in eine Warteschlange gestellt und immer dann bedient, wenn mindestens ein Token der Klasse Kerne an der Stelle Ressourcen verfügbar ist.

Aufträge, die von der Join-Station ausgehen, werden an die Release-Stelle gesendet, wodurch der Release-Übergang ermöglicht wird, der die Routing-Anforderung in die nächste Pipeline-Stufe verschiebt und ein Token der Klasse Cores an der Stelle Resources wiederherstellt.

Zwar gibt es Skalierungsrichtlinien, die bei übermäßigem Eingang von Anfragen zur Ressourcenbeschaffung durch den HPC-Anbieter greifen, aber innerhalb des Zeitrahmens zwischen Anfrage und tatsächlicher Ressourcenzuteilung könnten die eingehenden Anfragen alle verfügbaren Servicestationen sättigen, indem sie die Systemreaktionszeit über einen akzeptablen Schwellenwert hinaus verlängern.

Wenn die Auftragsabwicklung abgeschlossen ist, verlässt der Auftrag das System und antwortet einem wartenden Benutzer, und ein Token mit der Klasse Cores wird an der Stelle Ressourcen wiederhergestellt.

Fallstudie: Das Stadtgebiet von Mailand

Wir verwenden das JMT-Modell, um die Rechenkapazität, ausgedrückt in der Anzahl der Kerne, zu ermitteln, die der Autonavigationsdienst im Stadtgebiet von Mailand benötigt, um ein bestimmtes Leistungsziel zu erreichen.

Laut Verkehrsüberwachungsdaten ist das Verkehrsaufkommen in den frühen Morgenstunden und in den späten Abendstunden am geringsten, und unsere Analyse zeigt, dass für den Betrieb des Navigationsdienstes mit nur 62 Kernen die wenigsten Ressourcen benötigt werden.

Es stimmt zwar, dass der Navigationsdienst mit 697 Kernen den ganzen Tag über ohne Verlangsamung bereitgestellt werden kann, aber unser Modell hat gezeigt, dass diese Menge an Ressourcen nur während der maximalen Spitzenzeit von 4 Uhr erforderlich ist und für die anderen Zeitfenster überdimensioniert ist.

Wenn wir die Ergebnisse unseres Systemmodells anwenden, erhalten wir den niedrigsten Wert von 8662 Core-Stunden, was zu einer Einsparung von 49 % bei den Mietkosten für die Infrastruktur führt.

Schlussfolgerungen
Die aktuellen Autonavigationssysteme müssen ein hohes Maß an Anpassungsfähigkeit bieten, um den unterschiedlichen Merkmalen der Smart Cities gerecht zu werden.

Der Grad der Anpassungsfähigkeit des vorgeschlagenen Autonavigationssystems ermöglicht eine Vielzahl von Anpassungen, um einen solchen Dienst effektiv auf die Bedürfnisse des Anbieters zuzuschneiden.

Danksagung
Eine maschinell erstellte Zusammenfassung basierend auf der Arbeit von Arcari, Leonardo; Gribaudo, Marco; Palermo, Gianluca; Serazzi, Giuseppe
2019 in SN Computer Science

Auf dem Weg zu kundenzentrierten Geschäftsmodellen in der Automobilindustrie – ein konzeptioneller Bezugsrahmen für gemeinsam genutzte Kfz-Servicesysteme
DOI: https://doi.org/10.1007/s12525-018-0321-6

Kurzfassung – Zusammenfassung
In dieser Studie wird ein konzeptioneller Bezugsrahmen (CRF) aus der Geschäftsmodell-Perspektive vorgeschlagen, um Automobil-Service-Systeme zu systematisieren.

Das CRF stellt relevante Dimensionen und Abhängigkeiten zwischen den beteiligten Akteuren und den erforderlichen Infrastrukturen dar, um die Konzeption digitaler Dienste in den frühen Phasen der Dienstgestaltung zu erleichtern.

Die Ergebnisse deuten darauf hin, dass die Wertschöpfung für Kfz-Dienstleistungen in gemeinsamen Mobilitätsnetzen zwischen voneinander abhängigen Akteuren stattfindet, in denen die Kunden während des Lebenszyklus der Dienstleistung eine wesentliche Rolle spielen.

Die Ergebnisse vertiefen das Verständnis für die Entwicklung von Dienstleistungsgeschäftsmodellen unter Berücksichtigung branchenspezifischer Aspekte und weisen den Rahmen als ein vorteilhaftes Strukturierungsinstrument aus, das Ressourcen sparen und die Lösungsfindung spezifizieren kann.

Erweitert:
In dieser Studie wird ein CRF für SSs in der Automobilindustrie vorgeschlagen, das im Rahmen einer umfassenden Forschung entwickelt wurde, in der wir untersucht haben, wie OEMs bei ihrer Umstellung von produktdominierten auf Produkt-Service-Angebote aus einer BM-Perspektive unter Berücksichtigung relevanter Stakeholder methodisch unterstützt werden können.

Das CRF stellt eine besondere Sichtweise auf SSs aus der Perspektive des BM dar, da es Organisationen unterstützen und in der frühen Phase der Dienstleistungsentwicklung anwendbar sein soll.

Der Artikel schließt mit einer Zusammenfassung und einem Ausblick auf zukünftige Forschungsschritte.

Auch die gewählten Methoden, wie die konzeptionelle Modellierung, der Ansatz der Literaturrecherche und das Verfahren der qualitativen Datenanalyse, können die Ergebnisse unserer Untersuchung beeinflussen.

Einführung

Die Entwicklung dieser Lösungen stellt eine Herausforderung für die OEMs dar, da sich Innovationen in der Automobilindustrie traditionell auf die Qualität und die Eigenschaften der hergestellten Produkte konzentrieren [57].

Ein Ordnungsrahmen soll OEMs bei der Entwicklung dienstleistungsbasierter BMs unterstützen und sie in der Konzeptionsphase durch die Kategorisierung und Systematisierung von SSs in der Automobilindustrie leiten.

Weiterhin bleibt zu analysieren, wie Kunden und andere Stakeholder in digitale Wertschöpfungsprozesse, die einem Shared-Service-Angebot zugrunde liegen, integriert werden können, insbesondere im Kontext der Automobilindustrie [58].

Ausgehend von diesen Vorüberlegungen wollen wir die folgende Forschungsfrage beantworten: Wie können Erstausrüster bei der Konzeption von automobilen Servicesystemen unter Berücksichtigung der relevanten Stakeholder unterstützt werden?

Darauf aufbauend haben wir einen ersten Referenzrahmen entworfen und mittels leitfadengestützter Interviews mit OEM-Vertretern, einem BM-Forscher und einem externen Experten der Automobilindustrie evaluiert.

Hintergrund und Methodik

Studien fordern Unterstützung beim Verständnis des Serviceprozesses eines OEMs zusammen mit der Erforschung von Beziehungsaspekten und Wertschöpfungsnetzwerken [59].

Die meisten Studien konzentrieren sich auf die Interaktion zwischen Kunden und Dienstleistern innerhalb der SS [60, 61], lassen aber außer Acht, dass die Wertschöpfung in komplexen Netzwerken erfolgt, an denen mehrere Akteure beteiligt sind, die sowohl als Kunden als auch als Dienstleister auftreten können.

Um OEMs bei der Konzeptualisierung digitaler Dienstleistungen zu unterstützen, entwickeln wir einen Referenzrahmen, mit dem wir das Verständnis für den Bereich der automobilen Dienstleistungen fördern und eine verbesserte Kommunikationsbasis für akademische und geschäftliche Akteure schaffen wollen (Frank [62], S. 120).

Um für OEMs bei der Konzeption von Automotive Services nützlich zu sein, muss das CRF korrekt sein, die enthaltenen Konstrukte müssen vollständig sein und die Gesamtanordnung sowie die Abhängigkeiten müssen nachvollziehbar sein.

Ein konzeptioneller Bezugsrahmen für Kfz-Servicesysteme
Im Mittelpunkt jeder BM steht das Wertversprechen und der Grund für die Kunden, eine bestimmte Dienstleistung zur Erfüllung ihrer Bedürfnisse zu suchen [63].

Zunächst haben wir die Ausdrücke im Hinblick auf ihre Konstrukte aggregiert und geordnet: Dienstleistungswert, Dienstleistungsziele, Kunden, Stakeholder, Infrastrukturen, Kundenbeteiligung und Interaktionspunkte.

Das Dienstleistungsziel hat direkten Einfluss auf die Einbeziehung des Kunden in den Wertschöpfungsprozess.

Die Kunden werden über Interaktionspunkte in den Wertschöpfungsprozess eingebunden, die wiederum mit den Akteuren (z. B. den Dienstleistern) und der Dienstleistungsinfrastruktur (z. B. dem Fahrzeug selbst, mobilen Geräten, Backend-Systemen usw.) verbunden sind.

Bei Dienstleistungen geht es um die Erfüllung von Kundenbedürfnissen und die Bereitstellung von Servicewerten. Die Beteiligten sind von Natur aus motiviert und müssen auch finanzielle Aspekte berücksichtigen, d. h. Einnahmeströme und Kostenstrukturen.

Bewertung und Beförderung
Mit der Bewertung der Vollständigkeit des CRF wollten wir feststellen, ob ein Konstrukt oder eine Dimension fehlt.

Die Nützlichkeit wurde dadurch sichergestellt, ob die Befragten das CRF als nützlich für einen OEM bei der konzeptionellen Leistungsplanung empfanden.

Der Interviewleitfaden umfasst eine kurze Einleitung, das Ziel des Interviewers, offene Fragen zu den Bewertungskriterien und das anfängliche CRF-Konstrukt.

Die CRF wurde im Allgemeinen als korrekt empfunden, d. h. es konnten keine falschen Konstrukte, Dimensionen oder Beziehungen festgestellt werden.

Vier der fünf Befragten sahen den CRF als vollständig an, während der dritte Befragte kritisierte, dass die identifizierten Dimensionen nicht dem MECE-Prinzip entsprechen.

Zuvor schickten wir den Teilnehmern das CRF mit einer Erläuterung und einem beispielhaften Fall zur Anwendung des Artefakts, in dem ein OEM beabsichtigt, einen Dienst zu schaffen, um die Parkplatzsuche für seine Kunden zu erleichtern.

Diskussion
Anknüpfend an die Diskussion darüber, wie eine SS die gemeinsame Wertschöpfung und die Interaktion mit dem Kunden verbessern kann [64], zeigt der vorliegende Rahmen, dass ein aktives Engagement durch die schrittweise Gestaltung von Interaktionspunkten erreicht werden kann, die den Zugang zu Dienstleistungen für die beteiligten Akteure erleichtern.

Das CRF hilft dabei, ein grundlegendes Verständnis der Akteure und Objekte zu erlangen, die die Wertschöpfungsprozesse von SSs im Automobilsektor umgeben, und trägt so zum Wissen über das Dienstleistungsgeschäftsmodell bei.

Wir unterstützen nachdrücklich weitere Forschungen darüber, wie die Erkenntnisse der Dienstleistungswissenschaft über vernetzte Wertschöpfung und Kundenzentrierung in kommunizierbare Methoden und anwendbare Werkzeuge für Hersteller umgesetzt werden können, die sich zunehmend der Entwicklung digitaler Produkt-Service-Angebote zuwenden.

In der Praxis hat sich das CRF sowohl für OEMs als auch für Automobilzulieferer als nützlich erwiesen, da es branchenspezifische Konzepte bereitstellt und das Potenzial der Praktiker, digitale Dienstleistungen selbst zu kommunizieren und zu gestalten, erhöht.

Schlussfolgerung
In dieser Studie wird ein CRF für SSs in der Automobilindustrie vorgeschlagen, das im Rahmen einer umfassenden Untersuchung entwickelt wurde, in der wir untersuchen, wie OEMs bei ihrem Wechsel von produktdominierten zu Produkt-Service-Angeboten aus einer BM-Perspektive unter Berücksichtigung relevanter Stakeholder methodisch unterstützt werden können.

Das CRF soll OEMs in der frühen Entwicklungsphase von Automobildienstleistungen, der Ideengenerierungs- und Konzeptionsphase, unterstützen, indem es eine Struktur und eine kundenorientierte Ausrichtung vorgibt.

Die Neuheit des skizzierten Rahmens ist die SS-Klassifizierung aus einer Geschäftsmodell-Perspektive, die sowohl die Kundenzentrierung als auch die gemeinsame Beteiligung der verschiedenen am Wertschöpfungsprozess beteiligten Akteure betont.

Diese Untersuchung zeigt, dass SSs in der Automobilindustrie vernetzte Unternehmen sind, in denen eine Vielzahl von Akteuren zusammenarbeiten, um die Anforderungen der Kunden zu erfüllen.

Das Artefakt unterstützt die Vorstellung, dass Dienstleistungsinnovationen in gemeinsamen Mobilitätsnetzwerken stattfinden, an denen eine Vielzahl von Akteuren beteiligt ist, die positiv zum Wert der Dienstleistung beitragen und deren Ziele erfüllen.

Danksagung
Eine maschinell erstellte Zusammenfassung basierend auf der Arbeit von Grieger, Marcus; Ludwig, André
2018 in Elektronische Märkte

2.6. Konnektivität

Maschinell erzeugte Schlüsselwörter: europäisch, motivieren, Konnektivität, Service, Mobilität, Anwendungsfall, automatisieren, befriedigen, quer, Möglichkeit, Projekt, Realisierung, Fahrzeugantrieb, automatisiertes Fahren, stellen

5G-vernetztes und automatisiertes Fahren: Anwendungsfälle, Technologien und Versuche in grenzüberschreitenden Umgebungen
DOI: https://doi.org/10.1186/s13638-021-01976-6

Kurzfassung – Zusammenfassung
Kooperative, vernetzte und automatisierte Mobilität (CCAM) in ganz Europa erfordert harmonisierte Lösungen zur Unterstützung eines nahtlosen grenzüberschreitenden Betriebs.

Angesichts der Tatsache, dass jedes grenzüberschreitende Szenario mehrere Länder, mehrere Betreiber, mehrere Telekommunikationsanbieter, mehrere Fahrzeughersteller und mehrere Netzgenerationen umfasst, ist die Situation besonders schwierig.
 Aus diesem Grund zielt das 5GCroCo-Projekt mit einem Gesamtbudget von 17 Mio. €, das teilweise von der Europäischen Kommission finanziert wird, auf die Validierung von 5G-Technologien im grenzüberschreitenden 5G-Korridor Metz-Merzig-Luxemburg ab, der die Grenzen zwischen Frankreich, Deutschland und Luxemburg berücksichtigt.
 Dieses Papier beschreibt die allgemeinen Ziele des Projekts, motiviert durch die diskutierten Herausforderungen des grenzüberschreitenden Betriebs, die Anwendungsfälle mit ihren Anforderungen, die technischen 5G-Merkmale, die validiert werden sollen, und liefert eine Beschreibung der geplanten Versuche innerhalb von 5GCroCo zusammen mit einigen ersten Ergebnissen.
 Erweitert:
Die Situation ist besonders herausfordernd, wenn man bedenkt, dass ein Wechsel des Landes auch einen Wechsel des diensthabenden Mobilfunknetzbetreibers (MNO), des aktuellen Telekommunikationsausrüsters und der geltenden Straßenverkehrsordnung bedeuten kann und darüber hinaus die Dienste für alle Automobilhersteller laufen können.
 Aus diesem Grund arbeiten verschiedene Standardisierungsorganisationen [65–67], Verbände (z. B. [68]) und Forschungsprojekte auf der ganzen Welt (z. B. [69]) daran, alle für CCAM erforderlichen Elemente zu ermöglichen.

Einführung
Wir konzentrieren uns auf das Potenzial des hochautomatisierten Fahrens und der Konnektivität; in Kombination können sie das Konzept der kooperativen, vernetzten und automatisierten Mobilität (CCAM) ermöglichen.

 Motiviert durch diese herausfordernde Situation ist 5GCroCo [70] eine teilweise von der Europäischen Kommission finanzierte Innovationsaktion, die zur Entwicklung und Erprobung von 5G-Technologien für grenzüberschreitendes CCAM in Europa beitragen soll.
 Das übergeordnete Ziel von 5GCroCo ist es, einen Beitrag zur Definition eines erfolgreichen Weges zur Einführung von CCAM-Infrastrukturen und -Diensten in grenzüberschreitenden Szenarien zu leisten und die Unsicherheiten bei der tatsächlichen grenzüberschreitenden Einführung von 5G zu verringern.
 Ziel ist es, fortschrittliche 5G-Funktionen im grenzüberschreitenden Kontext zu validieren, z. B. 5G New Radio, Mobile Edge Computing/Cloud (MEC), prädiktive Dienstqualität, softwaredefinierte Netze (SDN), Network Slicing und verbesserte Ortungssysteme, die alle zusammen gewährleisten, dass innovative Anwendungsfälle für CCAM ermöglicht werden können.

5GCroCo Projektübersicht

5GCroCo ist eine Innovationsmaßnahme, die von der Europäischen Kommission (EK) im Rahmen der 5G Public Private Partnership (5G-PPP) teilweise finanziert wird.

5GCroCo widmet sich der groß angelegten Erprobung von 5G-Technologien für CCAM im europäischen grenzüberschreitenden 5G-Korridor, der die Städte Metz (in Frankreich), Merzig (in Deutschland) und Luxemburg verbindet.

Neben den groß angelegten Tests im 5G-Korridor hat 5GCroCo auch kleinere Tests und Pilotprojekte in Barcelona, Montlhéry-UTAC, München, AstaZero und dem 5G-ConnectedMobility-Testbed auf der deutschen Autobahn A9 durchgeführt.

5GCroCo koordiniert die Beiträge von führenden Automobilherstellern, Tier-1-Zulieferern, Straßenbehörden, Mobilfunknetzbetreibern, Telekommunikationsanbietern, kleinen und mittleren Unternehmen (KMU) und Hochschulen.

Experimentelle Methodik

Die Aktivitäten von 5GCroCo sind in zwei Iterationen organisiert, die beide mit einer Versuchsphase enden, um Ergebnisse in den Test- und Versuchsgebieten zu sammeln und zu analysieren.

Diese Architekturen sind generisch und spiegeln wider, wie sich das Projekt den tatsächlichen kommerziellen Einsatz von CCAM vorstellt.

Die auf diesen Architekturen basierenden Studien versuchen, die reale Welt so gut wie möglich abzubilden, aber wie bei jeder Studie gelten auch hier Einschränkungen.

5GCroCo Anwendungsfälle

Undefinierte Verkehrssituationen: Sollte ein hochautomatisiertes fahrfähiges Fahrzeug (Stufe 4) nicht in der Lage sein, eine bestimmte Verkehrssituation zu bewältigen, kann ToD aus der Ferne einen menschlichen Fahrer einschalten, um die Situation zu lösen.

Bei der Realisierung von ToD ergeben sich mehrere Herausforderungen. Dieser Anwendungsfall stellt hohe Anforderungen an die Bandbreite für das Uplink-Videostreaming und die Notwendigkeit, die Kapazität zur Steuerung mehrerer Fahrzeuge in einem Gebiet bereitzustellen.

Diese Art von Informationen ist für ein autonomes oder teilautonomes Fahrzeug von großer Bedeutung, z. B. indem der Fahrer gewarnt wird, dass er das Steuer übernehmen muss, wenn das Fahrzeug ein Ereignis vorhersieht, das außerhalb seines betrieblichen Konstruktionsbereichs liegt.

Die kooperativen Fahrzeuge (oder die straßenseitige Infrastruktur) laden eine Reihe von Informationen wie Status (z. B. Position, Geschwindigkeit, Beschleunigung), erkannte Ereignisse und einige Sensordaten (Kamera-/Radarströme oder andere Informationen auf der Grundlage einer standardisierten Methodik, z. B. Cooperative Perception Messages) auf bestimmte Server hoch.

5G-Technologien in 5GCroCo
Die 5GCroCo-Architektur [71] und die abschließenden Versuche berücksichtigen mehrere MEC-Hosts innerhalb desselben und über verschiedene MNOs hinweg und untersuchen das Umschalten zwischen diesen Hosts und den entsprechenden P-GWs (und User Plane Functions (UPFs) für eigenständige 5G NEW RADio), während sich das Fahrzeug bewegt.

Neben anderen MEC-bezogenen Herausforderungen wird 5GCroCo generische MEC-Architekturen und Best Practices für den Einsatz von Mikrodiensten definieren, die für die drei Anwendungsfälle des Projekts und weitere, die typischerweise im V2X-Kontext auftreten, erforderlich sind.

5GCroCo wird das Netzwerk mit einer sehr zuverlässigen Vorhersage des QoS-Niveaus für verschiedene Arten von CCAM-Diensten erweitern, die im Rahmen der Anwendungsfälle des Projekts bewertet werden.

Im Rahmen des Projekts bestimmt 5GCroCo die Leistung und Anwendbarkeit bestehender prädiktiver QoS-Algorithmen, indem es sie in realistischen Szenarien evaluiert und die zugrunde liegenden Schnittstellen und Architekturen entwickelt, um grenzüberschreitende und MNO-übergreifende prädiktive QoS zu ermöglichen. Network Slicing ist eine Technik, die MNOs eine breite Palette von Optionen eröffnet, um ein oder mehrere virtuelle Netzwerke zu instanziieren.

5GCroCo-Testgelände
Fast alle für 2020 geplanten Tests und Versuche in kleinem Maßstab wurden bereits durchgeführt.

Diese Pilotprojekte ermöglichen die Erprobung von 5G-Funktionen auf lokaler Ebene (oft in der Nähe der verschiedenen beteiligten Partner) und möglicherweise in begrenzten, geschlossenen Bereichen, so dass die Komplexität der Erprobung in einem groß angelegten Korridor beherrscht werden kann.

Diese Tests in kleinem Maßstab ermöglichen die Feinabstimmung der 5G-Funktionen für die groß angelegten Versuche und verringern so die mit der Einführung und Erprobung verbundenen Unsicherheiten.

Die anwendungsfallspezifischen Installationen pro Kleinanlage und die damit verbundenen Validierungstests wurden hauptsächlich im zweiten und dritten Quartal 2020 durchgeführt.

Diese KPIs werden während der Durchführung aller 5GCroCo-Versuche in horizontaler Weise bewertet und konzentrieren sich auf den primären Netzinfrastrukturbetrieb wie Ende-zu-Ende-Konnektivität, Dienstreichweite, Mobilitäts- und Ressourcenmanagementaspekte, Sicherheit usw. Beispiele für solche KPIs sind Zuverlässigkeit, maximale Geschwindigkeit, die von Nutzergeräten unterstützt wird, Verzögerung beim Verbindungsaufbau usw. Zusätzlich zu den horizontalen netzbetriebsbezogenen KPIs wird sich jeder der Versuche auf eine spezifische Reihe von KPIs konzentrieren, die auf die Anforderungen und Szenarien des Versuchs zugeschnitten sind.

Unternehmensinnovationen in neuen Ökosystemen für das automatisierte Fahren

Für die 5G-Versuche für CCAM ist die Untersuchung und Definition neuer Geschäftsmodelle und Kosten-Nutzen-Analysen ein grundlegender Bestandteil von 5GCroCo, um die Geschäftsmöglichkeiten zu verstehen, die sich aus CCAM-Diensten ergeben, die grenzüberschreitend funktionieren können.

Das 5GCroCo wird das Kosten-Nutzen-Verhältnis der Einführung von 5G in einem solch komplexen Szenario analysieren und Instrumente entwickeln, die die Definition gültiger Geschäftsmodelle ermöglichen.

Dieser Prozess wird parallel zum Aufbau der Versuche durchgeführt, um aus den gesammelten Erfahrungen zu lernen, die Bedürfnisse aller Beteiligten zu verstehen und die Unsicherheiten beim Aufbau einer 5G-Infrastruktur zu verringern, um noch nie dagewesene 5G-fähige Dienste für CCAM anzubieten.

Ergebnisse und Diskussion

Erste Ergebnisse der ToD und der ACCA-Anwendungsfälle werden vorgestellt.

Für den Anwendungsfall ToD wurden erste Validierungstests des Systems und der KPI-Erfassung in einem kommerziellen 4G/LTE-Netz durchgeführt, deren Ergebnisse im Folgenden vorgestellt werden.

Erste Ergebnisse von ToD-Anwendungsfalltests, die das System und die KPI-Erfassung validieren, werden vorgestellt.

Ping- und Latenzmessungen auf Anwendungsebene wurden direkt nacheinander durchgeführt, nicht gleichzeitig, während sich das Fahrzeug nicht bewegte.

Weitere Ping-RTT-Verzögerungen ergeben sich aus Fronthaul-Verzögerungen von den Zellstandorten zum Kernnetz in Luxemburg-Stadt (~30 km), aus der Verarbeitung und Übertragung im Kernnetz und aus der Ping-Anwendung und dem System, das sie hostet.

Die zusätzliche Verzögerung von 8,7 ms ist wahrscheinlich auf Verarbeitungsverzögerungen bei den Anwendungen auf dem Fahrzeug und dem MEC-Backend zurückzuführen.

Zusammenfassung

Dieses Papier fasst die wichtigsten Ziele und Aktivitäten zusammen, die in 5GCroCo kurz vor dem Beginn der Versuche durchgeführt wurden.

5GCroCo ist eine teilweise von der Europäischen Kommission finanzierte Innovationsmaßnahme, bei der wichtige europäische Partner aus der Telekommunikations- und Automobilindustrie gemeinsam 5G-Technologien in großem Maßstab in einem grenzüberschreitenden Rahmen erproben und validieren, um Unsicherheiten zu verringern, bevor CCAM-Dienste, die auf 5G-Kommunikationsinfrastrukturen aufbauen, auf dem Markt angeboten werden können.

Die Versuche konzentrieren sich auf die Validierung von 5G-Schlüsselfunktionen in drei verschiedenen Anwendungsfällen: (1) ferngesteuertes Fahren, (2) hochauflösende Karten für autonomes Fahren und (3) vorausschauende kooperative Kollisionsvermeidung.

Die wichtigsten KPIs für diese Anwendungsfälle wurden in diesem Papier vorgestellt, und die Validierung entlang der Versuche konzentriert sich auf die Bewertung der Eignung von 5G zur Erfüllung dieser Anforderungen.

Danksagung
Eine maschinell erstellte Zusammenfassung basierend auf der Arbeit von Hetzer, Dirk; Muehleisen, Maciej; Kousaridas, Apostolos; Barmpounakis, Sokratis; Wendt, Stefan; Eckert, Kurt; Schimpe, Andreas; Löfhede, Johan; Alonso-Zarate, Jesus 2021 in EURASIP Journal on Wireless Communications and Networking

2.7. Autonomes Fahren

Maschinell erzeugte Schlüsselwörter: autonom, Abstand, autonomes Fahrzeug, Kontrolle, Fahrzeug, Bremsen, Fahren, Kraft, regenerativ, regeneratives Bremsen, Controller, Verkehrsunfall, Energie, Crash, Elektrofahrzeug

Adaptive Cruise Control mit einem maßgeschneiderten elektronischen Steuergerät
DOI: https://doi.org/10.1007/s40313-018-00422-1

Kurzfassung – Zusammenfassung
Dieses Papier zielt auf die Entwicklung eines adaptiven Geschwindigkeitsregelsystems (ACC), einer Technologie für fortschrittliche Fahrerassistenzsysteme (ADAS), in einer eingebetteten Anwendung.

Es wurde ein ACC-Modul hergestellt, das den Einbau von eingebetteten Steuergeräten ermöglicht, die mit dem Fahrzeugnetz und einem Radar für künftige Anwendungen auf der Straße kommunizieren.

Das Regelsystem war in einen Kaskadenregelkreis unterteilt, wobei der äußere Regelkreis für die Berechnung der Reisegeschwindigkeit und der innere Regelkreis für die Verfolgung dieser Geschwindigkeit zuständig war.

Der äußere Regelkreis wurde durch eine Umschaltlogik zwischen Tempomat und ACC-Modus realisiert.

Erweitert:
Es besteht auch die Möglichkeit, das ACC-System mit dem ARS300-Radar im Straßenverkehr zu testen.

Einführung
Eine dieser Technologien ist der Tempomat (CC), ein System, das die Längsgeschwindigkeit des Fahrzeugs steuert, um eine gewünschte Reisegeschwindigkeit zu erreichen.

2 Software-basierte Funktionen

Die Geschwindigkeitsregelung wurde in den letzten Jahrzehnten verbessert und es wurden adaptive Geschwindigkeitsregelungssysteme (ACC) entwickelt, die eine neue Reisegeschwindigkeit berechnen, um einen sicheren Abstand zu vorausfahrenden Fahrzeugen einzuhalten [72].

Für die Regelung im inneren Regelkreis gibt es zwei Eingangssignale: die Fahrgeschwindigkeit und die Systemgeschwindigkeit (Fahrzeuggeschwindigkeit).

Es gibt drei Eingangssignale für den äußeren Regelkreis: benutzerdefinierte Geschwindigkeit, Fahrzeuggeschwindigkeit und alle wichtigen Radardaten, z. B. Entfernung zum nächsten Fahrzeug und dessen relative Geschwindigkeit.

In ACC-Systemen wurden viele Kontrolltheorien angewandt, z. B. intelligente Regler [73], Gleitmodusregelung [74] und Modellvorhersagekontrolle (MPC) [75, 76].

Ziel dieser Arbeit ist die Entwicklung eines ACC-Systems und die Durchführung von Leistungstests in einer sicheren und kontrollierten Testumgebung.

Fahrzeug und Testaufbau

Es gibt andere Forschungen, die ebenfalls kundenspezifische Steuergeräte entwickelt haben, wie z. B. eine Studie zur Reduzierung der NOx-Emissionen eines Dieselmotors [77].

Jeder Mikrocontroller arbeitet mit einer Taktfrequenz von 50 MHz und hat eine eigene Funktion, nämlich die der Verwaltung, der Synchronisation und der Kommunikation.

Die Mikrocontroller kommunizieren miteinander über SPI (Serial Peripheral Interface) mit 12,5 MHz.

Die Kommunikation mit dem kundenspezifischen Steuergerät ist über das CAN-Netzwerk des Fahrzeugs und über USB für die Überwachungssoftware auf einem Computer möglich.

Viele weitere Funktionen wurden implementiert: Identifizierung des eingestellten Gangs; Geschwindigkeitsberechnung; Erhöhung der Leerlaufdrehzahl des Startmotors; SPI-Kommunikationssicherheit zwischen den Blöcken des Steuergeräts unter Verwendung der zyklischen Redundanzprüfung (CRC); eine Überwachungssoftware für Computer; mehrere Betriebsmodi für das Steuergerät (normal, wirtschaftlich und sportlich); Motorstartkontrolle; Kommunikation mit dem Armaturenbrett des Fahrzeugs; Identifizierung und Korrektur eventueller Fehler; und On-Board-Diagnose (OBD) [78, 79].

Systemidentifikation und Steuerungsentwurf

Bei dieser Untersuchung wurde die Verwendung des Bremspedals als Steuereingang verworfen.

Als Steuereingang für das Fahrzeug wird das Gaspedal gewählt, dessen Bereich von 0 % (nicht betätigt) bis 100 % (voll betätigt) reicht.

Für den Entwurf des Steuerungssystems war ein geeignetes Fahrzeugmodell erforderlich.

Die Identifizierungs- und Kontrollversuche wurden mit dem Fahrzeug im dritten Gang durchgeführt.

In den letzten 30 s wurde diese CAN-Nachricht auf 15 % des Gaspedals als Eingabe geändert.

Der äußere Regelkreis muss in der Lage sein, zwischen der Geschwindigkeitsregelung (CC-Modus) und der adaptiven Geschwindigkeitsregelung (ACC-Modus) zu wechseln.

Der Algorithmus für den äußeren Regelkreis wurde von Shakouri et al. [72] übernommen.

Ein angepasstes Kontrollgesetz ist in Algorithmus 1 dargestellt.

Praktische Ergebnisse
Versuch 1 verfolgt drei Hauptziele: Überprüfung der Leistung des Regelsystems im CC-Modus, seiner Dynamik beim Wechsel in den ACC-Modus und seiner Empfindlichkeit gegenüber Störungen.

Der Controller blieb einige Sekunden lang im CC-Modus, da der Abstand zum führenden Fahrzeug beträchtlich war.

On, der Abstand zwischen den Fahrzeugen versetzt den äußeren Regelkreis in den ACC-Modus.

Die Reisegeschwindigkeit begann sich zu ändern und das Dahlin-Steuergerät begann, dem sich ändernden Sollwert zu folgen, um einen sicheren Abstand zum vorausfahrenden Fahrzeug einzuhalten.

Der Regler erreicht die Reisegeschwindigkeit, nachdem das vorausfahrende Fahrzeug nicht mehr beschleunigt, was eine gute Leistung darstellt.

Das kontrollierte Fahrzeug folgte dem vorausfahrenden Fahrzeug nach dem Ereignis B nicht, wodurch sich der Abstand zwischen den beiden Fahrzeugen vergrößerte.

Schlussfolgerungen
Eine praktische ACC-Anwendung in einem realen Fahrzeug wurde vorgestellt.

Aus der Sicht des Automobils erfüllte das Kontrollsystem die Konstruktionsanforderungen, indem es einen sicheren Abstand zum vorausfahrenden Fahrzeug einhielt und eine wechselnde Reisegeschwindigkeit verfolgte.

Das entworfene ACC-Modul ermöglicht aufgrund der einfachen Programmierung und Kommunikation mit dem Fahrzeug die Verfügbarkeit von verschiedenen Kontrolltheorien.

Danksagung
Eine maschinengenerierte Zusammenfassung basierend auf der Arbeit von Brugnolli, Mateus Mussi; Pereira, Bruno Silva; Angélico, Bruno Augusto; Laganá, Armando Antônio Maria

2018 in Journal of Control, Automation and Electrical Systems

Automatisiertes Fahren als Ansatzpunkt für fahrerlose Transportaufgaben
DOI: https://doi.org/10.1007/s41321-021-0435-1

Herausforderungen der Fahrzeugautomatisierung
Edag Engineering zielt darauf ab, bestehende Fahrzeugfunktionen für den fahrerlosen Betrieb zu nutzen, häufig auch für andere als die vorgesehenen Zwecke.

Edag Engineering hat eine System- und Softwareplattform auf der Basis von eingebetteten Universalsteuergeräten entwickelt, um die Automatisierung von Produktionsfahrzeugen in einem breiteren Rahmen zu definieren und die Erweiterung auf Flotten von bis zu 500 Fahrzeugen vorzunehmen.

Durch die systematische Umsetzung von Systementwicklungsprozessen nach den Normen Automotive Spice und funktionale Sicherheitsrichtlinien (ISO 26262) können Steuergeräte für das fahrerlose Fahren entwickelt werden, die so leistungsfähig und sicher sind, dass sie für eine große Anzahl von Fahrzeugflotten ausgebaut werden können.

Dies wird durch eine zentrale Vehicle Control Unit (VCU) realisiert, die eine Fernsteuerung ermöglicht und die Steuergeräte, Sensoren und Aktoren der vorhandenen Assistenzsysteme miteinander verbindet.

Herausforderungen der Trassenplanung und Umgebungserkennung
Beim fahrerlosen Fahren wird unterschieden, ob die gewünschte Route live berechnet wird oder ob ein vorgegebener virtueller Weg befahren wird.

Mit diesen automatisierten Anwendungen können die externen Anforderungen für die bekannten Umgebungsbedingungen immer während der Phase der Anforderungsdefinition und der Erstellung der System- und Funktionssicherheitskonzepte definiert werden.

Unabhängig davon, ob die Route geführt oder berechnet wird, muss das Fahrzeug im fahrerlosen Betrieb in der Lage sein, seine aktuelle Position zu bestimmen.

Insbesondere abseits der Straße können globale Satellitennavigationssysteme (GNSS) wie GPS, Glonass, Galileo oder Beidou zur Positionsbestimmung verwendet werden.

Die erreichbare Genauigkeit hängt vom Ortungssystem und dem Zielfahrzeug ab.

Im Innenbereich wird komplett auf die Ortung über Satellitensysteme verzichtet und stattdessen auf die bewährten Lokalisierungsmöglichkeiten fahrerloser Transportsysteme zurückgegriffen.

Zentrale Fahrzeugkontrolleinheit
Es ist auch für die Steuerung der Lenkung, der Beschleunigung, der Verzögerung und der Bedienung weiterer Funktionen, wie z. B. Licht oder Blinker, zuständig.

Die unterschiedlichen Datenformate, die von den verschiedenen Sensortypen per Ethernet übertragen werden, werden in der VCU gefiltert und in ein standardisiertes Format umgewandelt, das direkt mit dem Sollwert zur Berechnung der Regelabweichung verwendet wird (Sensorfusion).

Aufgrund der definierten Schnittstellen könnten in diesem Fall die Steuerungsfunktionen für die Anwendung ohne Änderungen implementiert werden.

Die Anwendung enthält die eigentlichen Algorithmen für die Längs- und Vertikallenkung und übernimmt die Berechnung der Stellgrößen für die Aktoren (Antrieb, Lenkung, Bremsen).

Damit dies nicht zu oft passiert, ist es notwendig, dass nicht nur das Steuergerät selbst, sondern auch alle Sensoren und Aktoren innerhalb des Steuerkreises und alle Kommunikationsmedien eine entsprechend hohe funktionsspezifische Leistungsfähigkeit aufweisen.

Zusammenfassung
Der Rechtsrahmen lässt fahrerloses Fahren im öffentlichen Straßenverkehr nicht zu.

Für wiederkehrende Aufgaben und Prozesse ausserhalb des öffentlichen Strassenverkehrs zeigt Edag Engineering, wie automatisierte Fahrfunktionen mittels einer zentralen Fahrzeugsteuerung realisiert werden können.

[Abschnitt 5]
Diese müssen im öffentlichen Straßenverkehr immer von einem Fahrer überwacht werden.

Edag Engineering ermöglicht automatisierte Fahrfunktionen für wiederkehrende Aufgaben und Prozesse außerhalb des öffentlichen Straßenverkehrs durch eine zentrale Fahrzeugsteuerung.

Obwohl das autonome Fahren technisch bereits möglich ist, erlaubt der rechtliche Rahmen noch nicht den fahrerlosen Betrieb von Fahrzeugen auf öffentlichen Straßen.

Außerhalb des öffentlichen Straßenverkehrs gibt es jedoch Anwendungsbereiche, in denen der fahrerlose Betrieb bereits möglich ist und Vorteile in Bezug auf Kosten, Verfügbarkeit und Präzision bietet.

Danksagung
Eine maschinell erstellte Zusammenfassung basierend auf der Arbeit von Weismüller, Peter; Girlach, Matthias; Weimer, Sebastian
  2021 in ATZSchwerlast weltweit

Post-Impact Motion Planning und Tracking Control für autonome Fahrzeuge
DOI: https://doi.org/10.1186/s10033-022-00745-w

Kurzfassung – Zusammenfassung
Um nachfolgende Crash-Ereignisse zu vermeiden und das Fahrzeug zu stabilisieren, wird in diesem Beitrag eine Methode zur Bewegungsplanung und Stabilitätskontrolle für autonome Fahrzeuge nach einem Aufprall vorgeschlagen.

2 Software-basierte Funktionen 109

Durch die Kombination der Polynomkurve und des künstlichen Potentialfeldes unter Berücksichtigung der Hindernisvermeidung wird eine Methode zur Bewegungsplanung für Situationen nach einem Aufprall vorgeschlagen.

Ein hierarchischer Controller, der aus einem oberen und einem unteren Controller besteht, wird dann entwickelt, um die geplante Bewegung zu verfolgen.

Im unteren Regler wird ein auf nichtlinearer Optimierung basierender Algorithmus zur Drehmomentzuweisung vorgeschlagen, um die Aktoren optimal zu koordinieren und die gewünschten verallgemeinerten Kräfte zu realisieren.

Einführung

Es ist von entscheidender Bedeutung, die Fahrzeugstabilitätskontrolle nach einem ersten Aufprall wirksam zu gestalten.

Um die Stabilität des Fahrzeugs nach einem ersten Aufprall wiederherzustellen, haben die Forscher auch auf aktive Sicherheitssysteme zurückgegriffen, die sich in die Steuerung durch einen einzelnen Aktuator und die Koordinierungssteuerung durch mehrere Aktuatoren unterteilen lassen.

Es wurde eine Koordinationssteuerung mit mehreren Aktuatoren vorgeschlagen, um die Fahrzeugbewegung nach ersten Kollisionen besser zu regulieren.

Die Systemstabilitätskontrolle konzentriert sich auf die gleichzeitige Regulierung unerwünschter Bewegungen nach dem Aufprall, einschließlich Abdriften, Überdrehen und Überschlagen.

Um eine komplexe Modellierung zu vermeiden, trainierten Yin und andere eine mehrschichtige Wahrnehmung als deterministische Steuerungsstrategie, um eine selbstlernende, driftende Bewegungssteuerung für automatisierte Fahrzeuge nach einem Aufprall zu erreichen [80].

Es wird eine Methode zur Bewegungsplanung nach dem Aufprall entwickelt, bei der die Polynomkurve und das künstliche Potenzialfeld (APF) kombiniert werden, um die Fahrzeugstabilität wiederherzustellen, wenn das Fahrzeug ins Schleudern gerät und abdriftet.

Bewegungsplanung nach dem Aufprall durch Kombination von Polynomkurve und APF

Bei bekannten Fahrzeugzuständen können die Parameter a_0, b_0, c_0, a_1, b_1 und c_1 direkt nach den anfänglichen Fahrzeugzuständen ermittelt werden, während die Bewegungsplanung mit [81, 82] Es sind zwölf Parameter zu bestimmen, die in einem Vektor p als Dann wird die optimale Lösung verfolgt, um die Bewegung zur Hindernisvermeidung und Wiederherstellung der Stabilität unter Berücksichtigung der fahrdynamischen Einschränkungen zu entwerfen.

Das Maximum der kombinierten Funktion innerhalb des Planungszeitintervalls [τ_0, τ_f] wird als endgültige Feldfunktion angenommen. In Anbetracht der Tatsache, dass das Fahrzeug nach einem leichten Aufprall ins Schleudern geraten und abdriften kann und dass ein vorrangiges Ziel die Wiederherstellung der Fahrzeugstabilität ist, wird eine weitere Zielfunktion V für die Annäherungsstabilität auf der Grundlage des durchschnittlichen Schwimmwinkels des Fahrzeugs entwickelt.

Steuerung der Bewegungsverfolgung auf der Grundlage des TVLQR
Unter Berücksichtigung der Recheneffizienz und der Mehrzieloptimierung wird der LQR-Regler eingesetzt, um die Bewegungsnachführung im geschlossenen Regelkreis zu erreichen.

Die zeitvariable Zustandsübergangsmatrix A_{dk} würde die herkömmliche konstante Zustandsübergangsmatrix bei jedem Zeitschritt ersetzen und somit das TVLQR-Steuerungsproblem bilden.

Die quadratische Kostenfunktion ist gegeben durchwobei $Q = Q^T$ und $R = R^T$ die positiv definiten Gewichtungskoeffizientenmatrizen sind, die zur Bestrafung der Zustandsfehler bzw. der Steuereingangskorrektur verwendet werden.

Die Steuerkorrektur Δu_k zur Minimierung der Kostenfunktion ist gegeben durchwobei K_k die Verstärkungsmatrix ist, die gegeben ist durchwobei X die Lösung der Riccati-Gleichung ist, die wie folgt ausgedrückt wird Schließlich wird die Riccati-Gleichung mit der MATLAB-Funktion dare gelöst.

Auf nichtlinearer Optimierung basierender Zuteilungsalgorithmus unter extremen Bedingungen
Das Hauptziel des Zuweisungsalgorithmus besteht darin, geeignete Steuerbefehle für die Teilsysteme Lenkung, Antrieb und Bremsen des Fahrwerks zu erhalten, die wie folgt angegeben werden: F_{xi} und F_{yi} sind die Längs- und Querkräfte jedes Reifens, wobei der tiefgestellte Index i = (1, 2, 3, 4) für den linken Vorderreifen, den rechten Vorderreifen, den linken Hinterreifen bzw. den rechten Hinterreifen steht.

Damit sich die resultierenden Kräfte und das Giermoment ihren Zielwerten annähern, wird eine Zielfunktion V_o festgelegt. ε_1, ε_2 und ε_3 sind die Gewichtungskoeffizienten für die Anpassung der Nachführprioritäten zwischen der Längskraft, der Querkraft und dem Giermoment des Fahrzeugs.

Zur Vereinfachung der Reifenkraftbeschränkungen wird in dieser Studie eine Kombination aus der Magic-Formel für Seitenkräfte und der elliptischen Formel verwendet, um die nichtlinearen Eigenschaften und die Kopplungsbeziehung darzustellen.

Nachdem die optimalen Reifenkräfte in Längsrichtung ermittelt wurden, wird das Modell der Einzelraddynamik erstellt, um das Raddrehmoment T_{wi} zu berechnen, wobei J_w, T_{fi} und ω_i die Rotationsträgheit, der Rollwiderstand bzw. die Winkelgeschwindigkeit des i-ten Rads sind.

HIL-Testergebnisse und -diskussionen

Die Gesamtparameter des Reglers sind durch massive Tests gut kalibriert und werden wie folgt angegeben Unter Berücksichtigung der Fähigkeiten der verschiedenen Aktuatoren werden die Steuerausgänge der Aktuatoren durch In diesem Abschnitt wird das vorgeschlagene System in einem Szenario untersucht, in dem das Fahrzeug gezwungen ist, einen Spurwechsel nach links vorzunehmen, um Hindernissen auszuweichen und gleichzeitig die Instabilität nach einem ersten Aufprall zu unterdrücken.

Es zeigt sich, dass der TVLQR die geplante Flugbahn während des gesamten Manövers mit einem maximalen Fehler von etwa 0,2 m genau einhalten kann. Bei dem AFS-Regler ist jedoch eine große Abweichung von bis zu 0,8 m zu beobachten, die auf die Trägheit und die Schwingungen des Systems nach dem ersten Aufprall zurückzuführen ist.

Schlussfolgerungen

Die herkömmliche Bahnplanung und Bewegungssteuerung muss unter normalen Bedingungen mit der Annahme eines quasistationären Zustands durchgeführt werden, in dem der Schräglaufwinkel des Fahrzeugs und die Reifenseitenkräfte gering sind.

In diesem Beitrag wird ein System vorgestellt, das es automatisierten Fahrzeugen ermöglicht, Hindernisse zu vermeiden und die Stabilität nach dem ersten Aufprall wiederherzustellen.

Es wird eine auf dem Polynom basierende Bewegungsplanungsmethode entwickelt, um die Fahrzeugtrajektorie und die Gierbewegung gleichzeitig zu regulieren.

Die Ergebnisse belegen die Durchführbarkeit und Wirksamkeit des vorgeschlagenen Kontrollschemas zur Wiederherstellung der Fahrzeugstabilität bei gleichzeitiger Hindernisvermeidung nach anfänglichen Kollisionen in extremen Szenarien.

Danksagung

Eine maschinell erstellte Zusammenfassung basierend auf der Arbeit von Wang, Cong; Wang, Zhenpo; Zhang, Lei; Yu, Huilong; Cao, Dongpu
2022 in Chinese Journal of Mechanical Engineering

Dynamik und Steuerung von Elektrofahrzeugen bei regenerativem Bremsen für Fahrsicherheit und Energieeinsparung

DOI: https://doi.org/10.1007/s42417-019-00098-0

Kurzfassung – Zusammenfassung

Die dynamische Modellierung und Steuerung von Elektrofahrzeugen (EV) bei regenerativen Bremsvorgängen ist für die Energiereservierung machbar.

Um mehr Energie zurückzugewinnen und die Bremssicherheit beim regenerativen Bremsen zu gewährleisten, wurde ein dynamisches Modell des EV beim Bremsen entwickelt.

Die vorgeschlagenen Regelungsstrategien gewährleisten Fahrsicherheit, Komfort, Stabilität und Batteriesicherheit des Elektrofahrzeugs durch eine Hardware In-the-Loop (HIL) Simulation.

Mit der neuen Regelungsstrategie lässt sich beim Bremsen mehr Energie zurückgewinnen.

Einführung

Eine Kraftverteilungsstrategie, die auf der dynamischen Belastung des Reifens und der minimalen Zielfunktion basiert, wurde vorgeschlagen, um den Motor und das RBF zu steuern und die Bremsstabilität zu gewährleisten [41].

Diese oben vorgeschlagene Kraftverteilungsmethode konzentriert sich hauptsächlich auf die Gewährleistung der Bremssicherheit, kann aber nicht so viel Energie wie möglich zurückgewinnen oder ignoriert sogar das Problem der Energierückgewinnung beim Bremsen.

Unter Berücksichtigung der Anforderungen an die Leistung und die Höchstgeschwindigkeit des Motors sowie der Stabilität der Fahrzeuge wurde in [83] eine Strategie zur Bremskraftverteilung vorgeschlagen, die eine maximale Energierückgewinnung auf Kosten der Sicherheit der Fahrzeuge ermöglicht.

In [84], basierend auf der ECE-Verteilungsregelung, kann die RBF-Verteilung ein maximales regeneratives Bremsmoment erzeugen, und eine Maximierung der Energierückgewinnung kann im Vergleich zur idealen Verteilung der Bremskraft und der Drehzahlregelung erreicht werden.

Dynamisches Modell des EV beim Bremsvorgang

Die I-Kurve zeigt die ideale Verteilung der Vorder- und Hinterräder an und kann mit folgender Gleichung berechnet werden: F_f, F_r sind die Vorder- und Hinterradbremskräfte.

Die F-Kurve [85] ist die Beziehungskurve zwischen der Bremskraft der Vorder- und Hinterräder.

Während die Vorderräder blockiert sind, werden die Hinterräder auf Straßen mit unterschiedlichem φ entriegelt: F_f, F_r sind die Bremskräfte der Vorder- und Hinterräder, wenn alle Räder blockiert sind.

Nach dem Bremspedal, die Bremskraft Verteilung Kurve erhalten und die Berechnung Gleichung wie folgt: wo F bedeutet die REquired Braking Force (REBF) des Fahrers.

Beim Bremsen drückt der Fahrer das Pedal je nach Fahrbedingungen und erforderlichen Bremsbefehlen in verschiedenen Winkeln nach unten.

Die Beziehung zwischen Bremspedalwinkel und Bremskraft ist proportional.

Entwurf der Kraftverteilungsregelung

In der OH-Phase kann die Bremskraft des Fahrzeugs nur durch den Motor bereitgestellt werden, da der Wert gering ist; in der HM-Phase ist die Regelung der Kraftverteilung entsprechend der ECE-Norm gleich; in der MN-Phase wird die Hinterradbremskraft durch elektrische und mechanische Kraft entsprechend der F-Kurve erzeugt; In der CP-Phase, mit der Zunahme der Bremskraft, die das Fahrzeug benötigt, erreicht die elektrische Kraft das Maximum; In der CD-Phase wird die Bremskraft aufgrund der großen Kraft und der Verzögerung durch die mechanische Kraft und die elektrische Kraft der Hinter- und Vorderräder erzeugt.

Fuzzy-Logik-basierte Motorkraftsteuerung
Der in diesem Papier vorgeschlagene Regler berücksichtigt die Bremsanforderungen des Fahrers und die Fahrzeuggeschwindigkeit in Bezug auf die Bremssicherheit und berücksichtigt auch Faktoren wie den SOC-Wert und die Temperatur der Batterie, die für die Sicherheit der Batterie wichtig sind.

Das RBF wird von der Fahrzeuggeschwindigkeit, dem Bremsbedarf und der Batteriebeschränkung beeinflusst. Außerdem wird die Bremssicherheit von Faktoren wie der Fahrzeuggeschwindigkeit und den Bremsanforderungen beeinflusst.
A. Eingangs- und Ausgangsvariablen Auf der Grundlage der obigen Analyse werden in dieser Arbeit der SOC, die Fahrzeuggeschwindigkeit und die REBF als die drei Eingänge der Fuzzy-Logik-Steuerung gewählt und die RBF als Regelausgang definiert.
Außerdem können wir unter der Bedingung eines bestimmten Batterie-SOC den Einfluss der Fahrzeugkraft und -geschwindigkeit auf das Motordrehmoment sehen.

HIL-Simulationsplattform
Außerdem können der Batterie-SOC, die Motordrehzahl und die Pedalanforderungen im HIL-Controller simuliert werden.

Der Echtzeit-Zustand der Fahrzeugsteuerung wird direkt über die auf dem PC-Bildschirm angezeigten Ergebnisse überwacht, insbesondere die Informationen zur regenerativen Bremsung, einschließlich der Bremsung, des Motors, der vorderen und hinteren mechanischen Kräfte, der Batterietemperatur, des Batteriespiegels und des VEH.
Der Kraftverteilungsregler verteilt die vorderen mechanischen, die vorderen motorischen und die hinteren Bremskräfte entsprechend der erforderlichen Kraft.
Das RBF kann anhand der Fahranforderungen, des Batteriespiegels, der Fahrzeuggeschwindigkeit und der Temperatur des Batteriesatzes ermittelt werden.
Vergleicht man die mit dem Fuzzy-Logik-Rechner berechnete RBF mit der vom Bremskraftverteilungsregler ermittelten Bremskraft des Frontmotors, so ist das Minimum die beste RBF.

Simulationsergebnisse und Analyse
Das Fahrzeug, das die modifizierte Bremsstrategie verwendet, erfüllt die Anforderungen des Fahrzyklus hinsichtlich der Fahrzeuggeschwindigkeit und des Abstands gut, was bedeutet, dass die Bremssicherheit und Stabilität des Elektrofahrzeugs auf der Grundlage der modifizierten Bremssteuerungsmethode gewährleistet werden kann.

Das modifizierte Modell ist kohärent mit dem ursprünglichen Modell, wenn das Raddrehmoment größer als Null ist, was bedeutet, dass das verbesserte Fahrzeug das gewünschte Raddrehmoment bei Vorwärtsfahrt erreichen kann.

Beim Bremsen ist das absolute Raddrehmoment des modifizierten Modells größer als das ursprüngliche Raddrehmoment, was bedeutet, dass die Räder mehr Drehmoment aufbringen müssen.

Im ursprünglichen Modell beträgt die Bremsenergie 770 kJ, während sie im modifizierten Modell – 2630 kJ beträgt. Das „-" bedeutet, dass die Energie im geänderten Modell erhöht wird, was ein direkter Beweis für die Gültigkeit der geänderten Kontrollstrategie ist.

Schlussfolgerung
Es wird ein neuartiges Verfahren zur Steuerung des regenerativen Bremsens vorgeschlagen.

Die Regelung kann nicht nur die Fahrsicherheit des Fahrzeugs gewährleisten, sondern auch mehr Energie beim Bremsen zurückgewinnen.

Außerdem wird mit Hilfe des Fuzzy-Reglers ein Verfahren zur Regelung der Nutzbremsung entwickelt.

Das vorgeschlagene RBS ist eine wirksame Methode, um die Fahrsicherheit zu gewährleisten und die Effizienz der Energienutzung zu verbessern.

Danksagung
Eine maschinell erstellte Zusammenfassung basierend auf der Arbeit von Zhang, Zijian; Dong, Yangyang; Han, Yanwei
2019 in Journal of Vibration Engineering & Technologies

Entwicklung eines auf Fahrdaten basierenden Energievorhersagemodells zur Vorhersage der Fahrstrecke eines Elektrofahrzeugs
DOI: https://doi.org/10.1007/s12239-019-0038-3

Kurzfassung – Zusammenfassung
Da Elektrofahrzeuge mit autonomen Fahrfunktionen hergestellt und verkauft werden sollen, wird die genaue Vorhersage von Fahrstrecken immer wichtiger.

Mit den derzeitigen Methoden lassen sich weder der Fahrwiderstand von Elektrofahrzeugen noch die durch die Nutzung elektrischer Funktionen in solchen Fahrzeugen verursachten Änderungen der Fahrstrecke genau vorhersagen.

In diesem Beitrag wird ein Energiemodell für die Vorhersage der genauen Fahrstrecke eines Elektrofahrzeugs beschrieben, das die Fahrgeschwindigkeit, den Straßenzustand, den Reifendruck, die Temperatur, die Fahrhöhe, das regenerative Bremsen und andere Faktoren berücksichtigt.

Das vorgeschlagene Modell zur Vorhersage der Fahrstrecke von Elektrofahrzeugen wurde durch einen Test im Fahrzeug auf realen Straßen als praktikabel bestätigt.

Danksagung
Eine maschinell erstellte Zusammenfassung basierend auf der Arbeit von Lee, Sang Hyeop; Kim, Man Ho; Lee, Suk
  2019 in Internationale Zeitschrift für Automobiltechnik

Entwicklung eines modularen Rahmens für teilautonome Fahrassistenzsysteme
DOI: https://doi.org/10.1007/s12008-018-0465-9

Kurzfassung – Zusammenfassung
Es wurden Anstrengungen unternommen, um fortschrittliche Fahrerassistenzsysteme zu entwickeln und zu verbessern, um die Qualität des Fahrens zu verbessern und die Zahl der Verkehrsunfälle zu verringern.

Die meisten der derzeitigen Lösungen konzentrieren sich auf die Entwicklung von Systemen für vollständig autonome Fahrzeuge.
  In dieser Studie wird eine modulare Architektur untersucht, die den Fahrer in Situationen wie Stau, autonomes Parken und Erkennung von Hindernissen wie Fußgängern unterstützen könnte.
  Ziel ist es, ein kostengünstiges Fahrerassistenzsystem zu entwickeln, das auch von technisch nicht versierten Nutzern erworben und leicht eingebaut werden kann.
  Erweitert:
  Ziel ist es, eine Lösung mit modularem Aufbau zu entwickeln, die leicht in Fahrzeuge mit einem Autonomieniveau von 0 oder 1 eingebaut werden kann, um die Fahrzeuge auf ein Autonomieniveau von 2 aufzurüsten.

Einführung
Dieses System zielt darauf ab, dem Fahrer mit Hilfe von Technologien, die automatisierte oder adaptive Fahrfunktionen bieten, ein sichereres und komfortableres Fahrerlebnis zu ermöglichen.

  Stufe 0: keine Automatisierung Der menschliche Fahrer hat die volle Kontrolle und führt zu jeder Zeit alle Fahrfunktionen aus.
  Stufe 1: Fahrerassistenz Der menschliche Fahrer hat die volle Kontrolle, aber das Fahrzeug unterstützt ihn bei einer oder mehreren Fahrfunktionen, z. B. durch elektronische Stabilitätskontrolle oder Bremsassistenz.
  Stufe 2: Teilautomatisierung Der menschliche Fahrer hat die Hauptkontrolle über das Fahrzeug, aber das Fahrzeug kann die volle Kontrolle über mehr als einen Fahrmodus übernehmen, z. B. Lenkung und Beschleunigung/Bremsung in Kombination.
  Durch die Entwicklung des in dieser Studie vorgestellten Rahmens können modulare Systeme für die Fahrassistenz geschaffen werden.
  So können wir Daten erfassen und Tests mit Autos für teilautonomes Fahren durchführen, was die Erfassungs- und Testzeit für Systeme auf interaktive und modulare Weise reduziert.

Modernste Technologien
Es wurden einige Arbeiten zur Entwicklung modularer Systeme und Simulationsplattformen für Fahrzeuge [86] durchgeführt, die darauf abzielen, diese Systeme durch Simulationen von Fahrsituationen zu testen.

Es wurden Arbeiten durchgeführt, um die Sicherheit und das Verständnis für das Fahren in einem teilautonomen Fahrzeug zu verbessern [87].

Es wurden auch Fehlerdiagnosesysteme für Fahrzeuge entwickelt [88], die darauf abzielen, die Sicherheit zu verbessern, indem einige gefährliche Situationen für die Insassen durch den Einsatz von Algorithmen des maschinellen Lernens vermieden werden.

Die Hardware wurde mit dem spezifischen Ziel entwickelt, eine Architektur zu erhalten, die die drei vorgenannten Stufen berücksichtigt; so ermöglicht beispielsweise der Nvidia DrivePX [89] den Anschluss verschiedener Arten von Mehrfachsensoren und bietet die Software-Tools zur Entwicklung autonomer Fahrsysteme durch eine eingebettete Lösung, die hochgradig parallelisierbar ist.

Neuere Ansätze nutzen Deep Learning, um die Segmentierung und Klassifizierung der Fahrzeuge und ihrer Umgebung zu verbessern.

Vorgeschlagener Ansatz
An diesen Port können einige Geräte angeschlossen und Variablen wie Fahrzeuggeschwindigkeit, Lenkradwinkel, Beschleunigung, Bremsen oder Aktivität erfasst werden.

Beschleunigungsmesser und Gyroskop Zur Ermittlung von Neigungswinkeln und Beschleunigungskräften des Fahrzeugs, um bestimmte dynamische Vorgänge zu begrenzen.

Bei den erfassten Daten handelt es sich um frontale Stereobilder (mit der Disparität des Bildes), die Fahrzeuggeschwindigkeit, den Lenkradwinkel, die Beschleunigung, die Bremsaktivität, die Tiefenmatrix des Radars und des Lidars, 360-Vision-Bilder, gemessene Winkel in den XYZ-Achsen des Fahrzeugs und die transienten Werte der Bewegung.

Lenkwinkelvorhersage und Radsteuerung Entwicklung eines intelligenten Algorithmus zur Schätzung des idealen Lenkradwinkels in einem Fahrzeugverfolgungsszenario.

Geschwindigkeitsvorhersage und Pedalsteuerung Entwicklung eines intelligenten Algorithmus, der die ideale Geschwindigkeit des Fahrzeugs anhand des Abstands zu einem Zielfahrzeug schätzt, die als Ausgabe erhalten wird und zur automatischen Steuerung der Beschleunigungs- und Bremspedale verwendet wird.

Vorgeschlagene Anwendungen und Entwicklung
Diese Arbeit zur Verbesserung und Erweiterung der Anzahl der Bilder der Datenbank (Stereo Depth Drive Data), die ein reales Bild und ein Tiefenbild mit der OBD-Daten, wie das Lenkrad Winkel, Geschwindigkeit, Beschleunigung Pedal Aktivität und Bremsen korreliert haben wird.

Nach der Verarbeitung wurden aus diesen 15 Videos, die in verschiedenen städtischen Verkehrsumgebungen aufgenommen wurden, 105.556 Bilder gewonnen.

2 Software-basierte Funktionen

Es war notwendig, eine große Anzahl von Bildern zu sammeln, um genügend Stichproben für die Extraktion von Fahrzeugbewegungen während der Verfolgung zu generieren und um Fahrzeuge in einer städtischen Verkehrsumgebung effizient zu erkennen.

Nach dem Erhalt der Datenbank werden die Fahrzeugdaten und -bilder noch verarbeitet, um das Training des Systems zu erweitern.

Mit der Annahme, dass ein maschineller Lernalgorithmus die menschliche Fähigkeit nachahmen könnte, den Kontext eines Bildes in eine Lenkradbewegung zur Fahrzeugverfolgung zu interpretieren.

Ergebnisse
Bei den Tiefenbildern wurde im Vergleich zu den realen Bildern ein geringerer Verlustwert ermittelt.

Geringerer Verlust während des Trainings Für die Tiefenbilder wurde ein geringerer Verlustwert ermittelt als für die realen Bilder. Dies ist ein Wert, der in der Theorie, wenn er näher bei 0 liegt, auf ein besseres Lernen der trainierten Daten schließen lässt.

Dies ermöglicht es uns, Daten zu erfassen und Tests mit Fahrzeugen für ein teilautonomes Fahren durchzuführen, was die Zeit für die Erfassung und Prüfung der Systeme auf interaktive und modulare Weise reduziert.

Der vorgestellte Rahmen hat Grenzen in den Testsystemen, durch die Geschwindigkeit Reaktion der mechanischen Steuerung nach einer Vorhersage des intelligenten Algorithmus, auch im Moment der Durchführung der Ausbildung der Lern-Algorithmus, wird die Ausbildung Zeit auf die Anzahl der Daten in der Erfassung, die Architektur des Netzes, unter anderen Faktoren ab.

Schlussfolgerungen und künftige Arbeiten
Zum Nachweis des Konzepts wurde eine Hard- und Softwarelösung für die autonome Aktivierung des Lenkrads entwickelt, bei der eine Stereokamera als einziger Sensor verwendet wird, da Kameras und elektronische Karten für die Datenerfassung und -verarbeitung immer kostengünstiger und kleiner werden.

Unsere Methode beginnt mit der Beschaffung einer Datenbank, die autonome Stereolaufwerk-Lerndaten genannt wird und in der die durch den Einsatz verschiedener Sensoren gesammelten Daten erfasst werden.

Die Entwicklung des oben vorgestellten Systems ermöglicht die Schaffung interaktiver, modularer Systeme für die halbautonome Leitung, wodurch die Erfassungszeit und die Systemprüfung mit einer interaktiven und modularen Methode reduziert werden.

Obwohl der Entwurf fertig ist und die Simulationen eine niedrige Fehlerquote aufweisen, sind tatsächliche Tests mit dem Instrumentensystem erforderlich, um die Qualität der teilautonomen Lenkung unseres Entwurfs mit anderen Automatisierungsmechanismen zu überprüfen.

Danksagung
Eine maschinell erstellte Zusammenfassung basierend auf der Arbeit von Curiel-Ramirez, Luis A.; Ramirez-Mendoza, Ricardo A.; Carrera, Gerardo; Izquierdo-Reyes, Javier; Bustamante-Bello, M. Rogelio
2018 in International Journal on Interactive Design and Manufacturing (IJIDeM)

Fahren in der Dunkelheit: Entwicklung autonomer Fahrzeuge zur Verringerung der Lichtverschmutzung
DOI: https://doi.org/10.1007/s11948-019-00101-7

Kurzfassung – Zusammenfassung
In diesem Papier wird vorgeschlagen, autonome Fahrzeuge so zu konzipieren, dass die Lichtverschmutzung reduziert wird.

Erstens sind autonome Fahrzeuge derzeit noch eine Technologie, die sich in der Entwicklung befindet und deren endgültige Form noch nicht feststeht, d. h. die Gestaltung sowohl der Fahrzeuge als auch der umgebenden Infrastruktur ist noch offen.

Es wird gezeigt, dass eine Verringerung der Lichtverschmutzung und vor allem ein besseres Gleichgewicht zwischen Licht und Dunkelheit durch das Design zukünftiger autonomer Fahrzeuge erreicht werden kann.

Es werden zwei Fallstudien untersucht (Parkplätze und Autobahnen), anhand derer autonome Fahrzeuge für das „Fahren im Dunkeln" konzipiert werden können.

Fragen der nächtlichen Beleuchtung werden so in eine umfassendere Ethik autonomer Fahrzeuge eingebettet, während gleichzeitig Fragen zu autonomen Fahrzeugen in Debatten über Lichtverschmutzung eingebracht werden.

Erweitert:

Im Anschluss an diese mutige Position werden zwei Szenarien skizziert, in denen die Beleuchtungsinfrastruktur für das „Fahren im Dunkeln" angepasst werden kann – Parkplätze und Autobahnen – sowie die Anforderungen, die sich daraus für die Gestaltung zukünftiger hochautomatisierter Fahrzeuge ergeben.

Kurz gesagt: Ethiker müssen sich weiterhin kritisch und kreativ damit auseinandersetzen, was eine Zukunft mit „fahrerlosen Autos" bedeuten kann und sollte.

Einführung
Angesichts der potenziell transformativen Auswirkungen autonomer Fahrzeuge auf ein breites Spektrum moralischer, sozialer und ökologischer Werte besteht die Möglichkeit – und wohl auch die Pflicht –, ethische Analysen zu erweitern und zu überlegen, wie (und warum) diese Technologie entwickelt werden sollte.

Fragen der Lichtverschmutzung könnten daher Teil der Werte und Ziele sein, die die Entwicklung von autonomen Fahrzeugen und der sie umgebenden Infrastruktur beeinflussen.

Dieses Papier bietet eine neuartige Analyse des Zusammentreffens zweier Technologien mit scheinbar unterschiedlichen moralischen Herausforderungen – autonome Fahrzeuge und nächtliche Beleuchtung – und untersucht, wie autonome Fahrsysteme so gestaltet werden könnten, dass sie die Lichtverschmutzung verringern und die Nächte dunkler machen.

Eine umfassende Ethik autonomer Fahrzeuge, die einen werteorientierten Ansatz nutzt, um ethische Belange proaktiv in die voraussichtlichen kurz- bis mittelfristigen Entwicklungsphasen einzubeziehen, wird in diesem Papier als Kontext vorgeschlagen.

Zumindest müssen autonome Fahrzeuge die negativen Auswirkungen und Kosten der Lichtverschmutzung minimieren.

Auf dem Weg zu einer umfassenden Ethik des autonomen Fahrzeugs
Um die ethische Frage zu untersuchen, wie autonome Fahrsysteme zur Verringerung der Lichtverschmutzung und zur Herstellung eines besseren Gleichgewichts zwischen Beleuchtung und Dunkelheit konzipiert werden können, werden die folgenden Grundsätze befolgt (nach Filippo Santoni de Sio [90]): (a) Konzentration auf den Prozess hin zur Vollautomatisierung und die gesamte Bandbreite möglicher Varianten von (Teil-)Autonomie und nicht nur auf ein hypothetisches vollautonomes („fahrerloses") Szenario; (b) Über die Kollisionsprogrammierung hinausgehende Betrachtung des gesamten soziotechnischen Systems, einschließlich der technischen Infrastrukturen, der sozialen und rechtlichen Normen und der Bildungssysteme; (c) Erweiterung des Spektrums möglicher ethischer Fragen, die bei der Gestaltung künftiger Systeme eine Rolle spielen – nicht nur Risiken für Leben und körperliche Unversehrtheit, sondern auch Gerechtigkeit, Privatsphäre, Integration, Umwelt usw.; und (d) Verfolgung eines proaktiven Ansatzes und Überlegung, wie ethische Kompromisse (moralische Dilemmata) durch Gestaltung gelöst werden können, indem man sich auf einen wertorientierten Ansatz stützt: Varianten der Automatisierung (a) und ein proaktiver Ansatz für wertorientiertes Design (d).

Die Funktion und die Moral der nächtlichen Beleuchtung
Ein Problem im Zusammenhang mit der Beleuchtung sind die negativen Auswirkungen der künstlichen Beleuchtung in der Nacht, die als Lichtverschmutzung bezeichnet wird.

Das Konzept der Lichtverschmutzung wurde in den 1970er-Jahren populär, um die negativen Auswirkungen künstlicher nächtlicher Beleuchtung zu beschreiben und zu kategorisieren, und hat sich seitdem zu einem wichtigen Umweltthema des 21. Jahrhunderts entwickelt [91].

Das allgegenwärtige Himmelsleuchten, die vielleicht am weitesten verbreitete Auswirkung der Lichtverschmutzung in verstädterten Regionen, verhindert zunehmend den Zugang zu einem sternenklaren Nachthimmel – ein Erlebnis, das zweifellos einen bedeutenden kulturellen Wert darstellt (z. B. [92, 93]).

Die allgemein anerkannten Auswirkungen der Lichtverschmutzung werden in neun Wege umgewandelt, auf denen oder durch die ein Wert aus der Dunkelheit gewonnen wird.

Eine Konzentration auf den Wert der Dunkelheit kann daher eine Neubewertung der gesamten nächtlichen Beleuchtung ermöglichen und letztlich zu drastischeren Energie- und Kosteneinsparungen führen.

Mit autonomen Fahrzeugen in die Dunkelheit
Kurzfristig können ausgewiesene verdunkelte Parkplätze eingeführt werden, wobei sich dieser Trend ausbreiten wird, wenn das autonome Parken bei künftigen Fahrzeuggenerationen zur Norm wird und wenn das dunkle Parken Unterstützung und öffentliche Akzeptanz findet.

Für diese und andere mögliche Szenarien des Fahrens im Dunkeln ist ein letzter Aspekt die Entwicklung autonomer Fahrzeuge selbst.

Dies wird mit sozialen und institutionellen Veränderungen einhergehen müssen, denn es muss überlegt werden, wann (oder ob) diese Technologie durch Gesetze und Vorschriften in Neufahrzeuge integriert werden sollte, und es muss ein Zeitplan für das Ausschalten der Beleuchtung auf Parkplätzen und insbesondere auf Autobahnen festgelegt werden.

Die Szenarien des „Fahrens in der Dunkelheit" erfordern kontinuierliche Investitionen in Systeme, die wenig oder gar keine Beleuchtung benötigen, um nachts zu navigieren, wie z. B. die LiDAR-Technologie („Light Detection and Ranging") in Verbindung mit Karten, GPS usw. Dies kann es autonomen Systemen potenziell ermöglichen, in völliger Dunkelheit zu fahren, wie ein früher Test von Ford gezeigt hat (z. B. [94, 95]).

Schlussfolgerung
In diesem Papier wird vorgeschlagen, dass bei der Entwicklung autonomer Fahrzeuge unter anderem die Ethik der Nachtbeleuchtung berücksichtigt werden sollte.

Ein werteorientierter Ansatz in der Technikethik, bei dem Werte während der Entwicklungsphase proaktiv in Technologien integriert werden, eröffnet eine Reihe potenzieller Probleme, die sowohl bei der Entwicklung autonomer Fahrzeuge als auch bei der sie umgebenden physischen und institutionellen Infrastruktur angesprochen werden können – und wohl auch sollten.

Die in diesem Papier vorgestellten Szenarien für dunkle Parkplätze und Autobahnen sind nicht als endgültig zu betrachten, sondern vielmehr als Ausgangspunkt für die Einbeziehung der Ethik der nächtlichen Beleuchtung in eine umfassendere Ethik autonomer Fahrsysteme.

Dies erfordert eine sorgfältige Prüfung sowohl der institutionellen (z. B. Eigentumsmodelle) als auch der physischen (z. B. die Gestaltung gemischt genutzter städtischer Zentren) Infrastrukturen sowie neuer Fragen, die durch autonome Systeme entstehen, wie etwa die Datensicherheit.

Danksagung
Eine maschinell erstellte Zusammenfassung basierend auf der Arbeit von Stone, Taylor; Santoni de Sio, Filippo; Vermaas, Pieter E.
2019 in Ethik in Wissenschaft und Technik

2.8. Diagnostik

Maschinell erzeugte Schlüsselwörter: Diagnose, Fehler, Fehlerdiagnose, Fuzzy, Signal, Automobil, Fehlererkennung, Regel, Ausfall, Wartung, Klassifizierung, Maschine, schnell, drehen, Signalverarbeitung

Entwicklung eines Diagnosebaums für Fehler im Kupplungssystem von Kraftfahrzeugen auf der Grundlage von Abweichungen der Betriebsparameter
DOI: https://doi.org/10.1007/s41872-021-00182-z

Kurzfassung – Zusammenfassung
Die Diagnose von Systemfehlern in Kraftfahrzeugen ist ein wichtiger Bestandteil ihrer Wartung.

Die Struktur des Automobilsystems wird für die Fehlerdiagnose mit Hilfe des Digraphenansatzes modelliert.
 Der Diagnosebaum einer Störung oder eines Symptoms wird über das Digraphenmodell aufgerufen, das die zur Störung beitragenden Ereignisse enthält.
 Die Methodik wird anhand eines Beispiels für die Entwicklung eines Diagnosebaums für Kupplungssystemfehler erläutert.
 Die Methodik half dabei, die Beziehung zwischen verschiedenen Eingangs- und Ausgangsparametern des Kupplungssystems zu erfassen und den Fehlerpfad zu verstehen.
 Die vorgeschlagene Methodik hilft Werkstattprofis bei der schnellen und fehlerfreien Diagnose von Fehlern.
 Erweitert:
 Der mit dieser Methodik entwickelte Diagnosebaum kann helfen, die Fehlerpfade zu verfolgen und die Fehlerursachen von Teilsystemen und Komponenten zu ermitteln.
 Die Entwicklung des Diagnosebaums aus dem System-Digraphen erfordert auch die Identifizierung eines Knotens/einer Variable, der/die in der Regel das Symptom, die Spitze oder das unerwünschte Ereignis bildet.
 Die Entwicklung des Diagnosebaums wird beendet, sobald die Ur- oder Basisereignisse erreicht sind.
 Der zukünftige Anwendungsbereich dieser Arbeit umfasst die Anwendung dieser Methodik für die Fehlerdiagnose von mechatronischen Systemen in Kraftfahrzeugen, die eine Regelkreisstruktur aufweisen.

Einführung
Eines der bekanntesten und bewährten Fehlerdiagnosetools ist die Fehlerbaumanalyse (FTA).

Dies wurde bei der Fehlerbaumanalyse von Fehlern in Kupplungssystemen von Kraftfahrzeugen von verschiedenen Forschern erkannt [96, 97].

Struss und Price [98] empfahlen eine Fehlerdiagnose von Automobilsystemen auf der Grundlage der Systemstruktur.

Lapp und Powers [99] waren die ersten, die das Digraphenmodell für die Fehlerbaumsynthese in chemischen Systemen anwendeten.

Einige andere prominente Arbeiten, in denen diese Methodik verwendet wurde, umfassen die Identifizierung von Fehlerursachen bei tribomechanischen Systemen [100], die Bewertung der Zuverlässigkeit eines Tribo-Paares [101], die Analyse von Funktionsursachen bei komplexen Fertigungssystemen [102], die Fehlerdiagnose bei Servolenkungen [103] usw. In dieser Arbeit wird die Methodik von Lapp und Powers für die Diagnose von Fehlern in Kupplungssystemen von Kraftfahrzeugen angewendet.

Der mit dieser Methodik entwickelte Diagnosebaum kann helfen, die Fehlerpfade zu verfolgen und die Fehlerursachen von Teilsystemen und Komponenten zu ermitteln.

Diese Methodik wird erstmals zur Fehlerdiagnose eines Kupplungssystems eingesetzt.

Grundlagen der Methodik von Lapp und Powers
Die Entwicklung eines Diagnosebaums auf der Grundlage eines Digraphenmodells erfordert grundlegende Kenntnisse der Systemstruktur.

Die Kanten sind die Verbindungen zwischen den Knoten, wobei die Abweichung oder Verstärkung zwischen den Knoten die Variablen darstellt.

Für die Analyse jeder Komponente des Systems muss eine tabellarische Darstellung entwickelt werden, die die Input-Output-Beziehung der Variablen anzeigt.

Für die Digraphenmodellierung werden diese beiden Variablen als zwei Knoten dargestellt: V_i und V_j, die durch zwei Kreise repräsentiert werden.

Die Entwicklung des Diagnosebaums aus dem System-Digraphen erfordert auch die Identifizierung eines Knotens/einer Variable, der/die in der Regel das Symptom, die Spitze oder das unerwünschte Ereignis bildet.

Dieses Mandat prüft den Digraphen daraufhin, ob der aktuell beobachtete Knoten, der ihm eingegeben wird, Mitglied einer Rückkopplungs- oder Vorwärtsschleife ist.

Lapp und Powers [99] haben verallgemeinerte Operatoren für Situationen entwickelt, in denen der aktuelle Knoten in der Rückkopplungs- oder Vorwärtsschleife liegt.

Ausweitung der Methodik auf Kfz-Systeme
Die Struktur besteht aus den Teilsystemen, Baugruppen und Komponenten mit ihren Verbindungen zu den Automobilsystemen.

Die chemischen Prozesse und Systeme umfassen die Übertragung einiger Arbeitsmedien zwischen den Komponenten, und daher wird die Variation ihrer Parameter bei der Fehlerbaumsynthese berücksichtigt.

Die zugehörigen Parameter/Variablen für Automobilsysteme sind nicht die gleichen, und diese werden im Allgemeinen zwischen den Komponenten übertragen, aber möglicherweise nicht durch Arbeitsmedien.

Die Schwankungen dieser Parameter können Ausgangspunkt für die Entwicklung des Diagnosebaums der Automobilsysteme sein.

Ziel dieser Arbeit ist es, einen Diagnosebaum zu entwickeln, der den Fehlerpfad vom Top-Ereignis oder Fehlersymptom zu den Basisereignissen mit Hilfe des Digraphenmodells des Automobilsystems identifiziert.

Identifizieren Sie die Eingangs- und Ausgangsparameter, einschließlich der Zustandsüberwachungsparameter für jede Baugruppe/Komponente, die funktionsfähig oder in Betrieb sein kann.

Anwendung auf die Kupplung
In diesem Schritt werden die Eingangs- und Ausgangsparameter für die Baugruppen/Komponenten der Kupplung ermittelt.

Komponenten verschiedener Baugruppen der Kupplung können ausfallen oder fehlerhaft sein, was auf die Beziehungen zwischen Eingangs-, Ausgangs- und Zustandsüberwachungsparametern zurückzuführen ist.

Die Kupplungsscheibenbaugruppe, die Druckplattenbaugruppe und das Schwungrad stehen physisch in Kontakt, wenn sich die Kupplung in der Einrückposition befindet, und die Eingangsparameter wie Drehmoment und Drehzahl werden von der Kupplungsscheibenbaugruppe vom Schwungrad empfangen und als Ausgangsdrehmoment und -drehzahl an die Getriebewelle übertragen.

Die anderen funktionalen Eingangs- und Ausgangsparameter werden ebenfalls von der Kupplungsscheibenbaugruppe empfangen und geliefert.

In diesem Schritt werden Ausfälle von Komponenten der Kupplungsscheibenbaugruppe und deren Einfluss auf Eingangs-, Ausgangs- und Zustandsüberwachungsparameter diskutiert und dargestellt.

Schlussfolgerungen
Der praktische Nutzen des Ansatzes besteht darin, dass der Diagnosebaum dem Analysten hilft, die Ursachen eines Top-Ereignisses der Automobilsysteme zu identifizieren und die Zusammenhänge zwischen Fehlerereignissen aufzuzeigen.

Diese Methode hat die Einschränkung, dass man bei einfachen Systemen versuchen kann, den Diagnosebaum manuell zu erstellen, aber bei komplexen Systemen sollte man es nicht auf diese Weise versuchen, da die Wahrscheinlichkeit von vielen Fehlern gegeben ist.

Dies hilft bei der Identifizierung von Grundursachen oder grundlegenden Fehlerereignissen, die einen entscheidenden Einfluss auf das Auftreten/Nichteintreten der Top-Ereignisse haben. Diese Aufgabe stärkt den Konstrukteur bei der Entwicklung zuverlässiger und sicherer Automobilsysteme mit eindeutigen Maßnahmen und unterstützt auch die Ingenieure und Techniker der Automobilinstandhaltung.

Der zukünftige Anwendungsbereich dieser Arbeit umfasst die Anwendung dieser Methodik für die Fehlerdiagnose von mechatronischen Systemen in Kraftfahrzeugen, die eine Regelkreisstruktur aufweisen.

Danksagung
Eine maschinell erstellte Zusammenfassung basierend auf der Arbeit von James, Ajith Tom 2022 in Life Cycle Reliability and Safety Engineering

Fehlerdiagnose von Wälzlagern in Getrieben von Verbrennungsmotoren mit Hilfe von Data-Mining-Techniken
DOI: https://doi.org/10.1007/s13198-021-01407-1

Kurzfassung – Zusammenfassung
Eine frühzeitige Fehlerwarnung zusammen mit einer präzisen Fehlererkennungstechnik ist von größter Bedeutung.

Die frühe Forschung hat die Signalverarbeitung und die Spektralanalyse ausgiebig für die Fehlererkennung genutzt, aber Data Mining mit maschinellem Lernen ist am effektivsten in der Fehlerdiagnose, das gleiche wird in diesem Papier vorgestellt.
  Die Schwingungssignale werden für ein Abtriebswellen-Wälzlager in einem Zweiradgetriebe erfasst, das unter verschiedenen Belastungsbedingungen mit gesunden und fehlerhaften Bedingungen betrieben wird.
  Die Klassifikatoren werden mit der zehnfachen Kreuzvalidierungsmethode trainiert und getestet, um den Lagerfehler zu diagnostizieren.
  Eine vergleichende Studie der Merkmalsextraktion und der Klassifikatoren wird durchgeführt, um die Klassifizierungsgenauigkeit zu bewerten.
  Die Ergebnisse des K*-Klassifikators mit Wavelet-Merkmalen ergaben eine bessere Genauigkeit als andere Klassifikatoren mit einer Klassifizierungsgenauigkeit von 92,5 % für die Lagerfehlerdiagnose.
  Erweitert:
  Die Vibrationssignale können auch mit Hilfe von Data Mining analysiert werden.

Einführung
Chen und andere [104] führten eine Fehlerdiagnose des Getriebes anhand von Schwingungssignalen durch, indem sie tiefe neuronale Netze einsetzten.

Hizarci und andere [105] diagnostizierten den Schweregrad von Getriebefehlern (Lochfraß) mit Hilfe eines künstlichen neuronalen Netzes (ANN), indem sie das Vibrationssignal auf ein 2D-Bild abbildeten und dann die Merkmale des 2D-Bildes extrahierten.
  Es ist festzustellen, dass Forscher die Fehlerdiagnose mit verschiedenen Merkmalen und Data-Mining-Techniken durchgeführt haben.

2 Software-basierte Funktionen

Eine Kombination aus Schwingungsanalyse und Data-Mining-Techniken kann ein sehr nützliches Informationsinstrument für die Zustandsüberwachung und Fehlerdiagnose darstellen.

Eine vergleichende Studie von drei Merkmalen mit drei verschiedenen Klassifikatoren wird für die Fehlerdiagnose von Lagern in einem Viertakt-Verbrennungsmotor-Getriebe mit unterschiedlichen Belastungsbedingungen durchgeführt.

Das Data-Mining-Verfahren, das die Extraktion von Merkmalen, die Auswahl von Merkmalen und die Klassifizierung umfasst, wird zur Fehlerdiagnose eingesetzt.

Methodik
Der Defekt wurde in den Lagerringen (innen und außen) verursacht, um die fehlerhaften Bedingungen zu simulieren.

Es wurde ein Beschleunigungsmesser angebracht, um das durch das defekte Lager erzeugte Schwingungssignal aufzuzeichnen.

Data-Mining-Techniken, die das Trainieren, Testen und Validieren des Klassifizierers beinhalten, wurden angewandt, um den Zustand des Kugellagers zu klassifizieren.

Details zum Experiment
Die experimentelle Methodik zur Diagnose des Lagerfehlers im Verbrennungsmotor-Getriebe (GB) wird diskutiert.

Um die Robustheit des in dieser Analyse betrachteten Fehlerdiagnosemodells zu überprüfen, werden Schwingungssignale für die Lager erfasst.

Die Versuche wurden mit einem gesunden Lager durchgeführt, das anschließend durch ein defektes Lager ersetzt wurde, und für beide Fälle wurden Schwingungssignale erfasst.

Zur Erfassung der Schwingungssignale wurde ein dreiachsiger Beschleunigungsaufnehmer (Typ: IEPE, Marke: YMC, China) verwendet, der in allen drei Richtungen am Gehäuse des GB angebracht wurde.

Die Signale in Y-Richtung werden berücksichtigt, da sie senkrecht zum Getriebe des Motors stehen.

Der Motor wurde überholt und GB-Teile wurden inspiziert, um eine Fehlinterpretation der von anderen beschädigten Komponenten erhaltenen Signale zu vermeiden.

Zur Bestätigung des Gesundheitszustands des Motors GB wurde das Abtriebswellenlager für die Simulation der Fehler ausgewählt.

Data-Mining-Techniken
Die einzelnen Schritte der Data-Mining-Techniken werden kurz erörtert; Data-Mining zur Fehlerklassifizierung erfolgt in drei Schritten: Extraktion charakteristischer Merkmale, Auswahl signifikanter Merkmale und Klassifizierung.

EMD ist eine Methode zur Zerlegung von Zeitreihendaten in Komponenten, die als intrinsische Modenfunktionen (IMF) bezeichnet werden [106].

Diese erste IMF enthält hochfrequentes Rauschen und wird vom Rest der Daten getrennt. Das Verfahren wird für r_j wiederholt, was zu einer Reihe von intrinsischen Modenfunktionen führt.

Der Entscheidungsbaum (DT) ist ein nicht-parametrisches, überwachtes Entscheidungsmodell, das für die Klassifizierung markierter Daten verwendet wird.

Ein Klassifikator ist ein Algorithmus, der den Datenpunkten auf der Grundlage ihrer Klassifizierung Etiketten zuweist.

Bei der Methode der variablen Wichtigkeit erfolgt die Klassifizierung auf der Grundlage der Interaktion zwischen den Instanzen, indem der Vorhersagefehler im Verhältnis zur berechneten OOB ermittelt wird.

SVM ist ebenfalls eine überwachte Lernmethode, die Entscheidungsebenen zwischen den Klassen verwendet, um den Datensatz auf der Grundlage statistischer Regeln zu klassifizieren.

Ergebnis und Diskussion

Der Entscheidungsbaum wird zur Auswahl signifikanter Merkmale und zur Klassifizierung durch K*(K-star), Random Forest und SVM verwendet.

Drei verschiedene Arten von Merkmalen werden extrahiert, nämlich statistische, DWT- und EMD-Merkmale für jede Datenprobe.

Es ist zu erkennen, dass der K*-Klassifikator mit DWT-Merkmalen die höchste Klassifizierungsgenauigkeit bietet.

SVM mit DWT-Merkmalen hat die geringste Genauigkeit bei der Klassifizierung.

Es zeigt sich, dass das DWT-Merkmal bei allen drei Klassifikatoren eine bessere Genauigkeit aufweist als die statistischen und EMD-Merkmale.

EMD-Merkmale ergaben für drei Klassifikatoren die gleiche Genauigkeit.

Das EMD-Merkmal hat einen gleichbleibenden Einfluss auf die Klassifikatoren, im Gegensatz zur DWT, bei der jeder Klassifikator zu einer unterschiedlichen Genauigkeit führt.

DWT ist besser geeignet als statistische und EMD-Merkmale, um eine sehr gute Klassifizierungsgenauigkeit zu erreichen.

Es zeigt sich auch, dass statistische Merkmale mit dem Random-Forest-Klassifikator und EMD-Merkmale mit dem SVM effektiv klassifiziert wurden.

Schlussfolgerungen

Die Überwachung des Kugellagers der Ausgangswelle des Verbrennungsmotorgetriebes wurde durchgeführt, um einen beginnenden Lagerschaden zu diagnostizieren.

Data Mining wurde zur Fehlerdiagnose im Kugellager eines Verbrennungsmotorgetriebes eingesetzt.

Die Extraktion charakteristischer Merkmale, die Auswahl signifikanter Merkmale und die Klassifizierung zur Klassifizierung von Lagerfehlern wurde eindeutig nachgewiesen.

Die Genauigkeit der Fehlerklassifizierung wird für die oben genannten Merkmalsextraktionstechniken und Klassifikatoren für den Lagerdatensatz bewertet.

Der K*-Klassifikator mit Wavelet-Merkmalen lieferte eine bessere Genauigkeit als andere Klassifikatoren mit einer Klassifizierungsgenauigkeit von 92,5 % für Lager.

Danksagung
Eine maschinell erstellte Zusammenfassung basierend auf der Arbeit von Ravikumar, K. N.; Aralikatti, Suhas S.; Kumar, Hemantha; Kumar, G. N.; Gangadharan, K. V.

2021 in International Journal of System Assurance Engineering and Management

Ein Überblick über die Fehlerdiagnose und Zustandsüberwachung von Getrieben mit Hilfe von AE-Techniken

DOI: https://doi.org/10.1007/s11831-020-09480-8

Kurzfassung – Zusammenfassung
Für die Fehlerdiagnose in Getrieben gibt es mehrere Verfahren.

In dieser Arbeit werden Techniken zur Zustandsüberwachung und Fehlerdiagnose von Getrieben vorgestellt, die auf akustischer Emission (AE) basieren.

Nach einer detaillierten Beschreibung der verschiedenen Techniken werden auch einige potenzielle Forschungsfragen erörtert, die mit der Zustandsüberwachung und Fehlerdiagnose von Getrieben unter Verwendung von AE verbunden sind.

Erweitert:

Die veröffentlichten Forschungsarbeiten zur Fehlerdiagnose von Getrieben mit Hilfe der AE-Technik sind recht begrenzt, und es besteht ein großer Spielraum für zukünftige Arbeiten.

Einführung
Die Anwendung der akustischen Emission (AE) zur Erkennung von Maschinenfehlern ist recht interessant und liefert gute Ergebnisse bei der Fehlererkennung.

AE ist die elastische Spannungswelle, die durch die Freisetzung von Dehnungsenergie aus lokalisierten Quellen an der Oberfläche und im Inneren des Materials aufgrund von Veränderungen der inneren Struktur verursacht wird [107–111].

Stöße, zyklische Ermüdung, Reibung, Turbulenzen, Materialverluste, Kavitation, Leckagen usw. sind einige der Ursachen für AE in rotierenden Maschinen.

Diese Emissionen übertragen sich auf der Oberfläche des Materials als Rayleigh-Wellen, und die Auslenkung dieser Wellen wird mit einem AE-Sensor gemessen.

Die AE-Technik ist sehr empfindlich für die Erkennung von Fehlern.

Parameter von AE
Energie, Anzahl, Dauer, Amplitude, Anstiegszeit und Schwellenwert sind die am häufigsten verwendeten Parameter bei der AE-Technik zur Fehlerdiagnose.

Bei der AE-Untersuchung ist dies ein wichtiger Parameter, da er die Nachweisbarkeit des Signals vorhersagt.

Dies ist die Zeit, die das Signal vom ersten Überschreiten des Schwellenwerts bis zum Erreichen des Spitzenwerts des Signals benötigt.

Sie ist die Zeit, die das AE-Signal zwischen dem ersten und dem letzten Überschreiten des Schwellenwerts benötigt.

Zustandsüberwachung und Fehlerdiagnose von Getrieben mittels AE-Technik
Sie stellten fest, dass der Effektivwert des AE- und Vibrationssignals sowie die Fe-Konzentrationsrate zunimmt, wenn der Wert des angelegten Drehmoments mit der Dauer des Getriebebetriebs steigt.

Aus den obigen experimentellen Untersuchungen geht eindeutig hervor, dass die Betriebsparameter des Zahnrads, wie z. B. die spezifische Schichtdicke, die Last, die Drehzahl usw., die AE-Erzeugung beim Zahneingriff beeinflussen.

Der Effektivwert, die Kurtosis, der Spitzenwert, die Anstiegszeit, die Steigung der Anstiegszeit und die Dauer wurden direkt aus den AE-Signalen berechnet, um die Getriebefehlermerkmale zu ermitteln.

Die vorgeschlagene Methode wurde auf die AE-Signale eines Getriebes mit geteiltem Drehmoment (Split Torque Gearbox, STG) mit gekeimten Getriebefehlern angewandt.

Sie wendeten diese Methode auch auf Vibrationssignale an, aber es wurden keine effektiven Ergebnisse gefunden, und es wurde gefolgert, dass die vorgeschlagene Methode mit AE-Signalen für die Fehlerdiagnose von langsam laufenden Hochleistungsgetrieben angewendet werden kann.

Aussichten
Die Fähigkeit der AE zur Risserkennung bei normalisierten Zahnrädern kann weiter erforscht werden, indem man verschiedene Arten von AE-Sensoren verwendet und sie an unterschiedlichen Stellen anbringt.

Die über die AE TSA berechnete Kurtosis kann ein vielversprechendes Werkzeug für die Fehlererkennung auch in anderen Getriebetypen sein.

Es ist ein vielversprechender Bereich, um die Fehlermerkmale im Signal zu finden, die nur bei einem defekten Getriebe auftreten, so dass das Signal eines gesunden Getriebes für die Fehlerdiagnose nicht benötigt wird.

Bei der Literaturrecherche wurde festgestellt, dass die Arbeiten zur Fehlerdiagnose in Getrieben mit Hilfe von Signalverarbeitungstechniken für AE-Signale nicht ganz ausreichend sind.

Es ist auch ein vielversprechender Bereich, um die Fehler in Getrieben durch die Implementierung verschiedener Signalverarbeitungstechniken auf AE-Signale zu finden.

AE kann auch zur Lokalisierung von Fehlern in Getrieben verwendet werden.

Schlussfolgerung

Die Schlussfolgerung ist, dass die Getriebefehler mit der AE-Technik effektiv diagnostiziert werden können.

Es wurde festgestellt, dass die AE-Technik bessere Ergebnisse liefert als andere Techniken der Fehlerdiagnose.

Die veröffentlichten Forschungsarbeiten zur Fehlerdiagnose von Getrieben mit Hilfe der AE-Technik sind recht begrenzt, und es besteht ein großer Spielraum für zukünftige Arbeiten.

Danksagung

Eine maschinell erstellte Zusammenfassung basierend auf der Arbeit von Raghav, Mahendra Singh; Sharma, Ram Bihari

2020 in Archive für Berechnungsmethoden im Ingenieurwesen

Ein Überblick über Fehlererkennungs- und Diagnoseverfahren: Grundlagen und mehr

DOI: https://doi.org/10.1007/s10462-020-09934-2

Kurzfassung – Zusammenfassung

Das System verfügt über Funktionen zur Überwachung von Störungen, um beginnende Fehler zu erkennen und ihre Auswirkungen auf das künftige Verhalten des Systems mithilfe von Fehlerdiagnoseverfahren vorherzusehen.

In diesem Beitrag werden die Entwicklungen bei den Methoden zur Fehlererkennung und -diagnose (FDD) vorgestellt und ein Überblick über die Forschungsarbeit in diesem Bereich gegeben.

In der Übersicht werden sowohl traditionelle modellbasierte als auch relativ neue signalverarbeitungsbasierte FDD-Ansätze vorgestellt, wobei den auf künstlicher Intelligenz basierenden FDD-Methoden besondere Aufmerksamkeit gewidmet wird.

Typische Schritte bei der Konzeption und Entwicklung eines automatischen FDD-Systems, einschließlich der Darstellung des Systemwissens, der Datenerfassung und Signalverarbeitung, der Fehlerklassifizierung und der wartungsbezogenen Entscheidungsmaßnahmen, werden systematisch dargestellt, um den derzeitigen Stand der FDD zu skizzieren.

Einführung
Es gibt eine Vielzahl von FDD-Techniken, die von modellbasierten Ansätzen (einschließlich beobachterbasierter [112, 113], struktureller Graphen [114, 115]) bis zu datengesteuerten Ansätzen (einschließlich Klassifikatoren [116], Mustererkennung [117] und neuronaler Netze [118]) reichen.

Die meisten der anfänglichen Arbeiten zu FDD wurden mit modellbasierten Ansätzen durchgeführt, die adaptive Beobachter und Systemidentifikationsmodelle der Prozesse verwenden [119, 120].

Die modellbasierte FDD erfordert ein genaues mathematisches Modell des Prozesses und eignet sich am besten für kleine Systeme mit wenigen Eingängen und einem expliziten mathematischen Modell; ihre Leistung wird jedoch drastisch beeinträchtigt, wenn nicht modellierte Störungen und Unsicherheiten vorliegen [121].

Signalbasierte Ansätze können in statistische [122] und nichtstatistische Ansätze [123] unterteilt werden.

Andere haben sich auf audio- und vibrationsbasierte FDD konzentriert [124].

In dieser Übersicht werden sowohl traditionelle modellbasierte als auch relativ neue signalverarbeitungsbasierte FDD-Ansätze vorgestellt, wobei den auf künstlicher Intelligenz basierenden FDD-Methoden besondere Aufmerksamkeit gewidmet wird.

Vorwissen über das System
Physikalische Redundanz bezieht sich auf die Einbeziehung zusätzlicher Komponenten in die Konstruktion des Systems/Prozesses, z. B. identische oder verschiedene Aktoren und/oder Sensoren, die parallel arbeiten können und im Falle einer Fehlfunktion als Backup dienen können [125].

Nach der Systemdarstellung und der Systemredundanz ist der nächste wichtige Faktor bei der Auswahl der geeigneten Klasse von FDD-Systemen die Art der Fehler.

Hardwarefehler [126–129] können weiter nach der Art des Komponentenfehlers klassifiziert werden, d. h. nach Sensorfehlern, Aktorfehlern, Anlagen-/Prozessfehlern und strukturellen Fehlern (Steuerungsfehlern).

Eine weitere Klassifizierung kann auf der Art und Dynamik von Fehlern basieren, z. B. transiente, permanente, intermittierende und beginnende Fehler [130, 131].

Anfängliche (driftähnliche) Fehler weisen langsame und allmähliche Änderungen des Zustands der fehlerhaften Komponentenvariablen auf [132].

Datenerfassung und Signalverarbeitung
In Cheng et al. [128], Mahgoun et al. [133], Jin et al. [134] werden Methoden zur Fehlerdiagnose bei Getrieben mit Hilfe der Schwingungssignalanalyse entwickelt.

Mit der Weiterentwicklung von Deep-Learning-Methoden haben [135, 136] Fehlerdiagnoseverfahren mit automatischer Merkmalsauswahl aus einer Liste etablierter Merkmale vorgestellt.

2 Software-basierte Funktionen

In der Literatur finden sich mehrere aktuelle Methoden zur Extraktion von Signalmerkmalen, wie z. B. Merkmale im Zeitbereich [137, 138], Merkmale im Frequenzbereich [139] und Zeit-Frequenz-Merkmale [140–141], die bei der Entwicklung von Fehlerdiagnoseverfahren eingesetzt werden.

Zhang et al. [142] präsentiert einen Bildverarbeitungsansatz zur Extraktion von Merkmalen aus dem Wavelet-Zeit-Frequenz-Spektrenbild, das aus dem Vibrationssignal eines Motors gewonnen wurde.

Methoden zur Entrauschung von Schwingungssignalen unter Verwendung der Wavelet-Transformation wurden für die Erkennung von Zahnfehlern in Getrieben [134] und von Fehlern in Generatoren [143] vorgestellt.

In Huang et al. [144] wird ein Verfahren zur blinden Quellentrennung mit Hilfe der Fast Independent Component Analysis auf Vibrationssignale von Kugelumlaufspindeln angewendet.

Fehlerklassifizierung
In der modernen Industrieumgebung stehen große Mengen an Online- und historischen Industriedaten zur Verfügung, so dass datengesteuerte Methoden zur Überwachung, Fehlererkennung und Diagnose eingesetzt werden.

Überwachte Lernmethoden erfordern Datenproben zusammen mit ihren entsprechenden Kennzeichnungen, und das Ziel ist die Annäherung an eine Abbildung für die Vorhersage des Ausgabewerts oder der Datenkennzeichnung.

Bei überwachten Lernmethoden wird das FDD-Schema so trainiert, dass es den Systemzustand erkennt und ihn anhand von Entscheidungskriterien in bekannte Fehlerklassen einteilt.

Obwohl Methoden des überwachten Lernens eine hohe Diagnosegenauigkeit erreichen, ist ihre Anwendung aufgrund der erheblichen Diskrepanz zwischen den Anforderungen an die explizite Datenbeschriftung von Methoden des überwachten Lernens und den realen Industriedaten begrenzt, da die historischen Daten aus realen Anlagen in der Regel keine konsistenten Datenbeschriftungsverfahren aufweisen.

Bei realen Problemen können halb-überwachte Lernmethoden die bessere Wahl sein, die sowohl die kennzeichnungsbezogenen Informationen mit überwachtem Lernen als auch die komplexen Datenrepräsentationen mit unüberwachten Methoden zur Erkennung von Ausreißern nutzen.

Entscheidungshilfe und Wartung
Das Hauptziel eines Fehlerdiagnosesystems ist die Überwachung des Gesundheitszustands, die mit entsprechenden betrieblichen Wartungsaufgaben wie Fehlervorhersage, Fehlervermeidung und -verhütung einhergeht und zur Entwicklung eines fehlertoleranten Systems erweitert werden kann.

In Wang et al. [145] wird der Degradationsprozess mit einem Weiner-Filter modelliert.

In Li et al. [146] wird ein neuronales Faltungsnetzwerk (CNN) zur Prognose und RUL-Schätzung für das Problem der Degradation von NSAA-Turbotriebwerken eingesetzt.

Hardware-FT wurde bei Aktuatorfehlern [147] und bei Fehlerschaltprozessen in PM-Synchronmotoren [148] erreicht.

Es wird eine einheitliche Architektur für die aktive Fehlererkennung und die teilweise aktive fehlertolerante Steuerung bei beginnenden Parameterfehlern vorgestellt [131].

Eine Methode zur Erkennung von Ständerdrehungsfehlern und zur Fehlertoleranz bei PM-Antrieben wird in Wang et al. [139] vorgestellt, die Informationen über die zweite Harmonische als Indikator für die Fehlersignatur verwendet.

Andere fehlertolerante Systeme für Unterbrechungs- und Kurzschluss-Schalterfehler in Umrichtern sind [149, 150].

Schlussfolgerung

Als Verbesserung gegenüber FDD haben hybride FDD-Methoden ein großes Potenzial für zukünftige reale Anwendungen.

Mehrere Modellbanken [151] und mehrstufige Filterverfahren [119], die Parameter- und Zustandsschätzungsverfahren kombinieren, oder hybride Verfahren, die modellbasierte und Signalverarbeitungsansätze für einen robusteren FDD-Entwurf kombinieren.

Mit dem wachsenden Umfang und der zunehmenden Komplexität der Systeme sind der Entwurf eines einheitlichen Rahmens und die gegenseitige Interaktion verschiedener Klassifikatoren auf unterschiedlichen Abstraktionsebenen die größten Herausforderungen bei der Entwicklung automatischer hybrider FDD-Verfahren.

Die Entwicklung von FDD für Prozesssysteme [152, 153] wird aufgrund des großen Umfangs und der komplexen korrelierten Beziehungen zwischen den Teilsystemen eine größere Herausforderung darstellen.

Zukünftige FDD-Methoden sollten in der Lage sein, mit ungenauen und unsicheren Informationen besser umzugehen, was für ihre Anwendung in der Industrie von entscheidender Bedeutung ist.

Danksagung
Eine maschinell erstellte Zusammenfassung basierend auf der Arbeit von Abid, Anam; Khan, Muhammad Tahir; Iqbal, Javaid
2020 in der Zeitschrift Artificial Intelligence Review

Ein Fuzzy-Diagnosemodell und seine Anwendung in der Kfz-Diagnose
DOI: https://doi.org/10.1023/a:1008315803848

Kurzfassung – Zusammenfassung
Dieser Artikel beschreibt ein Fuzzy-Diagnosemodell, das einen schnellen Algorithmus zur Generierung von Fuzzy-Regeln und eine auf Prioritätsregeln basierende Inferenzmaschine enthält.

Danksagung

Eine maschinell erstellte Zusammenfassung basierend auf der Arbeit von Lu, Yi; Chen, Tie Qi; Hamilton, Brennan
   1998 in Angewandte Intelligenz

Literatur

1. Khandal SV, Banapurmath NR, Gaitonde VN, Hiremath SS (2017) Paradigmenwechsel von Dieselmotoren mit mechanischer Direkteinspritzung zu fortschrittlichen Einspritzstrategien von Dieselmotoren mit homogener Ladungskompressionszündung (HCCI) – Ein umfassender Überblick. Erneuern Sustain Energy Rev 70:369–384
2. Agarwal AK, Dhar A, Gupta JG, Kim WI, Lee CS, Park S (2014) Effect of fuel injection pressure and injection timing on spray characteristics and particulate size-number distribution in a biodiesel fuelled common rail direct injection diesel engine. Appl Energy 130:212–221
3. Xu Y, Zhang Y, Gong J et al (2020) Verbrennungsverhalten und Emissionscharakteristiken eines nachgerüsteten Erdgas/Benzin-Dual-Fuel-Ottomotors mit verschiedenen Anteilen von Erdgas-Benzin-Gemischen. Fuel 266:116957. https://doi.org/10.1016/j.fuel.2019.116957
4. Schirmer WN, Olanyk LZ, Guedes CLB et al (2017) Effects of air/fuel ratio on gas emissions in a small spark-ignited non-road engine operating with different gasoline/ethanol blends. Environ Sci Pollut Res 24:20354–20359. https://doi.org/10.1007/s11356-017-9651-8
5. Vereinte Nationen (2014) GTR 15 – global registry worldwide harmonized light vehicles test procedure
6. Lanzanova TDM, Dalla Nora M, Martins MES et al (2019) The effects of residual gas trapping on part load performance and emissions of a spark ignition direct injection engine fuelled with wet ethanol. Appl Energy 253. https://doi.org/10.1016/j.apenergy.2019.113508
7. Gkatzoflias D, Drossinos Y, Zubaryeva A, Zambelli P, Dilara P, Thiel C (2016) Optimal allocation of electric vehicle charging infrastructure in cities and regions. Wissenschaftliche und technische Forschungsberichte des EUR
8. Dong J, Liu C, Lin Z (2014) Charging infrastructure planning for promoting battery electric vehicles: an activity-based approach using multiday travel data. Transp Res Part C Emerg Technol 38(Supplement C):44–55
9. Xie F, Liu C, Li S, Lin Z, Huang Y (2018) Long-term strategic planning of inter-city fast charging infrastructure for battery electric vehicles. Transp Res Part E Logist Transp Rev 109:261–276
10. Open Charge Map (2017) Open Charge Map-the global public registry of electric vehicle charging locations. https://openchargemap.org/. Zugegriffen am 30.11.2017
11. EU (2014) Richtlinie 2014/94/EU des Europäischen Parlaments und des Rates vom 22. Oktober 2014 über den Aufbau der Infrastruktur für alternative Kraftstoffe. Recht der Europäischen Union [WWW-Dokument]. http://eur-lex.europa.eu/legal-content/EN/TXT/?uri=celex%3A32014L0094. Zugegriffen am 22.12.2018.
12. EUA (2017) Treibhausgasemissionen aus dem Verkehr. Europäische Umweltagentur [WWW-Dokument]. https://www.eea.europa.eu/data-and-maps/indicators/transport-emissions-of-greenhouse-gases/transport-emissions-of-greenhouse-gases-10. Zugegriffen am 22.12.2018
13. EUA (2016) Vorzeitige Todesfälle aufgrund von Luftverschmutzung. Europäische Umweltagentur (EUA), Karlsruhe
14. Van Audenhove F-J et al (2018) Die Zukunft der Mobilität 3.0, Arthur D. Little Future Lab, Paris

15. Hernandez-de-Menendez M, Escobar Díaz CA, Morales-Menendez R (2020) Engineering education for smart 4.0 technology: a review. Int J Interact Des Manuf 14(3):789–803. https://doi.org/10.1007/s12008-020-00672-x
16. Moreno A, Velez G, Ardanza A et al (2017) Virtualisierungsprozess einer Blechstanzmaschine im Rahmen der Industrie 4.0-Vision. Int J Interact Des Manuf 11:365–373. https://doi.org/10.1007/s12008-016-0319-2
17. Ramirez-Mendoza RA, Morales-Menendez R, Iqbal H, Parra-Saldivar R (2018) Engineering education 4.0: proposal for a new curricula. In: 2018 IEEE Global Engineering Education Conference (EDUCON). Teneriffa, S 1273–1282. https://ieeexplore.ieee.org/document/8363376
18. Mejía-Gutiérrez R, Fischer X (2020) Eine Multi-Agenten-Plattform zur Unterstützung der wissensbasierten Modellierung in der technischen Konstruktion. In: Bennis F, Bhattacharjya R (Hrsg) Nature-Inspired Methods for Metaheuristics Optimization. Modellierung und Optimierung in Wissenschaft und Technik, Bd 16. Springer, Cham. https://doi.org/10.1007/978-3-030-26458-1_14
19. IDAE (2012) El vehículo eléctrico para flotas. Instituto para la Diversificación y Ahorro de la Energía (IDAE), Espaía. https://www.idae.es. Zugegriffen am 18.12.2019
20. IDAE (2018) Programa MOVALT Infraestructura: ayudas a la recarga de vehículo eléctrico Instituto para la Diversificación y Ahorro de la Energía (IDAE), Espaía. https://www.idae.es. Zugegriffen am 28.12.2019
21. IDAE (2018) PLAN MOVALT Vehículos: ayudas a la adquisición. Instituto para la Diversificación y Ahorro de la Energía (IDAE), Espaía. https://www.idae.es. Zugegriffen am 28.11.2019
22. IDAE (2018) Acreditación De Flota Ecológica. Instituto para la Diversificación y Ahorro de la Energía (IDAE), Espaía. https://www.idae.es. Zugegriffen am 28.11.2019
23. Weiss F, Gross R, Linowski S et al (2019). ISBN 9780128168356) Kapitel 17 – Wie sich etablierte Unternehmen an das veränderte Geschäftsumfeld anpassen: eine deutsche Fallstudie. In: Consumer, prosumer, prosumager, S 383–405. https://doi.org/10.1016/b978-0-12-816835-6.00017-6
24. Ponce-Jaramillo I, Guemes-Castorena D (2016) Identification of key factors of academia in the process of linking in the triple helix of innovation model in Mexico, a state of the art matrix. Nova scientia 8(16):246–277
25. Peng T, Sarazen M (2018) Global survey of autonomous vehicle regulations. Medium. https://medium.com/syncedreview/global-survey-of-autonomous-vehicle-regulations-6b8608f205f9. Zugegriffen am 08.12.2019
26. Rinkinen S, Harmaakorpi V (2019) Business and innovation ecosystems: innovation policy implications. Int. J. Public Policy 15(3–4):248–265. https://doi.org/10.1504/IJPP.2019.103038
27. Wood L (2018) Micro EVs, E-Bikes, E-Scooter, E-Motorräder, Mobilität für Behinderte 2018–2028. Research and Markets, Dublin
28. Høyer KG (2008) Die Geschichte der alternativen Kraftstoffe im Verkehrswesen: the case of electric and hybrid cars. Utilities Policy 16(2):63–71
29. Perkins R (2003) Technologischer „Lock-in". Internet-Enzyklopädie für ökologische Ökonomie
30. Chen H, Gong X, Hu YF et al (2013) Automotive control: the state of the art and perspective. Acta Automatica Sinica 39(4):322–346
31. He Z, Shi Q, Wei Y et al (2021) A model predictive control approach with slip ratio estimation for electric motor anti-lock braking of battery electric vehicle. IEEE Trans Ind Electron
32. Zhang C, Yin G, Chen N (2016) Die Beschleunigungsschlupfregelung für ein zweirädriges, unabhängig fahrendes Elektrofahrzeug auf Basis einer dynamischen Drehmomentverteilung. 2016 35th Chinese Control Conference (CCC), Chengdu, S 5925–5930
33. Yuan L, Zhao H, Chen H et al (2016) Nonlinear MPC-based slip control for electric vehicles with vehicle safety constraints. Mechatronics 38:1–15
34. Chen H, Tian G (2016) Modeling and analysis of engagement process of automated mechanical transmissions. Multibody Syst Dyn 37(4):345–369

35. Yu CH, Tseng CY (2013) Research on gear-change control technology for the clutchless automatic-manual transmission of an electric vehicle. Proc Inst Mech Eng Part D J Automob Eng 227(10):1446–1458
36. Chen H, Mitra S (2014) Synthesis and verification of motor-transmission shift controller for electric vehicles. In: ACM/IEEE 5th international conference on cyber-physical systems. Berlin
37. Tseng C-Y, Yu C-H (2015) Advanced shifting control of synchronizer mechanisms for clutchless automatic manual transmission in an electric vehicle. Mech Mach Theory 84:37–56
38. Zhang JZ, Chen L, Gou JF et al (2012) Kooperative Steuerung von regenerativem Bremsen und hydraulischem Bremsen eines elektrifizierten Personenkraftwagens. Proc Inst Mech Eng Part D J Automob Eng 226(10):1289–1302
39. Stotz IL, Iaffaldano G, Davies DR (2018) Pressure-driven poiseuille flow: a major component of the torque-balance governing pacific plate motion. Geophys Res Lett 45:23–25
40. Liu S, Liu G, Zhou H (2018) A robust parallel object tracking method for illumination variations. Mobile Netw Appl. https://doi.org/10.1007/s11036-018-1134-8
41. Zhai L, Sun T, Wang J (2016) Electronic stability control based on motor driving and braking torque distribution for a four in-wheel motor drive electric vehicle. IEEE Trans Veh Technol 65:4726–4739
42. Lin Y, Wang C, Wang J, Dou Z (2016) A novel dynamic spectrum access framework based on reinforcement learning for cognitive radio sensor networks. Sensors 16(10):1–22. https://doi.org/10.3390/s16101675
43. Kumar S, Singh SK, Abidi AI et al (2017) Group sparse representation approach for recognition of cattle on muzzle point images. Int J Parallel Prog:1–26. https://doi.org/10.1007/s10766-017-0550-x
44. Nilsson J, Silvlin J, Brannstrom M, Coelingh E, Fredriksson J (2016) If, when, and how to perform lane change maneuvers on highways. IEEE Intell Transp Syst Mag 8(4):68–78
45. You F, Zhang RH, Guo L, Wang HW, Wen HY, Xu JM (2015) Trajectory planning and tracking control for autonomous lane change maneuver based on the cooperative vehicle infrastructure system. Expert Syst Appl 42(14):5932–5946
46. Luo YG, Xiang Y, Cao K, Li KQ (2016) A dynamic automated lane change maneuver based on vehicle-to-vehicle communication. Transp Res Part C Emerg Technol 62:87–102
47. Li ZJ, Xiao HZ, Yang CG, Zhao YW (2015) Model predictive control of nonholonomic chained systems using general projection neural networks optimization. IEEE Trans Syst Man Cybern Syst 45(10):1313–1321
48. Luo YG, Chen T, Zhang SW, Li KQ (2015) Intelligent hybrid electric vehicle ACC with coordinated control of tracking ability, fuel economy, and ride comfort. IEEE Trans Intell Transp Syst 16(4):2303–2308
49. Li SE, Jia ZZ, Li KQ, Cheng B (2015) Fast online computation of a model predictive controller and its application to fuel economy oriented adaptive cruise control. IEEE Trans Intell Transp Syst 16(3):1199–1209
50. Zhao WZ, Zhang H (2018) Coupling control strategy of force and displacement for electric differential power steering system of electric vehicle with motorized wheels. IEEE Trans Veh Technol 67(9):8118–8128
51. Yue M, Yang L, Sun X-M, Xia WG (2018) Stability control for FWID-EVs with supervision mechanism in critical cornering situations. IEEE Trans Veh Technol 67(11):10387–10397
52. Li N, Zhang JZ, Zhang SY et al (2018) The influence of accessory energy consumption on evaluation method of braking energy recovery contribution rate. Energy Convers Manag 04(4):100–110
53. Zhao X, Yuan Y, Ma J et al (2020) Construction of electric vehicle driving cycle for studying electric vehicle energy consumption and equivalent emissions. Environ Sci Pollut Res 27:395–409

54. Li N, Zhang JZ, He CK (2021) Untersuchung des Einflusses des Energieverbrauchs der Klimaanlage auf den Beitrag der Bremsenergierückgewinnung in Abhängigkeit von den Betriebsbedingungen. IOP Conf Ser Earth Environ Sci (EES) 3:1–6
55. Schweigert R, Leusmann J, Hagenmayer S et al (2019) Knuckletouch: Enabling knuckle gestures on capacitive touchscreens using deep learning. In: ACM international conference proceeding series. New York, S 387–397
56. Fryzlewicz P (2014) Wild binary segmentation for multiple change-point detection. Ann Stat 42:2243–2281. https://doi.org/10.1214/14-AOS1245
57. Firnkorn J, Müller M (2012) Mobilität statt Autos verkaufen: neue Geschäftsstrategien der Automobilhersteller und die Auswirkungen auf den privaten Fahrzeugbesitz. Bus Strateg Environ 21(4):264–280
58. Schumacher M, Kuester S, Hanker A-L (2018) Investigating antecedents and stage-specific effects of customer integration intensity on new product success. Int J Innov Manag 22(04):1850032
59. Brax SA, Visintin F (2017) Metamodell der Servitization: der integrative Profiling-Ansatz. Ind Mark Manag 60:17–32
60. Andreassen TW, Kristensson P, Lervik-Olsen L, Parasuraman A, McColl-Kennedy JR, Edvardsson B, Colurcio M (2016) Verknüpfung von Dienstleistungsdesign mit Wertschöpfung und Dienstleistungsforschung. J Serv Manag 27(1):21–29
61. Atiq A, Gardner L, Srinivasan A (2017) Ein erfahrungsbasiertes kollaboratives Dienstleistungssystemmodell. Serv Sci 9(1):14–35
62. Frank U (2007) Evaluierung von Referenzmodellen. In: Fettke P, Loos P (Hrsg) Reference modeling for business systems analysis. Idea Group Publ, Hershey, S 118–140
63. Osterwalder A, Pigneur Y (2011) Business Model Generation: Ein Handbuch für Visionäre, Spielveränderer und Herausforderer, 1. Aufl. Business 2011. Campus Verl, Frankfurt am Main. http://search.ebscohost.com/login.aspx?direct=true&scope=site&db=nlebk&db=nlabk&AN=832895
64. Alter S (2017) Answering key questions for service science. In: Proceedings of the 25th European Conference on Information Systems (ECIS). Guimarães
65. 3GPP. http://www.3gpp.org/
66. ISO/TC 204 Intelligente Verkehrssysteme. https://www.iso.org/committee/54706.html
67. ETSI – Automotive Intelligent Transport. https://www.etsi.org/technologies/automotive-intelligent-transport
68. 5G Automotive Association, 5GAA. http://5gaa.org/
69. 5G-PPP (Private Public Partnership). https://5G-PPP.eu
70. 5G Cross-Border Control (5GCroCo). https://5gcroco.eu/
71. 5GCroCo, D3.2: Intermediate E2E, MEC & Positioning Architecture, 2021. https://5gcroco.eu/publications/deliverables.html
72. Shakouri P, Czeczot J, Ordys A (2015) Simulationsvalidierung von drei nichtlinearen modellbasierten Reglern in einem adaptiven Geschwindigkeitsregelsystem. J Intell Robot Syst 80(2):207–229. https://doi.org/10.1007/s10846-014-0128-4
73. Kuyumcu A, Şengör NS (2016) Effect of neural controller on adaptive cruise control. In: Villa AE, Masulli P, Pons Rivero AJ (Hrsg) Artificial neural networks and machine learning-ICANN 2016. Springer, Cham, S 515–522
74. Ganji B, Kouzani AZ, Khoo SY, Shams-Zahraei M (2014) Adaptive cruise control of a HEV using sliding mode control. Expert Syst Appl 41(2):607–615. https://doi.org/10.1016/j.eswa.2013.07.085
75. Magdici S, Althoff M (2017) Adaptive cruise control with safety guarantees for autonomous vehicles (20th IFAC World Congress). IFAC-PapersOnLine 50(1):5774–5781. https://doi.org/10.1016/j.ifacol.2017.08.418

76. Li SE, Guo Q, Xu S, Duan J, Li S, Li C et al (2017) Leistungssteigernde prädiktive Steuerung für adaptive Geschwindigkeitsregelsysteme unter Berücksichtigung von Straßenhöheninformationen. IEEE Trans Intell Veh 2(3):150–160. https://doi.org/10.1109/TIV.2017.2736246
77. Ferreira VP, Achy ARA, Pepe IM, Torres EA (2014) Ein neues elektronisches Ethanol-Einspritzmanagementsystem für Dieselmotoren. J Control Autom Electr Syst 25(5):566–575
78. Pereira BS (2015) Controle da mistura ar/combustível em um motor a combustão interna: sistema em malha fechada. Master's Thesis, Universidade de São Paulo
79. Pereira BCF (2017) Evolução de uma unidade de gerenciamento eletrônico de um motor vw 2.0 l e desenvolvimento de controle de cruzeiro: Projeto otto iv. Master's thesis, Universidade de São Paulo
80. Yin Y, Li SE, Li K et al (2020) Self-learning drift control of automated vehicles beyond handling limit after rear-end collision. Transp Safety Environ 2(2):97–105
81. Wang C, Wang Z, Zhang L et al (2020) A vehicle rollover evaluation system based on enabling state and parameter estimation. IEEE Trans Ind Inf 17(6):4003–4013
82. Ding X, Wang Z, Zhang L et al (2020) Longitudinal vehicle speed estimation for four-wheel-independently-actuated electric vehicles based on multi-sensor fusion. IEEE Trans Vehicular Technol 69(11):12797–12806
83. Guo J, Wang J, Cao B (2009) Study on braking force distribution of electric vehicles. In: Power and energy engineering conference (APPEEC 2009), Wuhan, März, 28–30
84. Zhao L, Tang L (2013) Braking force distribution research in electric vehicle regenerative braking strategy. In: IEEE international symposium on computational intelligence & design, Jia Zhou Hotel, Leshan, December, 14–15
85. Yu ZS (2009) Automobiltheorien. China Machine Press, Peking
86. De Filippo F, Stork A, Schmedt H, Bruno F (2013) A modular architecture for a driving simulator based on the FDMU approach. Int J Interact Des Manuf 8:139–150. https://doi.org/10.1007/s12008-013-0182-3
87. Koo J, Kwac J, Ju W, Steinert M, Leifer L, Nass C (2014) Why did my car just do that? Explaining semi-autonomous driving actions to improve driver understanding, trust, and performance. Int J Interact Des Manuf 9:269–275. https://doi.org/10.1007/s12008-014-0227-2
88. González JPN (2017) Vehicle fault detection and diagnosis combining an AANN and multiclass SVM. Int J Interact Des Manuf. https://doi.org/10.1007/s12008-017-0378-z
89. Nvidia (2017) Nvidia drivepx. http://www.nvidia.com/object/drive-px.html. Zugegriffen am 31.06.2017
90. Santoni de Sio F (2016) Ethics and self-driving cars: a white paper on responsible innovation in automated driving systems. Niederländisches Ministerium für Infrastruktur und Umwelt (Rijkswaterstaat)
91. Stein T (2017) Lichtverschmutzung: A case study in framing an environmental problem. Ethics Policy Environ 20(3):279–293
92. Bogard P (2013) Das Ende der Nacht: Auf der Suche nach der natürlichen Dunkelheit in einem Zeitalter des künstlichen Lichts. Back Bay Books, New York
93. Gallaway T (2014) The value of the night sky. In: Meier J, Hasenöhrl U, Krause K, Pottharst M (Hrsg) Urban lighting, light pollution and society. Taylor & Francis, New York, S 267–283
94. Burgess M (2016) Autonome Autos von Ford können jetzt nachts fahren. WIRED. www.wired.co.uk/article/ford-driverless-cars-night-drive-dark. Zugegriffen am 20.07.2017
95. Korosec K (2016) Was geschah, als Ford sein selbstfahrendes Auto in völliger Dunkelheit testete. Fortune. http://fortune.com/2016/04/11/ford-self-driving-car-dark/. Zugegriffen am 20.07.2017
96. Teixeira CA, Cavalca KL (2008) Zuverlässigkeit als Wertschöpfungsfaktor in einem Automobilkupplungssystem. Qual Reliab Eng Int 24(2):229–248

97. Bogicevic J, Aksic M, Biorac S (2014) Fehlerbaumanalyse der Kupplung an einem Fahrzeug VAZ 2121. In: 8th international quality conference, Center for Quality, Faculty of Engineering. Serbia
98. Struss P, Price C (2003) Modellbasierte Systeme in der Automobilindustrie. AI Mag 24(4):17–17
99. Lapp SA, Powers GJ (1977) Computer-gestützte Synthese von Fehlerbäumen. IEEE Trans Reliab 26(1):2–13
100. Sehgal R, Gandhi OP, Angra S (2003) Failure cause identification of tribo-mechanical systems using fault tree-a digraph approach. Tribol Int 36(12):889–901
101. Sharma BC, Gandhi OP (2008) Digraphenbasierte Zuverlässigkeitsbewertung eines Tribo-Paares. Ind Lubr Tribol 60(3):153–163
102. Loganathan MK, Gandhi MS, Gandhi OP (2015) Functional cause analysis of complex manufacturing systems using structure. Proc Inst Mech Eng B J Eng Manuf 229(3):533–545
103. James AT, Gandhi OP, Deshmukh SG (2018) Fault diagnosis of automobile systems using fault tree based on digraph modeling. Int J Syst Assur Eng Manag 9(2):494–508
104. Chen Z, Chen X, Li C et al (2017) Vibration-based gearbox fault diagnosis using deep neural networks. J Vibroeng 19:2475–2496. https://doi.org/10.21595/jve.2016.17267
105. Hizarci B, Ümütlü RC, Ozturk H, Kıral Z (2019) Vibration region analysis for condition monitoring of gearboxes using image processing and neural networks. Exp Tech 43:739–755. https://doi.org/10.1007/s40799-019-00329-9
106. Ravikumar KN, Kumar H, Gangadharan KV (2020) Application of vibration analysis and data mining techniques for bearing fault diagnosis in two stroke IC engine gearbox. AIP Conf Proc. https://doi.org/10.1063/5.0003811
107. Miller RK, Hill EVK, Moore PO (2005) Handbuch der zerstörungsfreien Prüfung, Schallemissionsprüfung, Bd 6, 3. Amerikanische Gesellschaft für zerstörungsfreie Prüfung, Columbus
108. Pao Y-H, Gajewski RR, Ceranoglu AN (1979) Acoustic emission and transient waves in an elastic plate. J Acoust Soc Am 65(1):96–102
109. Pollock AA (1989) Akustische Emissionsprüfung. Physical Acoustics Corporation, Technischer Bericht, TR-103-96-12/89
110. Mathews JR (1983) Acoustic emission. Gordon and Breach Science Publishers Inc., New York. ISSN 0730-7152
111. Bosia F, Pugno N, Lacidogna G, Carpinteri A (2008) Mesoskopische Modellierung von Schallemission durch einen energetischen Ansatz. Int J Solids Struct 45(22–23):5856–5866
112. Capisani LM, Ferrara A, Alejandra Ferreira DL, Fridman ML (2011) Manipulators fault diagnosis via higher order sliding mode observers. IEEE Trans Ind Electron 59(10):3979–3986
113. Salmasi FR, Najafabadi TA, Maralani PJ (2010) An adaptive flux observer with online estimation of DC-link voltage and rotor resistance for VSI-based induction motors. IEEE Trans Power Electron 25(5):1310–1319
114. Low CB, Wang D, Member S, Arogeti S, Luo M (2010) Quantitative hybrid bond graph-based fault detection and isolation. IEEE Trans Autom Sci Eng 7(3):558–569
115. Benmoussa S, Bouamama BO, Merzouki R (2014) Bond graph approach for plant fault detection and isolation: application to intelligent autonomous vehicle. IEEE Trans Autom Sci Eng 11(2):585–593
116. Zhou S, Qian S, Chang W, Xiao Y, Cheng Y (2018) A novel bearing multi-fault diagnosis approach based on weighted permutation entropy and an improved SVM ensemble classifier. Sensors (Switzerland) 18(6):1–23
117. Soualhi A, Clerc G, Razik H (2013) Detection and diagnosis of faults in induction motor using an improved artificial ant clustering technique. IEEE Trans Ind Electron 60(9):4053–4062
118. Malhi A, Gao RX (2004) PCA-based feature selection scheme for machine defect classification. IEEE Trans Instrum Meas 53(6):1517–1525

119. Ben Hmida F, Khémiri K, Ragot J, Gossa M (2012) Three-stage Kalman filter for state and fault estimation of linear stochastic systems with unknown inputs. J Franklin Inst 349(7):2369–2388
120. Huang S, Tan KK, Lee TH (2012) Fault diagnosis and fault-tolerant control in linear drives using the Kalman filter. IEEE Trans Ind Electron 59(11):4285–4292
121. Zhang Y, Fan Y, Du W (2016) Nonlinear process monitoring using regression and reconstruction method. IEEE Trans Autom Sci Eng 13(3):1343–1354
122. Abbasi AR, Mahmoudi MR, Avazzadeh Z (2018) Diagnosis and clustering of power transformer winding fault types by cross-correlation and clustering analysis of FRA results. IET Gener Transm Distrib 12(19):4301–4309
123. Abaei G, Selamat A (2014) A survey on software fault detection based on different prediction approaches. Vietnam J Comput Sci 1(2):79–95
124. Henr P, Alonso B, Ferrer MA, Travieso CM (2014) Review of automatic fault diagnosis systems using audio and vibration signals. IEEE Trans Syst Man Cybern Syst 44(5):642–652
125. Abid A, Khan MT (2017) Multi-sensor, multi-level data fusion and behavioral analysis based fault detection and isolation in mobile robots. In: IEEE 8th annual information technology. Electronics and Mobile Communication Conference (IEMCON). Vancouver, S 40–45
126. Tabbache B, El M, Benbouzid H, Kheloui A, Bourgeot J-M (2013) Virtual-sensor-based maximum-likelihood voting approach for fault-tolerant control of electric vehicle powertrains. IEEE Trans Veh Technol 62(3):1075–1083
127. Laurentys CA, Ronacher G, Palhares RM, Caminhas WM (2010) Design of an artificial immune system for fault detection: a negative selection approach. Expert Syst Appl 37(7):5507–5513
128. Cheng G, Cheng YL, Shen LH, Qiu JB, Zhang S (2013) Gear fault identification based on Hilbert-Huang transform and SOM neural network. Meas J Int Meas Confed 46(3):1137–1146
129. Jiang G, Xie P, He H, Yan J (2018) Wind turbine fault detection using a denoising autoencoder with temporal information. IEEE/ASME Trans Mechatron 23(1):89–100
130. Zhao Y, Lam J, Gao H (2009) Fault detection for fuzzy systems with intermittent measurements. IEEE Trans Fuzzy Syst 17(2):398–410
131. Wang J, Zhang J, Qu B, Wu H, Zhou J (2017) Unified architecture of active fault detection and partial active fault-tolerant control for incipient faults. IEEE Trans Syst Man Cybern Syst 47(7):1688–1700
132. Abid A, Khan MT, Silva CWD (2015) Fault detection in mobile robots using sensor fusion. In: 10th international conference on computer science and education (ICCSE 2015). Cambridge University, UK, S 8–13, July 22–24, 2015
133. Mahgoun H, Bekka RE, Felkaoui A (2013) Gearbox fault detection using a new denoising method based on ensemble empirical mode decomposition and FFT. In: 4th International conference on integrity, reliability and failure (IRF2013). Porto, S 1–11
134. Jin S, Kim JS, Lee SK (2015) Sensitive method for detecting tooth faults in gearboxes based on wavelet denoising and empirical mode decomposition. J Mech Sci Technol 29(8):3165–3173
135. Xia M, Li T, Xu L, Liu L, De Silva CW (2018) Fault diagnosis for rotating machinery using multiple sensors and convolutional neural networks. IEEE/ASME Trans Mechatron 23(1):101–110
136. Abid A, Khan MT, Khan MS (2020) Multidomain features-based GA optimized fault detection. IEEE Trans Syst Man Cybern Syst 50(1):348–359
137. Abid A, Khan MT, Ullah A, Alam M, Sohail M (2017) Real time health monitoring of industrial machine using multiclass support vector machine. In: 2nd international conference on control and robotics engineering, Bd 2. Singapore, S 77–81
138. Abid A, Khan MT, de Silva CW (2018) Layered and real-valued negative selection algorithm for fault detection. IEEE Syst J 12(3):2960–2969

139. Wang B, Wang J, Griffo A, Sen B (2018) Stator turn fault detection by second harmonic in instantaneous power for a triple-redundant fault-tolerant PM drive. IEEE Trans Ind Electron 65(9):7279–7289
140. Strangas EG, Aviyente S, Zaidi SSH (2008) Time-frequency analysis for efficient fault diagnosis and failure prognosis for interior permanent-magnet AC motors. IEEE Trans Ind Electron 55(12):4191–4199
141. Blödt M, Chabert M, Regnier J, Faucher J (2006) Mechanische Lastfehlererkennung in Induktionsmotoren durch Statorstrom-Zeit-Frequenz-Analyse. IEEE Trans Ind Appl 42(6):1454–1463
142. Zhang J, Wang P, Gao RX, Yan R (2018) An image processing approach to machine fault diagnosis based on visual words representation. Procedia Manuf 19(2017):42–49
143. Abad MRAA, Moosavian A, Khazaee M (2016) Wavelet transform and least square support vector machine for mechanical fault detection of an alternator using vibration signal. J Low Freq Noise Vib Active Control 35(1):52–63
144. Huang H, Ouyang H, Gao H (2015) Blind source separation and dynamic fuzzy neural network for fault diagnosis in machines. In: Journal of physics: conference series 11th international conference on damage assessment of structures (DAMAS), Bd 628. Ghent
145. Wang Z-Q, Hu C-H, Fan H-D (2018) Real-remaining useful life prediction for a nonlinear degrading system in service: application to bearing data. IEEE/ASME Trans Mechatron 23(1):211–222
146. Li X, Ding Q, Sun JQ (2018) Remaining useful life estimation in prognostics using deep convolution neural networks. Reliab Eng Syst Saf 172(2017):1–11
147. Zhang G, Zhang H, Huang X, Wang J, Yu H, Graaf R (2016) Active fault-tolerant control for electric vehicles with independently driven rear in-wheel motors against certain actuator faults. IEEE Trans Control Syst Technol 24(5):1557–1572
148. Guo H, Xu J, Chen YH (2015) Robuste Steuerung eines fehlertoleranten Permanentmagnet-Synchronmotors für die Luft- und Raumfahrtanwendung mit garantiertem Fehlerschaltprozess. IEEE Trans Ind Electron 62(12):7309–7321
149. Salehifar M, Arashloo RS, Moreno-equilaz JM, Sala V, Romeral L (2014) Fault detection and fault tolerant operation of a five phase PM motor drive using adaptive model identification approach. IEEE J Emerg Sel Top Power Electron 2(2):212–223
150. Yang S, Member S, Tang Y (2018) Seamless fault-tolerant operation of a modular multilevel converter with switch open-circuit fault diagnosis in a distributed control architecture. IEEE Trans Ind Electron 33(8):7058–7070
151. Abid A, Khan MT, Lang H, Silva CWD (2019) Adaptive system identification and severity index-based fault diagnosis in motors. IEEE/ASME Trans Mechatron 24(4):1628–1639
152. Cheng F, He QP, Zhao J (2019) A novel process monitoring approach based on variational recurrent autoencoder. Comput Chem Eng 129:1–14
153. Wu H, Zhao J (2020) Fault detection and diagnosis based on transfer learning for multimode chemical processes. Comput Chem Eng 135:1–27

3 Strukturierte Softwareentwicklung

Fabian Wolf

Einführung von Fabian Wolf

Der ursprünglichen Prozessdefinition folgend, beginnt die strukturierte Softwareentwicklung mit der Analyse und Definition der Anforderungen, die zum Architekturentwurf, zur Softwarecodierung und schließlich zum Testen auf verschiedenen Abstraktionsebenen führt. Im Automobilbereich reicht dies vom Softwaremodultest auf Bit-Ebene bis hin zur Validierung des Produkts durch das Fahren des Fahrzeugs auf der Straße. Es gibt etliche akademische und industrielle Veröffentlichungen zu diesem Thema. In diesem Kapitel der maschinengenerierten Artikelzusammenfassung konzentriert sich die gefundene Literatur mehr auf zusätzliche Aspekte im Vergleich zu diesem allgemeinen Ansatz zur strukturierten Softwareentwicklung, der in den meisten Bereichen der heutigen Industrie gut etabliert und veröffentlicht ist.

Eine Besonderheit sind die Entwicklungsprozesse und deren Modellierung als Erweiterung zur Erläuterung des konkreten Vorgehens der Softwareentwicklung und des Softwaretests in den entsprechenden Kapiteln. Sie bilden eine Klammerfunktion in Form einer Beschreibung für die Konzepte.

In diesem Bereich der Prozessmodelle werden ein Ansatz zur Verwendung von domänenspezifischen Sprachen für die sicherheitskritische Softwareentwicklung sowie eine Methodik zur Strukturierung von Produktlinien und Funktionsmodellen in der Automobilindustrie vorgestellt, gefolgt von Modelltransformationen für die Migration von

---

Die Originalversion dieses Kapitels wurde korrigiert. Ein Erratum finden Sie unter: https://doi.org/10.1007/978-3-662-67156-6_6

F. Wolf (✉)
Technische Universität Clausthal, Clausthal-Zellerfeld, Deutschland
E-Mail: fabsw@gmx.de

Legacy-Einsatzmodellen in der Automobilindustrie. Die Auswirkungen von Anforderungen auf die Geschwindigkeit der Systementwicklung werden anhand einer Fallstudie im Automobilbereich erläutert.

Mit FLEX-RCA wird eine schlanke Methode zur Ursachenanalyse bei der Verbesserung von Softwareprozessen eingeführt. Die Herausforderungen in Bezug auf Testfallspezifikationen beim Testen von Automobilsoftware werden nach Häufigkeit und Kritikalität bewertet, bevor ein Wasserfallmodell für die effiziente Datenübertragung im VANET vorgestellt wird. Auf der agilen Seite bieten das letzte Planersystem und Scrum eine vergleichende Analyse und Vorschläge für Anpassungen. Allerdings spielen diese Methoden bei der Entwicklung von Produktcode in der Automobilsoftware noch eine Nebenrolle und konzentrieren sich mehr auf den Bereich der Backend-Softwareentwicklung.

Was die Herausforderungen der Anforderungsentwicklung betrifft, so wird dem Bereich des Architekturdesigns eine systematische Studie über die akademische und die industrielle Perspektive vorangestellt, wobei die Veröffentlichungen mit der Verbesserung der Cybersicherheit in Kraftfahrzeugen durch die externe Überwachung von Änderungen in den Hardwareprofilen der Fahrzeuge beginnen. Zwei Studien, eine über die Zuteilung von Rechenressourcen im Edge Computing von Fahrzeugen und die andere über allgemeines Edge Computing und Netzwerke in Fahrzeugen, werden von einem Ansatz zur Leistungsoptimierung der Steuerung des autonomen Fahrens unter Einhaltung von End-to-End-Fristen gefolgt. Der Abschnitt endet mit einem Ansatz zur Erforschung von Hardware-Architekturen, der die automatische Analyse verteilter Hardware-Architekturen in Fahrzeugen einführt.

Für die eigentliche Arbeit der Kodierung leitet eine Veröffentlichung über AUTOSAR- und MISRA-Kodierungsstandards den Programmierer an, konforme Methoden im Kodierungsstil zu verwenden. Auf einen Arbeitsablauf für die automatische Code-Generierung von Sicherheitsmechanismen mittels modellbasierter Entwicklung folgt ein Überblick über den MISRA-C-Codierungsstandard und seine Rolle bei der Entwicklung und Analyse von sicherheitskritischer eingebetteter Software und Systemen.

Maschinell erstellte Zusammenfassungen

Maschinell erzeugte Schlüsselwörter: Sprache, Berechnung, Software, Code, Architektur, Autosar, Werkzeug, Fahrzeug, Automobilindustrie, Modellierung, Praktiker, Vanet, Leitfaden, Ressource, zu

3.1. Prozessmodelle

Maschinell erzeugte Schlüsselwörter: Sprache, Werkzeug, schlank, Software, agil, Autor, Spezifikation, Modellierung, Praktiker, oem, gleichwertig, Software-Entwicklung, gegenüber, Produkt, Team

Verwendung von Sprachwerkbänken und domänenspezifischen Sprachen für die Entwicklung sicherheitskritischer Software

DOI: https://doi.org/10.1007/s10270-018-0679-0

Kurzfassung – Zusammenfassung

Sprach-Workbenches unterstützen die effiziente Erstellung, Integration und Verwendung von domänenspezifischen Sprachen.

In sicherheits- und missionskritischen Umgebungen kann der generierte Code als nicht vertrauenswürdig angesehen werden, da das Vertrauen in die Generierungsmechanismen fehlt.

Dies macht es schwieriger, den Einsatz von Sprachwerkbänken in einem solchen Umfeld zu rechtfertigen.

Wir zeigen einen Ansatz für den Einsatz solcher Werkzeuge in kritischen Umgebungen.

Wir argumentieren, dass Modelle, die mit domänenspezifischen Sprachen erstellt wurden, einfacher zu validieren sind und dass das zusätzliche Risiko, das sich aus der Umwandlung in Code ergibt, durch eine geeignet gestaltete Transformations- und Verifikationsarchitektur gemildert werden kann.

Erweitert:

Wir vermeiden die philosophischen Unterschiede und verwenden stattdessen die folgenden pragmatischen Definitionen: Jedes Artefakt, das mit einer in einer Sprachwerkbank definierten Sprache ausgedrückt wird, wird als Modell bezeichnet.

Einführung

Die Entwicklung kritischer Systeme wird durch Normen geregelt, die für den jeweiligen Bereich spezifisch sind; alle sind verständlicherweise konservativ.

Sie erfordern die Verwendung klar definierter, eindeutiger Sprachuntergruppen von C oder Ada oder bewährter modellgesteuerter Entwicklungswerkzeuge wie MATLAB/Simulink.

Es gibt auch Vorteile, insbesondere für die Validierung, weshalb es wünschenswert ist, diese Werkzeuge in sicherheitskritischen Kontexten einzusetzen.

Beiträge Dieses Papier enthält vier Beiträge: (1) eine Analyse der Risiken bei der Verwendung von DSLs und Sprachwerkbänken (LWBs) im Hinblick auf die Einführung von Fehlern in ein CSC, (2) eine Architektur zur Minderung dieser Risiken, (3) eine Fallstudie aus dem Gesundheitswesen, die die Architektur validiert, und (4) eine kurze Diskussion der Anwendbarkeit des Ansatzes auf drei andere sicherheitskritische Bereiche.

Hintergrund

Für die Entwicklung von kritischer Software (im Gegensatz zu Systemen) sind drei Kategorien von Werkzeugen relevant: Entwicklungswerkzeuge erstellen Artefakte, die als Teil eines CSC ausgeführt werden (z. B. Compiler, Codegeneratoren); Analysewerkzeuge stellen einen Aspekt der Korrektheit des CSC sicher (z. B. Code Style Checker, Datenflussanalysatoren); und Verwaltungswerkzeuge unterstützen den Entwicklungsprozess (z. B. Verwaltung von Anforderungen oder Testergebnissen).

Jede Bereichsnorm hat spezifische Möglichkeiten, ein Werkzeug zu qualifizieren, aber es gibt drei allgemeine Ansätze: (1) Nachweis und/oder umfassende Validierung, dass das Werkzeug korrekt ist. (2) Das Werkzeug selbst wurde nach einem Verfahren entwickelt, das einem Sicherheitsstandard folgt. (3) Eine bestimmte Version eines Werkzeugs hat sich im Einsatz bewährt, d. h. es wurde in vielen ähnlichen Projekten erfolgreich eingesetzt, es wurden Berichte über Fehlfunktionen des Werkzeugs gesammelt, und es wurden prozessbasierte Abhilfemaßnahmen (z. B. durch zusätzliche Tests) definiert; Projekte, die ein Werkzeug aus dieser Kategorie verwenden, müssen dann dokumentieren, dass sie die Abhilfemaßnahmen anwenden.

Die Vorteile von DSLs und LWBs
Verifikation und Test Modelle, die mit einer geeigneten DSL ausgedrückt werden, vermeiden das „Reverse-Engineering" der Domänensemantik aus dem Low-Level-Implementierungscode und vereinfachen so die Verifikation und den Test.

Verifikationseigenschaften oder Testfälle können auch auf einer höheren Abstraktionsebene ausgedrückt werden, wodurch die Verifikation effizienter wird.

Modelle, die geeignete Abstraktionen und Notationen verwenden, machen Reviews effizienter, weil sie leichter zu verstehen sind und leichter mit Anforderungen in Verbindung gebracht werden können, weil die semantische Lücke kleiner ist; Kosar und andere bestätigen empirisch, dass das Programmverständnis mit DSLs verbessert wird [1].

Selbst wenn sie die Modelle nicht direkt durch Inspektion oder Überprüfung validieren, verkürzt die Tatsache, dass die Entwicklung effizienter wird und die Modelle simuliert werden können, bevor die Implementierung abgeschlossen ist, die Iterationszeiten, wodurch der Prozess insgesamt schneller wird.

Die Rückverfolgung von Design-, Implementierungs- und Testartefakten zu den Anforderungen kann bei Modellen einfacher unterstützt werden [2] als bei Code.

Motivation und Problem
LWBs und die mit ihnen entwickelten DSLs können in der Regel nicht als qualifizierte Werkzeuge im Sinne der obigen Definition angesehen werden: (1) Sowohl die LWB selbst als auch die Definition der praktisch dimensionierten DSLs in diesen LWBs sind zu komplex, um formal verifiziert oder in der industriellen Praxis als korrekt erwiesen zu werden, (2) die bestehenden LWBs wurden nicht unter Verwendung eines Sicherheitsprozesses entwickelt (eine bestimmte DSL könnte es sein, aber das ist nur von begrenztem Nutzen, wenn die zugrundeliegende LWB es nicht ist), und (3) LWBs sind immer noch Nischenwerkzeuge und nicht weit verbreitet, und unsere DSLs sind oft projektspezifisch; ein Argument für eine nachgewiesene Verwendung ist schwer zu begründen.

Die Herausforderung, der wir uns in diesem Papier stellen, lautet daher: Wie können ein nicht-qualifizierter LWB und maßgeschneiderte DSLs bei der Entwicklung kritischer Systeme eingesetzt werden, wobei sichergestellt wird, dass der Ansatz keine Fehler in das CSC einbringt und die Vorteile von DSLs weiterhin genutzt werden?

Sicherstellung der Korrektheit des Codes
Die assert true-Testimplementierungen werden erfolgreich sein, auch wenn Fuzzing Fehler in den Code eingebracht hat; dies zeigt das Problem auf.

Die redundante Ausführung im Interpreter verwendet JAVAs BigDecimal, das nicht überläuft und/oder umbricht; die Ausführung der Tests im Interpreter weicht daher von der Ausführung im generierten Code ab.

Ratiu und Voelter diskutieren speziell das Testen von Sprachen in MPS [3], wobei sie manuell geschriebene Systemtests, automatisch generierte Testfälle für Sprachstruktur und Syntax sowie die Messung der Transformationsabdeckung verwenden.

Um den verbleibenden Risiken zu begegnen, verwenden wir eine redundante Ausführung auf zwei Ausführungsmaschinen, setzen verschiedene Entwickler für die beiden Transformationen ein, überprüfen eine Teilmenge des generierten Codes, definieren die DSL klar und führen eine Qualitätssicherung durch, verwenden Fuzzing für die Tests, gewährleisten eine hohe Testabdeckung, führen die Tests auf dem endgültigen Gerät aus, führen eine statische Analyse des generierten Codes durch, führen Penetrationstests auf dem endgültigen System durch und verwenden architektonische Sicherheitsmechanismen.

Fallstudie aus dem Bereich Gesundheitswesen
Redundante Ausführung Das vollständige Verhalten des Algorithmus und die Tests werden redundant mit dem in-IDE-Interpreter und mit dem C++-basierten Interpreter in der Laufzeitumgebung ausgeführt.

Die Möglichkeit, den Algorithmus auf Modellebene zu validieren, sowie die automatisierte Ausführung und Prüfung auf den beiden Plattformen tragen dazu bei, dass der Aufwand von 10 Tagen auf 10 min reduziert werden konnte.

Werkzeugentwicklungsaufwand Der Entwicklungsaufwand für PLUTO selbst, d. h. die Sprachen, die IDE, den Interpreter und Simulator, die XML-basierte Übergabe an den Client sowie den C++-basierten Interpreter in der Runtime sowie den plattformspezifischen Adaptercode betrug ca. 1000 PDs, inklusive Test und Validierung.

In dem Maße, in dem in Zukunft Änderungen an den Sprachen erforderlich werden, stellt unsere 100 %ige Testabdeckung für den Interpreter (und die zusätzlichen Systemtests) sicher, dass Änderungen, die die bestehende Semantik zerstören, aufgedeckt werden.

Andere Domänen
ECSS-Q-ST-80C hat eine Vorstellung von generiertem Code, der traditionell mit Tools wie Simulink (für Regelkreise) oder UML-Tools (für Klassenskelette) modelliert wird.

Modellbasierte Entwicklungswerkzeuge sind gut etabliert (z. B. AUTOSAR zur Generierung von Komponenten-Glue Code und MATLAB/Simulink zur Generierung von Komponenten-Implementierungen).

ISO26262 erkennt ausdrücklich die modellbasierte Entwicklung für Simulation und Codegenerierung an (Anhang B: Die nahtlose Verwendung von Modellen ermöglicht eine hochkonsistente und effiziente Entwicklung).

Die Sicherheit von modellbasierten Entwicklungswerkzeugen wird durch Argumente der Gebrauchstauglichkeit und durch die Behandlung des Codes, als ob er manuell geschrieben worden wäre, angesprochen.

Robotik Aus regulatorischer Sicht werden herkömmliche industrielle Fertigungsroboter immer noch weitgehend als Maschinen behandelt und ihre Sicherheit wird durch eine Sicherheitsrisikobewertung auf der Grundlage von ISO12100:2010 oder IEC61508 bewertet.

Für Entwicklungswerkzeuge und Programmiersprachen empfiehlt die IEC61508 die Verwendung von zertifizierten Werkzeugen und Übersetzern sowie die Verwendung von vertrauenswürdigen und verifizierten Softwarekomponenten.

Verwandte Arbeiten

Bewährte Werkzeuge Es überrascht nicht, dass der größte Teil der damit verbundenen Arbeiten im Zusammenhang mit der Generierung sicherheitskritischer Software aus Modellen auf Werkzeugen beruht, die sich im Einsatz bewährt haben.

Pajic und andere [4] verwenden UPAAL für die Modellierung und Verifizierung von Modellen, übersetzen die Modelle dann in Simulink/Stateflow und verwenden schließlich den bewährten Codegenerator, um die C-Implementierung zu erzeugen.

Ähnlich wie bei dem hier vorgestellten Ansatz erfolgt die Validierung und Eigenschaftsspezifikation auf der Modellebene, die eigentliche Verifikation wird jedoch auf der Ebene des generierten Codes (dem letztlich relevanten Artefakt) durchgeführt.

Der Unterschied zu dem hier diskutierten Ansatz besteht darin, dass Molotnikov auf C und zeitliche Eigenschaften zurückgreift, die für Fachleute nicht zugänglich sind.

Formalisierung von Sprachdefinitionen Whalen und Heimdahl [5] definieren Anforderungen für den Einsatz von Codegenerierung in sicherheitskritischen Systemen, wie z. B. die formale Spezifikation von Quell- und Zielsprachen sowie einen formal verifizierten Codegenerator.

Diskussion

Die Implementierung eines Interpreters direkt im Entwicklungswerkzeug erweist sich als besonders attraktiv, da sie viele Probleme gleichzeitig löst (und den Gesamtaufwand reduziert), sowohl im Zusammenhang mit der Validierung als auch mit der korrekten Implementierung.

Eine qualifizierte Sprachwerkbank ist diejenige, bei der man sich auf die Korrektheit der Sprachdefinitionsmöglichkeiten und der Generierungsmaschine verlassen kann.

Wir könnten eine qualifizierte Sprachwerkbank erhalten, indem wir ihre Korrektheit nachweisen, sie mit einem Sicherheitsprozess entwickeln oder sie im Gebrauch erproben.

Es ist schon komplex genug, Eigenschaften einer bestimmten Sprache zu beweisen; für einen LWB müssten wir entweder die Korrektheit von Metasprachen beweisen oder als Teil der Sprachentwicklung Beweise dafür zusammenstellen, dass eine bestimmte Sprache korrekt ist.

Der Nachweis einer Sprachwerkbank (nicht der Sprachen!) im Einsatz ist der wahrscheinlichste Weg, um zu einer qualifizierten LWB zu gelangen.

Schlussfolgerungen und künftige Arbeiten
Wir haben eine Architektur für den Einsatz von LWBs und DSLs in der Entwicklung kritischer Software vorgeschlagen, die die Risiken potenziell fehlerhafter Transformationen von DSL-basierten Modellen in die Implementierung auf Code-Ebene abmildert.

Wir werden auch konkrete Zahlen über die Effizienzsteigerung bei der Entwicklung kritischer Software durch den Einsatz von LWBs sammeln.

Einer unserer Kunden plant die Entwicklung eines Qualifizierungskits für ein eingebettetes Software-Entwicklungstool auf der Grundlage von MPS; wir erwarten eine Menge Input für den Einsatz von MPS in kritischer Software.

Wir sind zuversichtlich, dass diese Architektur dazu beitragen wird, LWBs und DSLs für den Einsatz in realen Projekten zuzulassen, so dass die kritische Softwareindustrie von den Vorteilen dieser Technologien profitieren kann, die für unkritische Bereiche ausführlich dokumentiert wurden.

Danksagung
Eine maschinell erstellte Zusammenfassung basierend auf der Arbeit von Voelter, Markus; Kolb, Bernd; Birken, Klaus; Tomassetti, Federico; Alff, Patrick; Wiart, Laurent; Wortmann, Andreas; Nordmann, Arne
2018 in Software und Systemmodellierung

Strukturierung von Produktlinien und Funktionsmodellen in der Automobilindustrie: eine Sondierungsstudie bei Opel
DOI: https://doi.org/10.1007/s00766-015-0237-z

Kurzfassung – Zusammenfassung
Es werden empirische Beweise durch die Anwendung in der Industrie und insbesondere methodische Anleitungen für die Strukturierung von Automobil-Produktlinien und deren Funktionsmodellen benötigt.

Das übergeordnete Ziel dieser Arbeit ist es, Praktikern eine Anleitung für die Strukturierung von Automobil-Produktlinien und deren Funktionsmodellen zu geben und die Stärken und Schwächen alternativer Strukturen zu verstehen.

Mögliche Strukturen von Produktlinien und Funktionsmodellen wurden auf der Grundlage des in Workshops gesammelten Branchenfeedbacks bewertet.

In der dritten Phase wurden die Strukturen in das GEARS-Tool implementiert und Feedback von Praktikern eingeholt.

Die für die Automobil-Produktlinie am besten geeigneten Strukturen waren Mehrfach-Produktlinien mit modularer Untergliederung.

Die für das Merkmalsmodell am besten geeigneten Strukturen waren die funktionale Dekomposition, die Verwendung von Kontextvariabilität, Modelle, die den Vermögenswerten entsprechen, und Merkmalskategorien.

Die Umsetzung in GEARS und die Rückmeldungen der Praktiker geben erste Hinweise auf den potenziellen Nutzen der Strukturen und der Tool-Implementierung.

Erweitert:

Die Implementierung in das Tool ermöglicht den Nachweis, dass die identifizierten Strukturen umgesetzt werden konnten; allerdings ist die Implementierung eines größeren Teils der Produktlinie erforderlich, um quantitative Messungen der tatsächlichen Verbesserungen zu erfassen.

Auch die Implementierung in das Instrument wurde von den Forschern nicht unabhängig durchgeführt.

Einführung

Das übergeordnete Ziel dieser Arbeit ist es, Praktikern eine Anleitung zu geben, wie Produktlinien in der Automobilindustrie und ihre Funktionsmodelle angesichts der Vielzahl möglicher Alternativen strukturiert werden können.

Diese Forschung leistet die folgenden Beiträge zu den oben genannten Herausforderungen: C1: Charakterisierung der Herausforderungen bei der Anwendung von Produktlinien und der Modellierung von Merkmalen im Kontext der Automobilindustrie.

C2: Identifizierung und Bewertung alternativer Strukturen für Produktlinien und Funktionsmodelle in der Automobilindustrie im Hinblick auf ihre Stärken und Schwächen in der Domäne aus der Sicht von Industriepraktikern.

Mit diesem Beitrag können Praktiker die Überlegungen zu den Stärken und Schwächen als Input für ihre eigene Entscheidungsfindung nutzen, wie sie ihre Produktlinien und Funktionsmodelle für die Automobilindustrie strukturieren wollen.

Das Feedback aus der Praxis wurde im Rahmen von Workshops gesammelt (Beitrag C2) und durch die Implementierung der am besten geeigneten Strukturen in das Feature Modeling Tool GEARS [6] ergänzt.

Verwandte Arbeiten

Variabilitätsmanagement ist die strukturierte Modellierung von Gemeinsamkeiten und Unterschieden der Produkte.

3 Strukturierte Softwareentwicklung

Sie argumentieren, dass eine kluge Anwendung des Variabilitätsmanagements in der Automobilindustrie die Qualität des Produkts erhöhen und die Zeit bis zur Markteinführung verkürzen kann, da die Anforderungen zwischen Modellen, Kunden, Technologien und Kosten sehr unterschiedlich sind [7].

Streitferdt [8] schlug ein Metamodell zur Strukturierung von Produktlinien und Merkmalen vor.

In den Ansätzen werden unterschiedliche Wege zur Strukturierung einer Produktlinie und eines Merkmals vorgeschlagen, um das Ziel zu erreichen.

Die Struktur basiert auf einem gemeinsamen Merkmalsmodell für alle Fahrzeuglinien und einer Reihe von Zuordnungen von Merkmalen zu verschiedenen Fahrzeuglinien.

Das gemeinsame Merkmalsmodell besteht aus allen Merkmalen aller Fahrzeuglinien und basiert auf der FODA-Notation.

Der bereits beschriebene Ansatz zur Modellierung multikriterieller Produktlinien [9] zielt ebenfalls darauf ab, Sichten auf das gemeinsame Merkmalmodell zu definieren, indem Zuordnungsbeziehungen zwischen Merkmalmodell und Marktkriterien festgelegt werden.

Forschungsmethode

Das übergeordnete Ziel der Forschung war es, Praktikern eine Anleitung zur Strukturierung von Automobil-Produktlinien und deren Funktionsmodellen zu geben.

Es wurden die folgenden Forschungsfragen gestellt: RQ1: Welche Herausforderungen ergeben sich bei (a) der Einführung von Produktlinien und (b) der Erfassung von Variabilität im Kontext der Automobilindustrie?

Die beantworteten Forschungsfragen waren: RQ2: Was sind die Stärken und Schwächen von Alternativen bei der Strukturierung von Automobil-Produktlinien und deren Eigenschaften aus der Sicht von Praktikern?

Das Ziel von Phase II war es, die Stärken und Schwächen der Alternativen zur Strukturierung von Automobil-Produktlinien und ihrer Merkmale zu ermitteln.

Der Forschungsprozess umfasste die folgenden Aktivitäten: Diskussion und Durchführung einer werkzeugunabhängigen Modellierung auf hoher Ebene zusammen mit dem Praktiker unter Verwendung verschiedener Strukturierungsmethoden (monolithisches FM, modulares FM, MPL).

Die ausgewählten Strukturen wurden vom Forscher auf das Teilsystem der Fallorganisation „Park Assistant (PA)" angewandt und von Praktikern überprüft.

Ergebnisse

Die Stakeholder erwarten, dass die zukünftigen Strukturen, die zur Modellierung der Produktlinie und ihrer Merkmale verwendet werden, mit dem GEARS [10] Tool kompatibel sind.

Das Kontextvariabilitätsmodell bildet ein separates Merkmalsmodell der Top-Level-Produktlinie, und es können Abhängigkeiten zu anderen Merkmalsmodellen definiert werden.

Die Herausforderung bei dieser Struktur ist die mögliche große Anzahl von Abhängigkeiten zwischen dem Kontextmerkmalmodell und den Produktlinien der Bereiche und Merkmale.

Auf der Grundlage der erörterten Vorteile wurde es als geeignet angesehen, die folgenden Strukturen zu kombinieren. (1) Die funktionale Zerlegung ist die beste Möglichkeit, die Variabilität zu strukturieren; (2) es sollte ein Kontext-Variabilitätsmodell erstellt werden, um alle globalen Parameter des Fahrzeugs zu erfassen; (3) es sollten Variabilitätsmodelle erstellt werden, die den Assets in der Domäne entsprechen; (4) Merkmalskategorien sollten als Leitfaden für die Beschreibung aller relevanten Aspekte des Merkmals verwendet werden.

Diskussion

Sie fanden heraus, dass die wichtigste Fähigkeit, die für die Realisierung von Mehrproduktlinien benötigt wird, die Unterstützung der Strukturierung von Produktlinienmodellen ist, was in dieser Forschung behandelt wurde.

Flores und andere [11] stellen die Infrastruktur und den Bedarf aus der Sicht der Werkzeuge, die beteiligten Rollen und die Architektur des Systems dar, während unsere Studie dies durch die Strukturen der Produktlinie und des Funktionsmodells ergänzt.

Die Relevanz für die Industrie und die Akzeptanz hängen in hohem Maße von der Angabe von Beispielen ab (in dieser Studie werden alternative Strukturen von Automobil-Produktlinien und ihre Merkmale sowie eine Implementierung für die Domäne gezeigt).

Aus der Sicht der Forschung besteht die Notwendigkeit, die Auswirkungen der Verwendung alternativer Strukturen für Produktlinien und Funktionsmodelle zu messen.

Es werden Längsschnittstudien benötigt, die die Erfahrungen mit der Strukturierung und dem Management von Produktlinien und Funktionsmodellen in der Automobilindustrie sowie deren messbare Auswirkungen erfassen.

Schlussfolgerung

Ziel dieser Studie war es, Praktikern einen Leitfaden für die Strukturierung von Automobil-Produktlinien und deren Funktionsmodellen an die Hand zu geben.

Mögliche Alternativen für die Strukturierung von Produktlinien und Funktionsmodellen in der Automobilindustrie wurden durch die Durchsicht der Literatur und das Feedback aus der Praxis ermittelt.

RQ2: Was sind die Stärken und Schwächen von Alternativen bei der Strukturierung von Automobil-Produktlinien und deren Eigenschaften aus der Sicht von Praktikern?

Wir haben eine Reihe von Alternativen für die Strukturierung von Automobil-Produktlinien und ihren Merkmalen identifiziert; detaillierte Leitlinien für die Modellierung, vollständige Beispiele für Teilsysteme und einen domänenspezifischen Vergleich von Strukturen sind jedoch noch nicht verfügbar.

Spezifische Kriterien für die Strukturierung waren z. B. die Art der Anlagegüter, die Variabilität des Kontexts, die physische Struktur, der Lösungsraum, die Belange der Interessengruppen usw. Im Hinblick auf die Struktur auf hoher Ebene wurden mehrere Produktlinien mit modularer Untergliederung als der am besten geeignete Ansatz im Kontext der Automobilindustrie ermittelt.

Danksagung
Eine maschinell erstellte Zusammenfassung basierend auf der Arbeit von Oliinyk, Olesia; Petersen, Kai; Schoelzke, Manfred; Becker, Martin; Schneickert, Soeren
  2015 in Requirements Engineering

Modelltransformationen für die Migration von Legacy-Entwicklungsmodellen in der Automobilbranche
DOI: https://doi.org/10.1007/s10270-013-0365-1

Kurzfassung – Zusammenfassung
Als großes Automobilunternehmen verwendet General Motors (GM) eine maßgeschneiderte, domänenspezifische Modellierungssprache, die als internes, proprietäres Metamodell implementiert wurde, um die Modellierungsanforderungen bei der Entwicklung seiner Steuerungssoftware zu erfüllen.

Seit AUTomotive Open System ARchitecture (AUTOSAR) als Standard entwickelt wurde, um die Integration von Komponenten verschiedener Zulieferer und Hersteller zu erleichtern, ist die Nachfrage nach einer Migration dieser GM-spezifischen Legacy-Modelle zu AUTOSAR-Modellen gestiegen.

AUTOSAR definiert ein eigenes Metamodell für verschiedene Systemartefakte in der automobilen Softwareentwicklung. Wir untersuchen die Anwendung von Modelltransformationen, um die Herausforderungen bei der Migration von GM-spezifischen Legacy-Modellen in ihre AUTOSAR-Äquivalente zu meistern.

Einführung
Im Rahmen von MDD kann der Softwareentwicklungsprozess konzeptionell als eine Abfolge von Modelltransformationen betrachtet werden, von denen jede ein Eingabemodell, das mit einem Quellmetamodell konform ist, in ein Ausgabemodell umwandelt, das mit einem Zielmetamodell konform ist.

Als einer der ersten MDD-Anwender in der Industrie hat General Motors (GM) eine domänenspezifische Modellierungssprache für die Entwicklung von Fahrzeugsteuerungssoftware (VCS) entwickelt, die als internes proprietäres Metamodell implementiert wurde.

Obwohl es Studien über die Einführung von MDD in der Industrie gibt [12–15], wird von keiner Modelltransformation berichtet, bei der Legacy-Modelle in der Automobilindustrie migriert worden wären.

Um unser Verständnis zu verbessern und die Praktikabilität des Einsatzes von Transformationen für die Migration von Legacy-Modellen in einer industriellen Umgebung zu testen, haben wir mit Hilfe eines kommerziellen Modelltransformationswerkzeugs und eines Blackbox-Testwerkzeugs eine Transformation von einer Teilmenge GM-spezifischer Legacy-Modelle in ihre entsprechenden AUTOSAR-Modelle entwickelt und validiert.

VCS-Entwicklung, Modelle und Modelltransformationen
Für die Entwicklung von Fahrzeugsteuerungssoftware (VCS) umfassen die relevanten Prozessartefakte die Entwurfsstufen und -aktivitäten sowie die Eingabe- und Ausgabemodelle der einzelnen Stufen.

Der Entwurf geht von Systemanforderungsmodellen aus, die in Hardware- und Software-Subsystem-Anforderungsmodelle zerlegt werden.

Die Anforderungsmodelle für die Teilsysteme werden dann an Ingenieurgruppen oder externe Organisationen zur Verfeinerung in Entwurfsmodelle weitergeleitet und anschließend durch Hardware- und Softwarekomponenten implementiert.

Dabei werden verschiedene Arten von Modellen verwendet und erstellt, darunter Steuerungsmodelle und Modelle der Hardware-Architektur.

Beispiele hierfür sind die Erstellung eines Bereitstellungsmodells aus Software- und Hardware-Architekturmodellen.

Vertikale Transformationen sind in der Regel komplexer als horizontale Transformationen, was auf die unterschiedliche Semantik der Quell- und Zielmodelle zurückzuführen ist.

Quell- und Zielmetamodelle
Wir konzentrieren uns auf die Modellierungselemente, die sich auf den Einsatz von Softwarekomponenten und deren Interaktion beziehen, wie unten beschrieben.

Eine PhysicalNode kann mehrere Partitionsinstanzen enthalten, von denen jede eine Verarbeitungseinheit oder eine Speicherpartition in einer PhysicalNode definiert, auf der Software bereitgestellt wird.

Das AUTOSAR-Metamodell ist als eine Reihe von Templates definiert, von denen jedes eine Sammlung von Klassen, Attributen und Beziehungen ist, die zur Spezifikation eines AUTOSAR-Artefakts wie Softwarekomponenten und Ports verwendet werden.

Der Typ SoftwareComposition modelliert die Architektur der auf einem Steuergerät eingesetzten Softwarekomponenten, die Ports dieser Softwarekomponenten und die Ports-Konnektoren.

Jede Softwarekomponente wird durch einen ComponentPrototype modelliert, der die Struktur und die Attribute einer Softwarekomponente definiert; jeder Port wird durch einen PortPrototype modelliert, d. h. einen PPortPrototype oder einen RPortPrototype für die Bereitstellung oder Anforderung von Daten und Diensten; jeder Konnektor wird durch einen ConnectorPrototype modelliert.

GM-zu-AUTOSAR-Modellumwandlung
Wenn der RulesComposer zur Implementierung einer Modell-zu-Modell-Transformation verwendet wird, muss der Entwickler zwei Aspekte in einer Regelvorlage spezifizieren: die Mappings zwischen dem Quell- und dem Ziel-Metamodell (spezifiziert in den Platzhaltern); den statischen Text, der in der XMI-Ausgabedatei platziert werden soll (d. h. XMI-Header und die öffnenden und schließenden Tags).

In ATL wird eine Modelltransformation als eine Menge von Regeln und Hilfsmitteln definiert.

Spezifikation von Modelltransformationen Ähnlich wie bei Quelltextsprachen gibt es zwei Ansätze zur Spezifikation von Transformationen in ATL: die Spezifikation der Transformation als eine große Regel oder die Modularisierung der Transformation durch kleinere Regeln und Helfer.

Wenn das Ausgabemodell Fehler enthält, wird die Transformation analysiert, und alle fehlerhaften Regeln oder Funktionen werden korrigiert.

Um Modelle zu verarbeiten, die solchen komplexen Metamodellen entsprechen, bietet ATL die Flexibilität, sowohl deklarative als auch imperative Konstrukte zur Implementierung komplexer Transformationsregeln zu verwenden.

Diskussion
Bruneliére et al. [16] und Beźivin et al. [17] schlugen vor, Modelltransformationen oder Brücken zwischen Werkzeugen zu implementieren, die Modelle bearbeiten, die unterschiedlichen Metamodellen entsprechen.

Zukünftige Modelltransformationswerkzeuge, die auf den Einsatz in der Industrie abzielen, müssen eine skalierbare Entwurfsraumuntersuchung unterstützen, um die Entwickler bei der Erkundung von Entwurfsoptionen zu unterstützen, die die funktionalen oder nicht-funktionalen Anforderungen des generierten Modells optimieren.

Dafür gibt es unter anderem die folgenden Gründe: (1) Die genaue Semantik eines Metamodells ist möglicherweise nicht ausreichend dokumentiert und nur den Entwicklern des Metamodells selbst vollständig bekannt; die Konsultation dieser Entwickler kann zeitaufwändig und fehleranfällig oder sogar unmöglich sein. (2) Die fehlende Analyseunterstützung bei der Erstellung und Weiterentwicklung von Metamodellen führt häufig dazu, dass die Metamodelle Redundanzen oder Inkonsistenzen enthalten. (3) Die Abbildung von Quell- auf Zielelemente hängt stark vom Kontext und Zweck der Transformation ab, da sie bestimmen, inwieweit Aspekte der Semantik von Modellelementen entfernt werden können (z. B. zur Erleichterung einer Modellanalyse) oder beibehalten (z. B. für Modell-Refactorings) oder verfeinert werden müssen (z. B. für die Codegenerierung).

Verwandte Arbeiten

Da sich die Studie nur auf die Timing-Analyse konzentrierte, beschrieb sie lediglich das erforderliche Mapping zwischen AUTOSAR-Scheduling-Analysemodellen und MAST-Modellen, ohne jedoch weitere Details zur Entwicklung der Transformation zu geben.

Obwohl andere Studien den Einsatz von Transformationen für die Migration in anderen Branchen untersuchten (z. B. [18, 19]), wurde in unserer Studie der gesamte Transformationsentwicklungsprozess detailliert betrachtet, von der Auswahl der Werkzeuge und Sprachen bis zur Erstellung und Validierung der Transformation.

Soweit uns bekannt ist, wurde in keiner anderen industriellen Fallstudie der Einsatz von Tests zur Validierung von Transformationen diskutiert.

Fleurey und andere [19] erwähnten kurz, dass zur Validierung ihrer Migrationstransformation Nicht-Regressionstests verwendet wurden, aber die Studie ging nicht auf Einzelheiten des Testprozesses ein (d. h. auf die Kriterien, die für die Generierung von Testfällen verwendet wurden, die Anzahl der generierten Testfälle und die Testergebnisse).

Schlussfolgerung und künftige Arbeiten

Die Studie hat zwei Hauptziele: (1) Erforschung der praktischen Anwendbarkeit von Modelltransformationen in einem industriellen Kontext, um zwischen industriellen Metamodellen abzubilden, und (2) Nutzen für GM durch Unterstützung einer automatischen und einfachen Konvergenz zu AUTOSAR.

Unsere Studie kann von anderen Automobilherstellern als Leitfaden für die Migration von Legacy-Modellen unter Verwendung von Modelltransformationen genutzt werden, indem sie den zu verfolgenden Ansatz, die geeigneten MDD-Werkzeuge und -Sprachen sowie mögliche auftretende Probleme und deren Lösungen aufzeigt.

Da wir die Effektivität unseres Ansatzes für die Migration einer Teilmenge des GM-Metamodells in sein AUTOSAR-Äquivalent demonstriert haben, bekundeten Ingenieure bei GM ihr Interesse an einer Ausweitung der Transformation auf den gesamten Umfang des GM-Metamodells.

Zukünftige Arbeiten umfassen die Erweiterung der Transformation und die Aktualisierung der tatsächlichen GM-Modelle, damit diese mit dem GM-Metamodell konform sind und die Transformation in der Praxis für die Migration von GM-Modellen verwendet werden kann.

Danksagung

Eine maschinell erstellte Zusammenfassung basierend auf der Arbeit von Selim, Gehan M. K.; Wang, Shige; Cordy, James R.; Dingel, Juergen
    2013 in Software und Systemmodellierung

Der Einfluss von Anforderungen auf die Geschwindigkeit der Systementwicklung: eine Fallstudie in der Automobilindustrie

DOI: https://doi.org/10.1007/s00766-019-00319-8

Kurzfassung – Zusammenfassung

Die Automobilhersteller haben in der Vergangenheit starre Verfahren für die Anforderungserstellung eingeführt.

Nur wenige softwarebezogene Bereiche verändern sich so schnell wie die Automobilindustrie.

Die Notwendigkeit, die Entwicklungsgeschwindigkeit zu erhöhen, treibt die Unternehmen in diesem Bereich zunehmend zu neuen Wegen der Softwareentwicklung.

Wir untersuchen, wie sich das Ziel, die Entwicklungsgeschwindigkeit zu erhöhen, auf die Verwaltung von Anforderungen im Automobilbereich auswirkt.

Wir haben 20 halbstrukturierte Interviews bei zwei Automobilherstellern geführt.

Um unser qualitatives Modell zu validieren, wird in einem zweiten Schritt die Perspektive durch Interviews mit technischen Experten und Change Managern erweitert.

Unsere Befragten gaben sechs Aspekte des derzeitigen Requirements-Engineering-Ansatzes an, die sich auf die Entwicklungsgeschwindigkeit auswirken, und bewerteten diese.

Zu diesen Aspekten gehören die negativen Auswirkungen eines Anforderungsstils, der von Sicherheitsbelangen dominiert wird, sowie die Zerlegung von Anforderungen über viele Abstraktionsebenen.

Zu den sechs zusätzlichen Vorschlägen für potenzielle Verbesserungen gehören domänenspezifische Werkzeuge, modellbasierte Anforderungen, Testautomatisierung und eine Kombination aus leichtgewichtigem Upfront Requirements Engineering im Vorfeld der Entwicklung und präzisen Spezifikationen nach der Entwicklung.

Wir bieten eine empirische Darstellung der Erwartungen und des Bedarfs an neuen Ansätzen für das Requirements Engineering im Automobilbereich, die für die Koordinierung von Hunderten von zusammenarbeitenden Organisationen, die softwareintensive und potenziell sicherheitskritische Systeme entwickeln, erforderlich sind.

Erweitert:

Wir untersuchen die Managementperspektive, um die bisherige Forschung zu ergänzen.

Wir erweitern die Studie um 12 zusätzliche Interviews, die unser qualitatives Modell validieren und zusätzliche Erkenntnisse liefern, z. B. in Bezug auf die Rolle der Rückverfolgbarkeit, die Qualitätssicherung von Anforderungen und den Umgang mit Risiken sowie eine neue Denkweise bei der Erstellung von Anforderungen, die inkrementelles Arbeiten erleichtert und sich auf Interaktionen konzentriert.

Wir untersuchen den Einfluss von Requirements Engineering auf das Ziel von Automobilunternehmen, die Entwicklungsgeschwindigkeit zu erhöhen.

Wir haben uns bei der Auswahl der Befragten auf Führungskräfte der oberen und mittleren Ebene konzentriert, ergänzt durch technische Experten mit einem umfassenden Überblick über Prozesse und Architektur.

Insgesamt wurden 20 Befragte in den beiden Unternehmen befragt, wobei jedes Gespräch etwa eine Stunde dauerte.

Einführung

Um in diesem Zusammenhang wettbewerbsfähig zu bleiben, müssen viele OEMs die Entwicklungsgeschwindigkeit erhöhen (d. h. schnelles und frühzeitiges Feedback auf Produktebene) und dadurch die Markteinführungszeit, die Flexibilität (d. h. die Fähigkeit, schnell auf Veränderungen zu reagieren) und die allgemeine Produktqualität verbessern.

Da das Management in vielen Automobilherstellern die Entwicklungsgeschwindigkeit durch agile Methoden oder Praktiken des kontinuierlichen Software-Engineerings erhöhen will, möchten wir verstehen, wie Manager sich die Organisation von Automobilunternehmen im Hinblick auf das Management und Engineering von Anforderungen vorstellen.

Wir untersuchen die folgenden Forschungsfragen:RQ1:Welche Aspekte der aktuellen Art und Weise, mit Anforderungen zu arbeiten, beeinflussen die Entwicklungsgeschwindigkeit?RQ2:Welche neuen Aspekte sollten bei der Definition einer neuen Art und Weise, mit Anforderungen zu arbeiten, berücksichtigt werden, um die Entwicklungsgeschwindigkeit zu erhöhen?RQ3:Inwieweit werden beide Aspekte durch die laufende agile Transformation adressiert?Dieses Papier ist eine Erweiterung einer Studie, die auf der 26. IEEE International Requirements Engineering Conference (RE'18) [20] veröffentlicht wurde.

Kontext der Fälle

Das Ziel beider Unternehmen ist es, die Entwicklungsgeschwindigkeit und die Flexibilität zu erhöhen, um auf sich ändernde Marktanforderungen zu reagieren – eine Reaktion auf die immer schnelleren und disruptiveren Veränderungen im Automobilbereich in den letzten Jahren.

Um dies zu erreichen, führen beide Unternehmen derzeit Transformationsinitiativen durch, mit dem Ziel, das Scaled Agile Framework (SAFe, [21]) für ihre Entwicklungsorganisationen einzuführen.

In beiden Fallunternehmen wird derzeit die Entwicklungsgeschwindigkeit in Bezug auf die Arbeitsweise diskutiert, und es scheint die Hoffnung zu bestehen, dass der Übergang zu einem groß angelegten agilen Ansatz eine Organisation schaffen wird, die eine schnelle Einführung neuer Funktionen unterstützen kann, insbesondere wenn diese hauptsächlich softwarebasiert sind.

Zwar gibt es in bestimmten Aspekten (z. B. Umfang der Organisation oder Anzahl der von der Entwicklung zu erfassenden Varianten) Unterschiede zwischen den beiden Fallunternehmen, doch überwiegen die Gemeinsamkeiten.

Methode

Wir führten 12 Interviews mit neun zusätzlichen Befragten und drei wiederkehrenden Interviews mit den beiden Unternehmen.

Alle Interviews der ersten Runde wurden von der Erstautorin zusammen mit einem oder mehreren Koautoren geführt, aufgezeichnet und transkribiert.

Wir haben uns auf Fragen mit Likert-Skala konzentriert, die auf den Themen basieren, die sich aus der ersten Befragungsrunde ergeben haben.

Die Interviews in der zweiten Runde waren unterschiedlich lang; die Interviews mit den Erstbefragten gingen recht schnell, während die Interviews mit den neuen Befragten bis zu 90 min und mehr dauerten.

In der ersten Befragungsrunde führte der Erstautor die Interviews durch und wurde dabei von einem oder mehreren der industriellen Koautoren unterstützt, die die Interviews beobachteten und Nachfragen zur weiteren Klärung stellten.

Die zweite Befragungsrunde wurde von mehreren Autoren parallel durchgeführt.

Übersicht der Befunde

Auf der rechten Seite sind die Themen aufgeführt, die sich in Bezug auf Frage 2 (Aspekte zukünftiger Formen von RE und ihre Beziehung zur Entwicklungsgeschwindigkeit) ergeben haben.

Die Spezifikation nach der Entwicklung wirkt sich positiv auf die Entwicklungsgeschwindigkeit aus, da sie den Arbeitsaufwand verringert.

Für Frage 3 sind die Themen, die nach Ansicht der Befragten durch die laufenden agilen Umgestaltungen angesprochen werden, gestrichelt umrandet.

Welche Aspekte des derzeitigen Umgangs mit Anforderungen wirken sich auf die Entwicklungsgeschwindigkeit aus (RQ1)?

Wir möchten hervorheben, dass keiner unserer Befragten angab, Anforderungen seien unnötig, was sich am besten wie folgt veranschaulichen lässt: „Es gibt die Annahme, dass wir dasselbe ohne Anforderungen entwickeln können, und das stimmt nicht."

„People have moved on" – R18Zusammenfassend lässt sich sagen, dass von den zehn Befragten, die in der zweiten Runde geantwortet haben, alle zustimmten oder stark zustimmten, dass starre Anforderungsprozesse, die frühe Entscheidungen erzwingen, sich negativ auf die Entwicklungsgeschwindigkeit auswirken (zwei Befragte wollten sich nicht zu diesem Aspekt äußern).

„Die verschiedenen Anforderungen aus den verschiedenen Projekten und die unterschiedlichen Vorlaufzeiten gehen also alle an denselben Entwickler, der am Ende sitzt."

Die Festlegung von Anforderungen in dieser rechtlichen Qualität behindert jedoch eine schnelle Zusammenarbeit: „Aber so zu arbeiten, wie wir es jetzt tun, wo wir detailliert festlegen, was [die Lieferanten] tun sollen, und dann darauf warten, dass sie es umsetzen, und es zurückschicken, ist kein schneller Weg, um Probleme zu lösen."

Welche neuen Aspekte sollten bei der Definition einer neuen Arbeitsweise mit Anforderungen berücksichtigt werden, um die Entwicklungsgeschwindigkeit zu erhöhen (RQ2)?

Wie unsere Zusammenfassung der Themen in Bezug auf Frage 2 zeigt, zielen die Vorschläge der Befragten darauf ab, eine Arbeitsweise zu definieren, bei der die Anforderungen im Vordergrund stehen, um (1) eine rasche Entwicklung zu unterstützen und (2) sicherzustellen, dass die erforderliche technische Dokumentation und Rückverfolgbarkeit ohne großen Aufwand erstellt werden.

Acht der Befragten, die in der zweiten Runde geantwortet haben, stimmen zu, dass eine modellbasierte Anforderungsanalyse eine Chance für eine schnellere Entwicklung bieten würde.

Dann muss man diesen schwierigen Dialog darüber führen, was in welcher Reihenfolge am wichtigsten ist, anstatt dass sich jeder einzelne Entwickler trifft und alle widersprüchlichen Anforderungen diskutiert."

R8Die Hoffnung besteht darin, eine neue Arbeitsweise zu finden, die das Beste aus zwei Welten vereint: (1) eine leichtgewichtige und flexible Art der Verwaltung von Anforderungen, um eine schnelle Entwicklung zu unterstützen, und (2) eine gründliche und genaue Dokumentation der fertigen Implementierung, die erforderlich ist, um Sicherheits- und rechtliche Bedenken zu erfüllen.

Inwieweit werden beide Aspekte durch die laufende agile Transformation (RQ3) berücksichtigt?

Obwohl ein von Sicherheits- und Rechtsfragen geprägter Anforderungsstil für die Entwicklungsgeschwindigkeit problematisch sein kann, sind die Befragten nicht der Meinung, dass dies ein Aspekt ist, der von den agilen Umgestaltungen berücksichtigt wird.

Der Befragte bezog sich auf „einige Hochburgen" im Zusammenhang mit Sicherheits- und Rechtsaspekten, die eine eher anforderungszentrierte Kultur beibehalten müssen, während er im Großen und Ganzen zustimmte, dass die agile Transformation einen positiven Einfluss darauf haben wird, wie sich diese anforderungszentrierte Kultur auf die Entwicklungsgeschwindigkeit auswirkt.

Hinsichtlich der Frage, ob die agilen Transformationen die Aspekte starrer Anforderungsprozess, Fokus auf Dekomposition und Hierarchie sowie Anforderungsdarstellung adressieren, sind die Meinungen der Befragten recht unterschiedlich.

Modelle sind nicht die einzige Möglichkeit, den Abstraktionsgrad zu erhöhen, so dass agile Transformationen auch ohne die Einführung modellgestützter Anforderungen vorangetrieben werden können.

Diskussion, Schlussfolgerungen und Ausblick

Wir untersuchen den Einfluss von Requirements Engineering auf das Ziel von Automobilunternehmen, die Entwicklungsgeschwindigkeit zu erhöhen.

Ein bereichs- und kontextspezifisches Anforderungs-Tooling könnte die Arbeitsweise in Richtung einer höheren Entwicklungsgeschwindigkeit positiv verändern.

Wenn stattdessen ein leichtgewichtiger Ansatz für die Anforderungsanalyse vor der Entwicklung mit präzisen Spezifikationen kombiniert wird, die nach der Entwicklung erstellt werden, kann die Entwicklungsgeschwindigkeit erhöht und die Zusammenarbeit in der gesamten Wertschöpfungskette der Automobilindustrie verbessert werden.

Die geringste Übereinstimmung gibt es bei den Aspekten domänenspezifisches Tooling und modellbasiertes Requirements Engineering.

Zukünftige Arbeit: Eine natürliche Fortsetzung dieser Arbeit und früherer Forschungen besteht darin, die Perspektiven von Managern und Entwicklern auf das Requirements Engineering in einer ganzheitlichen Sichtweise zu vereinen und so eine einheitliche Theorie des Requirements Engineering in der skalierten Agilität zu schaffen.

In unseren Gesprächen wurde auch deutlich, dass bei der Erörterung strategischer Aspekte der derzeitigen Struktur von Automobilunternehmen das Requirements Engineering nicht der einzige Aspekt ist, der die Entwicklungsgeschwindigkeit beeinflusst.

Danksagung
Eine maschinell erstellte Zusammenfassung basierend auf der Arbeit von Ågren, S. Magnus; Knauss, Eric; Heldal, Rogardt; Pelliccione, Patrizio; Malmqvist, Gösta; Bodén, Jonas 2019 in Requirements Engineering

FLEX-RCA: eine schlanke Methode zur Ursachenanalyse bei der Verbesserung von Softwareprozessen
DOI: https://doi.org/10.1007/s11219-018-9408-8

Kurzfassung – Zusammenfassung
Motiviert durch die industrielle Notwendigkeit zweier schwedischer Automobilunternehmen, systematisch die zugrundeliegenden Ursachen von Verbesserungsproblemen auf hoher Ebene aufzudecken, die in einem SPI-Projekt identifiziert wurden – die Bewertung abteilungsübergreifender Interaktionen bei der Entwicklung groß angelegter Softwaresysteme -, wird in diesem Beitrag eine auf Lean Six Sigma aufbauende Methode zur Ursachenanalyse (RCA), Flex-RCA genannt, vorgestellt.

Flex-RCA wird eingesetzt, um im Rahmen der Evaluierung und der anschließenden Verbesserungsmaßnahmen die identifizierten Herausforderungen zu vertiefen und die Ursachen zu finden.

Insgesamt lässt sich der Schluss ziehen, dass der Einsatz von Flex-RCA erfolgreich war, da er den gewünschten Effekt hatte, sowohl eine breite Basis von Ursachen auf hohem Niveau zu schaffen als auch, was noch wichtiger ist, eine Erkundung der zugrunde liegenden Ursachen zu ermöglichen.

Einführung

Um die Effizienz und Qualität bei der Erstellung softwareintensiver Systeme zu steigern, haben sowohl die Industrie als auch die Forschung die Bedeutung der Software-Prozessverbesserung (SPI) erkannt, d. h. die kontinuierliche Bewertung und Verbesserung von Prozessen und Praktiken [22–25].

Bei der Bewertung und Verbesserung von Softwareentwicklungsprozessen im Rahmen einer groß angelegten Entwicklung führen im Allgemeinen sowohl traditionelle als auch leichtgewichtige Rahmenwerke dazu, dass Verbesserungsprobleme oder Herausforderungen auf hoher Ebene identifiziert werden.

Der Schwerpunkt dieses Beitrags liegt auf der Entwicklung und industriellen Anwendung einer Methode zur Ursachenanalyse (RCA) für SPI in der groß angelegten Softwareentwicklung.

PD befasst sich mit dem Entwurf und der Entwicklung von softwareintensiven Automobilsystemen (z. B. Entwicklung von Antriebsstrang- und Fahrwerkssteuerungssystemen für Fahrzeuge).

Um zu demonstrieren, wie Flex-RCA in der Praxis eingesetzt werden kann, und um Feedback zu seiner Nützlichkeit zu geben, haben wir es auf die Ergebnisse der PA und IP des industriellen SPI-Projekts angewendet.

Hintergrund und verwandte Arbeiten

Um die zugrunde liegenden Ursachen zu ermitteln, ist bei einfachen Problemen (z. B. Leistungslücken in der Ausrüstung) eine weniger umfangreiche Ursachenanalyse erforderlich, während umfassende und komplexe Probleme, die Bereiche wie PD-Prozesse, Managementsysteme und Organisationskultur betreffen, eine ausführlichere und systematischere Analyse erfordern.

Vanden Heuvel et al. [26] und Wilson et al. [27]: (1) Die Datenerhebung umfasst die Sammlung der Daten, die erforderlich sind, um die erforderlichen Informationen über das analysierte Problem zu erhalten, (2) die Datenanalyse ist ein iterativer Prozess zur Untersuchung der gewonnenen Informationen mit dem übergeordneten Ziel, die Ursachen eines Problems zu ermitteln und zu klassifizieren, und (3) das Vorschlagen und Umsetzen von Lösungen setzt voraus, dass das Problem dauerhaft behoben oder die unerwünschte Situation durch Minimierung des Problems verbessert wird.

Volvo Cars und Volvo Trucks äußerten die Notwendigkeit, eine Methode zu entwickeln, um die Verbesserungspakete in gezieltere Probleme aufzuschlüsseln und deren Ursachen zu ermitteln und zu analysieren.

Flex-RCA – ein Überblick

Es kombiniert die Lean-Praxis eines Kaizen-Workshops zur Problemlösung und kontinuierlichen Verbesserung mit den DMAIC-Phasen (Definieren-Messen-Analysieren-Verbessern-Kontrollieren), die für die Six Sigma-Prozessverbesserung verwendet werden.

Die Lösungen werden dann umgesetzt und sofort bewertet, und dieser Prozess wird so lange fortgesetzt, bis die definierten Ziele des Kaizen-Workshops erreicht sind (z. B. die Qualitäts-, Produktivitäts- oder Kostenziele des zu bewertenden Prozesses).

Die Ziele des Prozesses werden durch y dargestellt. Obwohl der Six Sigma-Kaizen-Workshop in erster Linie der Analyse von Problemen in der Fertigung gewidmet war und daher an den hier untersuchten komplexen technischen Kontext angepasst werden musste, wurde es aus drei Hauptgründen als angemessen erachtet, diese Praxis zu übernehmen.

Der dritte Grund betrifft die Vertrautheit der Probanden mit Kaizen-Workshops, den Werkzeugen und Methoden von Six Sigma und den Verbesserungsbemühungen nach dem DMAIC-Modell, da Six Sigma und Lean-Praktiken in der Automobilindustrie weit verbreitet und gut bekannt sind.

Industrielle Anwendung von Flex-RCA
Die Strategie für die Auswahl der Probanden in den Workshops basiert auf einer Nicht-Wahrscheinlichkeitsstichprobe, vor allem weil der eigentliche Zweck von Flex-RCA darin besteht, kritische Grundursachen für die anschließende Entwicklung und Umsetzung von Verbesserungen in den untersuchten Unternehmen zu identifizieren.

Eine Kausalvariable ist ein Hauptfaktor, der zu einem Problem beiträgt, das eine Reihe von zugrunde liegenden Ursachen umfasst.

Anhand der Rangliste der Kausalvariablen begann jede Gruppe, die Ursachen für die am höchsten eingestuften Kausalvariablen mit Hilfe der „5 Whys"-Methode zu ermitteln.

Die Verknüpfungen zwischen Ursachen und Zielen basierten auf dem Urteil von Experten und den Beziehungen zwischen den definierten Problemen und Zielen, die von den Teilnehmern des Workshops 1 in Schritt A ermittelt wurden. Die Ursachen wurden in drei allgemeine Kategorien unterteilt: (1) Menschen, (2) Prozesse und (3) Werkzeuge und Technologie, basierend auf den drei Subsystemen im LPDS-Modell, wie in Morgan und Liker [28] beschrieben.

Flex-RCA-Bewertung
Um die Validität der Ergebnisse zu erhöhen, wurde mit den Workshop-Teilnehmern ein Review-Meeting durchgeführt.

Die Probanden wurden außerdem gebeten, einen Fragebogen auszufüllen (siehe Anhang 2), um zu bewerten, wie sie Flex-RCA im Hinblick auf einige der Hauptanliegen von SPI (Engagement und Beteiligung) [29, 30] sowie ihr Vertrauen in und den Nutzen von Flex-RCA wahrnehmen.

Außerdem haben wir die Ergebnisse in einer Lenkungsgruppensitzung mit leitenden Unternehmensvertretern überprüft und validiert.

Die Antworten auf die Fragen 4 und 5 zeigen, dass die Probanden ein gutes Vertrauen in Flex-RCA hatten.

Mit Frage 6 sollte die Gültigkeit der Ergebnisse ermittelt werden, indem untersucht wurde, ob die Probanden ihnen zustimmten oder nicht.

Die Antworten zeigen, dass die Probanden der daraus resultierenden Liste von Ursachen weitgehend zustimmen.

In Frage 7 wurde die Nützlichkeit von Flex-RCA bewertet.

Gelernte Lektionen

Eine der Hauptursachen liegt in der Priorisierung der Arbeit des Personals im Bereich RE (RC2X1), eine andere in der Notwendigkeit besserer Verfahren für die Kommunikation zwischen den Projekten (RC3.2.1.2X1).

Die Probanden hatten Schwierigkeiten, die Ursachen auf geeigneten Abstraktionsebenen zu strukturieren und zwischen Ursachen und Lösungen zu unterscheiden.

Die 5-Whys-Methode scheint ein einfacher Weg zu sein, um die Ursachen zu ermitteln, aber es konnte beobachtet werden, dass die Teams eher dazu neigten, die „Warum"-Fragen zu beantworten, indem sie Lösungen vorschlugen, anstatt die Ursachen zu ermitteln.

Eine Erklärung dafür ist, dass die Probanden nur Hintergrundinformationen erhielten, darunter die vier ausgewählten Probleme und eine kurze Darstellung möglicher Ursachen, die sich aus dem Pretest von Workshop 2 ergaben.

Die funktionsübergreifenden Workshops können nur den Aufbau von Netzwerken initiieren, sind aber nicht in der Lage, diese zu pflegen und sicherzustellen, dass die gewonnene Empathie und das Verständnis für die Arbeit des jeweils anderen in der gesamten Organisation verbreitet werden.

Bewertung der Gültigkeit

Die Ergebnisse wurden in einer Überprüfungssitzung mit den Workshop-Teilnehmern und in einer Lenkungsgruppensitzung mit hochrangigen Unternehmensvertretern diskutiert und abgestimmt.

Die Entwicklung geeigneter Verfahren und Anweisungen erfolgte durch informelle Tests und mehrere Überprüfungen durch das Forschungsteam und Vertreter der Industrie.

Eine weitere Gefahr besteht darin, dass die Probanden in den Workshops möglicherweise nicht ihre wirkliche Meinung geäußert haben und somit nicht mit ihrem Fachwissen beigetragen haben.

Ein großes potenzielles Risiko für diese Studie besteht darin, dass die Auswahl der Unternehmen und der Probanden auf der Grundlage von Quotenstichproben erfolgte, die nicht der Wahrscheinlichkeit entsprechen, was zu Verzerrungen bei der Auswahl führen kann.

Um dieser Gefahr vorzubeugen, wurde eine systematische und gründliche Analyse des Untersuchungsgebiets durchgeführt, und die Themen wurden durch Diskussionen zwischen den beteiligten Forschern und Industrievertretern sorgfältig ausgewählt.

Schlussfolgerungen

Dieses Papier wurde durch einen konkreten industriellen Bedarf und einen Mangel an geeigneten RCA-Methoden in früheren SPI-Arbeiten motiviert, die sich mit großen Software-Systementwicklungsprozessen befassen.

Flex-RCA bietet praktische Anleitungen zur Aufdeckung der zugrunde liegenden Ursachen, die über die Verpackung der Verbesserungsprobleme hinausgehen.

Um Flex-RCA zu evaluieren und zu demonstrieren, wie es eingesetzt werden kann, wurde Flex-RCA auf ein industrielles SPI-Projekt angewandt, das die Schnittstelle zwischen PD und MAN in der groß angelegten Entwicklung von softwareintensiven Automobilsystemen bei Volvo Cars und Volvo Trucks untersuchte.

Die Ergebnisse der Anwendung und Evaluierung von Flex-RCA zeigen, dass es erfolgreich war.

Diese Studie entwickelt die Flex-RCA weiter, die nicht den Anspruch hat, etablierte RCA-Methoden und SPI-Rahmenwerke oder Forschungstraditionen zu ersetzen oder zu kritisieren.

Danksagung

Eine maschinell erstellte Zusammenfassung basierend auf der Arbeit von Pernstål, J.; Feldt, R.; Gorschek, T.; Florén, D.
2018 in Software Quality Journal

Herausforderungen bei der Spezifikation von Testfällen beim Testen von Software für die Automobilindustrie: Bewertung der Häufigkeit und Kritikalität

DOI: https://doi.org/10.1007/s11219-020-09523-0

Kurzfassung – Zusammenfassung

Automotive-Testfall-Spezifikationen dokumentieren Testfälle, die für ein bestimmtes Testobjekt auf einer definierten Testebene durchzuführen sind.

Sie sind ein grundlegender Bestandteil eines strukturierten Prüfprozesses in der Automobilindustrie, wie in der ISO 26262 gefordert.

Ziel unserer Forschung ist es, Herausforderungen aus der Sicht eines Praktikers zu identifizieren, die zu einer schlechten Qualität von Testfallspezifikationen führen und sich somit negativ auf Zeit, Kosten und Wahrscheinlichkeit der Fehlererkennung auswirken.

Wir haben eine explorative Fallstudie entwickelt, um systematisch Herausforderungen zu identifizieren, die sich auf (C) die Erstellung, (P) die Verarbeitung und (Q) die Qualitätssicherung von Testfallspezifikationen beziehen.

Die identifizierten Herausforderungen wurden in einer Taxonomie zusammengefasst, die aus neun Hauptkategorien besteht: (1) Verfügbarkeit und (2) inhaltliche Probleme mit Input-Artefakten, Probleme im Zusammenhang mit (3) mangelndem Wissen, (4) der

Testfallbeschreibung, (5) dem Inhalt der Testfallspezifikation, (6) Prozessen, (7) Kommunikation, (8) Qualitätssicherung und (9) Werkzeugen.

Die Ergebnisse der Studie unterstreichen die Notwendigkeit von Qualitätssicherungsmaßnahmen für Testfallspezifikationen.

Auf der Grundlage der Bewertungen zeigt unsere Forschung eine breite Palette von Herausforderungen im Zusammenhang mit der Beschreibung von Testfällen auf, die vielversprechende Kandidaten für die Verbesserung der Qualität von Testfallspezifikationen sind.

Erweitert:

Auf der Grundlage der Bewertungen haben wir ein Streudiagramm erstellt, das die ermittelten Herausforderungen nach ihrer Häufigkeit und Kritikalität darstellt.

Auf der Grundlage der Umfrageergebnisse kann festgestellt werden, dass die Unterschiede zwischen internen und externen Mitarbeitern in Bezug auf die identifizierten Herausforderungen als minimal angesehen werden können.

Einführung

In einer empirischen Studie untersuchen wir systematisch die Herausforderungen, die eine schlechte Qualität der Testfallspezifikation aus Sicht der Praktiker implizieren.

RQ1: Was sind die aktuellen Herausforderungen in der Praxis in Bezug auf Testfallspezifikationen in der Automobilprüfung?

Wir vermuten, dass die Herausforderungen insbesondere in den Bereichen: (C) Erstellung, (P) Bearbeitung und (Q) Qualitätsbeurteilung von Testfallspezifikationen.

Wir konzentrieren uns auf die Identifizierung von Herausforderungen im Zusammenhang mit negativen Auswirkungen bei nachgelagerten Entwicklungsaktivitäten, die auf Entscheidungen und Fehlern bei der Erstellung von Testfallspezifikationen (P) beruhen.

Herausforderungen mit einem spezifischeren Bezug zu Testfallspezifikationen wurden von Lachmann und Schaefer [31] genannt.

Derzeit gibt es keine empirischen Studien, die sich mit den Herausforderungen von Testfallspezifikationen in der Automobilindustrie befassen.

Die entwickelte Taxonomie der Herausforderungen bei der Spezifikation von Testfällen ist ein wesentlicher Bestandteil dieser Arbeit.

Hintergrund

Es ist auch gängige Praxis, dass ein OEM einen externen Engineering-Partner A mit der Erstellung solcher Testfall-Spezifikationen auf der Grundlage bestimmter Anforderungen beauftragt.

Die wichtigsten Input-Artefakte für das Schreiben einer Testfall-Spezifikation sind als Testbasis [32] definiert und enthalten z. B. System- und Komponenten-Anforderungsspezifikationen, Anwendungsfälle, Funktionsmodelle, Software-Architektur-Design, Schnittstellen oder andere erforderliche Dokumente.

Testfall-Spezifikationsvorlagen sind ebenfalls ein nützliches Input-Artefakt und enthalten zum Beispiel einen vordefinierten Satz von Attributen (z. B. Aktionen, erwartete Ergebnisse, Testplattform, Modellreihen).

Die Testfallspezifikation selbst ist wiederum ein notwendiges Input-Artefakt für die folgenden Testphasen (z. B. Testimplementierung und -ausführung).

Verwandte Arbeiten
Obwohl es sich um eine sehr umfassende Sicht auf den Testprozess handelt, wurden die Herausforderungen im Zusammenhang mit Testfallspezifikationen nicht explizit untersucht.

Einen detaillierteren Überblick über die Herausforderungen im Zusammenhang mit Testfallspezifikationen geben Lachmann und Schaefer [33] in einem Erfahrungsbericht.

Die vorgestellten Arbeiten weisen auf einige Herausforderungen hin, die mit Testfallspezifikationen verbunden sein können.

Garousi und andere [34] geben einen guten Überblick über die Herausforderungen beim Testen im Zusammenhang mit verschiedenen Testaktivitäten, die jedoch nicht spezifisch für den Automobilbereich sind.

Herausforderungen, die speziell mit dem Testen von Software für die Automobilindustrie zusammenhängen, wurden in verwandten Arbeiten von Kasoju und anderen [35] für den gesamten Testprozess und von Sundmark und anderen [36] für den Systemfreigabeprozess erwähnt.

Es gibt keine andere empirische Studie, die sich mit den Herausforderungen bei der Erstellung und Weiterverarbeitung von Testfallspezifikationen im automobilen Softwaretest befasst.

Methodik der Forschung
Ziel unserer explorativen Fallstudie ist es, die Herausforderungen bei der Spezifikation von Testfällen in der Automobilindustrie aus der Sicht von Praktikern zu identifizieren.

Die Teilnehmer ordneten sich einem oder mehreren Verantwortungsbereichen zu: (C) Erstellung von Testfallspezifikationen (12 Befragte), (D) Delegation der Erstellung von Testfallspezifikationen an Lieferanten (10 Befragte), (R) Überprüfung von Testfallspezifikationen (14 Befragte) und (I) Implementierung von Testfallspezifikationen (7 Befragte).

Nur wenn sich ein Teilnehmer der Herausforderung bewusst war und sie während seiner Arbeit an den Testfallvorgaben tatsächlich auftritt, wird erwartet, dass er eine verlässliche Aussage über die Bewertung machen kann.

Wir haben Praktiker ausgewählt, die sich mit Testfallspezifikationen befassen, um an der Umfrage teilzunehmen.

Dabei wird auch berücksichtigt, dass die Teilnehmer der Interviewstudie nicht zur Fragebogenerhebung eingeladen wurden, um Einflüsse aus den Interviews zu vermeiden und die identifizierten Herausforderungen unabhängig bewerten zu können.

Ermittelte Herausforderungen
Wir müssen fehlende Informationen [aus anderen Artefakten] extrahieren, z. B. aus der Signaldokumentation." (Int 11: Testmanager) Die Verteilung von Informationen spiegelt sich oft in der Verwendung unterschiedlicher Tools wider: „Ich habe auch Excel-Listen von Kollegen als Input für die Erstellung der Testfallspezifikation erhalten … [und] mehrere DOORS-Dokumente von anderen Kollegen." (Int03: Test House Manager).

Eine weitere Herausforderung ergibt sich aus dem mangelnden Wissen über die Funktionalitäten der Testplattformen, was sich auf die Erstellung von Testfallspezifikationen auswirkt: „Ich weiß nicht, wie man [mit der Testplattform] testet, also kann ich überhaupt keine sinnvolle Testfallspezifikation schreiben." (Int03: Test House Manager).

Es hängt vom Testdesigner ab, wie ein Testfall spezifiziert und dokumentiert wird (z. B. ganze Sätze vs. kurze Aufzählungszeichen und Abkürzungen), was eine Herausforderung ist, wenn mehrere verschiedene Autoren eine Testfallspezifikation schreiben: „Man kann den Schreibstil sehen." (Int01: Systemmanager).

Ergebnisse der deskriptiven Umfrage
Eine weitere Herausforderung, die als eher kritisch eingestuft wurde (42 %), betrifft unverständliche Testfallbeschreibungen (C44).

Ein interessanter Aspekt ist, dass 70 % der Umfrageteilnehmer der Meinung sind, dass die Herausforderung von Missverständnissen, die durch in Prosa formulierte Testfälle verursacht werden, weniger wahrscheinlich ist (C28, siehe).

Die meisten Umfrageteilnehmer (zwischen 68 und 70 %) antworteten, dass outsourcingbedingte Herausforderungen „manchmal" bis „sehr oft" auftreten, wie z. B. der Verlust von Wissen (C68), die längere Dauer der Testdurchführung (C70) und der erhöhte Aufwand (C69).

Es ist davon auszugehen, dass ein hoher Anteil der Umfrageteilnehmer, die nie mit den Herausforderungen C75 und C76 konfrontiert werden, nicht an internationalen Projekten beteiligt sind oder allein an der Testfallspezifikation arbeiten.

Die Herausforderung C68 (zunehmendes Outsourcing führt zu Wissensverlust) ist eher kritisch und tritt häufiger auf, während Herausforderung C26 (Rechtschreibfehler in Testfallspezifikationen) weniger häufig auftritt und eher unkritisch ist.

Schlussfolgerung und künftige Arbeiten
Wir haben das Design und die Durchführung von zwei Studien beschrieben, um die Herausforderungen im Bereich der Testfallspezifikationen für die Automobilindustrie zu identifizieren und zu beschreiben.

Wir haben 14 Mitarbeiter der Mercedes-Benz Cars Entwicklung und drei Mitarbeiter von drei verschiedenen Zulieferern befragt und so systematisch Herausforderungen im Bereich der automobilen Testfallspezifikationen identifiziert.

3 Strukturierte Softwareentwicklung

Wir haben verschiedene reale Herausforderungen identifiziert und sie in eine Taxonomie eingeordnet, die aus 28 Herausforderungstypen (ToCs) und den folgenden neun Hauptkategorien besteht: (M1) Verfügbarkeitsprobleme mit Input-Artefakten, (M2) inhaltliche Probleme mit Input-Artefakten, wissensbezogene Probleme, (M3) Mangel an Wissen, (M4) die Testfallbeschreibung, (M5) der Inhalt der Testfallspezifikation, (M6) Prozesse, (M7) Kommunikation, (M8) Qualitätssicherung und (M9) Werkzeuge.

Wir haben bekannte Herausforderungen im Automobilbereich (z. B. komplexe Systeme und Prozesse, Probleme mit Werkzeugen) [35–39] auch für Testfallspezifikationen identifiziert.

Wir haben neue Herausforderungen identifiziert, die spezifisch für Testfallspezifikationen sind, wie z. B. Probleme im Zusammenhang mit der Testfallbeschreibung.

Danksagung
Eine maschinell erstellte Zusammenfassung basierend auf der Arbeit von Juhnke, Katharina; Tichy, Matthias; Houdek, Frank
2020 in der Zeitschrift Software Quality

Ein vertrauenswürdiges Wasserfallmodell für eine effiziente Datenübertragung im VANET

DOI: https://doi.org/10.1007/s11277-021-08492-2

Kurzfassung – Zusammenfassung
Die Fahrzeugknoten müssen sicher über eine etablierte und effektive Route kommunizieren.

Kontroll- und Protokollinformationen zwischen den Fahrzeugen werden mit der Technik des Broadcasting übertragen.

Das OLSR-Protokoll wird durch ein robustes MPR-Verfahren verbessert, das die Verbreitung doppelter Pakete im Netz eindämmt.

Die RMPR-Untermenge des OLSR-Protokolls ist in der Lage, Übertragungsfehler und die in der VANET-Umgebung vorherrschenden Probleme mit versteckten und ungeschützten Endgeräten zu behandeln.

Die Einbeziehung eines Wasserfallmodells ermöglicht es der vorgeschlagenen Technik, den Durchsatz zu maximieren und die Verzögerung im Netz zu minimieren.

Das Wasserfallmodell arbeitet in zwei Hauptphasen.

Die RMPR-Technik wird in der zweiten Phase implementiert, die sich darauf konzentriert, die Nachbarknoten zu nutzen, um die Pakete erfolgreich an das Ziel zu übertragen.

Die Implementierung dieser beiden wichtigen Phasen in das klassische Wasserfallmodell trägt zur Rationalisierung der Aktivitäten bei und hilft bei der Rationalisierung der Netzwerkaktivitäten.

Das vorgeschlagene Wasserfallmodell RMPR-Technik wird mit Protokollen wie MMPR-OLSR und den OLSR-Protokollen analysiert, um die Wirksamkeit des vorgeschlagenen Protokolls zu bestimmen.

Die Techniken, die verglichen werden, werden anhand wichtiger Netzwerkparameter wie Durchsatz, Verzögerung, PDR und Kanalauslastung bewertet.

Das vorgeschlagene Protokoll ist in der Lage, die PDR zu maximieren, als die bestehenden Techniken.

Einführung

Ein VANET (Vehicular Ad hoc NETwork) nutzt die Fahrzeuge als Übermittler von Informationen.

Broadcasting ist ein wichtiger Aspekt von VANETs, da es ausgiebig genutzt wird, um Steuerungs- und netztopologiebezogene Informationen an alle Netzknoten zu übertragen.

Die aktualisierten Informationen im Netz müssen an alle Knoten übermittelt werden, damit sich das Netz an sie anpassen kann.

Mit Hilfe von Broadcasting wird sichergestellt, dass alle Knoten im Voraus über die Änderungen im Netz informiert sind.

Auch wenn die doppelten Pakete keine Bedrohung für das Netz darstellen, schrecken sie doch sehr ab, da sie die Übertragungs- und Verarbeitungszeit der Pakete aufzehren.

Sichere und effiziente Übertragungen sind die bestimmenden Faktoren eines VANETs, die eine entscheidende Rolle bei der Maximierung der Leistung des Netzwerks spielen.

Verwandte Arbeiten

Die Technik des Flooding wird in der Regel eingesetzt, um sicherzustellen, dass alle Knoten in einem Netz mit den neuesten Informationen versorgt werden.

Das OLSR-Protokoll [40, 41] ist ein statisches Routing-Protokoll, das sich sehr gut für drahtlose Ad-hoc-Netze wie VANET eignet. OLSR verwendet das Konzept der MPR-Knoten zur Weiterleitung der Pakete.

Diese Ein-Hop-MPR-Knoten decken alle Zwei-Hop-Nachbarn effektiv ab, um Daten und Kontrollinformationen zu übertragen.

Es konzentriert sich in der Regel auf die Auswahl der minimalen MPR-Knoten in einem Netz, um sein Ziel zu erreichen.

Es ist eng an die MPR-Technik des OSLR-Routing-Protokolls angelehnt und verwendet einen Parameter „m", um redundante Nachrichten sowie die Anzahl der im Netz verwendeten MPR-Knoten zu reduzieren.

Problemstellung

Viele Ad-hoc-Netze wie VANETs stützen sich stark auf Kontrollnachrichten zur Übermittlung von Topologieänderungen.

VANETs verwenden Flooding, um netzbezogene Daten an alle Netzknoten zu übertragen.

Dies führt auch dazu, dass immer wieder Nachrichten an alle Netzknoten übertragen werden.

Ein weiteres großes Problem in VANETs ist die Nutzung des Kanals.

3 Strukturierte Softwareentwicklung

Die Zuweisung von Kanälen an verdiente Nutzer ist ein wichtiges Thema in VANETs. Die Kanalnutzung und -zuweisung ist ein wichtiger Aspekt der Kommunikation in VANETs.

Vorgeschlagenes Zweiphasen-Wasserfallmodell für robuste Datenübertragung
Ein Quellknoten, der Daten übertragen oder Steuerpakete senden möchte, beginnt seinen Betrieb, indem er die MPR-Knoten (Multi Point Relay) auswählt, die einen Sprung vom Quellknoten entfernt sind.

Jeder Knoten im Netzwerk ist selbst in der Lage, seine MPR-Knotensätze auszuwählen, indem er die HELLO-Pakete effektiv nutzt.

Wenn es an der Zeit ist, die nächste Gruppe von HELLO-Paketen in Umlauf zu bringen, würden sie Informationen über die MPR-Knotengruppe mit einem Hop enthalten.

Ein HELLO-Paket, das Informationen über die zwei MPR-Knoten von „u" enthält, wird an die anderen Knoten weitergegeben.

Sie verwenden diese Informationen zur Weiterleitung der Pakete von den Ein-Hop-Nachbarn und ihren RMPR-Knoten.

Zur technischen Information über das Netzwerk enthalten die HELLO-Pakete zusätzlich eine Liste der ausgewählten befreundeten MPR- und RMPR-Knoten.

Architektonische Darstellung des OLSR-Protokolls mit robustem MPR (RMPR)
Ein weiteres Problem, das von den RMPR-Knoten gelöst wird, sind Überlastungen, und auch unterbrochene Verbindungen werden effektiv behandelt.

Die Mobilität der Knoten stellt kein Problem dar, da das etablierte Verkehrsmuster zur erfolgreichen Zustellung der Pakete beiträgt.

Dieses Problem wird von den RMPR-Knoten wirksam gelöst.

Wie bereits erwähnt, verwendet OLSR einen Hop-by-Hop-Ansatz in Zusammenarbeit mit den anderen Knoten, um sicherzustellen, dass die Pakete ihr Ziel erreichen [42]. Auch wenn die Knoten in einem VANET sehr mobil sind, können die Kontrollnachrichten verwendet werden, um den Verbleib eines Pakets zu verfolgen.

Verbindungsabbrüche und die Stabilität der Knoten werden ebenfalls überwacht und tragen zur Steigerung des Durchsatzes des Netzes bei.

Simulation Einstellungen
Wenn die Anzahl der Knoten im Netz steigt, bleibt der Anteil der verworfenen Pakete im vorgeschlagenen RMPR-OLSR-Protokoll minimal.

Das Konzept der Freundesknoten in dem vorgeschlagenen Protokoll hilft ihm, die unterbrochenen Verbindungen anderer Knoten ebenfalls zu verwalten.

Das Vorhandensein von 50 oder 150 Knoten in einem Netz wirkt sich nicht auf den Durchsatz von RMPR-OLSR aus, aber die beiden anderen Protokolle haben definitiv einen niedrigeren Durchsatz.

Der vom OLSR-Protokoll verfolgte Hopping-Ansatz führt dazu, dass das Paket jeden Knoten besucht, nachdem es von den ausgewählten MPRs weitergeleitet wurde. Dies ist besonders nachteilig, da das Paket jeden Knoten besucht und somit Zeit für das Senden doppelter Pakete verbraucht.

Selbst wenn die Zahl der Knoten im Netz zunimmt, hat dies keine Auswirkungen auf die vorgeschlagenen RMPR-OSLR-Protokolle, und es wird nur eine minimale Verzögerung erreicht.

Das OLSR-Protokoll wählt die MPR-Knoten aus, beginnt mit der Übertragung und leitet sie weiter.

Schlussfolgerung

Die vorgeschlagene Arbeit erörtert die effektive Nutzung von Kanälen zu unserem Vorteil und zur Straffung des Routings, so dass die PDR effektiv maximiert werden kann.

Das OLSR-Protokoll wird durch die Einbeziehung von RMPR- und Friend MPR-Knoten weiter verbessert, um das Problem der unterbrochenen Verbindungen im Netz zu lösen.

Durch die Wahl eines Wasserfallmodells wird sichergestellt, dass diese beiden Phasen in der richtigen Reihenfolge durchgeführt werden, um das Beste aus einem Ad-hoc-Netz wie einem VANET herauszuholen.

Falls eine Route während der Übertragung die Konnektivität verliert, wird dies von den befreundeten MPR-Knoten (den RMPR-Knoten anderer Quellknoten) effektiv gehandhabt Das Wasserfallmodell gewährleistet, dass die in seinem Rahmen enthaltenen Phasen effektiv durchgeführt werden.

Das PDR- und Energieniveau des vorgeschlagenen, auf dem Wasserfallmodell basierenden OLSR-RMPR-Protokolls ist wesentlich höher als das der bestehenden Protokolle.

Danksagung
Eine maschinell erstellte Zusammenfassung basierend auf der Arbeit von Jayaraman, Sathiamoorthy; Mohanakrishnan, Usha; Ramakrishnan, Ashween
  2021 in drahtloser persönlicher Kommunikation

Last Planner System und Scrum: Vergleichende Analyse und Vorschläge für Anpassungen
DOI: https://doi.org/10.1007/s42524-020-0117-1

Kurzfassung – Zusammenfassung
Diese Studie bietet einen kritischen Überblick über die Konzepte von Agile, Lean, Scrum und Last Planner® System (LPS).

Es wird eine vergleichende Analyse zwischen LPS und Scrum durchgeführt, um LPS durch die Berücksichtigung der Best Practices von Scrum zu erweitern.

3 Strukturierte Softwareentwicklung

Die Autoren identifizieren vier Hauptelemente von Scrum, die zur Verbesserung des LPS-Benchmarks genutzt werden können, wie z. B. die Berücksichtigung des Scrum-Konzepts „Increment" in LPS, eine klare Definition von Rollen und Verantwortlichkeiten oder das Hinzufügen eines Äquivalents zum Scrum Master, um einen designierten „Regelhüter" in LPS zu haben.

Soweit den Autoren bekannt ist, ist diese Arbeit die erste, die Scrum (Agile) und LPS (Lean) umfassend vergleicht und kann als Beitrag zur Weiterentwicklung des Last Planner Systems für das akademische und industrielle Umfeld gesehen werden.

Danksagung
Eine maschinell erstellte Zusammenfassung basierend auf der Arbeit von Poudel, Roshan; Garcia de Soto, Borja; Martinez, Eder
2020 in Frontiers of Engineering Management

3.2. Anforderungen

Machine generated keywords: Praxis, Ingenieur, Kunde, Software-Engineering, Literatur, Herausforderung, Anforderung, Praktiker, systematisch, Verhalten, entdecken, überwinden, Software-Industrie, innerhalb, Schwierigkeiten

Herausforderungen des Requirement Engineering: Eine systematische Mapping-Studie aus der akademischen und der industriellen Perspektive
DOI: https://doi.org/10.1007/s13369-020-05159-1

Kurzfassung – Zusammenfassung
Das Hauptziel dieses Papiers besteht darin, die in der Literatur und in der Praxis berichteten Herausforderungen im Bereich der erneuerbaren Energien zu ermitteln und zu vergleichen.

Wir haben eine systematische Mapping-Studie durchgeführt, um RE-Herausforderungen in der Literatur zu sammeln und zu analysieren.

Darüber hinaus haben wir eine empirische Untersuchung auf der Grundlage eines Fragebogens durchgeführt, um die RE-Herausforderungen zu erfassen und zu analysieren, mit denen IT-Fachleute in 15 Unternehmen in vier verschiedenen Ländern konfrontiert sind.

Die Ergebnisse zeigen, dass die größten Herausforderungen in der Literatur und in der Praxis dieselben sind.

Insgesamt ergab unsere vergleichende Studie eine schwache positive Korrelation zwischen RE-Herausforderungen in der Literatur und in der Praxis (Spearman-Koeffizient = 0,3061).

Diese schwache positive Beziehung deutet darauf hin, dass einige der in der Literatur genannten Herausforderungen nach Ansicht der Teilnehmer keine großen Auswirkungen auf die Praxis haben.

Erweitert:

Wir haben untersucht, ob die Art der Herausforderungen mit der Erfahrung des Praktikers und der Unternehmensgröße zusammenhängt.

Als zukünftige Arbeit planen wir, unsere Studie zu verfeinern, um bereichsspezifische RE-Herausforderungen einzubeziehen und unsere empirische Studie auf weitere Länder auszudehnen.

Einführung

Als Grundlage der Softwareentwicklung ist der RE-Prozess mit einer Reihe von Herausforderungen und inhärenten Schwierigkeiten konfrontiert, die mit jedem der Teilprozesse innerhalb des RE zusammenhängen, wie z. B. widersprüchliche Anforderungen und Ziele der Stakeholder, das Problem der Anforderungsartikulation und das Problem des Anforderungsänderungsmanagements [43].

Eine analytische Studie ist erforderlich, um die in der Literatur beschriebenen Herausforderungen mit dem realen Entwicklungskontext zu vergleichen und abzubilden.

Es sammelt und analysiert RE-Herausforderungen, mit denen Software-Praktiker in IT-Unternehmen konfrontiert sind.

Eine Sammlung und Analyse von RE-Herausforderungen, mit denen Software-Praktiker konfrontiert sind, in Bezug auf die Größe der Organisation und die Kompetenz der Software-Praktiker.

Und im Gegensatz zu den Studien, die sich auf RE-Herausforderungen in Bezug auf einen bestimmten Prozess, z. B. agile Entwicklung [44–46], oder auf eine bestimmte Domäne, z. B. Automotive [47], marktorientierte Softwareentwicklung [48], konzentriert haben, haben wir uns für einen allgemeinen Ansatz entschieden, der alle bestehenden Softwareentwicklungsprozesse umfasst und verschiedene Produktdomänen abdeckt.

Verwandte Arbeiten

In vielen Studien wurde versucht, die Herausforderungen des Requirements Engineering zu ermitteln, indem mit Hilfe von Fragebögen und Interviews Informationen von Praktikern aus der Softwareentwicklung gesammelt wurden [48–55].

Karlsson und andere [48] führten eine empirische Studie durch, um RE-Herausforderungen in der marktorientierten Softwareentwicklung zu identifizieren.

Die berichteten Herausforderungen waren auf den marktorientierten Softwareentwicklungsprozess zugeschnitten; sie können daher nicht verallgemeinert werden, da die Herausforderungen bei anderen Arten von Softwareentwicklungsprozessen, z. B. agilen Prozessen, RNP usw., möglicherweise nicht die gleichen sind. Außerdem nahm nur eine kleine Anzahl von Praktikern (14 Teilnehmer) und Unternehmen (8 schwedische Unternehmen) an der Studie teil, was die Verallgemeinerung der Ergebnisse erschwert.

Birk und Heller [52] führten eine qualitative Studie durch, um die Herausforderungen bei der Anforderungserhebung für Software-Produktlinien (SPL) zu erfassen.

Zu den durchgeführten SLR haben Besrour und andere [49] eine empirische Studie mit einem Fragebogen durchgeführt, um die Herausforderungen von Praktikern zu sammeln, die für malaysische Software-KMU arbeiten.

Forschungsmethodik
Durchführung einer Umfrage unter IT-Praktikern Durchführung einer empirischen Studie mit Hilfe eines Fragebogens zur Ermittlung der RE-Herausforderungen, mit denen Praktiker in der IT-Branche konfrontiert sind.

Analyse der Ergebnisse der Mapping-Studie und der Fragebogendaten Vergleich und Gegenüberstellung der in der Wissenschaft identifizierten RE-Herausforderungen mit denen, mit denen IT-Praktiker konfrontiert sind.

RQ2: Welches sind die von Praktikern in der IT-Branche identifizierten Herausforderungen im Bereich RE?

Wir wollen die folgenden zwei Unterforschungsfragen beantworten: RQ2.1: Hat die Erfahrung von Praktikern einen Einfluss auf die Art der Herausforderungen, denen sie sich im Bereich des Religionsunterrichts stellen müssen?

RQ2.2: Spielt die Unternehmensgröße eine Rolle, wenn es um die Art der RE-Herausforderungen geht, mit denen die Praktiker konfrontiert sind?

RQ3: Gibt es Unterschiede zwischen den in der Literatur genannten Herausforderungen im Bereich des Religionsunterrichts und denen, die von Praktikern genannt werden?

Analyse der in der Mapping-Studie ermittelten Herausforderungen
Zweitens haben wir ein Definitionsschema für RE-Herausforderungen erstellt, das sich zusammensetzt aus (1) dem Namen der RE-Herausforderung (wie sie in der Literatur häufig genannt wird), (2) der Definition der RE-Herausforderung und (3) einer Begründung (die beschreibt, warum es sich um eine potenzielle Herausforderung handelt), und drittens wurden die Publikationen zugeordnet.

Schlechtes Risikomanagement für Anforderungen: Definition Das Versäumnis, potenzielle Projektrisiken während des RE-Prozesses zu identifizieren, zu dokumentieren und zu behandeln [49, 56].

Zu diesen Schwierigkeiten gehören u. a. Herausforderungen im Zusammenhang mit (1) der Bereitschaft der Organisation zur Einführung eines neuen RE-Prozesses (z. B. strukturelle Organisation), (2) der erforderlichen Schulung der Mitarbeiter und (3) der Zeit, die für die Einführung eines neuen RE-Prozesses benötigt wird [48, 57]: Rechtfertigung (Warum) Aus praktischer Sicht werden RE-Aktivitäten normalerweise nicht von RE-Experten durchgeführt.

Analyse der im Rahmen der Mapping-Studie erhobenen Daten
„Änderung und Weiterentwicklung von Anforderungen" (46 %) wird als die häufigste Herausforderung genannt.

Der Mangel an klarem Verständnis der Systemanforderungen durch den Kunden" wird als zweithäufigste Herausforderung genannt (39 %).
Die vierthäufigste Herausforderung sind „unvollständige Anforderungen" (33 %).
Die fünfte Herausforderung im Zusammenhang mit RE ist die „unzureichende Rückverfolgbarkeit von Anforderungen und gegenseitige Abhängigkeiten" (27 %).
Ein RE-Prozess besteht im Allgemeinen aus den folgenden vier Aktivitäten: Machbarkeitsstudie, Anforderungserhebung und -analyse, Anforderungsspezifikation und Anforderungsvalidierung [58].
Die Durchführung einer Machbarkeitsstudie erfordert Fachwissen über das zu entwickelnde System, die Absichten und Ziele der Beteiligten, die Wirtschaftlichkeit des Projekts und den Wettbewerb.
Die Anforderungserhebung und -analyse ist der Prozess der Interaktion mit den Beteiligten, um die Anforderungen der Domäne, die funktionalen und nicht-funktionalen Anforderungen und die Einschränkungen des zu entwickelnden Systems zu ermitteln und zu erfassen.
Im letzten Schritt werden alle Rohanforderungen (auf die sich alle Beteiligten geeinigt haben) für die Analyse vorbereitet.

Analyse der von IT-Praktikern erhobenen Daten (RQ2)
Bei der ersten Gruppe von Praktikern stellen wir fest, dass die Mehrheit positive Antworten gab und den meisten der in der Mapping-Studie ermittelten Herausforderungen zustimmte.

Die Herausforderungen „Konfliktlösung", „Verfolgung von Anforderungen zu anderen Softwareartefakten", „Konflikterkennung", „Schätzung von Unsicherheiten", „Schwierigkeiten bei der Auswahl geeigneter Metriken" und „Verzicht auf die Zuweisung von Ressourcen für RE" wurden von dieser Gruppe von Praktikern nur in geringem Maße akzeptiert.
In der zweiten Gruppe von Praktikern erhielten nur zwei der Herausforderungen eine hohe Akzeptanz, nämlich die „Entwicklung von Anforderungen" und „Schwierigkeiten bei der Identifizierung von Stakeholdern in der Frühphase des Projekts", die eine Akzeptanzrate von 100 % erreichten.
Bei den übrigen Herausforderungen lag die Akzeptanzquote in dieser Gruppe von Praktikern zwischen 55 % und 73 %, was ebenfalls als positive Akzeptanz gewertet wird.
Dies bedeutet, dass es zwischen den drei Gruppen von Praktikern erhebliche Unterschiede in Bezug auf diese drei spezifischen Herausforderungen gibt.

3 Strukturierte Softwareentwicklung

Vergleich zwischen der Mapping-Studie und den Fragebogendaten (RQ3)
Wir berechneten die Wiederholung jeder in der Literatur gefundenen Herausforderung.

Da die anhand der Literaturübersicht gemessenen Häufigkeiten kumulativ und die anhand der 5-stufigen Skala bewerteten Häufigkeiten subjektiv waren, haben wir den Spearman-Korrelationskoeffizienten [59] berechnet, um diese Häufigkeiten zu skalieren und Ähnlichkeiten, Kontraste und relative Zuverlässigkeit zwischen den beiden Datensammlungen zu erkennen.

Der Spearman-Korrelationskoeffizient wird mit Hilfe der Spearman-Rangordnungsmethode berechnet, um die Signifikanz der Ähnlichkeit der in der Literatur und in der Fragebogenerhebung gefundenen Herausforderungen zu messen.

Andererseits erhielten Herausforderungen wie „Schwierigkeiten bei der Modellierung funktionaler Anforderungen", „Schlechtes Risikomanagement bei Anforderungen", „Technologischer Wandel", „Schwierigkeiten bei der Formalisierung von Anforderungen in natürlicher Sprache" und „Schwierigkeiten bei der Implementierung und Verbesserung von RE innerhalb der Organisation", die aus Sicht der Praktiker einen Rang zwischen 5 und 7 erhielten, in der Literatur den niedrigsten Rang (16–17), was eine große Lücke darstellt, die erheblich zur Schwäche der Korrelationen zwischen den beiden Daten beiträgt.

Bedrohungen der Gültigkeit
Da die Durchführung einer systematischen Mapping-Studie eine weitgehend manuelle Aufgabe ist, besteht das Risiko, dass einige relevante Arbeiten übersehen wurden.

Eine weitere Bedrohung im Zusammenhang mit der Mapping-Studie betrifft die Art und Weise, wie die ausgewählten Papiere kartiert wurden.

Um diese Gefahr abzuschwächen, wird jede Arbeit von zwei Co-Autoren dieser Arbeit untersucht, und etwaige Unstimmigkeiten über die herausgearbeiteten Herausforderungen werden diskutiert und gelöst.

Ein weiteres mögliches Risiko ist die geringe Zahl der Befragten (23 Teilnehmer), die an der empirischen Studie teilgenommen haben.

Nur 15 Unternehmen wurden in die Studie einbezogen, was möglicherweise eine Bedrohung für die Art der Herausforderungen im Bereich der erneuerbaren Energien darstellt, mit denen sie konfrontiert sind.

Eine weitere mögliche Gefahr im Zusammenhang mit dem Fragebogen besteht darin, dass die vorgestellten Herausforderungen von den Befragten unterschiedlich interpretiert werden könnten, was sich auf die Ergebnisse der Studie auswirken würde.

Schlussfolgerungen und künftige Arbeiten
Wir haben die in der Literatur diskutierten Herausforderungen im Bereich der erneuerbaren Energien anhand einer systematischen Mapping-Studie skizziert.

Wir haben eine empirische Studie mit Hilfe eines Fragebogens durchgeführt, um RE-Herausforderungen zu identifizieren, mit denen Praktiker in der IT-Branche konfrontiert sind.

Die häufigsten Herausforderungen, die sowohl in der Mapping-Studie als auch im Fragebogen genannt wurden, waren (1) „Änderungen der Anforderungen", (2) „Entwicklung der Anforderungen", (3) „Mangel an ausreichenden Fachkenntnissen der Software-Ingenieure", (4) „Unvollständige Anforderungen" und (5) „Mangel an klarem Verständnis der Systemanforderungen durch den Kunden".

Als zukünftige Arbeit planen wir, unsere Studie zu verfeinern, um bereichsspezifische RE-Herausforderungen einzubeziehen und unsere empirische Studie auf weitere Länder auszudehnen.

Danksagung
Eine maschinell erstellte Zusammenfassung basierend auf der Arbeit von Tukur, Muhammad; Umar, Sani; Hassine, Jameleddine
2021 in Arabian Journal for Science and Engineering

3.3. Architekturentwurf

Maschinell erzeugte Schlüsselwörter: Berechnung, Ressource, Fahrzeug, Wolke, Fahrzeugnetzwerk, Berechnung, autonomes Fahren, Hardware, Berechnung, Speicherung, Gerät, mobil, Internet, ecus, Netzwerk

Externe Überwachung von Änderungen in Fahrzeug-Hardware-Profilen: Verbesserung der Cyber-Sicherheit im Automobil
DOI: https://doi.org/10.1007/s41635-019-00076-8

Kurzfassung – Zusammenfassung
Da die Fahrzeuge allmählich in vernetzte Fahrzeuge umgewandelt werden, wurden die Standardfunktionen der Vergangenheit (z. B. Wegfahrsperre, schlüsselloser Zugang, Selbstdiagnose) vernachlässigt, um die Software zu aktualisieren und die Hardware aufzurüsten, so dass sie nicht mit den Cybersicherheitsanforderungen der neuen IKT-Ära (IoT, Industrie 4.0, IPv6, Sensortechnologie) übereinstimmen, in die wir eingetreten sind, was zu kritischen IT-Sicherheitsproblemen führt.

Die Ära der gewöhnlichen Autodiebstähle und „Chop-Shops" ist vorbei. Die neue Welle von Angreifern verfügt über Cyber-Fähigkeiten, um diese Schwachstellen auszunutzen und das Fahrzeug zu stehlen oder zu manipulieren.

Die Erprobung der vorgeschlagenen Lösung lässt die Verhinderung zahlreicher gängiger Angriffe erwarten, während sie zusätzlich forensische Fähigkeiten bietet und die Sicherheitsarchitektur des Fahrzeugs erheblich verbessert (unter Berücksichtigung der ursprünglichen IT-Architektur der Automobilhersteller).

3 Strukturierte Softwareentwicklung

Einführung

Moderne Fahrzeuge können als noch anfälliger für Cyberangriffe angesehen werden.

Die Angriffe können durch den Anschluss von Geräten an die Kommunikationsanschlüsse des Fahrzeugs oder sogar drahtlos erfolgen.

Unter bestimmten Umständen können sich die Angreifer vollständigen Zugang zum Fahrzeug verschaffen; daher müssen wir nicht nur den Fall eines Autodiebstahls in Betracht ziehen, sondern auch die Fälle, in denen das Ziel darin besteht, die Fahrgäste oder sogar die Verkehrsinfrastruktur in groß angelegten automatisierten Angriffen zu schädigen [60].

Trotz der von den Herstellern getroffenen Sicherheitsmaßnahmen und der breiten Palette von Nachrüstprodukten, die versuchen, die Fahrzeuge zusätzlich zu sichern, belegen Statistiken und Alltagserfahrungen, dass immer noch Fahrzeuge gestohlen werden.

Ein breites Spektrum dieser neuen Angriffe ergibt sich aus der Tatsache, dass Geräte und Steuergeräte leicht an moderne Fahrzeuge angeschlossen werden können, was den Angreifern eine breitere Angriffsebene bietet.

Verwandte Arbeiten

Seine cyber-physische Struktur umfasst die folgenden Schichten: Die physikalische Schicht des Fahrzeugs, die die Infrastruktur umfasst, d. h. die Karosserie, deren Benutzer der Betreiber/Fahrer des Fahrzeugs oder die Fahrgäste sind; die Cyberschicht des Fahrzeugs, die die Infrastruktur (Hardware und periphere Komponenten), das Netz (Kommunikations- und Netzschnittstellen), die Dienste (verwendete Software) und die Daten (Signale, Rahmen und Pakete) umfasst, die zwischen den Komponenten des Fahrzeugs ausgetauscht werden.

Weimerskirch und andere [61] gehörten zu den ersten, die eine Architektur zur Sicherung der Kommunikation in Fahrzeugen vorschlugen.

In der Literatur finden sich mehrere Arbeiten zum Einsatz von Blockchain für die sichere VANET-Kommunikation (d. h. Fahrzeug-zu-Infrastruktur und Fahrzeug-zu-Fahrzeug) [62–67].

Soweit wir wissen, ist dies die erste Arbeit, die die Verwendung von Blockchain und intelligenten Verträgen für eine effiziente und sichere Versionskontrolle für Fahrzeuge einführt.

Die vorgeschlagene Lösung

Dies könnte es den Behörden ermöglichen, eine dynamische Karte der Orte zu erstellen, an denen Diebe versuchen, Fahrzeuge zu stehlen, und es den Benutzern ermöglichen, zu überwachen, wie viele Versuche unternommen wurden, ihre Fahrzeuge zu stehlen, mit welchen Benutzerdaten usw. Sobald der Benutzer authentifiziert ist, hat er das Recht, das Fahrzeug zu betreten, so dass die Wegfahrsperre eine „Hallo"-Nachricht an alle installierten Steuergeräte sendet.

Wenn das Fahrzeug auf aktualisierbar eingestellt ist, stellt es mit den Anmeldeinformationen des Benutzers und seinem eigenen Zertifikat eine Verbindung zum HPS her und sendet die Zertifikate der neuen Steuergeräte zusammen mit der aktuellen Geolocation des Fahrzeugs an den Server.

Profil erstellt der HPS eine Reihe von Einschränkungen; so haben verschiedene Benutzer unterschiedliche Zugriffsstufen auf Fahrzeug-Hardware-Updates und dürfen bestimmte Geräte verwenden.

Diskussion

Was die Blockchain-Ebene betrifft, so können die Informationen über Fahrzeuge und Transaktionen in IPFS gespeichert und mithilfe der im Smart Contract implementierten Hash-Funktion abgerufen werden (d. h. IPFS ermöglicht eine inhaltsadressierbare Speicherung), so dass Datenmanipulationen verhindert werden können.

In einem Angriffsszenario, in dem keine Internetverbindung oder kein GPS-Signal vorhanden ist, wird der Angriff blockiert, da jeglicher Datenverkehr von dem neu angeschlossenen Gerät blockiert wird, so dass das Gerät nicht funktionsfähig ist oder der Motor nicht angelassen werden kann.

Das HPS erfährt den Standort des Fahrzeugs nur, wenn eine Hardware-Aktualisierung erfolgt oder ein neues Gerät an einen Kommunikationsanschluss angeschlossen wird.

Die Offenlegung des Standorts kann nur in zwei Fällen ausgelöst werden: wenn der Nutzer zu Wartungsarbeiten fährt oder wenn das Fahrzeug angegriffen wird.

Um die ID des Benutzers und des Fahrzeugs zu verbergen und noch mehr Sicherheit zu bieten, könnte man Einwegketten zur Authentifizierung über Einmalpasswörter verwenden [68].

Umsetzung

Um die Zeit- und Verarbeitungskosten der vorgeschlagenen Lösung zu bewerten, haben wir die Authentifizierungsprotokolle in Python 2.7 unter Verwendung des Flask-Frameworks implementiert.

Was die Berechnung betrifft, so benötigt das Fahrzeug in beiden Phasen die meiste Zeit.

Es ist bemerkenswert, dass diese Berechnungszeiten sehr gering sind, was die Machbarkeit des Vorschlags bestätigt.

Es ist anzumerken, dass bei dieser Berechnung davon ausgegangen wurde, dass die Rechenressourcen für neue Geräte denen des Steuergeräts entsprechen.

CAN ermöglicht die Kommunikation zwischen der Wegfahrsperre und neuen Geräten mit einer Nenngeschwindigkeit von 1 Mbit/s. Die Kommunikation vom Fahrzeug zum HPS erfolgt über DSRC mit einer Bandbreite von 6 Mbit/s [69].

Unter Berücksichtigung der Übertragungszeiten mit den genannten Technologien erfolgt die gesamte Kommunikation in weniger als einer Millisekunde.

In Anbetracht dieser Berechnungen sprechen sowohl die Berechnungs- als auch die Übertragungszeiten für die praktische Durchführbarkeit des Vorschlags.

Schlussfolgerungen
Da die Fahrzeuge mit immer mehr Computerfunktionen ausgestattet sind und die Benutzer immer mehr Gadgets anbringen können, finden Angreifer neue Möglichkeiten, sie zu manipulieren.

Die Situation wird immer ernster, weil nicht nur die Fahrzeuge oft unbeaufsichtigt sind, sondern die Automobilindustrie so sehr auf die Förderung neuer Funktionen ihrer Produkte konzentriert ist, dass sie der Informationssicherheit keine Priorität einräumt.

Fahrzeuge sind nicht nur unsicher gegen Diebstahl, sondern in bestimmten Angriffsszenarien kann auch das Leben der Fahrgäste gefährdet sein, beispielsweise durch Cyberangriffe.

Um das Wesen eines modernen Fahrzeugs, seinen menschlichen Fahrer und seine Passagiere zu schützen, schlägt diese Arbeit die Verwendung eines Sicherheitsprotokolls vor, das auf der Verwendung von Blockchain und einer externen Datenbank beruht, die von der Wegfahrsperre des Fahrzeugs kontaktiert wird.

Danksagung
Eine maschinell erstellte Zusammenfassung basierend auf der Arbeit von Patsakis, Constantinos; Dellios, Kleanthis; De Fuentes, Jose Maria; Casino, Fran; Solanas, Agusti 2019 in Journal of Hardware and Systems Security

Ein Überblick über die Zuweisung von Rechenressourcen im IoT-fähigen Edge Computing in Fahrzeugen

DOI: https://doi.org/10.1007/s40747-021-00483-x

Kurzfassung – Zusammenfassung
Die Zuweisung von Rechenressourcen ist die wichtigste Aufgabe eines Fahrzeugnetzes, da die Fahrzeuge nur über begrenzte Rechenleistung verfügen.

Verschiedene Ressourcenzuweisungssysteme in VEC arbeiten in unterschiedlichen Umgebungen wie Cloud Computing, künstliche Intelligenz, Blockchain und softwaredefinierte Netze und erfordern für ihren Betrieb spezifische Netzleistungsmerkmale, um maximale Effizienz zu erreichen.

Forscher haben zahlreiche Systeme für die Zuweisung von Rechenressourcen vorgeschlagen, die Parameter wie Stromverbrauch, Netzwerkstabilität, Dienstgüte (QoS) usw. optimieren. Diese Systeme basieren auf weit verbreiteten Optimierungs- und mathematischen Modellen wie dem Markov-Prozess, dem Shannon-Gesetz usw. Daher ist es notwendig, einen organisierten Überblick über diese Systeme zu geben, um die künftige Forschung in diesem Bereich zu unterstützen.

Wir klassifizieren modernste Verfahren zur Zuweisung von Rechenressourcen anhand von drei Kriterien: (1) Ihr Optimierungsziel, (2) die verwendeten mathematischen Modelle/Algorithmen und (3) die wichtigsten beteiligten Technologien.

Außerdem werden aktuelle Probleme bei der Zuweisung von Rechenressourcen in VEC identifiziert und diskutiert sowie zukünftige Forschungsrichtungen aufgezeigt.

Erweitert:

Im nächsten Abschnitt werden offene Forschungsfragen und künftige Forschungsrichtungen aufgezeigt, und im letzten Abschnitt schließen wir unser Papier ab.

Wir haben auch die zukünftigen Forschungsrichtungen im VEC hervorgehoben.

Einführung

Das IoT hat sein Paradigma mit Hilfe von Technologien wie SDN, KI, Blockchain, Cloud Computing usw. auf das Fahrzeug-Edge-Computing ausgeweitet. Mit Hilfe dieser Technologien werden Milliarden von verbundenen Fahrzeuggeräten im IoT direkt am Netzwerkrand betrieben.

Die derzeitigen Netzgeräte oder Server (in der Regel Cloud-Server, die Anwendungen bedienen, für die die Benutzergeräte nicht über genügend Speicher-, Rechen- oder Netzressourcen verfügen) werden durch die Bedienung dieser Geräte, deren Zahl rapide ansteigt, immens belastet.

Vehicular Edge Computing (VEC) wird als vielversprechendes Paradigma zur Verringerung der Belastung und Überlastung des Kernnetzes durch die Bereitstellung der erforderlichen Rechen- und Datenspeicherressourcen erforscht.

Eine schnelle und effiziente Berechnung für die Fahrzeuge und nahegelegene ressourcenbeschränkte Geräte bei gleichzeitiger Minimierung der Belastung der Cloud-Dienste und des Kommunikationsnetzes ist ein anspruchsvolles und vielschichtiges Problem der Ressourcenzuweisung in VEC.

Vorläufiger Hintergrund

Je nach Szenario könnten die rechenintensiven Aufgaben, die auf diesen Geräten laufen, entweder auf geparkte Fahrzeuge oder sogar auf fahrende Fahrzeuge verlagert werden, wenn die Verbindung als stabil erachtet wird.

Ein ressourcenbeschränktes Gerät (entweder TaV oder PTE) identifiziert einen geeigneten Knoten im Netz, um seine Berechnungen auszulagern – dies könnte ein SeV, RSU/Zellular Edge Server oder ein Cloud Server sein [70].

Die ausgelagerten Aufgaben werden an den Zielknoten geplant und ausgeführt, und die Ergebnisse werden an die jeweiligen Geräte zurückgemeldet.

Die Autoren von [71] schlagen ein zuverlässiges Verfahren zur Auslagerung von Berechnungen für ein Netzwerk mit festen und mobilen Edge-Computing-Knoten (Fahrzeugen) vor.

Auf der Grundlage dieser Entscheidung teilt das Fahrzeug der RSU mit, welche Aufgabe ausgelagert werden soll.

Auf der Grundlage der Rechenanforderungen der ausgelagerten Aufgabe kann die RSU diese weiter in unabhängige Teilaufgaben aufteilen und sie einzelnen/mehreren festen und mobilen Edge-Knoten zur parallelen Ausführung zuweisen.

Verwandte Arbeiten
Während es mehrere Arbeiten gibt, die sich mit der Ressourcenzuweisung in Fahrzeugnetzen oder Edge-Netzen an sich befassen, gibt es derzeit nur sehr wenige Arbeiten, die sich mit der Ressourcenzuweisung oder der Zuweisung von Berechnungsressourcen in Fahrzeug-Edge-Computing-Systemen befassen.

Sie führen einige Arbeiten zur Ressourcenzuweisung auf, die für verschiedene Umgebungen wie VEC, Cloud, softwaredefinierte Netzwerke, Mobile Edge Computing usw. entwickelt wurden und für IIoT-Anwendungen genutzt werden könnten.

Wir führen eine umfassende Untersuchung verschiedener Verfahren zur Zuweisung von Rechenressourcen durch, die explizit für VEC entwickelt wurden, und präsentieren unsere Ergebnisse in umfassender Weise, um die Entwicklungen, Durchbrüche und offenen Forschungsfragen auf diesem Gebiet klar zu identifizieren.

1 Eine ausführliche und umfassende Übersicht über den Stand der Technik bei der Zuteilung von Rechenressourcen (CRA) für VEC.

Wir nehmen eine andere Perspektive ein, indem wir die neuesten Arbeiten über CRA in VEC auf der Grundlage ihrer Optimierungsziele, der mathematischen Formulierungen/Modelle, die in den Verfahren verwendet werden, und der zugrunde liegenden Technologien untersuchen und klassifizieren.

Auslagerung von Berechnungen in IoT-fähigen VEC – Überblick über die Erhebung
Edge Computing enabled software-defined IoV (Ec-SDIoV) erweitert die Möglichkeiten von IoV, verbessert die Latenzdienste und reduziert die Rechenkomplexität.

In VEC-basierten IoT-Netzwerken können die Geräte alle oder einen Teil der Rechenaufgaben an den VEC-Server abgeben, wodurch die Latenzzeit verringert und Energie für die Geräte gespart wird [72].

Im Hinblick auf das Szenario der IoT-Dienste verringert sich die Berechnungskomplexität in VEC und erhöht sich der Energieverbrauch.

Das IoT unterstützt keine traditionellen VANET-Dienste und verbessert die verschiedenen Anwendungen durch die Einführung verschiedener Computer- und Technologieparadigmen.

1 Optimierungsziele bei der Ressourcenzuweisung – Strom-/Energieoptimierung, Verzögerungsoptimierung, Optimierung der Dienstqualität (QoS), Optimierung des Nutzens,

Optimierung des Nutzererlebnisses usw. 2 Zugrunde liegende Technologie – Cloud Computing, softwaredefinierte Netzwerke, Blockchain, maschinelles Lernen, Reinforcement Learning und Deep Learning.

Klassifizierung von RA-Frameworks in VEC auf der Grundlage von Optimierungszielen für „IoT-Anwendungen", „Klassifizierung von RA-Frameworks in VEC auf der Grundlage von verwendeten mathematischen und rechnerischen Modellen/Algorithmen/Techniken" bzw. „Klassifizierung von RA-Frameworks in VEC auf der Grundlage der zugrunde liegenden Technologien".

Klassifizierung von RA-Frameworks in VEC auf der Grundlage von Optimierungszielen für IoT-Anwendungen

In [73] wird ein Online-Lyapunov-Optimierungsverfahren angewandt, um eine Lösung für das Problem der Zuweisung von Rechenressourcen zu finden und einen Kompromiss zwischen dem mittleren gewichteten Stromverbrauch und der Verzögerung zu erzielen.

Während man sich auf die Optimierung von Parametern wie Geschwindigkeit, Energie usw. konzentriert, ist es ebenso wichtig, den Nutzen des gesamten Netzes als Ganzes zu optimieren und sicherzustellen, dass alle Ressourcen angemessen genutzt werden.

In den Arbeiten [72, 74–76] werden Ressourcenzuweisungssysteme implementiert, die versuchen, den Nutzen zu optimieren oder zumindest sicherzustellen, dass er über einem bestimmten Schwellenwert liegt.

In [77], während der Modellierung eines Systems in IOV basiert auf Edge Computing, das Hauptziel ist es, die Latenz zu optimieren und sicherzustellen, maximale Nutzung der Ressourcen wurde getan.

Einige davon sind die Optimierung des Energieverbrauchs, die Optimierung der Dienstgüte, die Optimierung der Verzögerung, die Optimierung von QoE/Benutzerzufriedenheit, die Optimierung des Nutzens, die Maximierung der Zuverlässigkeit und die Optimierung der Speicherzuweisung.

Klassifizierung von RA-Rahmenwerken in VEC auf der Grundlage der verwendeten mathematischen und rechnerischen Modelle/Algorithmen/Techniken

Die meisten Studien verwenden etablierte mathematische und rechnerische Techniken, um das Problem der Ressourcenzuweisung zu modellieren und durch Optimierung der erforderlichen Parameter zu lösen.

In [73] verwenden die Autoren die Gauß-Seidel-Methode zur Berechnung der Prozessorfrequenz, um den Stromverbrauch für die Ausführung der Lyapunov-Optimierungsmethode zur Lösung des Problems der Zuweisung von Rechenressourcen in einem kollaborativen MEC-gestützten zellularen V2X-Netzwerk zu ermitteln.

In [71] haben die Autoren einen heuristischen Algorithmus verwendet, um das formulierte NP-schwere Optimierungsproblem zu lösen, das nicht-konvexer Natur ist.

Die Autoren haben einen heuristischen Algorithmus vorgeschlagen, um die optimale Lösung für das effektiv formulierte Problem zu finden.

In [78] wird dieser Algorithmus verwendet, um das Problem der Auslagerung von Berechnungen zu optimieren, das so formuliert ist, dass der Energieverbrauch und die Verzögerung langfristig minimiert werden.

Ein CCORAO-Schema trennt das gegebene Optimierungsproblem mit Hilfe eines Algorithmus für die verteilte Rechenauslagerung und Ressourcenzuweisung (DCORA) in zwei Teilprobleme auf.

Klassifizierung von RA-Rahmenwerken im VEC auf der Grundlage der zugrunde liegenden Technologien

Um diese rechenintensiven und latenzempfindlichen IoV-Anwendungen zu unterstützen, haben die Autoren von [71] vorgeschlagen, feste Edge-Computing-Knoten (d. h. feste Straßeninfrastruktur) und mobile Fahrzeuge (d. h. Edge-Computing-Knoten (EC-Knoten)) zu integrieren.

Mit der Einführung von Edge Computing beim intelligenten Fahren sind die Fahrzeugbewegung, die Zeitsensitivität der Datenverarbeitung und die Zuweisung der Ressourcen des EC-Servers zu einem wesentlichen Faktor beim intelligenten Fahren geworden [79, 80].

Es wird eine EC-gestützte IoV-Architektur entwickelt, die es mobilen Fahrzeugen und fester straßenseitiger Infrastruktur erleichtert, als EC-Knoten zu fungieren und Dienste über SDN mit minimaler Latenz bereitzustellen.

Edge-Cloud-Geräte können in dem Systemmodell zusammen mit der Vehicular Cloud verwendet werden, die nicht nur die Konnektivitätsreichweite einer RSU vergrößert, sondern auch selbständig Entladeanfragen entweder durch einzelne Fahrzeuge oder in kooperativer Weise bedienen kann.

Aktuelle Fragen und künftige Forschungsrichtungen

Basierend auf unserer Umfrage stellen wir fest, dass es viel Raum für Forschung im Bereich der Ressourcenzuteilung in einer VEC-Umgebung (Vehicle Edge Computing) gibt.

4 Algorithmen mit geringem Rechenaufwand und hoher Geschwindigkeit für die Ressourcenzuweisung: Die Fahrzeuge in einem Fahrzeugnetz sind mit der Einschränkung konfrontiert, dass sie nur über eine begrenzte Bordstromversorgung verfügen, gleichzeitig aber rechenintensive Arbeiten zur Implementierung von Ressourcenzuweisungsschemata durchführen müssen.

Das Netz kann mobile Ressourcen optimieren, indem es Rechenressourcen zuweist und umfangreiche Daten verarbeitet, bevor es sie zur Verarbeitung an die Cloud sendet.

Die Fähigkeit von VEC, mit 5G- und darüber hinausgehenden Netzen beim Verkehrsrouting und bei der Ressourcenzuweisung zu interagieren, kann zu einer Anwendungsportabilität führen, die Entwicklern viel Arbeit bei der Entwicklung mehrerer Versionen von VEC für das Vehicle Edge Computing ersparen kann.

In diesem Bereich besteht weiterer Forschungsbedarf zur Verbesserung der Ressourcenzuweisungssysteme für eine bessere Fahrzeugkommunikation.

Schlussfolgerung
In dieser Umfrage wurde die Zuweisung von Rechenressourcen für die VEC-Architektur mithilfe von Technologien wie SDN, Blockchain, KI und Cloud Computing diskutiert.

Wir haben außerdem die mathematischen Modelle, die von diesen Technologien verwendet werden, und die Parameter, die bei der Zuweisung von Rechenressourcen optimiert werden, erörtert.

Wir haben einige der derzeit größten Hindernisse bei der massiven Umsetzung von VEC und seiner Integration in kommende Technologien wie 5G und darüber hinaus aufgezeigt.

Danksagung
Eine maschinell erstellte Zusammenfassung basierend auf der Arbeit von Naren; Gaurav, Abhishek Kumar; Sahu, Nishad; Dash, Abhinash Prasad; Chalapathi, G. S. S.; Chamola, Vinay
2021 in Komplexe & Intelligente Systeme

Vehicular Edge Computing und Networking: Ein Überblick
DOI: https://doi.org/10.1007/s11036-020-01624-1

Kurzfassung – Zusammenfassung
Die aufkommenden Fahrzeuganwendungen und das exponentielle Datenwachstum haben natürlich zu einem erhöhten Bedarf an Kommunikations-, Rechen- und Speicherressourcen sowie zu strengen Leistungsanforderungen an Antwortzeit und Netzbandbreite geführt.

MEC verlagert leistungsstarke Rechen- und Speicherkapazitäten aus der entfernten Cloud an den Rand der Netze in unmittelbarer Nähe der Fahrzeugnutzer, was niedrige Latenzzeiten und einen geringeren Bandbreitenverbrauch ermöglicht.

Angetrieben von den Vorteilen von MEC wurden viele Anstrengungen unternommen, um Fahrzeugnetze in MEC zu integrieren, wodurch ein neues Paradigma namens Vehicular Edge Computing (VEC) entstand.

Wir geben einen umfassenden Überblick über den aktuellen Stand der Forschung zu VEC.

Wir geben einen Überblick über VEC, einschließlich der Einführung, der Architektur, der wichtigsten Voraussetzungen, der Vorteile und Herausforderungen sowie einiger attraktiver Anwendungsszenarien.

Wir beschreiben einige typische Forschungsthemen, bei denen VEC angewendet wird.

3 Strukturierte Softwareentwicklung

Erweitert:
Wir geben einen umfassenden Überblick über die bestehenden Arbeiten im Bereich VEC.
Die offenen Fragen werden aufgezeigt und künftige Forschungsrichtungen erörtert.

Einführung
Unter Verwendung der beiden Kommunikationsmodelle unterstützen Fahrzeugnetze eine Reihe von Anwendungen, die drei Hauptkategorien umfassen: 1) Anwendungen für die Verkehrssicherheit (z. B. Verringerung des Unfallrisikos); 2) Anwendungen für die Verkehrseffizienz (z. B. Verringerung der Reisezeit und Entlastung von Staus); 3) Anwendungen mit Zusatznutzen (z. B. Infotainment, Routenplanung und Internetzugang).

Durch die Kombination von Rechen- und Kommunikationstechnologien ermöglicht MCC die Ausführung von Anwendungsdiensten für Nutzer in einer entfernten Cloud.
Bei MEC wird der Cloud-Dienst an den Netzwerkrand verlagert, d. h. die Rechen- und Speicherressourcen werden in die Nähe der Benutzer verlegt, wodurch die Latenzzeit erheblich verringert und viel Energie gespart werden kann.
Vehicular Edge Computing (VEC) hat ein großes Potenzial zur Erhöhung der Verkehrssicherheit und zur Verbesserung des Reisekomforts durch die Integration von MEC in Fahrzeugnetzwerke.

Vehicular Edge Computing: ein Überblick
In VEC besitzen die Fahrzeuge bestimmte Kommunikations-, Rechen- und Speicherressourcen; RSUs, die oft als Edge-Server fungieren, werden in der Nähe der Fahrzeuge platziert, um Daten zeitnah zu erfassen, zu verarbeiten und zu speichern.

Im Gegensatz zu gewöhnlichen mobilen Knotenpunkten haben Fahrzeuge die folgenden herausragenden Eigenschaften: 1) Erfassung: Fahrzeuge können die Umgebung sowohl von innen als auch von außen erfassen und sind in der Lage, verschiedene Informationen mit Hilfe der ausgestatteten Fahrzeuggeräte, einschließlich Kameras, Radar, Global Positioning System (GPS) usw., zu sammeln; 2) Kommunikation: Fahrzeuge können Informationen mit anderen Fahrzeugen oder RSUs unter Verwendung von V2V- und V2R-Kommunikationsmethoden austauschen und gemeinsam nutzen; 3) Datenverarbeitung: Zusätzlich zur Übertragung von Teilen der Berechnungsaufgaben an die Edge-Server oder die Cloud zur Verarbeitung können die Fahrzeuge Teile der Aufgaben lokal selbst ausführen; 4) Speicherung: Der ungenutzte Speicherplatz der Fahrzeuge kann zum Zwischenspeichern beliebter Inhalte für die gemeinsame Nutzung von Daten verwendet werden.

Forschungsthemen im Bereich des Edge Computing in Fahrzeugen
Es wurden viele Anstrengungen zur Erforschung des VEC unternommen, die hauptsächlich die folgenden Themen umfassen: 1) Auslagerung von Aufgaben: Neben der lokalen

Verarbeitung von Aufgaben können diese auch an andere Edge-Geräte zur Verarbeitung ausgelagert werden.

3) Datenverwaltung: Die Datenverwaltung umfasst die Sammlung, Verarbeitung und Verbreitung von Daten usw. 4) Flexible Netzverwaltung: Mehrere neue Technologien, z. B. SDN, können in VEC integriert werden, um das Netzmanagement zu vereinfachen.

5) Sicherheit und Datenschutz: Die Merkmale von Fahrzeugnetzen bringen neue Herausforderungen für die Sicherheit und den Datenschutz in VEC im Vergleich zu MEC.

Aufgabenverlagerung im Fahrzeugrand-Computing
Die Entlastung jedes Fahrzeugs bezieht sich auf die Auswahl des Kanals für das Hochladen seiner Aufgabe auf den Edge-Server.

Auf der Seite der Fahrzeuge werden die Entlastungsentscheidung und die lokale CPU-Frequenz gemeinsam optimiert, während auf der Seite des Edge-Servers die Zuweisung der Funkressourcen und die Bereitstellung der Dienste gleichzeitig berücksichtigt werden.

Die Arbeit in [81] zielt auf die Nutzung umfangreicher Rechenressourcen in Fahrzeugen sowie auf die Verbesserung der QoS durch das vorgeschlagene lernbasierte Aufgabenreplikationsschema.

In VEC werden Edge-Server mit umfangreichen Rechen- und Speicherressourcen in der Nähe der Fahrzeugnutzer ausgestattet.

Wenn alle Fahrzeuge ihre Aufgaben auf denselben Edge-Server verlagern, wird dieser wahrscheinlich überlastet, was die Leistung des Netzes beeinträchtigen kann.

Es wird ein effizienter Algorithmus zur Ressourcenverwaltung bereitgestellt, um die Ressourcennutzung von Edge-Servern zu optimieren, indem die Unterscheidung von Aufgabenprioritäten sowie zusätzliche Ressourcen berücksichtigt werden.

Zwischenspeicherung im Fahrzeug-Edge-Computing
Es gibt drei primäre Fragen, die für die Zwischenspeicherung von Inhalten beantwortet werden müssen: 1) Ort der Zwischenspeicherung: In Fahrzeugrandnetzen gibt es zwei Hauptrandgeräte, z. B. Randserver (z. B. RSUs) und Fahrzeugnutzer (z. B. Fahrzeuge), die übliche Orte für die Zwischenspeicherung von Inhalten sind; 2) Zwischenspeicherung von Inhalten: Aufgrund der begrenzten Speicherkapazität von Randgeräten und der extremen Menge an Inhalten, die im gesamten Netz verfügbar sind, ist es nicht praktikabel, alle Inhalte für Randgeräte zwischenzuspeichern.

In [82] wird ein dynamisches System zur Zwischenspeicherung von Inhalten entwickelt, um die Zwischenspeicherung durch die Anfragen von Fahrzeugen und die Zusammenarbeit zwischen RSUs zu optimieren.

Inhalte können auf verschiedenen Ebenen zwischengespeichert werden, einschließlich BSs, RSUs und Fahrzeugen, wenn sie über Speicherressourcen verfügen.

3 Strukturierte Softwareentwicklung

Datenmanagement im Bereich des Edge Computing in Fahrzeugen
Dieser Rahmen nutzt Pull- und Push-Verfahren in vollem Umfang, um die angeforderten Daten in Fahrzeugnetzen auf adaptive und effiziente Weise zu sammeln.

Die Echtzeit-Big-Data-Analytik in Fahrzeugnetzen wird in [83] durch die Kombination von intelligentem Computing und Echtzeit-Big-Data-Analytik untersucht.

Der Artikel in [84] stellt ein Datenanalysesystem vor, das auf die Herausforderungen beim Angebot kontextbezogener Dienste in Fahrzeugnetzen ausgerichtet ist und verzögerungskritische Anwendungen ermöglicht, indem es die Nebelschicht der herkömmlichen Fahrzeugnetzarchitektur verbessert.

Es wird eine hierarchische Architektur auf der Grundlage von Edge Computing eingeführt, um die Verteilung großer Datenmengen effizient zu erleichtern.

Um den Druck der Netzwerklast, der durch die zunehmende Datenverbreitung entsteht, zu mindern, wird Fog Computing in [85] eingesetzt.

Es werden zwei Planungsschemata auf der Grundlage der Antwortzeit und der Länge der Warteschlange vorgestellt, mit denen Daten geplant werden können, um das sich verändernde Netz anzupassen bzw. die Effizienz der Datenverbreitung zu verbessern.

Flexibles Netzmanagement im Fahrzeug-Edge-Computing
SDN ermöglicht ein flexibles und dynamisches Netzwerkmanagement durch die Trennung von Kontroll- und Datenebene.

Eine SDN-fähige heterogene Fahrzeugnetzarchitektur, die durch MEC unterstützt wird, wird in [86] vorgeschlagen.

Eine andere Netzwerkarchitektur, die SDN mit MEC kombiniert, wird in [87] für 5G-fähige Software-Defined Vehicular Networks (5G-SDVNs) vorgestellt.

In dieser Architektur bietet SDN den Vorteil, das Netzwerkmanagement zu verbessern, und MEC wird zur Verbesserung der Netzwerkkontrolle eingesetzt.

Mit dieser Architektur lassen sich erhebliche Leistungsverbesserungen in Bezug auf die Netzverwaltung, die Ressourcennutzung und die Netzentwicklung erzielen.

Die in [88] entworfene Fahrzeugnetzarchitektur zielt darauf ab, die Verkehrsüberlastung durch die gemeinsame Optimierung von Netzwerk-, Speicher- und Rechenressourcen zu verringern.

Das programmierbare Steuerungsprinzip von SDN wird in die Architektur eingeführt, um die Netzwerkoptimierung und das Ressourcenmanagement zu verbessern.

Die in [89] vorgestellte Architektur von 5G-Fahrzeugnetzen kombiniert SDN, Cloud Computing und Fog Computing.

Sicherheit und Schutz der Privatsphäre beim Edge Computing in Fahrzeugen
Dieses Problem motiviert den Vorschlag eines Fuzzy-Vertrauensmodells auf der Grundlage von Erfahrung und Plausibilität in [90], wo viele Sicherheitsprüfungen durchgeführt werden, um die Korrektheit der empfangenen Informationen von autori-

sierten Fahrzeugen zu garantieren, und Nebelknoten dazu dienen, die Genauigkeit der Ereignisortung zu bewerten.

Kryptografiebasierte Verfahren haben zwar den Vorteil, dass sie die Sicherheit und den Schutz der Privatsphäre gewährleisten, doch können Fahrzeuge mit eingeschränkten Ressourcen diese Verfahren aufgrund des hohen Rechenaufwands nicht durchführen.

Wenn ein Fahrzeug die Anforderung eines standortbezogenen Dienstes sendet, muss es seinen Standort an den Edge-Server senden. Der Edge-Server führt dann das datenschutzfreundliche Schema aus, um den Point of Interest (POI) abzufragen und die unbrauchbaren Ergebnisse zu filtern.

Mit diesem System können Fahrzeuge nützliche Informationen auf der Grundlage des übermittelten Standorts erhalten, ohne dass sie ihren privaten Standort preisgeben müssen.

Offene Forschungsfragen und zukünftige Arbeiten
Der VEC hat ein erhebliches Potenzial zur Verbesserung der derzeitigen Verkehrssysteme durch die Integration von MEC in Fahrzeugnetze.

Es gibt eine Vielzahl von Anwendungen in Fahrzeugnetzen, die hauptsächlich in sicherheitsrelevante und nicht sicherheitsrelevante Anwendungen unterteilt werden.

Die QoS-Anforderungen der verschiedenen Anwendungstypen dürften unterschiedlich sein.

Für sicherheitsrelevante Anwendungen (z. B. Kollisionsvermeidung und Verkehrssteuerung) gelten strenge Verzögerungsanforderungen, die so schnell wie möglich erfüllt werden sollten, während verschiedene nicht sicherheitsrelevante Anwendungen (z. B. Multimedia-Downloads) eine gewisse Verzögerung tolerieren können.

Die Bereitstellung eines flexiblen Planungsschemas zur Gewährleistung der Dienstgüte verschiedener Anwendungen auf der Grundlage ihrer Prioritäten ist ein wichtiges Anliegen im VEC.

Anders als bei der traditionellen Cloud können die Nutzer in VEC ungleichmäßig über die Fahrzeugnetze verteilt sein.

Der Kern der Umsetzung des VEC liegt in der gemeinsamen Nutzung von Ressourcen.

Die Verlagerung von Aufgaben mit reizvollen Berechnungen und strengen Verzögerungen an den Rand der Netze ist die Hauptanwendung in VEC.

Schlussfolgerung
Im Gegensatz zum traditionellen MEC steht das VEC aufgrund der besonderen Merkmale von Fahrzeugnetzen, einschließlich der schnellen Mobilität der Fahrzeuge und der rauen Kanalumgebung, vor mehreren neuen Herausforderungen.

Obwohl viele Anstrengungen im Bereich des VEC unternommen wurden, gibt es immer noch keinen Überblick über die Forschung im Bereich des VEC, was die Motivation für dieses Papier ist.

Es werden verschiedene VEC-Forschungsthemen vorgestellt.

Es wird erwartet, dass auf dem neuen Forschungsgebiet des VEC weitere Anstrengungen unternommen werden können.

Danksagung
Eine maschinell erstellte Zusammenfassung basierend auf der Arbeit von Liu, Lei; Chen, Chen; Pei, Qingqi; Maharjan, Sabita; Zhang, Yan
  2020 in Mobile Netzwerke und Anwendungen

Leistungsoptimierung der Steuerung des autonomen Fahrens unter Einhaltung von End-to-End-Fristen

DOI: https://doi.org/10.1007/s11241-022-09379-6

Kurzfassung – Zusammenfassung
Die Ausführungszeit der Fahrkontrolle kann sich erheblich verlängern, was dazu führt, dass die End-to-End-Frist (E2E) von der Erkennung über die Berechnung bis hin zur Betätigung nicht eingehalten wird, was zu Unfällen führen kann.

Wir schlagen AutoE2E vor, ein zweistufiges Echtzeit-Scheduling-Framework, das dem Kfz-Betriebssystem hilft, die E2E-Termine aller Tasks trotz Ausführungszeitschwankungen einzuhalten und gleichzeitig die höchstmögliche Rechengenauigkeit für die Fahrsteuerung zu erreichen.

Die äußere Schleife ist so konzipiert, dass sie die Berechnungszeit der Fahrsteuerung anpasst und den Präzisionsverlust minimiert, wenn die innere Schleife aufgrund einer durch Geschwindigkeitsänderungen verursachten Ratensättigung ihre Steuerungsfähigkeit verliert.

Die äußere Schleife bietet eine fahrerorientierte Gewichtszuweisung und eine stückweise Approximation zur Berechnung der Präzisionsoptimierung von Fahrzeugsteuerungsaufgaben.

Erweitert:

Wir schlagen AutoE2E vor, ein zweistufiges Echtzeit-Scheduling-System, das dem Betriebssystem des Fahrzeugs hilft, die E2E-Fristen trotz unerwarteter Laufzeitschwankungen einzuhalten und gleichzeitig die höchstmögliche Rechengenauigkeit (und damit minimale Tracking-Fehler) für Fahrsteuerungsaufgaben zu erreichen.

Wir haben AutoE2E vorgeschlagen, ein zweistufiges Echtzeit-Scheduling-Framework für Kfz-Betriebssysteme, das die Beschränkungen bestehender Lösungen überwindet, indem es über einen Controller der zweiten Stufe verfügt, der die Ausführungszeit innerhalb des zulässigen Bereichs dynamisch senkt, um eine effektive CPU-Auslastungskontrolle für E2E-Echtzeitgarantien zu erreichen.

Einführung

Um dieses Dilemma zu lösen, ist eine adaptive Echtzeitplanung [91, 92] erforderlich, um die Arbeitslast ausgewählter Fahrzeuganwendungen dynamisch anzupassen, wenn die Ausführungszeit des autonomen Fahrens zur Laufzeit zunimmt.

In einem verteilten eingebetteten Echtzeitsystem (DRE), in dem sich End-to-End-Tasks über mehrere Steuergeräte-Prozessoren erstrecken, wie z. B. bei der Steuerung des autonomen Fahrens, wird ein Multi-Input-Multi-Output (MIMO)-Controller entwickelt, der die Aufrufraten der Tasks dynamisch anpasst, so dass jede Teilaufgabe ihre Subdeadline einhalten kann und somit alle Tasks ihre E2E-Termine einhalten können [93].

Wir schlagen AutoE2E vor, ein zweistufiges Echtzeit-Scheduling-System, das dem Betriebssystem des Fahrzeugs hilft, die E2E-Fristen trotz unerwarteter Laufzeitschwankungen einzuhalten und gleichzeitig die höchstmögliche Rechengenauigkeit (und damit minimale Tracking-Fehler) für Fahrsteuerungsaufgaben zu erreichen.

Verwandte Arbeiten

Es wurden umfangreiche Studien durchgeführt, um verschiedene Echtzeit-Planungsalgorithmen für DRE-Systeme mit End-to-End-Aufgaben vorzuschlagen [93–99].

Die am engsten verwandte Arbeit in allgemeinen DRE-Systemen ist EUCON [94], das die Task-Rate anpasst und einen Modellvorhersage-Controller einsetzt, um die Task-Rate jeder End-to-End-Task auf der Grundlage der aktuellen CPU-Auslastung zu bestimmen.

Feld et al. [100] führen eine Übersicht über Techniken zur Analyse der Planbarkeit von Aufgaben mit diesem ratenabhängigen Verhalten durch, die verschiedene Aufgabenmodelle und Analysemethoden sowohl für die Planung mit fester Priorität als auch für die Planung mit dem frühesten Termin als erstes umfasst.

AutoE2E konzentriert sich auf ein anderes Problem, das versucht, die Laufzeitplanbarkeit bei maximaler Leistung durch die gemeinsame Berücksichtigung der Ausführungszeit und der Aufgabenrate der autonomen Fahraufgaben zu gewährleisten.

Die meisten Studien über automobile DRE-Systeme konzentrieren sich auf die Zeitanalyse, die offline mit festen Ausführungszeiten für jede End-to-End-Aufgabe durchgeführt wird [101–103].

Motivation

Wenn wir uns auf das Ergebnis der Offline-Planungsanalyse für die WCET ohne Online-Überwachung und -Steuerung verlassen, ist es möglich, dass die Pfadverfolgungsanwendung aufgrund der ständigen Terminüberschreitungen schlecht abschneidet.

Mit zunehmender Fahrzeuggeschwindigkeit verkürzt sich die ermittelte Aufgabenperiode für die Bahnverfolgungsanwendungen von 40ms auf 20ms, um die Steuerbefehle für das Fahrzeug bei einer festen Fahrstrecke zu aktualisieren.

Eine gängige Praxis in Automobilanwendungen ist es, die Ausführungszeit einiger Aufgaben so zu verkürzen, dass sie mit einer geringeren Rechengenauigkeit und

Steuerungsleistung (z. B. einem größeren Schleppfehler) früher abgeschlossen werden können, da ein weniger genaues Rechenergebnis für eine Aufgabe mit reduzierter Ausführungszeit immer noch wünschenswerter ist als gar keine Aktualisierung und folglich eine Terminüberschreitung [104, 105].

Aufbau des AutoE2E
Mit einer Periode, die mehreren Regelungsperioden des inneren Regelkreises entspricht, wird der Regler des äußeren Regelkreises aufgerufen, um das Verhältnis der Ausführungszeit jeder einstellbaren Teilaufgabe auf jedem ECU-Prozessor zu manipulieren und dabei die gesamte Rechengenauigkeit zu optimieren, wenn die Anforderungen an die Task-Rate streng werden, und die Rechengenauigkeit wiederherzustellen, wenn die Anforderungen gelockert werden.

Unser auf äußerer Präzision basierender Controller hat zwei Hauptmerkmale: Erstens kann der Regler eine Sättigung des inneren Regelkreises aufgrund der hohen ermittelten Task-Raten verhindern und E2E-Termine garantieren, indem er die Ausführungszeit bei minimalem Verlust an Rechenpräzision verringert; zweitens kann er die Rechenpräzision auch dann wiederherstellen, wenn die ermittelten Task-Raten sinken, selbst wenn die aktuelle ECU-Auslastung nicht verändert wird.

Der interne Regler versucht, die Prozessorauslastung des Steuergeräts zu steuern, indem er die Task-Raten an die neue Ausführungszeit für jede Teilaufgabe anpasst.

Bewertung
Wir wählen die Perioden der Regelkreise von AutoE2E wie folgt: Basierend auf der Task-Periode, um eine ausreichende Anzahl von Subtask-Instanzen einzubeziehen und die Auswirkungen des Systemrauschens bei der Messung der Steuergeräte-Prozessorauslastung zu minimieren, setzen wir die Regelperiode aufgrund der Hardware-Einschränkungen der Arduino-Boards auf 1s für den auf der inneren Rate basierenden Regler.

Da es einige kurze Intervalle gibt, in denen die Prozessorauslastung des Steuergeräts in der Nähe des Änderungszeitpunkts über dem Grenzwert liegt, kann AutoE2E die Rechengenauigkeit für einige Teilaufgaben schnell verringern, um die Machbarkeit des inneren ratenbasierten Reglers zu erhalten.

Der Grund dafür ist, dass AutoE2E auch berücksichtigt, dass ein zu geringes Ausführungszeitverhältnis, das der Geschwindigkeitssteuerungsaufgabe zugewiesen wird, aufgrund der nicht linearen Beziehung zwischen Genauigkeit und Ausführungszeit zu einem größeren Verlust der gesamten Rechengenauigkeit führen kann.

Schlussfolgerung
Die jüngste Entwicklung des autonomen Fahrens hat eine neue Forschungsherausforderung für die Echtzeitplanung von Fahrzeugsteuerungssystemen mit sich gebracht.

Nach der Untersuchung traditioneller Open-Loop-Scheduling-Methoden, die in Automobilsystemen verwendet werden, und adaptivem Echtzeit-Scheduling, das für allgemeine DRE-Systeme vorgeschlagen wurde, stellen wir fest, dass eine neue Echtzeit-Scheduling-Lösung aufgrund einer besonderen Eigenschaft der Fahrsteuerung entwickelt werden muss.

Wir haben AutoE2E vorgeschlagen, ein zweistufiges Echtzeit-Scheduling-Framework für Kfz-Betriebssysteme, das die Beschränkungen bestehender Lösungen überwindet, indem es über einen Controller der zweiten Stufe verfügt, der die Ausführungszeit innerhalb des zulässigen Bereichs dynamisch senkt, um eine effektive CPU-Auslastungskontrolle für E2E-Echtzeitgarantien zu erreichen.

Danksagung
Eine maschinell erstellte Zusammenfassung basierend auf der Arbeit von Bai, Yunhao; Li, Li; Wang, Zejiang; Wang, Xiaorui; Wang, Junmin
 2022 in Echtzeitsystemen

Erkundung von Hardware-Architekturen: automatische Erkundung von verteilten Hardware-Architekturen im Automobilbereich
DOI: https://doi.org/10.1007/s10270-020-00786-6

Kurzfassung – Zusammenfassung
Wir wollen einen Ansatz vorstellen, der in der Lage ist, automatisch E/E-Architekturen (elektrische/elektronische Architektur; Netzwerk von Verarbeitungseinheiten und Bussen im Fahrzeug) zu generieren.

Auf der Grundlage des Konzepts der Sichtweisen werden wir dedizierte technische Metamodelle, eine Sprache zur formalen Beschreibung eines Hardware-Architektur-Explorationsproblems und einen automatischen Explorationsansatz unter Verwendung von Erfüllbarkeitsmodulotheorien vorstellen.

Darüber hinaus stellen wir eine spezielle Methodik vor und zeigen, wie sich eine Exploration in einen Systementwicklungsprozess einfügt.

Erweitert:

Wir werden unseren Ansatz zur Erforschung von Hardware-Architekturen vorstellen, der von Continental erfolgreich angewendet wird.

Wir werden uns mit der Erkundung des Entwurfsraums von Hardware-Architekturen befassen und dabei mögliche Varianten von Hardware-Ressourcen und die Abbildung von Software-Aufgaben auf die Hardware-Ressourcen berücksichtigen.

Wir haben einen Ansatz vorgestellt, um den Designraum von verteilten, eingebetteten Hardware-Architekturen zu erkunden.

In Anbetracht der Tatsache, dass zukünftige automobile E/E-Architekturen immer zentraler werden und immer mehr Rechenressourcen bei steigender Komplexität der Funktionen benötigen – insbesondere durch immer mehr autonome Funktionen – ist unser Ansatz in der Lage, einen Systemarchitekten bei der Exploration optimierter zukünftiger automobiler E/E-Architekturen bereits in frühen Entwicklungsstadien zu unterstützen.

Einführung
Der Entwurf von E/E-Architekturen (elektrische/elektronische Architektur; Beschreibung der Topologie der Hardwareressourcen in einem Fahrzeug) ist einer der Hauptfaktoren für die Komplexität.

Auf Seiten von Continental hat sich eine automatisierte Deployment-Exploration als robuster und effizienter Ansatz zur Generierung optimierter Hardware-Architekturen etabliert.
Wir werden unseren Ansatz zur Erforschung von Hardware-Architekturen vorstellen, der von Continental erfolgreich angewendet wird.
Wie können wir automatisch Lösungen für die Hardware-Architektur erkunden und dabei die zu implementierenden Software-Aufgaben, alle Varianten von Hardware-Ressourcen und die Hardware-Topologie berücksichtigen?
Wir werden uns mit der Erkundung des Entwurfsraums von Hardware-Architekturen befassen und dabei mögliche Varianten von Hardware-Ressourcen und die Abbildung von Software-Aufgaben auf die Hardware-Ressourcen berücksichtigen.

Methodik der Exploration
Um eine Exploration von technischen Architekturen durchführen zu können, strukturieren wir die Exploration nach dem Konzept der Viewpoints [106].

Im Rahmen des V-Modell-Entwicklungsprozesses wird die technische Architektur während des High-Level-Systementwurfs beschrieben.
Sprachlicher Gesichtspunkt: Die sprachliche Sichtweise bietet Mittel zur formalen Beschreibung eines Problems der technischen Architekturexploration.
In dieser Sichtweise werden die Modelle der Hardwarearchitektur (Modellsichtweise) formalisiert.
Die sprachliche Sichtweise ermöglicht die formale Beschreibung von Anforderungen, die erfüllt sein müssen, um eine gültige Hardware-Architektur zu bilden.
Sichtweise der Erkundung: Die Explorationsperspektive bietet eine automatische Generierung von Modellen der Hardware-Architekturen.
Ausgehend von einem formal definierten Problem zur Erforschung der Hardware-Architektur in der Sprache ist es in der Lage, Lösungen für dieses Problem zu berechnen.
Sie bietet auch die entsprechende Transformation von Explorationslösungen zurück in die Modellsicht.

Modellsichtweise
Da die SysML im Wesentlichen Blöcke (und Ports) bereitstellt und somit nicht zwischen z. B. spezifischen Software- oder Hardwaremodellen unterscheidet, haben wir eine Gesamtbeschreibung der verschiedenen technischen Metamodelle erstellt.

Wir werden jeden der zuvor erwähnten Aspekte – Softwarearchitektur, Hardwarearchitektur und Bereitstellung – mit Hilfe der jeweiligen Metamodelle näher erläutern.
Die Modellelemente der Aufgabenarchitektur enthalten die folgenden Anmerkungen: 1.
Task_2 benötigt 128kByte RAM und einen ASIL D. Die Hardware-Architektur beschreibt die Hardware-Ressourcen und ihre Topologie.
Die Modellelemente der Hardwareressourcen enthalten die folgenden Anmerkungen: 1.
Alle Tasks der Task-Architektur sind einer IProcessingUnit in der Hardware-Topologie zugewiesen, was bedeutet, dass ein Task auf der IProcessingUnit ausgeführt wird, der er zugewiesen ist.

Standpunkt zur Sprache
Die domänenspezifische Modellierungssprache (DSML) wird verwendet, um Beschränkungen und Ziele für Modellelemente und deren Eigenschaften zu definieren.

4.2.1.1 Topologiemuster Das Topologiemuster beschreibt die Einschränkung, die erforderlich ist, um eine gültige Verteilung von Aufgaben auf Verarbeitungseinheiten sowie eine gültige Topologie von Verarbeitungseinheiten und angeschlossenen Bussen einzurichten.
Unter Berücksichtigung der vorgestellten Grundmuster sind wir nun in der Lage, ein Plattformexplorationsproblem hinsichtlich der Zuweisung von Tasks und Signalen, der Topologie und der Variabilität der Hardware-Ressourcen zu definieren.
Die Constraint- und Optimierungszielmuster, die wir in [107] eingeführt haben, können nun zusätzlich auf das Problem angewendet werden, um die spezifischen Anforderungen zu erfüllen, die für ein bestimmtes System gelten müssen.
Constraints, die nach diesem Muster erstellt werden, sind jeweils für eine bestimmte Aufgabe oder ein bestimmtes Signal und eine bestimmte Verarbeitungseinheit oder einen Bus definiert.

Standpunkt der Erkundung
Wie im letzten Abschnitt eingeführt, besteht ein Explorationsproblem aus Nebenbedingungen, die die Menge der möglichen Lösungen begrenzen, und Optimierungszielen, die diese begrenzte Menge von Lösungen in bestimmte Richtungen optimieren.

Jede dieser Einschränkungen und Ziele kann darüber hinaus einer bestimmten Kategorie wie Speicher oder Sicherheit angehören.
Speicher Beschreibung der Einschränkungen und Ziele in Bezug auf den Gesamtspeicherverbrauch im System.

Kosten Beschreibung von Einschränkungen und Zielen unter Berücksichtigung der Kosten von Systemartefakten aus der Hardwarearchitektur (z. B. ECU oder CAN-Bus).

Außerdem ist der Systementwickler nicht gezwungen, alle Randbedingungen und Ziele zu berücksichtigen.

Alle ModelElementFunExpr, die in der DSML definiert sind, werden mit einer uninterpretierten Funktion der SMT übersetzt.

Die Randbedingung definiert den Wert der Gewichtungsfunktion, indem sie die Größen aller Signale, die dem zu minimierenden Bus zugeordnet sind, zusammenzählt.

Bewertung

Aus Gründen der Vertraulichkeit können wir hier nur die quantitativen Größen der Architektur darstellen: Software-Architektur: 50 Tasks, die über 161 Signale verbunden sind Hardware-Ressourcen: 16 Processing Units (ECUs), von denen 11 verschiedene Varianten enthalten, die zur Exploration offen sind 2 Busse (CAN FD, Flexray) Der Input für die Modellsicht sind Constraints und Objectives, die gemeinsam mit Continental entwickelt wurden und sich in den Patterns der Sprachsicht manifestieren.

Dies bedeutet, dass eine Minimierung der Buslast z. B. des Flexray-Busses (z. B. Model_1 und Model_3) dazu führt, dass die resultierende Plattformarchitektur stärker auf den CAN-FD-Bus ausgerichtet ist, da die Exploration versucht, eine Topologie um diesen Bus herum aufzubauen, so dass möglichst wenige Signale über den Flexray-Bus gesendet werden.

Verwandte Arbeiten

Diese Ansätze konzentrieren sich speziell auf das Bereitstellungsproblem, was zur Folge hat, dass sie eine feste Hardware-Topologie berücksichtigen, die Aspekte der Variabilität nicht einbezieht.

Während sich die oben genannten Ansätze auf DSE insbesondere im Hinblick auf den Einsatz von Softwarekomponenten auf Hardwarekomponenten konzentrierten, betrachten die folgenden Ansätze die Erforschung von Plattformarchitekturen.

Dieser Ansatz berechnet eine optimale Hardware-Netzwerktopologie unter Berücksichtigung verschiedener Optimierungsziele und gleichzeitig einzuhaltender Restriktionen.

Ihr Ansatz, der zur Berechnung von Lösungen einen multi-objektiven evolutionären Algorithmus (MOEA) verwendet, konzentriert sich insbesondere auf die Optimierung des Routings der Hardware-Netztopologie unter Berücksichtigung gewichteter Routing-Hops.

Dabei optimieren sie die Topologie des gesamten Netzwerks, indem sie die Zuordnung von Prozessen zu Ressourcen berücksichtigen und die daraus resultierende Kommunikation zwischen den Ressourcen optimal leiten.

Diese Arbeit befasst sich zwar mit der Optimierung der Netzwerktopologie eines eingebetteten Systems, aber das Netz selbst ist fest.

Künftige Arbeit

Ein nächster Schritt könnte darin bestehen, unter Berücksichtigung der Variabilität der Plattformmodelle weitere Aspekte abzudecken.

Für uns erscheint es vielversprechend, ein Feature-Modell auch für die Dokumentation externer Variabilitätsinformationen zu nutzen und ggf. Plattformelemente mit diesen zu verknüpfen.

Würde man der Plattformsynthese ein zusätzliches Constraint mitgeben, das besagt, dass alle synthetisierten Lösungen das Feature US-Market haben sollen, würde dies den ECU4711 während der Plattformsynthese oder sogar davor ausschließen.

Diese Verknüpfung mit Merkmalen wäre nicht nur für die Plattformelemente selbst relevant, sondern auch für Einschränkungen.

Bestimmte Einschränkungen können zum Beispiel von bestimmten Funktionen abhängen, die eine Plattform unterstützen soll.

Dies würde es ermöglichen, zusätzlich zeitliche Aspekte zu berücksichtigen, wie z. B. zeitliche Beschränkungen wie die Begrenzung bestimmter Ende-zu-Ende-Latenzen von Aufgaben oder die Gewährleistung bestimmter Aufgabenfolgen.

Schlussfolgerung

Darüber hinaus haben wir einen Sprachstandpunkt eingeführt, der eine domänenspezifische Modellierungssprache beschreibt, die in der Lage ist, ein Problem der Hardware-Architektur-Exploration formal zu beschreiben.

Wir haben eine Explorationsperspektive eingeführt, die es ermöglicht, eine optimale Hardware-Architektur unter Berücksichtigung des Einsatzes von Software-Tasks, der verschiedenen Varianten für jede Hardware-Ressource und gleichzeitig unter Berücksichtigung der Anforderungen des Systems, d. h. Einschränkungen (z. B. Sicherheits- oder Speicherbeschränkungen) und Optimierungsziele (Minimierung von Kosten oder Energie), zu erforschen.

Wir haben diesen Ansatz gemeinsam mit Continental entwickelt, aufbauend auf einem Ansatz, der sich auf die Modellierung verteilter eingebetteter Fahrzeugsysteme und die effiziente Erkundung möglicher Hardware-Architekturen (E/E-Architekturen) und Aufgabeneinsätze konzentriert, die im Rahmen einer laufenden Zusammenarbeit entwickelt wurden [107, 108].

Wir haben daher insbesondere die Anforderungen der Automobilindustrie berücksichtigt, um gleichzeitig die Hardware-Architektur und die Einsatzmöglichkeiten zu erforschen.

Danksagung

Eine maschinell erstellte Zusammenfassung basierend auf der Arbeit von Eder, Johannes; Voss, Sebastian; Bayha, Andreas; Ipatiov, Alexandru; Khalil, Maged
   2020 in Software- und Systemmodellierung

3.4. Kodierung

Maschinell erzeugte Schlüsselwörter: Code, Sprache, Autosar, Richtlinie, statisch, Standard, Programmiersprache, Sicherheitsstandard, Mechanismus, Schicht, Programmierung, Erzeugung, Softwarequalität, Modul, Softwarekomponente

AUTOSAR- und MISRA-Codierungsstandards
DOI: https://doi.org/10.1007/978-3-030-59897-6_3

Kurzfassung – Zusammenfassung
Dies führte zur Einführung der elektronischen Steuergeräte in der Automobilindustrie und zur Notwendigkeit der Entwicklung der Software für den Betrieb dieser Geräte.

AUTomotive Open System ARchitecture (AUTOSAR), ein Konsortium, wurde von den Automobilpartnern gegründet, die eine standardisierte Software entwickelten, damit die Automobilunternehmen diese einhalten können und der Prozess der Entwicklung einer Software] von Anfang an und jedes Mal entfällt.

Die Automobilindustrie arbeitet mit Echtzeitsystemen.

Um präzise Ergebnisse zu erzielen, muss die Methode der Fragestellung, d. h. die Kodierung der zu entwickelnden Software, so gestaltet sein, dass die Ergebnisse vorhersehbar sind und jeder Zufall, der zu unvorhersehbarem Verhalten führt, ausgeschlossen wird.

Um dies zu erreichen, wurde MISRA, die Motor Industry Software Reliability Association, ein Konsortium aus Vertretern der Unternehmen der Automobilindustrie, gegründet, um Kodierungsrichtlinien aufzustellen, die bei der Entwicklung einer eingebetteten Software zu befolgen sind.

Einführung: AUTOSAR
AUTomotive Open System ARchitecture (AUTOSAR) ist ein Zusammenschluss von Automobilherstellern, der im Jahr 2003 mit dem Ziel gegründet wurde, gleichartige Funktionalitäten unter einer offenen, standardisierten Softwarearchitektur für den Automobilbereich zu standardisieren.

Das Ziel von AUTOSAR ist es, eine Reihe von Spezifikationen für die grundlegenden Softwaremodule [109] und Anwendungsschnittstellen bereitzustellen und eine gemeinsame Infrastruktur zu schaffen, die von den Automobilherstellern eingehalten werden kann.

Die Softwaremodule sind standardisiert, AUTOSAR unterstützt die Erweiterbarkeit.

Die AUTOSAR-konformen Softwaremodule können in ihren Funktionalitäten erweitert werden, jedoch unter Berücksichtigung ihrer Konfiguration im automatischen SW-Basiskonfigurationsprozess.

Architektur
Die AUTOSAR-Anwendungsschicht besteht aus einer Reihe von anwendungsspezifischen Softwarekomponenten, die zur Ausführung der vom Anwender spezifizierten Aufgaben verwendet werden.

Dabei wird ein „Komponenten"-Konzept verwendet, und die drei wichtigsten Komponenten, die bei dieser Implementierung zu berücksichtigen sind, sind die folgenden: Die AUTOSAR-Anwendungssoftware-Komponenten Die AUTOSAR-Ports Die AUTOSAR-Port-Schnittstellen Die AUTOSAR-Anwendungssoftware-Komponenten sind die einfachste Form einer Anwendung, und die End-to-End-Funktionalität umfasst viele solcher miteinander verbundenen.

Sie ist die Schicht unterhalb der Anwendungsschicht und für die Bereitstellung von Kommunikationsdiensten für die AUTOSAR SW-Cs und/oder AUTOSAR Sensor-Komponenten und die Aktor-Komponenten zuständig.

Durch die Bereitstellung dieser Kommunikationsdienste ermöglicht diese Schicht den AUTOSAR-Software-Komponenten, vom Mapping-Prozess auf ein bestimmtes Steuergerät unabhängig zu werden.

Grundlegende Software-Modultypen
Der Zweck des Treibers besteht darin, eine Softwareschnittstelle zu den Hardwaregeräten bereitzustellen, die ihnen den Zugriff auf das Betriebssystem und andere Computerprogramme ermöglicht, ohne dass sie die Details der verwendeten Hardware kennen.

Dieses Hardware-Gerät kann entweder intern oder extern zum Controller sein, je nachdem, ob die Treiber als interne oder externe Treiber klassifiziert werden.

Interne Treiber sind Treiber für diese internen Geräte und befinden sich innerhalb der Mikrocontroller-Abstraktionsschicht.

Die externen Treiber befinden sich im, und sie verwenden die in der Mikrocontroller-Abstraktion vorhandenen Treiber, um Zugriff auf die externen Geräte zu erhalten.

Der Handler ist ein spezifisches Schnittstellenmodul, das dazu dient, verschiedene Arten von Zugriffen zu steuern, nämlich den gleichzeitigen Zugriff oder den Mehrfachzugriff oder sogar den asynchronen Zugriff eines einzelnen oder mehrerer Clients auf einen oder mehrere Treiber.

Der NVRAM Manager bietet gleichzeitigen Zugriff auf die internen und externen Geräte.

Software-Schichten: Überblick
Die in der MCAL enthaltenen Treiber sind wie folgt Mikrocontroller-Treiber, das sind die Treiber für die internen Peripheriegeräte wie Watchdog-Timer und Allzweck-Timer Kommunikationstreiber, die Treiber für das Steuergerät an Bord und die Fahrzeugkommunikation Speichertreiber für On-Chip-Speichergeräte wie das interne EEPROM und externe Speichergeräte wie das externe Flash Eingangs-/Ausgangstreiber für die

analogen und digitalen E/A-Anwendungen wie ADC und Krypto-Treiber für Krypto-Geräte Drahtlose Kommunikation für die drahtlosen Netzwerksysteme im Falle der Off-Board-Kommunikation Der Komplex ist das Modul, das sich vom RTE bis zum Mikrocontroller erstreckt, mit dem Zweck, eine nicht standardisierte, d. h.e., Funktionalitäten, die nicht AUTOSAR-spezifisch sind, und Spezialfunktionen innerhalb des Basis-Software-Stacks.

Software-Schichten: Funktionale Gruppen
Die Hauptaufgabe der CAN Communication Services ist es, eine einheitliche Schnittstelle zum CAN-Netzwerk bereitzustellen.

Es gibt eine optionale Erweiterung der reinen CAN-Schnittstelle und des CAN-Treibermoduls für die Fahrzeugnetzwerkkommunikation, die sogenannten (Time-Triggered Controller Area Network) Communication Services mit dem Kommunikationssystem TTCAN.
LIN Master Die LIN-Dienste, eine Gruppe von Modulen, sind für die Kommunikation im Fahrzeugnetz konzipiert, das LIN als Kommunikationssystem verwendet.
Bei den Kommunikationsdiensten der Komponente handelt es sich um eine Gruppe von Modulen, die sich um die Kommunikation im Fahrzeugnetz kümmern, das FlexRay als Kommunikationssystem verwendet.
Die Hauptaufgabe der FlexRay Communication Services ist es, eine einheitliche Schnittstelle zum FlexRay-Netzwerk bereitzustellen.
Die Off-Board-Kommunikationsdienste verbergen die Nachrichten, das Protokoll und die damit verbundenen Informationen vor der Anwendung und bieten eine einheitliche Schnittstelle zum drahtlosen Ethernet-Netzwerk.

Fehlerbehandlung, Berichterstattung und Diagnostik
Jedem Aspekt von AUTOSAR ist ein eigenes Modul zugeordnet.

Er verarbeitet und speichert die Diagnoseereignisse und die zugehörigen Freeze Frame-Daten.
Eine gemeinsame API für Diagnosedienste wird durch den Diagnostic Communication Manager bereitgestellt.

Kommunikation zwischen den Softwarekomponenten
Sie ist eine abstrakte Komponente, die die Anwendung von der Architektur abstrahiert und die Kommunikation zwischen den AUTOSAR-Softwarekomponenten verwaltet.

Sie müssen die Ports für die Kommunikation auswählen, und die Kommunikationsschnittstellen der SW-Cs müssen auf die Ports abgebildet werden, damit die Kommunikation stattfinden kann.

Die Kommunikation zwischen den Softwarekomponenten wird als, bezeichnet, und alle diese Komponenten werden auf dasselbe Steuergerät abgebildet.

Überblick über MISRA

Die Art und Weise der Softwarecodierung wird berücksichtigt, um die Zuverlässigkeitsprobleme zu minimieren, da sie eine große Rolle spielen, wenn es um die Handhabung kritischer Ressourcen geht.

Ein C-Programm entspricht zwar dem ISO-Sprachstandard und lässt sich kompilieren, dennoch kann der Code ein unvorhersehbares Verhalten zeigen, was in sicherheitskritischen Systemen nicht toleriert werden kann.

Die MISRA-Codierungsregeln sind weithin als Maßstab für die Entwicklung von Software in sicherheitskritischen Systemen anerkannt [110].

Die erste der MISRA-Codierungsrichtlinien „Guidelines for the Use of the C language in Vehicle Based Software" wurde von MISRA im Jahr 1998 veröffentlicht.

Außerdem wird die Unterstützung auf die C99-Version der Sprache C ausgeweitet und es werden Verbesserungen vorgenommen, die zu einer Verringerung der Kosten und der Komplexität der Konformität führen, während gleichzeitig das Konzept der Konsistenz und Zuverlässigkeit von C in sicherheitskritischen Systemen beibehalten wird.

MISRA: Sicher und geschützt

Es herrscht die Auffassung vor, dass MISRA C nur als Hilfsmittel für Sicherheitsmaßnahmen und nicht für Sicherheitsmaßnahmen in Frage kommt, da MSIRA C eine Untermenge der Sprache definiert.

Um zu beweisen, dass MISRA auch mit sicherheitsrelevanten Anwendungen in Verbindung gebracht wird, hat MISRA C einen Vergleich als Reaktion auf die Veröffentlichung von ISO/IEC 179161:2013 durchgeführt, den Sicherheitsrichtlinien für die Sprache C, die vom C-Standardkomitee veröffentlicht wurden.

Diese Änderung erweitert MISRA C: 2012 um neue Richtlinien, die auf die Verbesserung der Sicherheit abzielen, die sich aus dem Vergleich mit den ISO C-Sicherheitsrichtlinien ergeben haben, in denen die Sicherheitsschwachstellen behandelt wurden.

Dieses Dokument definiert nicht nur einen Rahmen für die Einhaltung der MISRA C-Leitlinien, sondern enthält auch eine Reihe von Leitlinien für ein strukturiertes und robustes Verfahren für die Verwendung von Abweichungen.

Regeln

Ein Beispiel für einen nicht konformen Code, der die Aussage der Regel unterstützt, wird im Folgenden gezeigt.

Implizite Variablen und Funktionen, die von einigen C-Compilern unterstützt werden, dürfen nicht verwendet werden, da dies zu Verwechslungen führen kann.

Ein unterstützendes Beispiel 10.5, das eine nicht konforme Form der Regel zusammen mit ihrer konformen Lösung in den Kommentaren zeigt, ist wie folgt dargestellt.

Bei der Verwendung der Operatoren über den Operanden sind einige Regeln zu beachten.

Es wird ein Beispiel 10.8 gezeigt, das diese Regel unterstützt.

Beispiel 10.8 zeigt, wie eine Zeigerdatenvariable in eine Ganzzahl umgewandelt wird und ihr Wert einer Ganzzahl zugewiesen wird.

Ein unterstützendes, nicht konformes Codebeispiel 10.11 wird gezeigt. } Die Deklaration von an ohne Angabe der Größe des Arrays ist möglich.

Zusammenfassung

Das Kapitel befasste sich mit der Schichtenarchitektur von AUTOSAR, auf die sich die Automobilfirmen geeinigt haben.

Sie enthielt eine kurze Erläuterung der Softwarekomponenten in der Architektur und der angebotenen Dienste.

In diesem Kapitel wurden neben AUTOSAR auch die MISRA-Kodierungsstandards, die MISRA-Versionen und die Merkmale von MISRA diskutiert.

Danksagung
Eine maschinell erstellte Zusammenfassung auf der Grundlage der Arbeit von Yamili, Y. Catherine; Kathiresh, M.
2021 in

Ein Workflow für die automatische Codegenerierung von Sicherheitsmechanismen mittels modellbasierter Entwicklung
DOI: https://doi.org/10.1007/978-3-030-70006-5_17

Zusammenfassung
Modellbasierte Entwicklungstechniken (Model-Driven Development, MDD), wie z. B. die Modelldarstellung mit semi-formalen Entwurfssprachen und die automatische Codegenerierung aus solchen Modellen, können die Softwarequalität und die Produktivität der Entwickler erhöhen.

In diesem Beitrag wird ein Arbeitsablauf zur automatischen Generierung von Sicherheitsmechanismen aus Modelldarstellungen vorgestellt.

Sicherheitsmechanismen werden in Klassendiagrammen der Unified Modeling Language (UML) über Stereotypen zusammen mit dem Rest der Anwendung spezifiziert.

Das resultierende Modell enthält alle Informationen, die für die automatische Generierung von Quellcode für die Anwendung erforderlich sind, einschließlich der festgelegten Sicherheitsmechanismen.

Wir demonstrieren die Anwendung unseres Arbeitsablaufs, indem wir ihn auf die automatische Codegenerierung für die Überwachung von Zeitbeschränkungen zur Laufzeit anwenden.

Erweitert:

In diesem Beitrag wird ein Arbeitsablauf vorgestellt, mit dem Software-Sicherheitsmechanismen in einer semi-formalen Entwurfsprache modelliert und in einem weiteren Schritt automatisch produktiver Quellcode aus diesen Modellrepräsentationen erzeugt werden kann.

Einführung

Beide Techniken, halbformale Entwurfssprachen und automatische Codegenerierung, sind Teil der modellgetriebenen Entwicklung (MDD).

In diesem Beitrag wird ein Arbeitsablauf vorgestellt, mit dem Software-Sicherheitsmechanismen in einer semi-formalen Entwurfsprache modelliert und in einem weiteren Schritt automatisch produktiver Quellcode aus diesen Modellrepräsentationen erzeugt werden kann.

Die Modellierung und automatische Codegenerierung von Sicherheitsmechanismen, wie sie von unserem Ansatz vorgeschlagen werden, können dazu beitragen, die Anforderungen dieser Sicherheitsstandards zu erfüllen.

Die beiden Schlüsselkonzepte unseres Ansatzes, die Verwendung semi-formaler Entwurfssprachen und die automatische Codegenerierung, werden auch von der Sicherheitsnorm IEC 61508 [111] unterstützt, die eine generische Sicherheitsnorm für elektrische/elektronische/programmierbare elektronische sicherheitsrelevante Systeme ist.

Wir verwenden Zustandsdiagramme und undurchsichtiges Verhalten für die generierten Sicherheitsmechanismen, um den erforderlichen Detailgrad zu erfassen, so dass gängige MDD-Werkzeuge wie IBM Rational Rhapsody [112] oder Enterprise Architect [113] verwendet werden können, um aus dem Zwischenmodell produktiven Quellcode zu generieren.

Hintergrund

Wir gehen davon aus, dass eine (korrekte) Spezifikation der Sicherheitsanforderungen für das E/E/PE-System vorliegt (Schritt 9 des Lebenszyklus).

Unser Ansatz ermöglicht es Entwicklern, die Sicherheitsmechanismen mittels UML zu modellieren und anschließend automatisch den Quellcode für diese Sicherheitsmechanismen zu generieren.

Es gibt integrierte Entwicklungsumgebungen, die die Erstellung von UML-Modellen und die anschließende Codegenerierung aus diesen Modellen ermöglichen, z. B. [112–114].

Die MDD-Werkzeuge werden verwendet, um aus diesem UML-Modell Codeskelette zu generieren, d. h. Klassen, Variablen und Operationen ohne Implementierung.

Die in dieser Arbeit beschriebenen Modell-zu-Modell-Transformationen werden verwendet, um ein modifiziertes UML-Modell B zu erstellen, das die Sicherheitsmechanismen enthält.

Dieser generierte Code enthält die Sicherheitsmechanismen, die zuvor über die Modell-zu-Modell-Transformationen in das Modell B eingefügt worden sind.

Die Entwickler können ihre manuelle Implementierung nicht nur mit einem Codeskelett der Klassen, Attribute und Operationen beginnen, sondern auch mit den bereits für sie implementierten Sicherheitsmechanismen.

Arbeitsablauf

Einige Ansätze, wie z. B. [115], beschreiben bereits Sicherheitsmechanismen und ihre möglichen Softwarearchitekturen, stellen aber keinen Ansatz zur Modellierung und/oder automatischen Codegenerierung vor.

Diese Ansätze sind eine weitere Quelle für die Modellierung und automatische Codegenerierung von Sicherheitsmechanismen.

Für eine Modelldarstellung eines Sicherheitsmechanismus auf der Grundlage von UML-Stereotypen muss ein geeignetes UML-Modellelement identifiziert werden, auf das der Stereotyp angewendet werden kann.

Gibt es einen Sicherheitsmechanismus in einer Gruppe verwandter Ansätze, die sich nicht nur in ihren Konfigurationswerten, sondern auch in der Anzahl der Parameter unterscheiden, kann die Vererbung von Stereotypen zur Darstellung dieser Varianten verwendet werden.

Die Konfigurationsparameter des Sicherheitsmechanismus werden durch den UML-Stereotyp modelliert, d. h. sie sind zur Kompilierzeit bekannt.

Die erste Alternative erfordert die Erstellung einer neuen Klasse im Modell für jeden Satz eindeutiger Konfigurationsparameter für den Sicherheitsmechanismus.

Anwendungsbeispiel: Generierung von Mechanismen zur Überwachung von Zeitbeschränkungen

Die Entwickler können auch den Namen einer Operation angeben, die zur Fehlerbehandlung aufgerufen wird, wenn eine Zeitbeschränkung verletzt wurde.

Dazu gehören die klassische Terminüberwachung, bei der erst nach Beendigung des Vorgangs geprüft wird, ob die Zeitvorgabe eingehalten wurde (<>), sowie von Watchdogs inspirierte Mechanismen, die einen Alarm auslösen können, sobald eine Zeitvorgabe verletzt wurde, auch wenn der überwachte Vorgang noch nicht beendet ist.

Wenn die Zeit abläuft, bevor die Operation op beendet ist, hat der Watchdog eine Verletzung einer Zeitbeschränkung festgestellt.

Die Fehlerbehandlung für die oben beschriebene Terminüberwachung ist einfach: Wird am Ende des Vorgangs eine Zeitüberschreitung festgestellt, wird ein zuvor festgelegter Fehlerbehandlungsvorgang innerhalb desselben Threads aufgerufen.

Wird die Zeitbeschränkung verletzt, wird die zuvor festgelegte Fehlerbehandlung durchgeführt.

Verwandte Arbeiten
Sobald eine Reihe von Sicherheitsmechanismen für die Anwendung festgelegt wurde, kann unser Ansatz zur Modellierung und automatischen Generierung dieser Sicherheitsmechanismen verwendet werden.

Einige Ansätze, wie z. B. [116] oder [117], betrachten die Generierung von Sicherheitsmechanismen auf einer allgemeinen Anwendungsebene, ähnlich der in dieser Arbeit vorgestellten Idee.

Der in [116] vorgestellte Ansatz präsentiert eine eigene, textbasierte, domänenspezifische Modellierungssprache für die Generierung von Sicherheitsmechanismen in der Automobilindustrie.

Der in [117] vorgestellte Ansatz führt einen musterbasierten Ansatz für die Generierung von Sicherheitsmechanismen in ausfallsicheren Systemen ein.

Sie konzentrieren sich auf die Codegenerierung für die grundlegende UML, die a priori keine Sicherheitsmechanismen enthält.

Unser Ansatz bietet Modelldarstellungen in UML, um Sicherheitsmechanismen zu modellieren, und beschreibt die Modelltransformationen, die erforderlich sind, um daraus Code zu generieren.

Unser Ansatz ermöglicht es den oben genannten Tools, automatisch Sicherheitsmechanismen zu generieren.

Schlussfolgerung
Viele dieser Sicherheitsmechanismen sind zumindest teilweise anwendungsunabhängig und können daher automatisch generiert werden.

Wir schlagen einen modellgesteuerten Ansatz für die automatische Codegenerierung von Sicherheitsmechanismen vor.

Modell-zu-Modell-Transformationen verwenden die Informationen aus diesen Stereotypen und erzeugen die Sicherheitsmechanismen innerhalb des Anwendungsmodells.

In einem weiteren Schritt wird mit Hilfe gängiger MDD-Tools automatisch Quellcode erzeugt, der diese Sicherheitsmechanismen enthält.

Mit unserem Ansatz können mehr Sicherheitsmechanismen für die automatische Generierung bereitgestellt werden.

Danksagung
Eine maschinell erstellte Zusammenfassung basierend auf der Arbeit von Huning, Lars; Iyenghar, Padma; Pulvermüller, Elke
   2021 in

Der MISRA C Coding Standard und seine Rolle bei der Entwicklung und Analyse von sicherheitskritischer eingebetteter Software
DOI: https://doi.org/10.1007/978-3-319-99725-4_2

Kurzfassung – Zusammenfassung
MISRA C ist ein Kodierungsstandard, der eine Teilmenge der Sprache C definiert. Er war ursprünglich für den Automobilsektor bestimmt, wird aber inzwischen von allen Industriezweigen übernommen, die C-Software in sicherheitskritischen Kontexten entwickeln.

Wir stellen MISRA C vor, seine Rolle bei der Entwicklung kritischer Software, insbesondere in eingebetteten Systemen, seine Bedeutung für die Sicherheitsstandards der Industrie sowie die Herausforderungen bei der Arbeit mit einem allgemeinen Programmiersprachenstandard, der in natürlicher Sprache geschrieben ist und sich in den letzten 40 Jahren nur langsam entwickelt hat.
   Erweitert:
   Nachdem wir einige der Vor- und Nachteile der Sprache C für eingebettete Systeme erläutert haben und wie die unkontrollierte Verwendung von C mit den Anforderungen an die Sicherheit in Konflikt gerät, haben wir den Hintergrund, die Motivation und die Geschichte des MISRA-Projekts beschrieben.
   Unser letztendliches Ziel ist es, die Zusammenarbeit zwischen den Gemeinschaften zu fördern, die unserer Meinung nach sehr fruchtbar sein könnte: Die breite Einführung von MISRA C in der Industrie stellt einen Weg für eine breitere Einführung von formalen Methoden dar und ist eine gute Gelegenheit, die Forschung im Bereich der angewandten statischen Analyse auf die wichtigste Untergruppe der Programmiersprache C zu lenken.

Einführung
Absatz 3.5.1.5 führte zur Definition der Untermenge der Programmiersprache C, die später als MISRA C bezeichnet wurde. Die zitierten Texte zeigen zwar den Lauf der Zeit (heute würden wir die Dinge anders ausdrücken), sie zeugen jedoch von der Tatsache, dass die statische Analyse etwa zur gleichen Zeit als etablierter Forschungsbereich anerkannt wurde, als sie in der Industrie genügend Anerkennung fand, um in einem einflussreichen Leitfaden für die Automobilindustrie, einem der umsatzstärksten Wirtschaftszweige, ausdrücklich empfohlen zu werden.

Diese Tool-Anbieter sind an allen Fortschritten in der Forschung zur statischen Analyse interessiert, um die Anwendbarkeit und Nützlichkeit ihrer Tools zu verbessern und damit die Aufgabe der Überprüfung der Konformität mit den MISRA C-Leitlinien zu vereinfachen.

Die Sprache C
Trotz häufiger Kritik ist C nach wie vor eine der am häufigsten verwendeten Programmiersprachen überhaupt und die am häufigsten verwendete Sprache für die Entwicklung eingebetteter Systeme [118, 119].

C ermöglicht das Schreiben von kompaktem Code: Es zeichnet sich durch die Verfügbarkeit vieler eingebauter Operatoren, begrenzte Ausführlichkeit, ... aus. C ist durch internationale Standards definiert: Es wurde 1989 zunächst vom American National Standards Institute (diese Version der Sprache ist als ANSI C bekannt) und dann von der International Organization for Standardization (ISO) standardisiert [120–124].

Während alle kompilierten Sprachen eine Art Als-ob-Regel haben, die eine optimierte Kompilierung ermöglicht, ist eine Besonderheit von C, dass sie nicht vollständig definiert ist.

Das bedeutet, dass auf allen IA-32-Prozessoren ab dem Intel 286 eine direkte Abbildung der Rechtsverschiebung von C auf den entsprechenden Maschinenbefehl möglich ist: Aus Gründen der Schnelligkeit und der Einfachheit der Implementierung lässt C das Verhalten auch in diesem Fall undefiniert.

Die Schwäche der Sprache C ergibt sich aus ihrer Stärke: Unbestimmtes Verhalten ist die Folge von zwei Faktoren: 1.

MISRA C
Im Vergleich zu früheren Versionen deckt MISRA C:2012 mehr sprachliche Aspekte ab und bietet eine genauere Spezifikation der Richtlinien mit verbesserten Begründungen und Beispielen.

Obligatorisch: C-Code, der MISRA C entspricht, muss alle verbindlichen Richtlinien einhalten; Abweichungen sind nicht zulässig.

Erforderlich: C-Code, der mit MISRA C übereinstimmt, muss alle geforderten Richtlinien erfüllen; ist dies nicht der Fall, ist eine formale Abweichung erforderlich.

Die Annahme von MISRA Compliance:2016 [125] ermöglicht es, beratende Leitlinien auf „Nicht angewandt" herabzustufen, wenn eine Prüfung der Konformität als nicht sinnvoll erachtet wird, z. B. im Falle eines angenommenen Codes, der nicht so entwickelt wurde, dass er den MISRA C-Leitlinien entspricht.

Jede MISRA C-Regel ist als entscheidbar oder unentscheidbar gekennzeichnet, je nachdem, ob die Frage „Ist dieser Code konform?" beantwortet werden kann.

Statische Analyse und MISRA C

Die meisten MISRA C-Richtlinien sind entscheidbar und können daher durch Algorithmen überprüft werden, die keine nichttrivialen Annäherungen an den Wert von Programmobjekten benötigen und keine nichttrivialen Kontrollflussinformationen benötigen.

Die Attribute sind die folgenden: Kontrollfluss: Um alle potenziellen Verstöße mit einer geringen Falsch-Positiv-Rate zu erkennen, muss eine Annäherung berechnet werden, die es ermöglicht, den Kontrollfluss innerhalb des Programms mit relativ hoher Präzision zu beobachten; Datenfluss: Um alle potenziellen Verstöße mit einer geringen Falsch-Positiv-Rate zu erkennen, muss eine Annäherung berechnet werden, die es ermöglicht, die möglichen Werte von Objekten mit relativ hoher Präzision zu beobachten; dies wird durch zwei Unterattribute weiter verfeinert: points-to: Die Beobachtung der Werte von Zeigerobjekten ist wichtig; arithmetisch: Die Beobachtung der Werte anderer (d. h., Nicht-Zeiger-Objekten (einschließlich Zeiger-Offsets) ist wichtig.

Diskussion

Der Einsatz von MISRA C in seinem eigentlichen Kontext ist Teil einer Strategie zur Fehlervermeidung, die wenig mit der Fehlersuche, d. h. der Anwendung automatischer Techniken zur Erkennung von Softwarefehlern, gemein hat.

Diese Tatsache hat einige kontraintuitive Konsequenzen für den Einsatz der statischen Analyse, die natürlich sowohl für die Fehlersuche als auch für die (teilweise) Automatisierung der MISRA C-Konformitätsprüfung entscheidend ist.

Die Verwendung desselben intelligenten Algorithmus zur Sicherstellung der Einhaltung von Regel 9.1 birgt die Gefahr, dass der Buchstabe von MISRA C befolgt wird, nicht aber sein Geist.

Die Sicherstellung der Einhaltung von Regel 9.1 durch eine tiefgehende semantische Analyse ist kontraproduktiv für das Endziel des Prozesses, zu dem MISRA C gehört.

Ein weiterer Bereich, in dem ein erhebliches Potenzial für die Zusammenarbeit zwischen der Gemeinschaft der statischen Analyse und dem MISRA C-Ökosystem besteht, sind die Programmkommentare.

Schlussfolgerung

Nachdem wir einige der Vor- und Nachteile der Sprache C für eingebettete Systeme erläutert haben und wie die unkontrollierte Verwendung von C mit den Anforderungen an die Sicherheit in Konflikt gerät, haben wir den Hintergrund, die Motivation und die Geschichte des MISRA-Projekts beschrieben.

Wir haben erläutert, wie die MISRA C-Richtlinien eine standardisierte, strukturierte Teilmenge der Sprache C definieren, wodurch es für Code, der diesen Richtlinien folgt (möglicherweise mit gut dokumentierten Abweichungen), einfacher wird, zu überprüfen, ob wichtige und notwendige Sicherheitseigenschaften gegeben sind.

Wir haben sowohl die Rolle der statischen Analyse bei der automatischen Überprüfung der Konformität mit MISRA C als auch die Rolle der MISRA C-Sprachuntermenge bei der Ermöglichung einer breiteren Anwendung formaler Methoden auf industrielle Software skizziert.

Danksagung
Eine maschinell erstellte Zusammenfassung basierend auf der Arbeit von Bagnara, Roberto; Bagnara, Abramo; Hill, Patricia M.
2018 in

Literatur

1. Kosar T, Mernik M, Carver JC (2012) Program comprehension of domain-specific and general-purpose languages: comparison using a family of experiments. Empir Softw Eng 17(3):276–304
2. Voelter M, Ratiu D, Tomassetti F (2013) Requirements as first-class citizens: integrating requirements closely with implementation artifacts. In: ACESMB@ MoDELS
3. Ratiu D, Voelter M (2016) Automated testing of DSL implementations. In: 11th IEEE/ACM international workshop on automation of software test (AST 2016). Austin
4. Pajic M, Jiang Z, Lee I, Sokolsky O, Mangharam R (2014) Safety-critical medical device development using the UPP2F model translation tool. ACM Trans Embed Comput Syst (TECS) 13(4s):127
5. Whalen MW, Heimdahl MPE (1999) An approach to automatic code generation for safety-critical systems. In: 14th IEEE international conference on automated software engineering (IEEE). Cocoa Beach, S 315–318
6. BigLever Software, Inc (2011) BigLever software gears Benutzerhandbuch. Austin
7. Thiel S, Hein A (2002) Modellierung und Nutzung von Produktlinienvariabilität in Automobilsystemen. IEEE Softw 19(4):66–72
8. Streitferdt D (2002) Integration aktueller Modelle zum familienorientierten Requirements Engineering. In: Proceedings of the 3rd international workshop on software product lines: economics, architectures, and implications. Toronto
9. Buhne S, Lauenroth K, Pohl K, Weber M (2004) Modeling features for multi-criteria product lines in the automotive industry. In: Proceedings of the software engineering for automotive systems workshop (W14S). IET, Scotland
10. Krueger C, Clements P (2012) Systems and software product line engineering with BigLever software gears. In: Proceedings of the 16th international software product line conference (SPLC16). ACM, Beijing, S 256–259
11. Flores R, Krueger C, Clements P (2012) Mega-scale product line engineering at general motors. In: Proceedings of the 16th international software product line conference (SPLC16). ACM, Beijing, S 259–268
12. Aranda J, Damian D, Borici A (2012) Transition to model-driven engineering: what is revolutionary, what remains the same. In: Model driven engineering languages and systems (MODELS). Springer, Berlin, S 692–708

13. Cottenier T, Van Den Berg A, Elrad T (2007) The motorola WEAVR: model weaving in a large industrial context. In: Aspect-oriented software development (AOSD), Bd 32. Vancouver, Kanada
14. Mohagheghi P, Dehlen V (2008) Where is the proof?: a review of experiences from applying MDE in industry. In: European conference on model driven architecture-foundations and applications (ECMDA-FA). Springer, Berlin, S 432–443
15. Teppola S, Parviainen P, Takalo J (2009) Challenges in deployment of model driven development. In: International conference on software engineering advances (ICSEA), Porto, Portugal, S 15–20
16. Brunelière H, Cabot J, Clasen C, Jouault F, Bézivin J (2010) Towards model driven tool interoperability: bridging eclipse and microsoft modeling tools. In: European conference on modelling foundations and applications (ECMFA), Bd 6138. Paris, Frankreich, S 32–47
17. Bézivin J, Bruneliere H, Jouault F, Kurtev I (2005) Model engineering support for tool interoperability. In: Workshop in software model engineering (WiSME), Bd 2. Montego Bay, Jamaika
18. Doyle D, Geers H, Graaf B, Van Deursen A (2006) Migrating a domain-specific modeling infrastructure to MDA technology. In: International workshop on metamodels, schemas, grammars, and ontologies for reverse engineering (ateM). Genua, Italien
19. Fleurey F, Breton E, Baudry B, Nicolas A, Jézéquel J-M (2007) Model-driven engineering for software migration in a large industrial context. In: Model driven engineering languages and systems (MoDELS). Springer, Berlin, S 482–497
20. Ågren SM, Knauss E, Heldal R, Pelliccione P, Malmqvist G, Bodén J (2018) The manager perspective on requirements impact on automotive systems development speed. In: 2018 IEEE 26th international requirements engineering conference (RE), S 17–28. https://doi.org/10.1109/RE.2018.00-55
21. Leffingwell D (2016) SAFe® 4.0 reference guide: scaled agile framework® for lean software and systems engineering. Addison-Wesley Professional, Boston
22. Gorschek T, Wohlin C (2003) Identifizierung von Verbesserungsproblemen mit Hilfe eines leichtgewichtigen Triangulationsansatzes. In: The European software process improvement conference. Graz, Österreich
23. Gorschek T, Wohlin C (2004) Paketierung von Fragen der Software-Prozessverbesserung – eine Methode und eine Fallstudie. Software: Praxis & Erfahrung 34:1311–1344
24. Humphrey WS (1989) Management des Softwareprozesses. Addison-Wesley, Reading
25. Pettersson F, Ivarsson M, Gorschek T, Öhman P (2008) A practitioners guide to light weight software process assessment and improvement planning. J Syst Softw 81(6):972–995
26. Vanden Heuvel LN, Lorenzo DK, Hanson WE, Jackson LO, Rooney JR, Walker DA (2008) Handbuch zur Ursachenanalyse – Ein Leitfaden für eine effiziente und effektive Untersuchung von Vorfällen, 3. Aufl. ABS Consulting ed. Rothstein Associates Inc., Houston
27. Wilson PF, Dell LD, Anderson GF (1993) Root Cause Analysis – ein Werkzeug für das gesamte Qualitätsmanagement. Amerikanische Gesellschaft für Qualität, Milwaukee
28. Morgan JM, Liker JK (2006) Das Toyota-Produktentwicklungssystem: Integration von Mensch, Prozess und Technologie. Productivity, New York
29. El Emam KD, Goldenson DJ, McCurley J, Herbsleb J (2001) Modellierung der Wahrscheinlichkeit von Software-Prozessverbesserungen: eine explorative Studie. Empirische Softwaretechnik 6(3):207–229
30. Conradi R, Fugetta A (2002) Verbesserung der Software-Prozessverbesserung. IEEE Softw 19(4):92–100
31. Lachmann R, Schaefer I (2014) Für effizientes und effektives Testen in der automobilen Softwareentwicklung. In: GI-Jahrestagung, Berlin, S 2181–2192

32. ISTQB (2015) Standardglossar der im Softwaretest verwendeten Begriffe Online verfügbar. http://glossar.german-testing-board.info
33. Lachmann R, Schaefer I (2013) Herausforderungen beim Testen von Fahrerassistenzsystemen. In 11th workshop automotive software engineering (ASE). Toronto
34. Garousi V, Felderer M, Kuhrmann M, Herkiloğlu K (2017) What industry wants from academia in software testing?: hearing practitioners' opinions. In: Proceedings of the 21st international conference on evaluation and assessment in software engineering (EASE '17). Karlskrona, S 65–69
35. Kasoju A, Petersen K, Mäntylä MV (2013) Analyzing an automotive testing process with evidence-based software engineering. Inf Softw Technol 55(7):1237–1259
36. Sundmark D, Petersen K, Larsson S (2011) An exploratory case study of testing in an automotive electrical system release process. In: Proceedings of the 6th IEEE international symposium on industrial embedded systems (SIES '11). Vasteras, S 166–175
37. Broy M (2006) Herausforderungen bei der Softwareentwicklung im Automobilbereich. In: Proceedings of the 28th international conference on software engineering (ICSE '06). Shanghai, S 33–42
38. Grimm K (2003) Softwaretechnologie in einem Automobilunternehmen: große Herausforderungen. In: Proceedings of the 25th international conference on software engineering (ICSE '03). Portland, S 498–503
39. Pretschner A, Broy M, Kruger IH, Stauner T (2007) Software-Engineering für automobile Systeme: ein Fahrplan. In: Proceedings of the 29th international conference on software engineering (ICSE '07). Washington, DC, S 55–71
40. Usha M, Ramakrishnan B (2019) MCTRP-an energy efficient tree routing protocol for vehicular ad hoc network using genetic whale optimization algorithm. J Wirel Pers Commu 110:185–206
41. Sathiamoorthy J, Ramakrishnan B (2017) STFDR: architecture of competent protocol for efficient route discovery and reliable transmission in CEAACK MANETs. J Wirel Pers Commun 97:5817–5839
42. Usha M, Sathiamoorthy J, Ashween R, Ramakrishnan BN (2020) EEMCCP-a novel architecture protocol design for efficient data transmission in underwater acoustic wireless sensor network. Int J Comput Netw and Appl 7(2):28–42
43. Ambreen T, Ikram N, Usman M, Niazi M (2018) Empirical research in requirements engineering: trends and opportunities. Requir Eng 23(1):63–95. https://doi.org/10.1007/s00766-016-0258-2
44. Schön EM, Winter D, Escalona MJ, Thomaschewski J (2017) Key challenges in agile requirements engineering. In: Baumeister H, Lichter H, Riebisch M (Hrsg) Agile processes in software engineering and extreme programming. Springer International Publishing, Cham, S 37–51
45. Kasauli R, Liebel G, Knauss E, Gopakumar S, Kanagwa B (2017) Requirements engineering challenges in large-scale agile system development. In: 2017 IEEE 25th international requirements engineering conference (RE). IEEE, Lisbon, S 352–361
46. Inayat I, Salim SS, Marczak S, Daneva M, Shamshirband S (2015) A systematic literature review on agile requirements engineering practices and challenges. Comput Hum Behav 51:915–929
47. Liebel G, Tichy M, Knauss E, Ljungkrantz O, Stieglbauer G (2018) Organisations- und Kommunikationsprobleme im Automotive Requirements Engineering. Requir Eng J 23(1):145–167. https://doi.org/10.1007/s00766-016-0261-7. Online first: 2016
48. Karlsson L, Dahlstedt ÅG, Regnell B, och Dag JN, Persson A (2007) Requirements Engineering challenges in market-driven software development-an interview study with practitioners. Inf Softw Technol 49(6):588–604

49. Besrour S, Rahim LBA, Dominic P (2016) Eine quantitative Studie zur Identifizierung kritischer Herausforderungen beim Requirements Engineering im Kontext kleiner und mittlerer Softwareunternehmen. In: Computer and information sciences (ICCOINS), 2016 3rd international conference on. IEEE, Kuala Lumpur, S 606–610
50. Liu L, Li T, Peng F (2010) Why requirements engineering fails: Ein Umfragebericht aus China. In: Proceedings of the 2010 18th IEEE international requirements engineering conference, RE 10. IEEE Computer Society, Los Alamitos, S 317–322. https://doi.org/10.1109/RE.2010.45
51. Soltani M, Knauss E (2015) Challenges of requirements engineering in AUTOSAR ecosystems. In: 2015 IEEE 23rd international requirements engineering conference (RE). IEEE, Ottawa, S 294–295
52. Birk A, Heller G (2007) Challenges for requirements engineering and management in software product line development. In: International working conference on requirements engineering: foundation for software quality. Springer, Berlin/Heidelberg, S 300–305
53. Sabaliauskaite G, Loconsole A, Engström E, Unterkalmsteiner M, Regnell B, Runeson P, Gorschek T, Feldt R (2010) Challenges in aligning requirements engineering and verification in a large-scale industrial context. In: International working conference on requirements engineering: foundation for software quality. Springer, Berlin/Heidelberg, S 128–142
54. Sahibzada MB, Zowghi D (2012) Service oriented requirements engineering: practitioner's perspective. In: International conference on service-oriented computing. Springer, Berlin/Heidelberg, S 380–392
55. Bano M, Zowghi D, Ikram N, Niazi M (2013) What makes service oriented requirements engineering challenging? A qualitative study. IET Softw 8(4):154–160
56. Asghar S, Umar M (2010) Herausforderungen des Anforderungsmanagements bei der Entwicklung von Softwareanwendungen und der Auswahl von Standardkomponenten (Customer-off-the-shelf). Int J Softw Eng 1(1):32–50
57. Shah T, Patel V (2014) A review of requirement engineering issues and challenges in various software development methods. Int J Comput Appl 99(15):36–45
58. Laplante PA (2017) Requirements engineering for software and systems, 3. Aufl. Auerbach Publications, Boca Raton
59. Spearman C (1987) Der Nachweis und die Messung der Assoziation zwischen zwei Dingen. Am J Psychol 100(3/4):441–471
60. ENISA (2017) Cyber-Sicherheit und Widerstandsfähigkeit von intelligenten Autos. https://www.enisa.europa.eu/publications/cyber-security-and-resilience-of-smart-cars
61. Weimerskirch A, Paar C, Wolf M (2006) Sichere Kommunikation im Fahrzeug. Springer, Berlin
62. Awais Hassan M, Habiba U, Ghani U, Shoaib M (2019) A secure message-passing framework for inter-vehicular communication using blockchain. Int J Distrib Sensor Netw 15(2)
63. Gkogkidis A, Giachoudis N, Spathoulas G, Anagnostopoulos I (2019) Implementing a blockchain infrastructure on top of vehicular ad hoc networks. Adv Intell Syst Comput 879:764–771
64. Li L, Liu J, Cheng L, Qiu S, Wang W, Zhang X, Zhang Z (2018) CreditCoin: a privacy-preserving blockchain-based incentive announcement network for communications of smart vehicles. IEEE Trans Intell Transp Syst 19(7):2204–2220
65. Liu Y-N, Lv S-Z, Xie M, Chen Z-B, Wang P (2019) Dynamic anonymous identity authentication (daia) scheme for vanet. Int J Commun Syst 32(5)
66. Ortega V, Bouchmal F, Monserrat JF (2018) Trusted 5g vehicular networks: blockchains and content-centric networking. IEEE Veh Technol Mag 13(2):121–127
67. Zhang X, Li R, Cui B (2019) A security architecture of vanet based on blockchain and mobile edge computing, S 258–259
68. Lamport L (1981) Password authentication with insecure communication. Commun ACM 24(11):770–772

69. IEEE-Standard für den drahtlosen Zugang in Fahrzeugumgebungen, Sicherheitsdienste für Anwendungen und Verwaltungsmeldungen. IEEE Std 1609.2-2013 (Revision von IEEE Std 1609.2-2006), S 1–289, April 2013
70. Li B, Peng Z, Hou P, He M, Anisetti M, Jeon G (2019) Reliability and capability based computation offloading strategy for vehicular ad hoc clouds. J Cloud Comput 8(1):1–14
71. Hou X, Ren Z, Wang J, Cheng W, Ren Y, Chen K-C, Zhang H (2020) Reliable computation offloading for edge-computing-enabled software-defined iov. IEEE Internet Things J 7(8):7097–7111
72. Liu Y, Yu H, Xie S, Zhang Y (2019) Deep Reinforcement Learning for offloading and resource allocation in vehicle edge computing and networks. IEEE Trans Veh Technol 68(11):11158–11168
73. Feng L, Li W, Lin Y, Zhu L, Guo S, Zhen Z (2020) Joint computation offloading and urllc resource allocation for collaborative mec assisted cellular-v2x networks. IEEE Access 8:24914–24926
74. Tang G, Guo D, Wu K, Liu F, Qin Y (2020) Qos guaranteed edge cloud resource provisioning for vehicle fleets. IEEE Trans Veh Technol 69(6):5889–5900
75. Xiao K, Shi W, Gao Z, Yao C, Qiu X (2020) Daer: a resource preallocation algorithm of edge computing server by using blockchain in intelligent driving. IEEE Internet Things J 7(10):9291–9302
76. Dai Y, Xu D, Maharjan S, Zhang Y (2018) Joint load balancing and offloading in vehicular edge computing and networks. IEEE Internet Things J 6(3):4377–4387
77. Xu X, Xue Y, Li X, Qi L, Wan S (2019) A computation offloading method for edge computing with vehicle-to-everything. IEEE Access 7:131068–131077
78. Khayyat M, Elgendy IA, Muthanna A, Alshahrani AS, Alharbi S, Koucheryavy A (2020) Advanced deep learning-based computational offloading for multilevel vehicular edge-cloud computing networks. IEEE Access 8:137052–137062
79. Jindal A, Aujla GS, Kumar N (2019) Survivor: a blockchain based edge-as-a-service framework for secure energy trading in SDN-enabled vehicle-to-grid environment. Comput Netw 153:36–48
80. Aujla GS, Jindal A (2020) A decoupled blockchain approach for edge-envisioned iot-based healthcare monitoring. IEEE J Sel Areas Commun 39:491–499
81. Sun Y, Song J, Zhou S, Guo X, Niu Z (2018) Task replication for vehicular edge computing:, A combinatorial multi-armed bandit based approach. arXiv: 1807.05718
82. Su Z, Hui Y, Xu Q, Yang T, Liu J, Jia Y (2018) An edge caching scheme to distribute content in vehicular networks. IEEE Trans Veh Technol. https://doi.org/10.1109/TVT.2018.2824345
83. Darwish TS, Bakar KA (2018) Fog based intelligent transportation big data analytics in the internet of vehicles environment: Motivationen, Architektur, Herausforderungen und kritische Punkte. IEEE Access 6:15679–15701
84. Iqbal R, Butt TA, Shafique MO, Talib MWA, Umer T (2018) Context-aware data-driven intelligent framework for fog infrastructures in internet of vehicles. IEEE Access 6:58182–58194
85. Chen X, Wang L (2017) Exploring fog computing-based adaptive vehicular data scheduling policies through a compositional formal method-PEPA. IEEE Commun Lett 21(4):745–748
86. Liu J, Wan J, Zeng B, Wang Q, Song H, Qiu M (2017) A scalable and quick-response software defined vehicular network assisted by mobile edge computing. IEEE Commun Mag 55(7):94–100
87. Huang X, Yu R, Kang J, He Y, Zhang Y (2017) Exploring mobile edge computing for 5g-enabled software defined vehicular networks. IEEE Wirel Commun 24(6):55–63
88. Li M, Si P, Zhang Y (2018) Delay-tolerant data traffic to software-defined vehicular networks with mobile edge computing in smart city. IEEE Trans Veh Technol 67(10):9073–9086

89. Soua A, Tohme S (2018) Multi-level SDN with vehicles as fog computing infrastructures: Eine neue integrierte Architektur für 5g-VANETs. In: Proceedings of the 21st conference on innovation in clouds, internet and networks and workshops (ICIN). Paris, S 1–8
90. Soleymani SA, Abdullah AH, Zareei M, Anisi MH, Vargas-Rosales C, Khan MK, Goudarzi S (2017) A secure trust model based on fuzzy logic in vehicular ad hoc networks with fog computing. IEEE Access 5:15619–15629
91. Buttazzo GC, Lipari G, Abeni L (1998) Elastic task model for adaptive rate control. In: RTSS
92. Steere DC, Goel A, Gruenberg J, McNamee D, Pu C, Walpole J (1999) A feedback-driven proportion allocator for real-rate scheduling. In: OSDI
93. Lu C, Wang X, Koutsoukos X (2004) End-to-end utilization control in distributed real-time systems. In: ICDCS
94. Lu C, Wang X, Koutsoukos X (2005) Feedback utilization control in distributed real-time systems with end-to-end tasks. In: IEEE transactions on parallel and distributed systems
95. Wang X, Jia D, Lu C, Koutsoukos X (2007) DEUCON: dezentrale End-to-End-Auslastungskontrolle für verteilte Echtzeitsysteme. IEEE Trans Parallel Distrib Syst 18(7):996–1009
96. Davare A, Zhu Q, Di Natale M, Pinello C, Kanajan S, Sangiovanni-Vincentelli A (2007) Period optimization for hard real-time distributed automotive systems. In: DAC
97. Chen Y, Lu C, Koutsoukos X (2007) Optimal discrete rate adaptation for distributed real-time systems. In: RTSS
98. Greco L, Fontanelli D, Bicchi A (2010) Design and stability analysis for anytime control via stochastic scheduling. In: IEEE transactions on automatic control.
99. Chen M, Nolan C, Wang X, Adhikari S, Li F, Qi H (2009) Hierarchical utilization control for real-time and resilient power grid. In: ECRTS
100. Feld T. Biondi A, Davis RI, Buttazzo G, Slomka F (2018) A survey of schedulability analysis techniques for rate-dependent tasks. J Syst Softw 138:100–107
101. Becker M, Dasari D, Mubeen S, Behnam M, Nolte T (2017) End-to-end timing analysis of cause-effect chains in automotive embedded systems. J Syst Archit 80:104–113
102. Rajeev A, Mohalik S, Dixit MG, Chokshi DB, Ramesh S (2010) Schedulability and end-to-end latency in distributed ECU networks: modeling and precise estimation. In: EMSOFT
103. Feiertag N, Richter K, Nordlander J, Jonsson J (2009) A framework for end-to-end path delay calculation of automotive systems under different path semantics. In: RTSS
104. Buttazzo GC, Bini E, Buttle D (2014) Rate-adaptive tasks: model, analysis, and design issues. In: DATE
105. Kim JE, Rogalla O, Kramer S, Hamann A (2009) Extracting, specifying and predicting software system properties in component based real-time embedded software development. In: ICSE
106. ISO/IEC, S.: ISO/IEC 42010 systems and software engineering-architectural description. In: Internationaler Standard ISO/IEC, Bd. 42010 (2011)
107. Eder J. Zverlov S, Voss S, Khalil M, Ipatiov A (2017) Bringing DSE to life: exploring the design space of an industrial automotive use case. In: 2017 ACM/IEEE 20th international conference on model driven engineering languages and systems (MODELS). https://doi.org/10.1109/MODELS.2017.36
108. Eder J, Bahya A, Voss S, Ipatiov A, Khalil M (2018) From deployment to platform exploration: automatic synthesis of distributed automotive hardware architectures. In: Proceedings-21st ACM/IEEE international conference on model driven engineering languages and systems, MODELS 2018. https://doi.org/10.1145/3239372.3239385

109. Bo H, Hui D, Dafang W, Guifan Z (2010) Basic concepts on AUTOSAR development. In: 2010 international conference on intelligent computation technology and automation, Changsha, S 871–873. https://doi.org/10.1109/ICICTA.2010.571
110. Ward D (1998–2019) MISRA https://www.misra.org.uk. Zugegriffen am 01.07.2020
111. IEC 61508 Ausgabe 2.0. Funktionale Sicherheit für elektrische/elektronische/programmierbare elektronische sicherheitsbezogene Systeme (2010)
112. IBM. Rational Rhapsody Developer (2020). https://www.ibm.com/us-en/marketplace/uml--tools. Zugegriffen am 20.08.2020
113. Enterprise Architect (2020). https://sparxsystems.com/products/ea/index.html. Zugegriffen am 20.08.2020
114. Die Eclipse Foundation. Eclipse Papyrus Modeling Environment (2020). https://www.eclipse.org/papyrus. Zugegriffen am 20.08.2020
115. Saridakis T (2009) Design patterns for graceful degradation. In: Noble J, Johnson R (Hrsg) Transactions on pattern languages of programming I, LNCS, Bd 5770. Springer, Heidelberg, S 67–93. https://doi.org/10.1007/978-3-642-10832-7_3
116. Trindade RFB, Bulwahn L, Ainhauser C (2014) Automatisch generierte Sicherheitsmechanismen aus semi-formalen Software-Sicherheitsanforderungen. In: Bondavalli A, Di Giandomenico F (Hrsg) SAFECOMP 2014, LNCS, Bd 8666. Springer, Cham, S 278–293. https://doi.org/10.1007/978-3-319-10506-2_19
117. Penha D, Weiss G, Stante A (2015) Pattern-based approach for designing fail-operational safety-critical embedded systems. In: 2015 IEEE 13th international conference on embedded and ubiquitous computing, S 52–59. https://doi.org/10.1109/EUC.2015.14
118. Barr Group, Germantown, MD, USA: Embedded systems safety & security survey, Februar 2018. http://www.barrgroup.com/
119. VDC Research, Natick, MA, USA: 2011 Embedded engineer survey, August 2011
120. ISO/IEC: ISO/IEC 9899:1990: Programmiersprachen – C. ISO/IEC, Genf, Schweiz (1990)
121. ISO/IEC: ISO/IEC 9899:1990/AMD 1:1995: Programmiersprachen – C. ISO/IEC, Genf, Schweiz (1995)
122. ISO/IEC: ISO/IEC 9899:1999: Programmiersprachen – C. ISO/IEC, Genf, Schweiz (1999)
123. ISO/IEC: ISO/IEC 9899:1999/Cor 3:2007: Programmiersprachen – C. ISO/IEC, Genf, Schweiz, Technical Corrigendum 3 edn. (2007)
124. ISO/IEC: ISO/IEC 9899:2011: Programmiersprachen – C. ISO/IEC, Genf, Schweiz (2011)
125. MISRA: MISRA Compliance:2016 – Einhaltung der MISRA-Kodierrichtlinien. HORIBA MIRA Ltd, Nuneaton, Warwickshire CV10 0TU, UK, April 2016

Software-Tests

Fabian Wolf

Einführung von Fabian Wolf

Das Testen von Software ist in der Automobilindustrie eine besondere Disziplin, da von der abstrakten Ebene der Gesamtfahrzeugbedienung bis hin zum einzelnen Bit der Software die Verifizierung von Kundenanforderungen und gesetzlichen Vorgaben beidseitig erforderlich ist. Dazu sind die etablierten und teilweise vorgeschriebenen Testverfahren und -werkzeuge vom bitweisen Software-Debugger bis hin zum Fahrzeug, das die Kundenfunktionen auf der Erprobungsstrecke validiert, gängige Praxis. Die maschinengenerierten Abstracts und Artikel konzentrieren sich auf verschiedene spezifische Aspekte, die die in der Standardliteratur beschriebenen allgemeineren Prinzipien inhaltlich ergänzen.

Im Abschnitt über Modultests wird die Generierung von Black-Box-Testfällen durch Diversität eingeführt, bevor die generierten White-Box-Tests klassifiziert werden. Für Software-Integrationstests wird ein Simulator in Verbindung mit einem verteilten Co-Simulationsprotokoll für automatisierte Fahrtests vorgestellt. Diese Konzepte sind unabhängig vom Anwendungsbereich der Automobilindustrie.

Für den Systemintegrationstest liefern Veröffentlichungen über die Kommunikation von elektrischen Fensterhebern im Automobil mit DTC-Algorithmus und Hardware-in-the-Loop-Tests ein praktisches Beispiel aus dem Bereich der Komfortanwendungen. Der effizienten Schätzung von Betriebsparametern für ein simuliertes Plug-in-Hybrid-Elektrofahrzeug folgt ein praktischer Erfahrungsbericht über die Anwendung genetischer Algorithmen zur Kostenreduzierung des Softwarevalidierungsprozesses im Automobilsektor während eines Motorsteuerungsprojekts. Die modellbasierte Ressourcenanalyse und -synthese dienstleistungsorientierter automobiler Softwarearchitekturen führt in den Aspekt

F. Wolf (✉)
Technische Universität Clausthal, Clausthal-Zellerfeld, Deutschland
E-Mail: fabsw@gmx.de

der Erfüllung nicht-funktionaler Randbedingungen ein, bevor Simulationsmethoden und -werkzeuge für kollaborative eingebettete Systeme mit Fokus auf die automobilen Smart Ecosystems vorgestellt werden.

Maschinell erstellte Zusammenfassungen

Maschinell erzeugte Schlüsselwörter: Simulation, Prüfung, Test, Baum, Werkzeug, Erzeugung, Motor, hil, Validierung, Fehler, kollaborativ, Leistung, Fenster, Eingang, Rahmen

4.1. Modul Test

Maschinell erzeugte Schlüsselwörter: Erzeugung, Test, Fehler, Eingabe, Baum, Code, erzeugen, Entwickler, Region, Programm, Klassifizierung, Fehlererkennung, Defekt, fehlerhaft, Fall

Black-Box-Baumtestfallgenerierung durch Diversität
DOI: https://doi.org/10.1007/s10515-018-0232-y

Kurzfassung – Zusammenfassung
Ein einfacher Ansatz besteht darin, Zufallsbäume als Testfälle zu generieren [Random Testing (RT)]; der RT-Ansatz ist jedoch nicht sehr effektiv.

Wir untersuchen und erweitern die Blackbox-Baumtestfall-Generierungsansätze.
    Wir stellen ein neuartiges Modell vor, das eine bessere Testfallgenerierung ermöglicht und auf der Idee basiert, die Diversität eines Baumtestsatzes zu messen.
    Eine empirische Studie mit vier realen Programmen zeigt, dass die generierten Baumtestfälle besser abschneiden als die mit anderen Methoden generierten Testfälle.
    Erweitert:
    Sie werden erweitert, um Baumtestfälle zu erzeugen.
    ARTOO wird angepasst, um Baumtestfälle durch Anwendung einer Baumabstandsfunktion zu erzeugen.
    Wir verwenden K = 10, um mit dem FSCS übereinzustimmen.
    Wir haben ein GA mit einer auf Diversität basierenden Fitnessfunktion verwendet, um eine vielfältige Menge von Testfällen zu erzeugen.
    Wir haben festgestellt, dass 1 % die besten Ergebnisse liefert und deshalb wird dieser Wert verwendet.

Einführung
Daraufhin haben wir einen neuen Ansatz zur Generierung von String-Testfällen vorgeschlagen, da viele Programme Strings als Eingabe verwenden [1].

Um einen vielfältigen Satz von Baumtestfällen zu erzeugen, wird eine Fitnessfunktion entwickelt, die die Vielfalt eines Testsatzes misst.

Untersuchung der Auswirkungen der Erzeugung verschiedener Baumtestfälle auf die Fehlererkennungsleistung.

Die empirische Untersuchung der Baumtestfall-Generierungsmethoden durch einen Mutationsansatz an vier realen Programmen.

Beobachtung der Auswirkungen der Anwendung von sechs verschiedenen Baumabstandsfunktionen auf Baumgenerierungsmethoden und Vergleich der Effektivität der generierten Testfälle im Hinblick auf die Fehlererkennung.

Wir zeigen, dass die in unserer früheren Arbeit (EST) vorgeschlagene Baumdistanzfunktion [2] bei der Generierung von Testfällen auf der Grundlage von Diversität eine bessere Leistung aufweist.

Sie werden erweitert, um Baumtestfälle zu erzeugen.

Abstraktes Modell des Testfalls
Die in dieser Arbeit untersuchten Methoden zur Generierung von Testfällen können auf jedes System angewendet werden, bei dem die Eingabe in das System durch einen Baum modelliert werden kann.

Die Anzahl der erforderlichen Etiketten wird auf der Grundlage der zu prüfenden Software festgelegt.

Für jede zu testende Software muss der Benutzer das abstrakte Baummodell für diese Software definieren und dann die Testfallgenerierungsmethoden ausführen, um die Testfälle zu erstellen.

Die generierten Testfälle sind abstrakte Testfälle, die entsprechend der zu testenden Software in konkrete Testfälle übersetzt werden müssen.

Der Übersetzungsprozess eines abstrakten Baums in ein konkretes Modell ist derselbe, wobei jeder Knoten auf der Grundlage seiner Bezeichnung in ein XML-Element umgewandelt werden sollte.

Methoden zur Erzeugung von Baumtestfällen
Die Anfangspopulation des Genetischen Algorithmus (GA), eines evolutionären Algorithmus, wird nach dem Zufallsprinzip erzeugt; der GA wird zur Generierung von Testfällen verwendet.

Bei FSCS wird als erster Testfall ein zufälliger Baum erzeugt.

Um die restlichen Testfälle zu erstellen, wird für jeden Baumtestfall eine Kandidatenmenge fester Größe (K) nach dem Zufallsprinzip erzeugt.

Um die Größenverteilung der Bäume innerhalb einer Testmenge zu kontrollieren, wird eine zweite Fitnessfunktion entwickelt.

Neben der auf Diversität basierenden Fitnessfunktion kann auch die Verteilung der Größe der erzeugten Bäume von Bedeutung sein.

Wir argumentieren, dass wir effektivere Testfälle generieren können, wenn wir verschiedene Baumtestfälle erzeugen und die Verteilung ihrer Länge kontrollieren.

Wir haben ein GA mit einer auf Diversität basierenden Fitnessfunktion verwendet, um eine vielfältige Menge von Testfällen zu erzeugen.

Baumabstandsfunktionen

Eine Kategorie von Baumabstandsfunktionen sind Algorithmen, die auf der Grundlage von Bearbeitungsoperationen wie Löschen, Einfügen und Aktualisieren arbeiten.

Mappings zwischen Knoten von Bäumen beschreiben, wie eine Folge von Editieroperationen einen Baum in einen anderen Baum umwandelt [3].

TED [4–6] ist eine Baumdistanzfunktion, die zu der Kategorie der editbasierten Distanzen gehört.

Er bildet jeden Knoten disjunkter Teilbäume des ersten Baums auf die ähnlichen Knoten des zweiten Baums ab.

Identische Teilbäume von zwei Bäumen werden zusammen abgebildet und nicht als einzelne Knoten (im Gegensatz zu IST).

Die ausgewählten Distanzfunktionen sind TED-, IST-, Entropie-, Multiset-, Pfad- und EST-Distanzen, da es keine zwingenden Beweise dafür gibt, dass eine andere Baumdistanzfunktion diese Distanzfunktionen in Bezug auf die Qualität der generierten Testfälle übertreffen kann.

Laufzeitauftragsuntersuchung

In diesem Abschnitt wird die Laufzeitreihenfolge aller in dieser Arbeit verwendeten Algorithmen vorgestellt, zu denen Baumabstandsfunktionen, Fitnessfunktionen und Testgenerierungsalgorithmen gehören.

Die Laufzeitordnungen der Baumabstandsfunktionen werden jeweils aus der Originalarbeit entnommen.

Die Laufzeit der Fitnessfunktion für die Größenverteilung ist linear mit der Größe des Testsatzes, da zunächst die Wahrscheinlichkeitsverteilungsfunktion berechnet wird, dann die kumulative Verteilungsfunktion, und schließlich wird der maximale Abstand zwischen der kumulativen Verteilungsfunktion des Baumtestsatzes und des Ziels gemessen.

Die Laufzeitreihenfolge der Diversitäts- und Größenverteilungs-Fitnessfunktionen wird in den Laufzeituntersuchungen zur Testgenerierung als O_{FD} und O_{FL} dargestellt.

Wir müssen die Laufzeitkomplexität der Baumabstandsberechnungen berücksichtigen, die zu $K \times TS^2 \times O_D$ führt.

Experimenteller Rahmen

Vier reale Programme werden als Fallstudien ausgewählt, um eine empirische Bewertung der Wirksamkeit der Methoden zur Erzeugung von Baumtestfällen bei der Fehlererkennung durchzuführen.

4 Software-Tests

Die Eingabe eines jeden Programms kann durch einen Baum modelliert werden, so dass wir Testgenerierungsmethoden verwenden können, die auf einem abstrakten Baummodell basieren.

Um XML-Testfälle mit Hilfe von Baumgenerierungsmethoden zu erzeugen, muss ein abstraktes Baummodell für XML spezifiziert werden.

Das generierte abstrakte Baummodell für jede XML ist für alle verglichenen Testfallgenerierungsmethoden gleich.

Das P-Maß wird in dieser Studie verwendet, um die Effektivität der Testfallerstellungsmethoden zu bewerten.

Wenn wir einen Testsatz auf einer mutierten Version eines Programms ausführen, wird ein P-Maß von Null oder Eins gemäß den P-Maß-Berechnungsregeln erzeugt.

In jeder Methode zur Generierung von Testfällen müssen wir die maximale Baumgröße (MaxTreeSize) als konstante Zahl angeben.

Experimentelle Ergebnisse und Diskussion
Bei den Methoden zur Erzeugung von Testfällen werden verschiedene Baumabstandsfunktionen verwendet.

Die Ergebnisse in diesen Tabellen sind Prozentsätze, die die Verbesserung dieser Methode gegenüber der Basislinie RT as angeben, wobei X eine Testfallerstellungsmethode bezeichnet.

Die Hypothese der statistischen Tests lautet, dass MOGA, GA, FSCS und ARTOO im Vergleich zur RT bessere Ergebnisse liefern.

Da die Ergebnisse der P-Messung normalverteilt sind, wird zur weiteren Auswertung der Ergebnisse eine Effektgröße [Cohen-Methode [7, 8]] zwischen den einzelnen Methoden und der RT berechnet.

In beiden Tabellen zeigt das „*" neben einer Effektgröße das Ergebnis des z-Tests an, wenn ein statistisch signifikanter Unterschied zwischen RT und einer Baumerzeugungsmethode besteht.

Die Ergebnisse für jede Baumerzeugungsmethode und jede Baumabstandsfunktion sind dargestellt, wobei jede Spalte den Mittelwert der Verbesserung aller getesteten Programme gegenüber RT angibt.

Bedrohungen der Gültigkeit
Potenzielle Gefahren für die Gültigkeit einer Arbeit sind wichtig, und daher konzentrieren wir uns in diesem Abschnitt auf mögliche Gefahren für die Gültigkeit der in dieser Arbeit vorgestellten Ergebnisse.

Eine bekannte Gefahr für die interne Validität ist die stochastische Natur vieler Algorithmen.

Das erste potenzielle Hindernis für die Gültigkeit unserer Studie ist die stochastische Natur der entwickelten oder untersuchten Algorithmen zur Testfallgenerierung.

Diese Annahme stellt eine Gefahr für die Gültigkeit des Modells dar.

Die Generierung von Mutanten zur Messung der Effektivität der generierten Testfälle ist eine weitere potenzielle Bedrohung für die interne Validität in dieser Arbeit.

Die Verallgemeinerung der empirischen Ergebnisse einer Studie auf andere Programme ist eine häufige Gefahr für die externe Validität jeder empirischen Arbeit.

Eine mögliche Quelle für Verzerrungen könnte die Auswahl der Programme sein, die in den empirischen Untersuchungen verwendet werden.

Verwandte Arbeiten

Dieser Abschnitt gibt einen Überblick über die Forschung im Bereich der Generierung von Baum- oder XML-Testfällen.

Die meisten Arbeiten zur Generierung von XML-Testdaten verwenden XML-Schemata, um schemakonforme XML-Dateien zu erzeugen.

Die Einführung und die Studien zur schema-basierten XML-Testfallerstellung liegen außerhalb des Rahmens dieser Arbeit.

Der Vollständigkeit halber werden auch einige Studien zur schemabasierten XML-Testfallgenerierung vorgestellt.

Bertolino und andere [9–11] stellten ein Tool namens TAXI vor, das XML-Testdaten auf der Grundlage eines XML-Schemas erzeugt.

XMLMate ist ein White-Box-Tool, bei dem ein GA verwendet wird, um XML-Testfälle zu generieren, die die Codeabdeckung maximieren [12].

Die Web Services Specification Language (WSDL) wird zur automatischen Generierung der Testfälle verwendet.

Das TAXI-Tool, das weiter oben in diesem Abschnitt beschrieben wurde, wird weiter ausgebaut, um Testfälle für das Testen von Webdiensten zu generieren.

Schlussfolgerungen

In dieser Untersuchung wird die Generierung von Black-Box-Baumtestfällen untersucht.

Ein abstraktes Baummodell muss von einem Benutzer für jedes Problem definiert werden, und dann können Baumgenerierungsmethoden verschiedene Testfälle erzeugen.

Baumabstandsfunktionen sind in jeder Testgenerierungsmethode erforderlich, um verschiedene Testfälle zu erzeugen.

Eine gründliche Suche in der einschlägigen Literatur ergab keine Methode zur Generierung von Black-Box-Testfällen auf der Grundlage des abstrakten Baummodells.

Alle vier Methoden zur Generierung von Baumtestfällen (FSCS, ARTOO, GA und MOGA) werden untersucht und mit der Basismethode, der zufälligen Baumgenerierung, verglichen.

In Bezug auf die Baumgrößen werden zwei Versuchsreihen durchgeführt, wobei in der ersten die maximale Baumgröße bei jeder Testgenerierungsmethode auf eine konstante Zahl gesetzt wird.

Eine Richtung für künftige Studien über die Erstellung von Baumtests ist die Untersuchung anderer Parameter, die die Leistung der Fehlererkennung beeinflussen.

Danksagung
Eine maschinell erstellte Zusammenfassung basierend auf der Arbeit von Shahbazi, Ali; Panahandeh, Mahsa; Miller, James
   2018 in Automatisierte Softwareentwicklung

Klassifizierung generierter White-Box-Tests: eine explorative Studie
DOI: https://doi.org/10.1007/s11219-019-09446-5

Kurzfassung – Zusammenfassung
Die White-Box-Testgenerierung analysiert den Code des zu testenden Systems, wählt relevante Testeingaben aus und erfasst das beobachtete Verhalten des Systems als erwartete Werte in den Tests.

Wenn es einen Fehler in der Implementierung gibt, könnte dieser Fehler in den Assertionen (Erwartungen) der Tests kodiert werden.
   Der Fehler wird nur erkannt, wenn der Entwickler, der die Testgenerierung verwendet, auch das tatsächlich erwartete Verhalten kennt.
   Der Fehler bleibt sowohl bei der Prüfung als auch bei der Durchführung unentdeckt.
   Eine gängige Annahme ist, dass Entwickler, die White-Box-Testgenerierungstechniken verwenden, die generierten Tests und ihre Behauptungen untersuchen und validieren müssen, ob die Tests einen Fehler kodieren oder das tatsächlich erwartete Verhalten darstellen.
   Die Tests wurden in vier Open-Source-Projekten erstellt.
   Die Ergebnisse zeigen, dass die Teilnehmer dazu neigen, Tests, die sowohl erwartetes als auch fehlerhaftes Verhalten kodieren, falsch zu klassifizieren (mit einer mittleren Fehlklassifizierungsrate von 20 %).
   Diese Klassifizierungsaufgabe ist ein wesentlicher Schritt bei der Erstellung von White-Box-Tests, der die tatsächliche Fähigkeit solcher Tools zur Fehlererkennung erheblich beeinflusst.
   Wir empfahlen einen konzeptionellen Rahmen zur Beschreibung der Klassifizierungsaufgabe und schlugen vor, dieses Problem bei der Verwendung oder Evaluierung von White-Box-Testgeneratoren zu berücksichtigen.
   Erweitert:
   Die Ergebnisse zeigen, dass die Teilnehmer dazu neigen, Tests, die sowohl erwartetes als auch unerwartetes Verhalten kodieren, falsch einzuordnen, selbst wenn sie die Aufgabe nicht als schwierig erachten.
   Wir haben offene Fragen identifiziert und einen vorläufigen konzeptionellen Rahmen für die Klassifizierung generierter White-Box-Tests vorgeschlagen, um die künftige Forschung zu unterstützen.
   Der Effekt des Methodenlernens (erster Test) lässt sich am Zeitaufwand für eine einzelne Methode ablesen: Bei den meisten Teilnehmern erforderte die Klassifizierung des ersten Tests deutlich mehr Zeit als die des zweiten, und auch der zweite Test benötigte meist mehr Zeit für die Klassifizierung als der dritte.

Einführung
Das Beispiel hat gezeigt, dass je nachdem, ob ein Fehler in der Implementierung durch die gewählten Eingaben ausgelöst wird, die generierten Tests ein erwartetes oder unerwartetes Verhalten in Bezug auf die Spezifikation kodieren können.

Die Frage, die unsere Forschung motiviert hat, ist die folgende: Wie verhalten sich Entwickler, die Testgenerator-Tools verwenden, bei der Entscheidung, ob die generierten Tests erwartetes oder unerwartetes Verhalten kodieren?
Die Beantwortung dieser Frage würde dazu beitragen, die Fähigkeit von White-Box-Testgeneratoren zur Fehlersuche genauer zu bewerten und Gefahren bei der Verwendung oder Evaluierung solcher Tools in der Praxis zu erkennen.
Die Aufgabe der Teilnehmer bestand darin, die von Microsoft IntelliTest [13] generierten Tests danach zu klassifizieren, ob die generierten Tests erwartetes oder unerwartetes Verhalten kodieren (ok oder falsch).
Unsere Empfehlung ist, die aufgedeckten Bedrohungen bei der Bewertung der Fehlerfindungsfähigkeiten von White-Box-Testgeneratoren in empirischen Studien zu berücksichtigen.

Verwandte Arbeiten
Testgeneratoren erzeugen in der Regel zahlreiche Tests, die diese impliziten Orakel passieren.

In unserer Arbeit betrachten wir den letzteren Fall, d. h. wenn es keine automatisch verarbeitbare vollständige oder partielle Spezifikation gibt, wurden die generierten Tests bereits durch die impliziten Orakel gefiltert, aber wir können nicht sicher sein, ob sie das richtige Verhalten kodieren.
Wenn es mehrere Versionen der Implementierung gibt, können die Tests, die von einer Version generiert wurden, auf der anderen ausgeführt werden, z. B. im Falle von Regressionstests [14] oder verschiedenen Implementierungen für dieselbe Spezifikation [15].
Sie fanden heraus, dass die Benutzer Schwierigkeiten haben, die Korrektheit der generierten Programminvarianten (die als Testorakel dienen können) zu bestimmen.
Sie fanden heraus, dass die regressive Aufrechterhaltung von generierten Tests bei gleicher Wirksamkeit mehr Zeit in Anspruch nehmen kann.
Sie berücksichtigen nicht den Fall, dass die generierten Tests auf ursprünglich fehlerhaftem Code (der nicht mit der Spezifikation übereinstimmt) erstellt werden, auf den sich unsere Studie konzentriert (daher handelt es sich bei unserer Studie nicht um ein Regressionsszenario).

Planung des Studiums
Unser Hauptziel war es, zu untersuchen, ob Entwickler die nur aus dem Programmcode generierten Tests validieren können, indem sie klassifizieren, ob ein bestimmter Test ein erwartetes oder ein unerwartetes Verhalten codiert.

Die Teilnehmer konnten ihre Antworten geben, während sie den generierten Testcode und das erwartete Verhalten analysierten.

Die Verallgemeinerbarkeit unserer Ergebnisse (externe Validität) könnte durch mehrere Faktoren beeinträchtigt werden, darunter die folgenden: Fachleute oder Studenten: Die Leistungen von Studierenden und professionellen Nutzern von White-Box-Testgeneratoren können unterschiedlich sein.

A-priori-Wissen über Objekte: Die Verallgemeinerbarkeit der Ergebnisse könnte auch durch die weniger wahrscheinliche Tatsache beeinträchtigt werden, dass einige Teilnehmer von vornherein über die ausgewählten Projekte Bescheid wussten, da es sich um Open-Source-Projekte handelte; daher konnten sie die Tests besser einordnen.

Benutzeraktivität: In unserer Studie durften die Teilnehmer die generierten Tests ausführen und debuggen, aber der Quellcode durfte nicht verändert werden.

Ausführung
Unserer ursprünglichen Studie gingen zwei separate Pilotsitzungen voraus.

Für die replizierte Studie hatten wir auch zwei Doktoranden, die eine Pilotsitzung für beide neu ausgewählten Projekte durchführten.

Auch unsere Replikationsstudie wurde in zwei Sitzungen aufgeteilt: Am 30. November 2017 beschäftigten sich die Teilnehmer mit dem Projekt NodaTime, während sie am 7. Dezember 2017 NetTopologySuite als System im Test hatten.

Vierunddreißig der Studenten hatten 4 Jahre oder mehr Programmiererfahrung, während 31 Teilnehmer mindestens 6 Monate Berufserfahrung in der Industrie hatten.

An der Replikationsstudie nahmen 52 Studierende teil (keine Überschneidung mit den Teilnehmern der ursprünglichen Studie), von denen sich 22 mit dem Projekt NodaTime befassten, während die anderen 30 in der zweiten Sitzung NetTopologySuite untersuchten.

Die Schüler der replizierten Studie erzielten im Testquiz des Hintergrundfragebogens durchschnittlich 4,5 von 5 Punkten.

Bei den Live-Sitzungen in der ursprünglichen Studie sind uns drei Probleme aufgefallen.

Ergebnisse der ursprünglichen Studie
Die Tests T0.1 und T2.1 zeigen sehr ähnliche Ergebnisse für dieselben Teilnehmer.

NET zeigen die Gesamtergebnisse ähnliche Merkmale wie NBitcoin: Es gibt keinen Test, der von allen richtig klassifiziert wurde, und auch nur ein Teilnehmer (ID: 47) konnte jeden Test richtig klassifizieren.

Für NBitcoin liegt der Median bei 1, was bedeutet, dass mehr als die Hälfte der Teilnehmer alle Tests, die unerwartetes Verhalten kodieren, als falsch einstufen konnten.

Die Teilnehmer verwendeten hauptsächlich den Testcode und die entsprechende Spezifikation im Portal und in Visual Studio, um das Verhalten zu verstehen.

Bei der Analyse des Zeitaufwands der Teilnehmer wurde deutlich, dass sie im Durchschnitt etwa 100 s in der IDE verbringen, um einen bestimmten generierten White-Box-Test zu klassifizieren.

Ergebnisse der Replikation
Bei NodaTime war nur ein Teilnehmer (ID: 22) in der Lage, alle generierten Tests richtig zu klassifizieren; es gab jedoch keinen Test, der von allen Teilnehmern richtig klassifiziert wurde.

Bei NodaTime gab es nur einen Teilnehmer (ID: 62), der alle Tests richtig einordnen konnte.
5 Tests wurden von allen Teilnehmern richtig eingestuft.
In Bezug auf TPR hatten die Teilnehmer, die mit NodaTime arbeiteten, eine bessere Leistung bei der korrekten Klassifizierung von falschen Tests.
In NetTopologySuite gab es Teilnehmer mit negativem MCC, was bedeutet, dass einige von ihnen sehr schlecht darin waren, zu erkennen, ob die Tests das tatsächlich erwartete Verhalten kodieren (z. B. mit den IDs 55 und 61, die alle falschen Fälle und auch einige andere gute Fälle falsch klassifiziert haben).
Insgesamt waren die Teilnehmer der beiden replizierten Sitzungen (Projekte NodaTime und NetTopologySuite) in der Lage, die generierten Tests mit einer guten Leistung zu klassifizieren; allerdings hatten die meisten Teilnehmer einige falsch klassifizierte Fälle.

Studienübergreifende Schlussfolgerungen
Wir haben unsere Studie zusammen mit einer Replikation durchgeführt, in der wir die Leistung der Teilnehmer bei der Klassifizierung der erstellten White-Box-Tests untersucht haben.

Was das Zeitmanagement der Teilnehmer betrifft, so hat die ursprüngliche Studie gezeigt, dass sie im Durchschnitt etwa 100 s für die Klassifizierung eines einzelnen Tests benötigen.

In der ursprünglichen Studie verbrachten die Teilnehmer sehr viel Zeit damit, den generierten Testcode in Visual Studio zu inspizieren, mehr Zeit als für die Untersuchung der zu testenden Klasse.

Im Gegensatz dazu verbrachten die Teilnehmer der replizierten Studie mehr Zeit mit der zu testenden Klasse als mit den erstellten Tests.

Der Effekt des Methodenlernens (erster Test) lässt sich am Zeitaufwand für eine einzelne Methode ablesen: Bei den meisten Teilnehmern erforderte die Klassifizierung des ersten Tests deutlich mehr Zeit als die des zweiten, und auch der zweite Test benötigte meist mehr Zeit zur Klassifizierung als der dritte.

Diskussion
Durch das Betrachten und Kodieren der Bildschirmvideos der ursprünglichen Studie konnten wir wichtige Erkenntnisse über die Aktivitäten und das Verhalten der Benutzer während der Klassifizierung der generierten White-Box-Tests gewinnen.

Wie die Ergebnisse dieser Studie zeigen, ist die Klassifizierung der generierten White-Box-Tests eine nicht triviale Aufgabe.

Das zugrundeliegende Problem besteht darin, dass die Klassifizierung von vielen Faktoren beeinflusst wird und einige Kombinationen besonders rätselhaft sind (z. B. wenn die ausgewählten Eingaben eine bestimmte Ausnahme auslösen sollten, die Tests aber eine andere Ausnahme beobachten und kodieren und ein positives Ergebnis melden).

Diese Fälle bestimmen, was die Tests kodieren, was der Benutzer tun sollte und was das Ergebnis der Klassifizierung ist. (Hinweis: Die letzte Spalte in der Tabelle wird später beschrieben.) Test kodiert: Welche Art von beobachtetem Verhalten kodiert der generierte Test (erwartetes Verhalten, unerwartetes Verhalten, erwartete Ausnahme, unerwartete Ausnahme).

Das Ergebnis dieses Tests ist 0, was ein unerwartetes Verhalten ist: der Code hätte eine Ausnahme auslösen müssen.

Schlussfolgerungen
In diesem Beitrag wird eine explorative Studie darüber vorgestellt, wie Entwickler generierte White-Box-Tests klassifizieren.

Die Studie und ihre Replikation, die in einer Laborumgebung mit 106 Doktoranden durchgeführt wurde, ähnelte einem Szenario, in dem Nachwuchsentwickler, die über ein grundlegendes Verständnis der Testerstellung verfügen, eine Klasse in einem größeren, unbekannten Projekt mit Hilfe eines Testgenerator-Tools testen mussten.

Wir empfehlen, diesen Faktor in zukünftigen Studien oder bei der Verwendung von White-Box-Testgeneratoren in der Praxis zu berücksichtigen.

Die Entwicklung einer Studie, bei der die Teilnehmer an einem vertrauten Projekt arbeiten oder Regressionstests durchführen, wäre eine wichtige zukünftige Aufgabe.

Danksagung
Eine maschinell erstellte Zusammenfassung basierend auf der Arbeit von Honfi, Dávid; Micskei, Zoltán
2019 in Software Quality Journal

4.2. Testen der Software-Integration

Maschinell erzeugte Schlüsselwörter: virtuell, Simulation, Fahrzeugsteuerung, Simulator, automatisiertes Fahren, Plattform, Test, Rahmen, automatisieren, testen, Komplexität, verteilen, hoch, Schnittstelle, kollaborativ

Simulator gekoppelt mit verteiltem Co-Simulationsprotokoll für automatisierte Fahrversuche

DOI: https://doi.org/10.1007/s42154-021-00161-1

Kurzfassung – Zusammenfassung

Closed-Loop-Simulationen für das automatisierte Fahren (AD) erfordern hochkomplexe Simulationsmodelle für mehrere gesteuerte Fahrzeuge mit ihren Wahrnehmungssystemen sowie deren Umfeld.

Das neue FMI-Begleitstandardprotokoll für verteilte Co-Simulation (DCP) führt eine Plattformkopplung ein, muss aber weiterhin in Verbindung mit AD-Co-Simulationen verwendet werden.

Als Teil eines Bewertungsrahmens für AD wird in diesem Papier eine DCP-konforme Implementierung einer interoperablen Schnittstelle zwischen einem 3D-Umgebungs- und Fahrzeugsimulator und einer Co-Simulationsplattform vorgestellt.

Ein universeller Python-Wrapper wurde implementiert und mit dem Simulator verbunden, um dessen Steuerung als DCP-Slave zu ermöglichen.

Über eine C-Code-basierte Schnittstelle kann die Co-Simulationsplattform als DCP-Master fungieren und den plattformübergreifenden Datenaustausch und die zeitliche Synchronisation der Umweltsimulation mit anderen integrierten Modellen realisieren.

Ein Model-in-the-Loop-Anwendungsfall wird mit dem Verkehrssimulator CARLA auf einem Linux-Rechner durchgeführt, der über DCP mit dem Co-Simulationsmaster xMOD auf einem Windows-Rechner verbunden ist.

Diese beispielhafte Anwendung demonstriert die Vorteile einer DCP-konformen Werkzeugkopplung für die AD-Simulation mit erhöhter Werkzeuginteroperabilität, Wiederverwendungspotenzial und Leistung.

Einführung

Die verschiedenen Komponenten, Funktionen und Simulationsdisziplinen des Anlagenmodells erfordern spezialisierte Werkzeuge für die Modellimplementierung und -ausführung. Aus diesem Grund stützen sich anspruchsvolle Closed-Loop-Simulationen für ADS häufig auf die Co-Simulation, um heterogene Komponentenmodelle in einem einzigen Testrahmen zu kombinieren und auszuführen.

Für die Realisierung von virtuellen Testframeworks für ADS mittels Co-Simulation werden Schnittstellen zwischen heterogenen Komponentenmodellen geschaffen, um Interoperabilität zu ermöglichen.

Der Einsatz von DCP konzentrierte sich bisher auf Echtzeitsimulationen, bei denen ein Anlagenmodell und reale, auf Prüfständen betriebene Hardware in einem Testrahmen kombiniert wurden.

Die DCP-Technologie ist von großem Wert für die Kopplung heterogener Modelle und Simulatoren für virtuelle ADS-Tests, die in hohem Maße von der Co-Simulation abhängen, doch wird sie in diesem Bereich noch nicht eingesetzt.

Das Fehlen standardisierter Werkzeug- und Plattform-Kopplungsoptionen schränkt die Flexibilität bei der Modell- und Werkzeugauswahl ein und erhöht den Aufwand für die Einrichtung virtueller Testrahmen, die je nach SUT und Testszenario stark variieren.

Verwandte Werke
Aufgrund des hohen Bedarfs an Methoden zur Modellintegration wurden im Bereich der ADS-Prüfung bereits zahlreiche verteilte Co-Simulationen mit verschiedenen Tools oder Plattformen durchgeführt.

Die Kopplung von Werkzeugen hat sich insbesondere für simulationsübergreifende Anwendungsfälle wie die kombinierte Simulation von Fahrzeugdynamik und Netzwerken oder die Integration von Rendering in Simulationen als sehr nützlich erwiesen.
Eine Werkzeugkopplungslösung für den 3D-Fahrzeug- und Umweltsimulator CARLA, die auch in dieser Arbeit verwendet wird, wird von Stevic und anderen vorgestellt [16].
Die vorgestellten Forschungsarbeiten zeigen den hohen Integrationsaufwand bei der Erstellung von Prototypen für Werkzeugkopplungslösungen, und einige Beiträge weisen auch auf die begrenzte Flexibilität proprietärer Schnittstellen hin.
In diesem Beitrag wird die Eignung von DCP zur Erleichterung der Werkzeugintegration für Co-Simulationen im ADS-Bereich untersucht.

Interoperabilitätskonzept
Damit wird die Forderung nach hoher Flexibilität der plattformübergreifenden Co-Simulation für ADS-Tests erfüllt. (6) RQ6 (Ausführungsmodi) Außerdem müssen der Co-Simulations-Master und die Schnittstelle die Simulation in schneller als Echtzeit oder Nicht-Echtzeit (NRT), weicher Echtzeit (SRT) und harter Echtzeit (HRT) unterstützen, um maximale Flexibilität in Bezug auf potenzielle Testumgebungen und zu testende Software oder Hardware zu gewährleisten. (7) RQ7 (Ermöglichung der Zeitsynchronisation) Sowohl das Master- als auch das Anwendungs- und Präsentationsschichtprotokoll der Schnittstelle, das das Kooperationsmuster für die Kommunikationspartner und die Datensyntax bereitstellt, muss die Zeitsynchronisation beider Plattformen für NRT-, SRT- und HRT-Anwendungsfälle ermöglichen [17]. (8) RQ8 (Datenaustausch und Parametrisierung) Darüber hinaus muss die Schnittstelle den Datenaustausch während der Laufzeit ermöglichen und eine Möglichkeit für den Master bieten, das extern laufende Slave-Modell zu initialisieren, zu parametrisieren und zu beenden. (9) RQ9 (Transportschichtprotokolle für die Werkzeugkopplung) Die Interoperabilitätsschnittstelle muss mehrere anwendbare Transportschichtprotokolle unterstützen, mindestens jedoch die beiden IP-Netzwerkstandards Transmission Control Protocol (TCP) und User Datagram Protocol (UDP).

Software-Implementierung
Da das Auslösen von Rechenschritten durch den Master den Ablauf der simulierten Zeit im Slave beeinflusst, sind die Zustände innerhalb dieses Superstates untrennbar mit einer Lösung zur Synchronisation verbunden.

Aufgrund der hohen Relevanz der SRT-Simulation für den Anwendungsfall wurde stattdessen ein Synchronisationsmechanismus implementiert, der auf dem Austausch von Daten-PDUs im Zustand „Running" basiert und für NRT-, SRT- und HRT-Betrieb anwendbar ist, wobei xMOD als Master die Steuerung des Verhältnisses zwischen simulierter und absoluter Zeit unterstützt.

Der Co-Simulations-Master muss in der Lage sein, die globale Simulationszeit mit der Echtzeit zu synchronisieren, und alle Slaves, einschließlich des DCP-Slaves, müssen einen Berechnungsschritt abschließen und die Ausgabedaten in einem kürzeren Zeitrahmen als der gewählten Schrittgröße für das spezifische Slave-Modell an den Master liefern.

Validierung
Die Interoperabilitätsschnittstelle zwischen dem Co-Simulations-Master (DCP-Master) und dem 3D-Fahrzeug- und Umgebungssimulator (DCP-Slave) wurde in einer MIL-Simulation zur Bewertung der Funktion der kooperativen Geschwindigkeitsregelung (CACC) getestet.

Gas und Bremse der nachfolgenden Fahrzeuge werden von den beiden entsprechenden CACC-Modellen berechnet und als Eingabe an die DCP-Kommunikationsschnittstelle geliefert, die die Informationen an CARLA weiterleitet.

Über die standardisierte DCP-Schnittstelle wurde die Funktionalität eines Fahrzeug- und Umweltsimulators inklusive Rendering in die Co-Simulation für CACC-Tests integriert, ohne dass proprietäre Lösungen für die Synchronisation oder den Datenaustausch notwendig waren.

Die C++-Implementierung war nicht vollständig DCP-konform, bot aber eine proprietäre Kommunikation für das vorgestellte Testszenario unter Verwendung der gleichen Abtastzeit und der zur Simulationslaufzeit ausgetauschten Daten.

Kritische Reflexion
Der DCP-Standard wurde für die Kopplung der Co-Simulationsplattform xMOD als Master mit einer 3D-Fahrzeug- und Umgebungssimulation in CARLA als Slave implementiert.

Dies veranschaulicht, wie standardisierte, nicht-funktionale Werkzeug- oder Plattformkopplung über DCP in der Co-Simulation für den virtuellen Test von ADS effektiv genutzt werden kann.

Die Verbreitung von DCP-Implementierungen in diesem Bereich erleichtert den Aufbau von Co-Simulationen, insbesondere in Anbetracht der großen Tool-Landschaft, da eine nicht-funktionale Interoperabilität von DCP-kompatiblen Simulatoren gewährleistet ist.

Die funktionale Kompatibilität der beiden Simulationskomponenten wird durch das beschriebene Konzept nicht fokussiert bzw. sichergestellt, da sie nicht durch DCP standardisiert ist und daher für spezifische Anwendungen manuell sichergestellt werden muss.

Eine Kopplung mit realen Hardwarekomponenten wie z. B. Sensoren war nicht Teil der Betrachtung und die theoretischen Vorteile, die eine DCP-konforme Werkzeugkopplung für solche Anwendungsfälle bietet, sollten in Zukunft genauer untersucht werden.

Schlussfolgerungen
Das Hauptziel dieser Arbeit ist die Entwicklung einer DCP-Implementierung, um eine standardisierte Integration von autonomen Simulationswerkzeugen in eine Co-Simulation zu erreichen.

Die Realisierung einer DCP-Master-Funktionalität innerhalb des Co-Simulations-Masters xMOD und die Umwandlung des CARLA-Simulators in einen DCP-Slave zeigen erfolgreich die Anwendbarkeit von DCP für ADS-Anwendungsfälle.

Die weit verbreitete Industrialisierung der DCP-Technologie in ADS-Simulationswerkzeugen könnte den Aufwand für die Erstellung von Werkzeugkopplungsschnittstellen drastisch minimieren, indem die Interoperabilität auf der Kommunikationsschicht sichergestellt wird.

Eine detaillierte Studie über den eingesparten Aufwand sowie die Vor- und Nachteile der Verwendung von DCP oder alternativen Kopplungsstandards anstelle von proprietären Simulatorkopplungen sollte durchgeführt werden.

Es wird gezeigt, dass DCP alle wichtigen Anforderungen an Schnittstellen zwischen ADS-Simulationswerkzeugen erfüllt und von Co-Simulations-Mastern neben anderen Co-Simulations- und Modellaustauschmethoden verwendet werden kann.

Danksagung
Eine maschinell erstellte Zusammenfassung basierend auf der Arbeit von Meyer, Max-Arno; Sauter, Lina; Granrath, Christian; Hadj-Amor, Hassen; Andert, Jakob
2021 in der Automobil-Innovation

4.3. Systemintegrationstest

Machine generated keywords: motor, simulation, hil, validation, power, window, ecus, automatically, software, battery, testing, embed system, collaboration, collaborative, economy

Kommunikation von elektrischen Fensterhebern in Kraftfahrzeugen mit DTC-Algorithmus und Hardware-in-the-Loop-Tests
DOI: https://doi.org/10.1007/s11277-020-07535-4

Kurzfassung – Zusammenfassung
Die Fensterhebersteuerung ist ein Mechanismus zur automatischen Steuerung der Auf- und Abwärtsbewegung von Fensterhebern in Fahrzeugen durch Anwendung von Positions-, Strom-, Flexi-Kraft- und Temperatursensoren als Ersatz für herkömmliche oder mechanisch gesteuerte Systeme auf der Grundlage einer Handkurbel.

Der Beitrag befasst sich mit der modellbasierten Entwicklung und dem Testen eines miniaturisierten Reglers für ein intelligentes Fensterhebersystem im Automobilbereich sowie mit Hardware-in-the-Loop (HIL)-Tests mit dem dSPACE-Simulator.

Der Motor trifft die Entscheidung auf der Grundlage des maschinellen Lernalgorithmus Entscheidungsbaum-Klassifikator (DTC) und steuert die Bewegungen in die gewünschte Richtung durch die Bedingungseingaben des Entscheidungsbaums.

Das Systemverhalten basiert vollständig auf dem Algorithmus, die dSPACE-Testumgebung unterstützt die Fensterfunktionalität und deren Bewegungssteuerung in Aufwärts- und Abwärtsrichtung und die Ergebnisse zeigten, dass das entwickelte System bei der Identifizierung von Hindernissen effektiv ist.

Erweitert:

Die elektrische Fensterscheibe [18, 19] fährt nach unten, bis ein vordefinierter Schwellenwert erreicht ist.

Das elektrische Fensterhebersystem arbeitet kontinuierlich, je nachdem, ob der DTC eine Entscheidung trifft oder nicht.

Die Leistung des Power-Window-Systems mit dem DCT-Algorithmus wird mit dem HIL-Simulator ACE 1104 bewertet.

Die Power-Window-Modelle können unter Berücksichtigung der elektromagnetischen Störungen elektrischer Antriebe und deren Auswirkungen auf die Leistung des Systems analysiert werden.

Einführung

Das elektrische Fensterhebersystem umfasst einen elektrischen Fensterhebermotor, elektronische Schaltungen, ein Steuersystem, eine Reihe von Eingangsschaltern und verschiedene Hebemechanismen.

Die Steuerung von elektrischen Fensterhebern [20, 21] ist ein Beispiel für eine fortschrittliche Automatisierungstechnik.

Die allgemeine Funktion des elektrischen Fensterhebers im Fahrzeug besteht darin, dass er sich je nach den Anforderungen des Benutzers nach oben und unten bewegt.

In diesen Fällen ist die intelligente Steuerung der elektrischen Fensterheber hilfreich.

Wenn ein bestimmter Schalter gedrückt wird, steuert der Gleichstrommotorschaltkreis die Bewegung des Gleichstrommotors und bewegt den Fensterrahmen weiter nach oben und unten.

Das intelligente Fensterhebersystem besteht aus einem Gleichstrommotor und einer auf Leistungselektronik basierenden Treiberschaltung, die aus einer MOSFET-konfigurierten H-Brückenschaltung besteht und den Motor sowohl im als auch gegen den Uhrzeigersinn dreht.

Elektrische Fensterheber [22, 23] werden in jedem Fahrzeug eingesetzt, um die Sicherheitsanforderungen zu erfüllen und eine einfache Bedienung zu gewährleisten, um tödliche Unfälle wie das Einklemmen von Haustieren im Fensterrahmen oder das Einklemmen von Menschen zu verhindern [24, 25].

4 Software-Tests

Es kann zu Fehlfunktionen im elektrischen Fensterhebersystem kommen [26, 27].

Der elektrische Fensterheber [28] ist ein elektrischer Steuerkreis [29], der aus vier Hauptkomponenten besteht, nämlich einem relaisgesteuerten Gleichstrommotor, einem H-Brücken-Gleichstrommotor, einem bürstenlosen Gleichstrommotor und einem Permanentmagnet-Synchronmotor [30].

Automotive Smart Power Window Mechanismus
Das Verhalten des Leistungsfenster-Steuerungssystems wird auf der Grundlage des Hardware-Designs, des Software-Designs, des Designs elektronischer Schaltungen und der Algorithmen für den Steuerungsprozess verstanden [31].

Das elektrische Fenster ist mit Eingangsschaltern wie dem manuellen Fahrerschalter, dem Beifahrerschalter und verschiedenen Sensoren verbunden [22, 23].

Das Mikrocontroller-basierte ECU-System wird zur Steuerung des elektrischen Fensterhebers verwendet.

Die MOSFET-basierte H-Brückenschaltung wird zur Steuerung des Motors verwendet, da der interne Mechanismus der Motortreiberschaltung zur Steuerung der Richtung des Stromfensters im und gegen den Uhrzeigersinn dient.

Das komplette System der elektrischen Fensterheber in Kraftfahrzeugen ist in vier Teilsysteme unterteilt: Steuergerät, Hardwareschnittstelle, Gleichstrommotor und Hebemechanismus.

Die DC-Motoranordnung wird für die Rotationssteuerung des Fensters verwendet, das durch MOSFET-Schalter als elektronische Komponenten [32, 33] erregt wird, um die Richtungsbewegung des konfigurierten Motortreibers mit H-Brücke zu steuern.

Die Auf- und Abwärtsbewegung des elektrischen Fensterhebers wird durch den Fahrermechanismus und den Auf-/Abwärtsschalter gesteuert.

Experimentelle Arbeiten und HIL-Aufbau
Der Stromsensor wird verwendet, um den Gleichstrom zu messen, der durch das Kabel fließt, das mit dem Motormechanismus des elektrischen Fensterhebers verbunden ist.

Der Stromsensor IC misst den Strom durch den Lastkreis.

Beim Stromsensor ACS 712 sind die Eingangsspannung V_{IN} und GND mit + 5 V bzw. 0 V verbunden.

Der Ausgang des Stromsensors wird mit dem ADC-Port des dSPACE-Kits verbunden und ein Voltmeter wird angeschlossen, um die vom Stromsensor erzeugte Ausgangsspannung V_{OUT} zu beobachten.

Der Stromsensorkreis ist in der Lage, den Laststrom sowohl bei Bewegungen im als auch gegen den Uhrzeigersinn zu erkennen.

Die von der Schaltung erzeugte niedrige Spannung, die typischerweise ein Nullstromniveau des Sensors darstellt, wird als Rauschen bezeichnet.

Ergebnisse und Erörterungen
Die Ergebnisse des Leistungsfensters umfassen die Kalibrierung des Flexi-Kraft-Sensors, die Kalibrierung des Stromsensors, den Entscheidungsbaum-Algorithmus und die d-Space-Simulationsumgebung.

Der Entscheidungsbaum-Klassifizierungsalgorithmus (DTC) ist ein auf einem Baumdiagramm basierender Algorithmus für maschinelles Lernen, der zwei Sensordaten umfasst, den Stromsensor und die Flexi-Kraft [34].

Der Baum charakterisiert das Systemverhalten entweder durch die Stromdaten des Stromsensors oder durch die Kraftdaten des Flexi-Sensors, die auf das Fensterantriebssystem wirken [35, 36].

Dieser Algorithmus erhöht den Wert des Power-Window-Systems, indem er einen großen Satz von Strom- und Kraftdaten analysiert, die mit dem System verbunden sind und zur weiteren Identifizierung der unterbrochenen Daten verwendet werden können [37].

Die Leistung des vorgeschlagenen DTC-Algorithmus wird mit einem intelligenten Fensterhebersystem getestet und verifiziert, wobei verschiedene Stromsensoren und Kraftsensoren verwendet werden, die mit dem dSPACE ACE 1104 Kit konfiguriert wurden.

Schlussfolgerungen
Der Schwerpunkt der Arbeit lag auf dem Design und der Entwicklung einer Hardware-in-the-Loop-Implementierung eines intelligenten Power-Window-Systems, das auf einer Entscheidungsbaum-Klassifizierungstechnik basiert.

Die vorgeschlagene Technik wurde erfolgreich in dem Fensterhebersystem getestet, das aus einem Gleichstrommotor und einer Treiberschaltung in der Hardware-in-Loop-Simulation besteht.

Die HIL-Ergebnisse bei Vorhandensein von Power-Window-Systemhardware zeigen, wie der Entscheidungsbaum-Klassifizierungsalgorithmus seine Effektivität beim Auftreten von Aktuatorsättigung, Systemhardware und Rechenverzögerungen beibehält.

Die Power-Window-Modelle können unter Berücksichtigung der elektromagnetischen Störungen elektrischer Antriebe und deren Auswirkungen auf die Leistung des Systems analysiert werden.

Danksagung
Eine maschinell erstellte Zusammenfassung basierend auf der Arbeit von Kumar, Roushan; Ahuja, Neelu Jyoti; Saxena, Mukesh; Kumar, Adesh
  2020 in drahtloser persönlicher Kommunikation

Die effiziente Schätzung von Betriebsparametern für ein simuliertes Plug-in-Hybrid-Elektrofahrzeug
DOI: https://doi.org/10.1007/s11356-021-16659-4

4 Software-Tests

Kurzfassung – Zusammenfassung

Bei diesen Fahrzeugen sind der Batteriewechsel und die Kraftstoffkosten die größten wiederkehrenden Kosten während der gesamten Lebensdauer.

Darüber hinaus ist eine Erhöhung des Kraftstoffverbrauchs erforderlich, damit sich diese Fahrzeuge in der Gesellschaft durchsetzen können.

Die Autoren versuchen, die optimalen Betriebswerte für den Ladezustand der Batterie (SoC), die Leistungswerte des Motors und den Kraftstoffumwandler zu ermitteln, um die Lebensdauer der Batterie und den Kraftstoffverbrauch zu erhöhen, ohne die Fahrzeugleistung zu beeinträchtigen.

Zunächst wurde die Auswirkung wichtiger Parameter wie Batterie-SoC, Leistung des Kraftstoffumwandlers und Motorleistung auf die Reichweite, die Batterielebensdauer, den Kraftstoffverbrauch, die Kosten und die Reichweite bei entladener Batterie analysiert.

Diese Parameter haben zu einer Verbesserung der Reichweite um 4,3 % und der Batterielebensdauer um 18 % geführt, und zwar auf Kosten einer um 1 % verringerten Lebensdauer der Batterie und einer um 0,4 s verlängerten Zeit, in der das Auto aus dem Stand 60 km/h erreicht.

In diesem Beitrag wird ein einfacher, effektiver und neuer Ansatz vorgestellt, der die Auswirkungen einer Änderung der bestehenden Konstruktionsparameter auf die Fahrzeugleistung untersucht, ohne dass Komponenten oder Steuergeräte manipuliert, hinzugefügt oder entfernt werden müssen.

Diese Studie wird dazu beitragen, die Kosten für diese Fahrzeuge optimal zu senken.

Einführung

Es ist zwingend erforderlich, die optimalen Betriebspunkte für den minimalen und maximalen SoC zusammen mit den Nennwerten des Motors und des Verbrennungsmotors zu analysieren, um die Batterielebensdauer und den Kraftstoffverbrauch zu verbessern, ohne die Fahrzeugleistung zu beeinträchtigen [38, 39].

Um den Kraftstoffverbrauch zu maximieren, werden diese Fahrzeuge meist mit einem Elektromotor betrieben, da PHEVs über die Möglichkeit verfügen, sich durch den Verbrennungsmotor, durch regeneratives Bremsen und durch eine Steckdose aufzuladen.

Ausgehend von den Forschungslücken werden die folgenden Forschungsziele festgelegt: Analyse der Auswirkungen von Parametern wie SoC, Leistung des Kraftstoffumwandlers und Motorleistung auf die Reichweite, die Batterielebensdauer, den Kraftstoffverbrauch, die Kosten und die Reichweite bei Entladung des Akkus Bestimmung der optimalen Werte der oben genannten Parameter auf der Grundlage von Effizienz, Beschleunigung und wirtschaftlichem Bedarf Bestimmung der minimalen und maximalen Werte von SoC zusammen mit den entsprechenden Leistungen von Motor und Kraftstoffumwandler für die Fahrzeugauslegung Verwendung eines einfachen, aber leistungsstarken Algorithmus wie FASTSim zur Durchführung von Simulationen Kosteneinsparungsanalyse.

Fallstudie
Der SoC-Wert der Batterie kann als beliebiger Wert zwischen dem Höchst- und dem Mindestwert variieren.

Dadurch wird sichergestellt, dass die Batterieladung auch bei regenerativem Bremsen die maximale SoC nicht überschreitet.
Dadurch wird sichergestellt, dass die Batterieladung nicht unter die Mindest-SoC sinkt, auch wenn zusätzliche Leistung für die Beschleunigung benötigt wird.
Sie beginnt mit einer Batterieladung von 90 % (= maximale SoC).
Dies führt zu einer stetigen Abnahme der SoC der Batterie, bis sie die minimale SoC erreicht. Nun beginnt das Fahrzeug im ladungserhaltenden Modus zu fahren, in dem es den größten Teil seiner Energie aus dem Verbrennungsmotor bezieht und die Batterie durch regeneratives Bremsen wieder auflädt.

Methodik
Diese Parameter sind max. SoC, min. SoC, Leistung des Kraftstoffumwandlers und Motorleistung.

Die Auswirkungen dieser Parameter auf den Kraftstoffverbrauch, die Reichweite und die Verlängerung der Batterielebensdauer wurden analysiert und ihre optimalen Werte ermittelt.
Es muss an einfacheren und leistungsfähigeren Methoden gearbeitet werden, die optimistische Ergebnisse in Bezug auf den Kraftstoffverbrauch, die Reichweite und die Batterielebensdauer liefern.
Der Grund für die Anwendung dieser Strategie (FASTSim) besteht darin, die bestehenden Fahrzeugkomponenten nicht zu stören, d. h. weder Komponenten/Steuergeräte und deren Größen hinzuzufügen noch zu entfernen, sondern die Auswirkungen einiger wichtiger Parameter auf die Systemkomponenten zu analysieren.
Kraftstoffverbrauch (in mpgge): mpgge steht für „mile per gallon gasoline equivalent", d. h. für die Anzahl der Meilen, die ein Fahrzeug mit einer Menge „Kraftstoff" – eigentlich Strom – zurücklegen kann, die den gleichen Energiegehalt hat wie eine Gallone Benzin.

Ergebnisse der Simulation
Darüber hinaus wird ein lokales Maximum bei einer Motorleistung von 75 kW beobachtet, das den optimalen Wert für die Kraftstoffeinsparung darstellt.

Es ist festzustellen, dass eine Erhöhung der Motorleistung um 15 % (von 65 auf 75 kW) zu einer signifikanten Verbesserung des Kraftstoffverbrauchs um 6,15 % führt, während die Lebensdauer der Batterie nur unwesentlich verkürzt wird.
Die Verringerung der Leistung des Kraftstoffumwandlers um 19 % führt zu einer vernachlässigbaren Verkürzung der Batterielebensdauer, während sich der Kraftstoffverbrauch wie bereits erwähnt um eine Einheit erhöht.

Wenn α auf 65 % gesenkt wird, so dass der minimale SoC = 20 % und der maximale SoC = 85 % beträgt, würde sich die Batterielebensdauer um 14.000 Meilen verlängern, bei einem Rückgang des Kraftstoffverbrauchs um 4 Einheiten.

Kosten- und Leistungsanalyse anhand der vorgeschlagenen Parameter
Legende: Gegenwärtige Kosten: Es handelt sich um die Summe des gegenwärtigen Wertes einer Reihe von gegenwärtigen und zukünftigen Zahlungsströmen [40] Gegenwärtige Gesamtkraftstoffkosten = gegenwärtige Stromkosten + gegenwärtige Kraftstoffkosten Bergungskosten: Es handelt sich um den geschätzten Wiederverkaufswert eines Wirtschaftsgutes am Ende seiner Nutzungsdauer MSRP: Es steht für den empfohlenen Verkaufspreis des Herstellers.

Der Nutzer kann bis zu 1471 $ (~ 4 % der Gesamtausgaben) des gesamten Gegenwartswerts der Fahrzeug-, Kraftstoff- und Batteriekosten einsparen, indem er einfach die installierte Nennleistung des Motors und des Kraftstoffumwandlers entsprechend den Änderungen von α ändert.

Es wird auch festgestellt, dass die vorgeschlagenen Änderungen zu einer erheblichen Verbesserung der Reichweite (4,3 %) und der Batterielebensdauer (18 %) führen, und zwar auf Kosten einer um 1 % verringerten Lebensdauer der Batterie und einer um 0,4 s verlängerten Zeit, die das Fahrzeug benötigt, um aus dem Stillstand heraus 60 km/h zu erreichen.

Schlussfolgerung
Dieses Papier zeigt die Auswirkungen wichtiger Parameter wie SoC, Leistung des Kraftstoffumwandlers und Motorleistung auf die Reichweite, die Batterielebensdauer, den Kraftstoffverbrauch, die Kosten und die Reichweite bis zur Entladung.

Da die Leistung des Fahrzeugs je nach Nutzung variiert, wurden in dieser Arbeit auf der Grundlage der Anforderungen an Effizienz, Beschleunigung und Kraftstoffeinsparung die optimalen Werte der Parameter ermittelt.

Im Rahmen der Zielsetzung wurden die Entwurfsparameter wie SoC, Leistung des Kraftstoffumwandlers und Motorleistung variiert und ihre optimalen Werte ermittelt.

Diese Werte führten zu einer Verringerung des Gegenwartswerts der Lebensdauerkosten der Batterie um 3,8 % bei gleichzeitiger Verbesserung der Lebensdauer um über 18 %.

Diskussion, Beiträge und zukünftige Forschungsrichtungen
Es gibt zahlreiche Forschungsarbeiten zu verschiedenen Komponenten von HEVs wie Leistungselektronik, Architektur, Optimierungsalgorithmen, Energiemanagementstrategien, hybride Energiespeichersysteme, Antriebe, regenerative Energien und Batteriemanagementsysteme.

Da für jede Komponente ein bestimmter Wirkungsgrad erreicht werden kann, muss man die Fahrzeuge entsprechend den Anforderungen modifizieren und konstruieren, um den besten Wirkungsgrad, eine längere Batterielebensdauer und eine große Reichweite bei niedrigen Kosten zu erreichen.

Diese Forschung kann auf andere Komponenten von PHEVs ausgeweitet werden.

Es können verschiedene Parameter für andere Komponenten ausgewählt und Untersuchungen durchgeführt werden, um den Kraftstoffverbrauch, die Reichweite und die Lebensdauer der Batterie des Fahrzeugs zu erhöhen.

Danksagung
Eine maschinell erstellte Zusammenfassung basierend auf der Arbeit von Singh, Krishna Veer; Khandelwal, Rajat; Bansal, Hari Om; Singh, Dheerendra
2021 in Umweltwissenschaft und Umweltverschmutzungsforschung

Erfahrungsbericht über die Anwendung genetischer Algorithmen zur Reduzierung der Kosten des Softwarevalidierungsprozesses im Automobilsektor während eines Motorsteuerungsprojekts

DOI: https://doi.org/10.1007/s11219-021-09582-x

Kurzfassung – Zusammenfassung

Die Hersteller müssen die Softwarequalität verbessern und die Kosten senken, indem sie innovative Techniken vorschlagen.

In dieser Forschungsarbeit wird eine Technik vorgeschlagen, mit der nicht nur Testfälle in Echtzeit generiert werden können, sondern auch entschieden werden kann, wie sie am besten ausgeführt werden können (Hardware-in-the-Loop-Simulationen oder Prototyp-Fahrzeuge), um die Kosten und die Zeit für Softwaretests zu reduzieren.

Der erste ist für die Auswahl der Teile der Simulink®-Modelle zuständig, die durch Hardware-in-the-Loop (HIL)-Simulationen und durch den Einsatz von Prototypfahrzeugen validiert werden sollen.

Die zweite stimmt die Eingaben des zu validierenden Softwaremoduls (SM) ab, um diese Teile der Simulink®-Modelle abzudecken.

Die Validierungszeit wird im Vergleich zu herkömmlichen Verfahren um 11,9 % verkürzt.

GAs sind leistungsfähiger als herkömmliche Techniken, verbessern die Softwarequalität und reduzieren Kosten und Validierungszeit.

Die Verwendung von Dlls ermöglicht das Testen der Software in Echtzeit, wie in dieser Studie beschrieben.

Erweitert:

GAs sind leistungsfähiger, da sie mehr Simulink®-Blöcke abdecken können, sofern die richtigen Mittel eingesetzt werden.

Einführung

Die Hauptziele sind: (a) Automatische Auswahl der optimalen Mittel zur Reduzierung der Validierungszeit und -kosten. (b) Finden von Lösungen für technische Probleme bei der Verwendung der HIL-Simulation aufgrund von Interaktionen zwischen Softwaremodulen (SM). (c) Bewertung, ob GAs besser abschneiden als andere Techniken wie das modellbasierte Testen und die Black-Box-Techniken. (d) Überprüfung, ob GAs in der Lage sind, Bugs zu finden, wenn andere Techniken versagen. (e) Bewertung der Auswirkungen der Mitarbeiterqualifikation auf den Validierungsprozess.

Während des gesamten Prozesses durchläuft die Motorsoftware drei Teststufen: Model-in-the-Loop (MIL), Software-in-the-Loop (SIL) und HIL-Simulationen, wie von Raikwar und anderen [41] beschrieben.

Bei der Software- und Hardware-Integration mit Hilfe von HIL-Simulationen wird bei der Ausführung eines Testfalls das erzielte Ergebnis mit dem erwarteten Ergebnis verglichen, um zu prüfen, ob die Software ordnungsgemäß funktioniert.

Methoden

„Beim Entwurf von Testfällen muss festgelegt werden, welche Teile des Simulink®-Modells mit Hilfe der HIL-Simulation oder von Prototypfahrzeugen validiert werden sollen und wie die Eingaben abgestimmt werden."

Diese Technik basiert auf der Betrachtung einer Reihe von Bedingungen, die mit den Eingaben der zu validierenden SM verknüpft sind; der Testingenieur muss prüfen, ob die Software wie erwartet läuft.

Zu diesem Zweck führt der Testingenieur eine Reihe von Aktionen mit Hilfe der für die Validierung verwendeten Mittel (Prototypfahrzeuge oder HIL-Simulation) durch und verifiziert schließlich das Softwareverhalten.

Die zur Validierung dieses Verhaltens verwendeten Mittel werden unter Berücksichtigung der Erfahrungen der Testingenieure bei der Anwendung dieser Technik ausgewählt. (b) Modellbasiertes Testen Es handelt sich um eine Softwaretesttechnik, bei der Testfälle aus einem Funktionsmodell abgeleitet werden, das die funktionalen Aspekte und Anforderungen der zu validierenden SM beschreibt.

Ergebnisse

Da die Ursache-Wirkung-Technik keine Modelle verwendet, ist die Codeabdeckung geringer als bei der Verwendung von modellbasierten Tests und GAs.

Im Gegensatz zu GAs ist es beim modellbasierten Testen nicht möglich, die Eingaben des SM mit dem Ziel abzustimmen, das beste Mittel (d. h. eine HIL-Simulation oder Fahrzeuge) zur Validierung eines SM zu wählen.

Der Zeitaufwand für die Programmierung, den Entwurf und die Validierung von Modellen ist in diesem Fall geringer als bei GAs.

Der Hauptgrund dafür ist, dass bei GAs Modelle auf niedriger Ebene verwendet werden, während bei der modellbasierten Testtechnik funktionale Modelle implementiert werden.

Da dieser Fehler keinen funktionalen Fehler darstellt, es sei denn, er verursacht eine vom Treiber erkannte Fehlfunktion, wird er weder durch die Ursache-Wirkung-Technik noch durch modellbasierte Tests erkannt.

Der einzige Fall, in dem ein Fehler bei der Validierung einfacher SMs nicht gefunden wurde, hing mit einem Anwendungsfall zusammen, der nicht getestet wurde, da die Ursache-Wirkungs-Technik keine Modelle verwendet.

Diskussion

Bei der Entwicklung von Testfällen müssen mehrere Herausforderungen berücksichtigt werden. (a) Die Software des Motorsteuergeräts besteht aus SMs, die sich aus einer großen Anzahl von Eingängen und Ausgängen zusammensetzen, die normalerweise analog sind.

Eine Variable, die den im Dieselpartikelfilter vorhandenen Ruß darstellt, kann einen Wert von 40 g annehmen. (b) In Anbetracht der Anzahl der Variablen von SMs und ihrer Bereiche ist es nicht möglich, alle Testfälle zu erstellen und durchzuführen, die die gesamte Kombination des Spektrums abdecken könnten.

Das Funktionsmodell muss mit verschiedenen Testfällen abgedeckt werden, die zumindest während des Validierungsprozesses unterschiedliche Kombinationen annehmen. (c) Es müssen Einschränkungen berücksichtigt werden, damit keine inkohärenten Testfälle erzeugt werden (z. B. Geschwindigkeit = 100 km/h und erster Gang eingelegt). (d) Bei der Ausführung eines Testfalls unter Verwendung der Automatisierungsprozesse ist es aufgrund von SM-Interaktionen nicht möglich, die im Testfall angegebenen Werte exakt zu erhalten.

Gültigkeit dieser Forschung

In Anbetracht der Tatsache, dass einer der wichtigsten zu analysierenden Faktoren die Anzahl der bei der Verwendung von GAs gefundenen Fehler ist, ist es von entscheidender Bedeutung zu überprüfen, wie sich diese Variablen darauf auswirken.

Die Autoren haben die Erfahrung des Personals mit dem Motorsteuergerät als Schlüsselfaktor für die Qualität betrachtet.

Der Zeitaufwand für das Entwerfen und Kodieren von Testfällen für jede Technik unter Berücksichtigung der Python-Kenntnisse der Mitarbeiter ist für die Analyse der erzielten Ergebnisse von wesentlicher Bedeutung.

Es ist von entscheidender Bedeutung, die Auswirkungen der Kenntnisse über das Motorsteuergerät und der Python-Kenntnisse auf die Produktivität zu analysieren.

Die Mitarbeiter des Validierungsdienstes des Unternehmens, das Gegenstand dieser Untersuchung war, wurden aufgrund ihrer Erfahrung mit Python und dem Motorsteuergerät als Experten, durchschnittlich und gering qualifiziert eingestuft.

Schlussfolgerungen

Diese Forschungsarbeit verwendet zwei GAs, um die besten Mittel zur Validierung von SMs zu ermitteln und Testfälle zu generieren, bei denen die erwarteten Ergebnisse aufgrund der Verwendung von Simulink®-Modellen zur Entwicklung der Motorsteuergerätesoftware nicht mehr benötigt werden, mit dem Ziel, die Code- und Funktionsabdeckung, Softwarefehler, Testfallautomatisierungskapazität und Produktivität zu verbessern.

In Bezug auf die funktionale Abdeckung verbesserten GAs bis zu 11 % in relativ komplexen SMs und 8,4 % in hochkomplexen SMs, wenn sie die Ursache-Wirkung-Technik verwendeten.

Die GAs verbesserten sich bei der modellbasierten Prüftechnik um bis zu 4 % bei relativ komplexen SMs und um 3 % bei sehr komplexen SMs.

In Bezug auf die Codeabdeckung verbesserten sich die GAs mit der Ursache-Wirkungs-Technik um bis zu 12,8 % bzw. 7 % für relativ komplexe und hochkomplexe SMs und mit dem modellbasierten Testen um bis zu 7,1 % bzw. 1,4 % für relativ komplexe und hochkomplexe SMs.

Danksagung
Eine maschinell erstellte Zusammenfassung basierend auf der Arbeit von Ortega-Cabezas, Pedro Miguel; Colmenar-Santos, Antonio; Borge-Diez, David; Blanes-Peiró, Jorge Juan; Higuera-Pérez, Jorge; Alcaide, Eric
2022 in der Zeitschrift Software Quality

Modellbasierte Ressourcenanalyse und Synthese von dienstleistungsorientierten Softwarearchitekturen im Automobilbereich
DOI: https://doi.org/10.1007/s10270-021-00896-9

Kurzfassung – Zusammenfassung
Ein Nachteil der heutigen Architekturen ist ihre starke Integration in das bordseitige Kommunikationsnetz auf der Grundlage von vordefinierten Abhängigkeiten zur Entwurfszeit.

Die dienstorientierte Architektur bietet eine geeignete Methodik, da die Netzkommunikation dynamisch zur Laufzeit aufgebaut wird.

Unser Ziel ist es, eine Methodik für die Analyse von Hardwareressourcen und die Synthese von serviceorientierten Architekturen im Automobilbereich auf der Grundlage von plattformunabhängigen Servicemodellen bereitzustellen.

Wir konzentrieren uns darauf, diese Modelle in einen plattformspezifischen Architekturrealisierungsprozess nach AUTOSAR Adaptive zu transformieren.

Für den plattformunabhängigen Teil wenden wir die Konzepte der Design Space Exploration und der Simulation an, um Einsatzkonfigurationen zu analysieren und zu synthetisieren, d. h. um Dienste in einem frühen Entwicklungsstadium auf Hardware-Ressourcen abzubilden.

Wir verfeinern diese Konfigurationen zu AUTOSAR Adaptive Softwarearchitekturmodellen, die den notwendigen Input für einen nachfolgenden Implementierungsprozess für den plattformspezifischen Teil darstellen.

Einsatzkonfigurationen, die für die Nutzung eines bestimmten Satzes von Rechenressourcen optimal sind, werden derzeit für unsere nächste Generation der E/E-Architektur geprüft.

Erweitert:

Es wurden zwei unabhängige Entwicklungsstränge verfolgt: Zum einen wurde ein Bordnetztopologiemodell als Entwurf vorgelegt, zum anderen lieferten die Fachabteilungen erste Hinweise auf den notwendigen Zeit- und Speicherbedarf.

Einführung

Daraus leitet sich die leitende Forschungsfrage ab: Kann in einem Vorentwicklungsprojekt die Zusammenführung zwischen einer Spezifikation einer eigenständig erstellten neuartigen E/E-Architektur und ersten Abschätzungen des Ressourcenverbrauchs der serviceorientierten Softwarearchitektur gelingen und daraus eine Systemspezifikation abgeleitet werden?

Die folgenden drei Rahmenbedingungen müssen erfüllt sein: (1) Die Prozessor-, Speicher- und Sicherheitsbeschränkungen müssen eingehalten werden, (2) das Kommunikationsverhalten auf Busebene muss eine rechtzeitige Datenbereitstellung gewährleisten und (3) die Architektur muss in einem Softwareentwicklungsprozess implementierbar sein.

Beiträge Diese Arbeit liefert folgende Beiträge: (i) Plattformunabhängiges Metamodell für serviceorientierte Architekturen; (ii) Methodik zum Einsatz entsprechender plattformunabhängiger Modelle auf einer zentralen E/E-Architektur; (iii) Einbettung der gewonnenen Ergebnisse in einen plattformspezifischen Softwareentwicklungsprozess.

Verwandte Arbeiten

Mit unserer Arbeit verwandt sind die Bereiche modellbasierter Architekturentwurf und serviceorientierte Architekturen im Automobilbereich.

Wir gliedern den Bereich des modellbasierten Architekturentwurfs in drei Teile: (1) die Entwicklung und Verwendung von Architekturbeschreibungssprachen, (2) den Begriff der komponentenbasierten Architekturen, der insbesondere für den Entwurf von Softwarearchitekturen relevant ist, und (3) Architekturanalysemethoden zur Architekturverifikation und -validierung.

Broy et al. [42] und Dajusren [43] entwickelten Ansätze für Architekturbeschreibungs-Frameworks, die die Ableitung von Sichten auf Basis von Abstraktionsebenen erleichtern.

Mit dem Schwerpunkt auf prozessbezogenen Gesichtspunkten haben Pelliccione et al. [44] kürzlich einen Architekturbeschreibungsansatz vorgestellt, der sich auf Entwicklungsprozessaktivitäten wie kontinuierliche Integration, Bereitstellung und Software-Ökosysteme im Automobilbereich bezieht.

4 Software-Tests

Kugele et al. [45] stellen einen Ansatz vor, der komponentenbasierte Architekturen und vertragsbasierten Entwurf mit dem Schwerpunkt auf funktionaler Sicherheit kombiniert.

Sillmann et al. [46] bieten einen Ansatz, der sich auf die Beschreibung der Softwarearchitektur des elektrischen Antriebsstrangs als agentenbasiertes System konzentriert.

Näherung

Dienste und die bereitstellenden Softwarefunktionen laufen von Natur aus parallel auf verschiedenen Kernen oder in einer verteilten E/E-Architektur.

Wir bilden Dienste und Clients des plattformunabhängigen Modells auf Softwarekomponenten eines plattformspezifischen Softwarearchitekturmodells ab, 2.

Wir modellieren das Verhalten von Software-Komponenten, die bestimmte Dienste innerhalb unserer plattformspezifischen Software-Architektur bereitstellen und in Anspruch nehmen; und 3.

Wir steuern den Implementierungsprozess der Softwarekomponente in Richtung eines kontinuierlichen Integrationsansatzes, indem wir automatisch Testfälle für Softwareeinheiten aus den gesammelten abstrakten Verhaltensmodellen generieren.

Als Teil des plattformspezifischen Softwarearchitekturdesigns berücksichtigt der vorgestellte Ansatz das interne Verhalten der Softwarekomponenten.

Zur Strukturierung teilen wir die gesamte Verhaltensspezifikation in zwei Teile auf: je eine Softwareanwendung für die Kunden- und die Serviceseite.

Um zu verifizieren, dass unser modelliertes Architekturverhalten letztendlich implementiert wird, bieten wir einen Architekturentwicklungszyklus zwischen dem Entwurf von Softwarekomponentenmodellen und ihrer Implementierung.

Bewertung

Wir stellen fest, dass die verwendeten Werkzeuge und Technologien (SMT-basierte Optimierung und simulationsbasierte Timing- und Netzwerkanalyse) keine Lösung für die modellierte Hardware-Topologie und Service-Architektur bieten.

In diesem Rahmen konsolidiert eine neue zentralisierte Computerplattform bestehende Softwareanwendungen aus verschiedenen Bereichen des Automobils und eine hochinnovative Fahrfunktion der Stufe 4, die in einem dienstorientierten Designparadigma modelliert ist.

Ausgehend von der Annahme, dass die Trajektorienplanung als Client den Dienst des Umgebungsmodells bereits abonniert hat, kann das Verhalten des Netzwerkpfades wie folgt beschrieben werden: Das Umgebungsmodell liefert periodisch ereignisbasierte Benachrichtigungen über den Ethernet-Switch an das Steuergerät 2.

Wir konnten feststellen, dass alle Kandidaten die geforderte Zeitvorgabe von 130 ms auch dann einhalten, wenn es zu einer Laufzeitumstellung zwischen der nominalen und der nicht betriebsbereiten Instanz des Umweltmodelldienstes kommt.

Diskussion

Unser Ansatz geht von einem komponentenbasierten Modell einer serviceorientierten Architektur aus, das in ein Gesamtmodell der automobilen E/E-Architektur eingebettet ist und auch die Hardware berücksichtigt.

Wir haben 25 Softwarefunktionen aus den Bereichen Infotainment, Komfort und assistiertes/automatisiertes Fahren für die Softwarebereitstellung auf einer zentralisierten Computerplattform untersucht.

Als Ergänzung für zukünftige Arbeiten wollen wir diese Zahlen in zweierlei Hinsicht skalieren: Zum einen wollen wir die Anzahl der Softwarefunktionen aus den bereits betrachteten Bereichen erhöhen.

Wir wollen Funktionen aus bisher nicht berücksichtigten Bereichen, wie z. B. der Fahrdynamik, berücksichtigen.

Schlussfolgerung

Die zentralen Elemente dieses Zusammenschlusses sind: (1) Modelle serviceorientierter Architekturen, die logische und Deployment-Aspekte fördern, (2) Synthese von Architekturkandidaten, die hinsichtlich der effizienten Nutzung von Rechenressourcen optimal sind, und (3) Laufzeitbewertungen von Architekturkandidaten auf simulationsbasierte Weise.

Wir haben das entsprechende Feld in Angriff genommen, indem wir uns auf zwei wichtige Teile konzentriert haben: (1) Die Abbildungsbeziehung zwischen flexiblen plattformunabhängigen Modellen serviceorientierter Architekturen auf plattformspezifische und (2) die Idee eines Architekturentwicklungszyklus, der Architekten und Softwareingenieure durch Testfälle als gemeinsame Artefakte, die zurückgeführt werden, synchronisiert.

Die folgenden Punkte müssen in der zukünftigen Arbeit berücksichtigt werden: (1) die Anwendung und Evaluierung unseres Architekturentwurfsansatzes innerhalb eines Gesamtfahrzeugentwicklungsprozesses, (2) die Stärkung von Feedbackschleifen zwischen Architekten und Softwareingenieuren, um die heute selten angewandte inkrementelle Entwicklung zu bewältigen, (3) die daraus resultierende Herausforderung, Versionen und Varianten auf Modell- und Quellcodeebene zu handhaben, und (4) die Ausweitung von serviceorientierten Architekturen im Automobilbereich auf das potenziell nicht-automobile Software-Ökosystem.

Danksagung

Eine maschinell erstellte Zusammenfassung basierend auf der Arbeit von Kugele, Stefan; Obergfell, Philipp; Sax, Eric
　2021 in Software- und Systemmodellierung

Simulationsmethoden und -werkzeuge für kollaborative eingebettete Systeme: mit Schwerpunkt auf den intelligenten Ökosystemen der Automobilindustrie

DOI: https://doi.org/10.1007/s00450-019-00426-5

4 Software-Tests

Kurzfassung – Zusammenfassung

Eingebettete Systeme sind zunehmend mit offenen Schnittstellen ausgestattet, die die Kommunikation und Zusammenarbeit mit anderen eingebetteten Systemen ermöglichen.

Kollaborative eingebettete Systeme (CES) können als eine neue Klasse von Systemen angesehen werden, die zwar individuell entworfen und entwickelt werden, aber zur Laufzeit zusammenarbeiten können.

Wenn eingebettete Systeme miteinander zusammenarbeiten, müssen unabhängig voneinander entwickelte Funktionen integriert werden, um das resultierende System zu bewerten und unerwünschte Nebeneffekte zu entdecken.

Die Validierung und Verifizierung (V&V) von Systemen, die aus kollaborativen Teilsystemen bestehen, erfolgt in einem frühen Stadium durch Funktionsintegration zur Entwurfszeit.

Erweitert:

Daher beschreiben wir zunächst die bestehenden Simulationsmethoden und -werkzeuge und wie sie bereits spezifische Herausforderungen von CES im Allgemeinen und im Automobilbereich im Besonderen angehen. Anschließend gehen wir auf die verbleibenden Herausforderungen ein, die zu zukünftigen Forschungs- und Entwicklungsaktivitäten führen können.

CSG können als System von Systemen betrachtet werden, daher ist die Literatur in diesem Forschungsbereich auch im Hinblick auf Simulationsansätze, die sie bietet, eine Untersuchung wert.

Wir sind der Meinung, dass die derzeit für die Durchführung von Simulationen verwendeten Methoden und sogar die derzeit offline von Menschen genutzten und betrieben Werkzeuge von CES genutzt werden sollten, da die schiere Anzahl der verschiedenen Szenarien, die durch simulationsbasierte Evaluierung abgedeckt werden müssen, zu groß ist, um allein zur Entwurfszeit abgedeckt werden zu können.

Einführung

Wir konzentrieren uns auf den Entwurf und das Testen von CES und folgen dem traditionellen Ansatz der Validierung und Verifizierung (V&V) in einem frühen Stadium mittels Simulationen. Wir geben einen Überblick über bestehende Simulationsansätze und untersuchen, ob und wie Simulationsansätze erweitert werden sollten, um die V&V-Herausforderungen von CES besser zu bewältigen.

Da CES flexibler und dynamischer sind, gehen wir davon aus, dass Simulationsmethoden auch nach dem Einsatz, d. h. zur Laufzeit, mehr und mehr eingesetzt werden, um die Ergebnisse ihrer Laufzeitentscheidungen zu validieren (z. B. den Beitritt zu einem Zug).

Angesichts des breiten Spektrums an spezialisierten Simulationsmethoden und -werkzeugen, die in der V&V von einzelnen eingebetteten Systemen eingesetzt werden, wollen wir in diesem Papier die am besten geeigneten Methoden für die V&V von CES identifizieren.

Hintergrund
Eine zentrale Herausforderung bei der Entwicklung von Fahrzeugplatooning ist die Frage, wie dieses koordinierte Verhalten auf Fehlerfreiheit getestet werden kann, da die Koordinierung zur Laufzeit auf der Grundlage einer vordefinierten Logik erfolgt, die festlegt, wann ein Fahrzeug Teil eines Zuges sein kann, einem Zug beitritt, einen Zug verlässt usw. Die derzeitigen Test- und Simulationsmethoden für eingebettete Systeme im Automobilbereich gehen davon aus, dass die gesamte Funktionalität innerhalb der Systemgrenze eines einzelnen Fahrzeugs – eines einzelnen CES – getestet werden kann [47].

Eine weitere Herausforderung beim Testen und Simulieren von Fahrzeugzugsystemen besteht darin, dass in der Regel verschiedene Bereiche betroffen sind: (mikroskopischer) Verkehr, (drahtlose) Kommunikation und Software.

Für die Bewertung von CES und CSG ist eine Simulation der Kommunikationskanäle erforderlich. Eingebettete Systeme interagieren mit der physischen Umgebung, um die Ziele des Systems zu erreichen.

Forschungsmethode
Um einen Überblick über Simulationsmethoden und -werkzeuge für CES zu geben, haben wir eine Literaturübersicht erstellt.

Wir suchten insbesondere nach Antworten auf: RQ1 Was sind die Anwendungsherausforderungen im Bereich der Simulation für ES und CES? RQ2 In welchen Phasen des Software-Engineering-Lebenszyklus von ES und CES werden Simulationsmethoden am häufigsten eingesetzt? RQ3 Was ist der Anwendungsbereich von Simulationsmethoden in jeder Phase des Software-Engineering-Lebenszyklus? Wir führten eine kombinierte Forschungsstrategie für maschinelles und menschliches Denken mit Werkzeugunterstützung durch.

Wir stellen fest, dass die Simulation häufig als (wenn auch wichtiges) Nebenprodukt anderer Forschungsansätze, die für die CES relevant sind, erwähnt und verwendet wird.

Simulationsmethoden und -werkzeuge für CES
Simulationswerkzeuge bieten Schnittstellen für die Definition von Simulationsmodellen, Maschinen für die Ausführung der Simulationsmodelle und Mittel zur Visualisierung der Simulationsergebnisse von Systemen und Teilsystemen, die dieselbe semantische Domäne teilen.

Co-Simulation verbindet nicht nur domänenspezifische Komponenten, sondern auch Werkzeuge, die zur Modellierung und Simulation eines Systems oder einer kollaborativen Systemgruppe verwendet werden.

Sie erfordert eine integrierende Plattform, die die Kopplung verschiedener Simulationsmodelle ermöglicht, die unabhängig voneinander von domänenspezifischen Simulatoren gelöst werden.

Solche Plattformen, wie die in [48] vorgestellte, unterstützen den Austausch von Zwischenergebnissen während der Ausführung der Simulationsmodelle.

Die Autoren von [49] bieten eine Methode an, diese beiden miteinander zu verbinden, basierend auf einem definierten Mapping und einer Synchronisation des Zeitmanagements, die die gleichzeitige Ausführung von Simulationsmodellen ermöglicht.

Die Co-Simulation von CES erfordert die Kopplung von Simulationsmodellen verschiedener Verarbeitungs- und Netzplattformen.

Simulation von CES im Zusammenhang mit intelligenten Kfz-Ökosystemen
Mit fortschreitender Entwicklung werden die Simulationsmodelle integriert und getestet.

Die in diesem Unterabschnitt vorgestellten Ansätze und Werkzeuge zeigen, dass die Durchführung von Co-Simulationen im Automobilbereich sowohl für Einzelsysteme als auch für kollaborative Systeme möglich ist, sogar unter Berücksichtigung des menschlichen Verhaltens.

In [50] stellen die Autoren einen weiteren Ansatz vor, die Vorteile von Fahrsimulatoren und realen Testfahrzeugen zu kombinieren, indem sie diese im Verkehrssimulator der Firma Vires Simulationstechnologie GmbH zusammenführen. Die Visualisierung der Ergebnisse erfolgt mittels Augmented Reality.

Eine Methode zur Übertragung von realen Testfahrten in eine Simulationsumgebung wird in [51] vorgestellt.

Die Bewertung des kombinierten Verhaltens spiegelt die Fähigkeit der Werkzeuge wider, mehrere Systeme zu modellieren und zu simulieren.

Selbst wenn ein Werkzeug keine Unterstützung für die Co-Simulation bietet, kann es dennoch die Bewertung des kombinierten Verhaltens von Systemen und Systemgruppen unterstützen.

Simulationsherausforderungen im Zusammenhang mit intelligenten Kfz-Ökosystemen
Im Zusammenhang mit der Bewertung von Steuerungsentscheidungen eingebetteter Systeme muss die Forschung auf die Entwicklung von Simulationsmethoden ausgerichtet werden, die es ermöglichen, das simulierte Verhalten von Komponenten mit wesentlich höherer Geschwindigkeit auszuführen.

Dem Entwickler steht ein einfacher Ansatz zur Verfügung, um die Sprachanforderungen in Simulationen zu überprüfen.

Weitere Forschungsarbeiten sind erforderlich, um automatisierte Ansätze für die Auswahl und Priorisierung von Anforderungen und entsprechenden Szenarien zu finden.

Im Automobilbereich erfolgt die Erstellung und Auswahl von Simulationsszenarien überwiegend manuell.

Während sich viele Ansätze mit der detaillierten Modellierung der Systeme befassen, besteht noch eine große Lücke, um z. B. das Verhalten des Fahrers realistisch in eine Simulation einzubetten.

Weitere Forschungs- und Entwicklungsaktivitäten, die sich mit der Möglichkeit der Verknüpfung von Systemsimulationen mit virtuellen Spielen befassen, können die Grundlage für die kreative Definition von Testszenarien bilden.

Schlussfolgerungen und künftige Herausforderungen
Aus unserem Überblick können wir schließen, dass die Simulationsmethoden und -werkzeuge sehr vielfältig und reich an Funktionen sind, die für die Simulation fortgeschrittener kollaborativer Szenarien genutzt werden können.

Die Frage nach dem „Warum" ließe sich beantworten, wenn die Simulationsmethoden einen Begriff von den Anforderungen, die durch eine Simulation überprüft werden, und einen Begriff von den Zielen, die jeder Akteur in einer zur Laufzeit gebildeten Kollaboration verfolgt, enthielten.

In Bezug auf (2) glauben wir, dass Simulationsmethoden die traditionelle Grenze des Offline-Betriebs überschreiten und von den kollaborativen Systemen zur Laufzeit genutzt werden müssen.

Wir sind der Meinung, dass die derzeit für die Durchführung von Simulationen verwendeten Methoden und sogar die derzeit offline von Menschen genutzten und betriebenen Werkzeuge von CES genutzt werden sollten, da die schiere Anzahl der verschiedenen Szenarien, die durch simulationsbasierte Evaluierung abgedeckt werden müssen, zu groß ist, um allein zur Entwurfszeit abgedeckt werden zu können.

Danksagung
Eine maschinell erstellte Zusammenfassung basierend auf der Arbeit von Cioroaica, Emilia; Pudlitz, Florian; Gerostathopoulos, Ilias; Kuhn, Thomas
2019 in SICS Software-intensive Cyber-Physical Systems

Literatur

1. Shahbazi A, Miller J (2015) Black-box string test case generation through a multi-objective optimization. IEEE Trans Under Revis Softw Eng. 42:361–378
2. Shahbazi A, Miller J (2014) Extended subtree: a new similarity function for tree structured data. IEEE Trans Knowl Data Eng. 26(4):864–877. https://doi.org/10.1109/TKDE.2013.53
3. Wang JTL, Zhang K (2001) Finding similar consensus between trees: an algorithm and a distance hierarchy. Pattern Recognit. 34(1):127–137. https://doi.org/10.1016/S0031-3203(99)00199-5
4. Nierman A, Jagadish HV (2002) Evaluating structural similarity in XML documents. In: Proceedings of 5th international Workshop on the Web and Databases (WebDB 2002), Madison, Wisconsin, S 61–66
5. Tai K-C (1979) The tree-to-tree correction problem. J ACM 26(3):422–433. https://doi.org/10.1145/322139.322143
6. Zhang K, Shasha D (1989) Simple fast algorithms for the editing distance between trees and related problems. SIAM J Comput. 18(6):1245–1262
7. Cohen J (1988) Statistical power analysis for the behavioral sciences. Lawrence Erlbaum, Mahwah

8. Cohen J (1992) A power primer. Psychol Bull. 112(1):155–159
9. Bertolino A, Gao J, Marchetti E, Polini A (2007a) Automatic test data generation for XML schema-based partition testing. In: Proceedings of the 2nd international workshop on Automation of Software Test. AST'07, S 4. IEEE Computer Society, Washington, DC. https://doi.org/10.1109/AST.2007.6
10. Bertolino A, Gao J, Marchetti E, Polini A (2007) Systematic generation of XML instances to test complex software applications. In: Guelfi N, Buchs D (Hrsg) Rapid Integration of software engineering techniques, Lecture notes in computer science. Springer, Berlin, S 114–129. https://doi.org/10.1007/978-3-540-71876-5_8
11. Bertolino A, Gao J, Marchetti E, Polini A (2007c) TAXI-a tool for XML-based testing. In: Companion to the Proceedings of the 29th International Conference on Software Engineering. ICSE COMPANION'07. IEEE computer society, Washington, DC, S 53–54. https://doi.org/10.1109/ICSECOMPANION.2007.72
12. Havrikov N, Höschele M, Galeotti JP, Zeller A (2014) XMLMate: evolutionary XML test generation. In: Proceedings of the 22nd ACM SIGSOFT International symposium on foundations of software engineering. Hong Kong, S 719–722
13. Tillmann N, de Halleux J (2008) Pex-white box test generation for.NET. In: Beckert B, Hähnle R (Hrsg) Tests and proofs, LNCS, Bd 4966. Springer, S 134–153. https://doi.org/10.1007/978-3-540-79124-9_10
14. Yoo S, Harman M (2012) Minimierung, Auswahl und Priorisierung von Regressionstests: eine Übersicht. Softw Test Verification Reliab 22(2):67–120. https://doi.org/10.1002/stvr.430
15. Pacheco C, Lahiri SK, Ernst MD, Ball T (2007) Feedback-directed random test generation. In: 29th International Conference on Software Engineering. ICSE 2007, S 75–84. https://doi.org/10.1109/ICSE.2007.37
16. Stević S, Krunić M, Dragojević M, Kaprocki N Development and validation of ADAS perception application in ROS environment integrated with CARLA simulator. In: 2019 27th Telecommunications Forum (TELFOR), Belgrad, Serbien, 26–27 November 2019
17. Kumar S, Dalal S, Dixit V (2014) The OSI model: Überblick über die sieben Schichten von Computernetzwerken. Int J Innov Res Sci Technol (IJIRST) 2(3):461–466
18. Bertsekas DP, Bertsekas DP, Bertsekas DP, Bertsekas DP (1995) Dynamische Programmierung und optimale Steuerung. Athena Scientific, Belmont
19. Zaccarian L (2012) DC motors: dynamic model and control techniques. Lecture notes. Tor Vergata University of Rome, Rome
20. Tiwari T, Shah A, Nainwad CS (2002) Design und Entwicklung eines Hochleistungsfensters für einen Linearbeschleuniger bei 2,856 GHz. In: Third IEEE international vacuum electronics conference (IEEE Cat. No. 02EX524) 2002. IEEE, Monterey, S 377–378
21. Yi W, Yunfeng Q, Jie Y (2011) Anwendung der automobilen Fensterhebersteuerung für periphere Schnittstellensteuerung. In: IEEE 2011 10th International conference on electronic measurement & instruments 2011, August 16, vol. 2. IEEE, Chengdu, S 364–367
    Kumar R (2018) Mathematische Modellierung und moderne steuerungsbasierte Validierung eines intelligenten Autofensters. Dissertation, University of Petroleum and Energy Studies, Dehradun, Indien
22. https://shodhganga.inflibnet.ac.in/handle/10603/224279
23. Lee S, Kim D (2016) Eine energieeffiziente Fahrzeug-Fußgänger-Kommunikationsmethode für Sicherheitsanwendungen. Wirel Pers Commun 86(4):1845–1856
24. Christofides N, Mingozzi A, Toth P (1981) Exact algorithms for the vehicle routing problem, based on spanning tree and shortest path relaxations. Math Progr 20(1):255–282
25. Kumar R, Ahuja NJ, Saxena M, Kumar A (2016) Modellierung und Simulation der Objekterkennung in Kfz-Fenstern. Indian J Sci Technol 9:43

26. Li J, Yu F, Zhang JW, Feng JZ, Zhao HP (2002) Die schnelle Entwicklung eines elektronischen Fahrzeugsteuerungssystems und seine Anwendung auf ein Antiblockiersystem auf der Grundlage einer Hardware-in-the-Loop-Simulation. Proc Inst Mech Eng Teil D J Automob Eng 216(2):95–105
27. Prawoto Y, Yusof MA (2013) Automotive power window mechanism failure initiated by overload. Eng Fail Anal 31:179–188
28. Tenconi A, Wheeler PW (2012) Einleitung zum Sonderteil über das elektrischere Flugzeug: Power electronics, machines, and drives. IEEE Trans Ind Electron 59(9):3521–3522
29. Liu XM, Shao YH, Wu HW, Zhong YH (2007) Entwurf eines Autofenster-Anti-Fangsystems ohne Sensor. Mikromot Servotech 2007(4):48–49
30. Karris ST (2006) Einführung in Simulink mit technischen Anwendungen. Orchard Publications, Fremont
31. Kumar R, Ahuja NJ, Saxena M (2018) Verbesserung und Zulassung von Hinderniserkennung und -aktivität für Power Window. In: Intelligent communication, control and devices. Springer, Singapore, S 855–864
32. Dimeas I, Petras I, Psychalinos C (2017) New analog implementation technique for fractional-order controller: a DC motor control. AEU-Int J Electron C 78:192–200
33. Chaple M, Bodkhe SB, Daigavane P (2019) Four phase (8/6) SRM with DTC for minimization of torque ripple. Int J Electr Eng Educ. https://doi.org/10.1177/0020720919841686
34. Ehsani M, Rahman KM, Toliyat HA (1997) Entwurf des Antriebssystems von Elektro- und Hybridfahrzeugen. IEEE Trans Ind Electron 44(1):19–27
35. Roggia S, Cupertino F, Gerada C, Galea M (2017) A two-degrees-of-freedom system for wheel traction applications. IEEE Trans Ind Electron 65(6):4483–4491
36. Kumar A, Sharma P, Gupta MK, Kumar R (2018) Auf maschinellem Lernen basierende Ressourcennutzung und Vorabschätzung für Network on Chip (NoC) Kommunikation. Wirel Pers Commun 102(3):2211–2231
37. Platt J, Moehle N, Fox JD, Dally W (2018) Optimal operation of a plug-in hybrid vehicle. IEEE Trans Veh Technol 67:10366–10377. https://doi.org/10.1109/TVT.2018.2866801
38. Yang H, Song X, Zhang X, Lu B, Yang D, Li B (2021) Uncovering the in-use metal stocks and implied recycling potential in electric vehicle batteries considering cascaded use: a case study of China. Environ Sci Pollut Res 28:2030–45878
39. Khalilzadeh M, Asaei B, Nikzad MR (2017) A novel interleaved DC-DC converter with reduced loss for fuel cell vehicle application. Iran J Electr Electron Eng 13:89–99. https://doi.org/10.22068/IJEEE.13.1.9
40. Raikwar S, Jijyabhau LW, Arun Kumar S, Sreenivasulu Rao M (2019) Hardware-in-the-Loop-Testautomatisierung von eingebetteten Systemen für landwirtschaftliche Traktoren. Measurement 133:271–280
41. Broy M, Gleirscher M, Kluge P, Krenzer W, Merenda S, Wild D (2009) Automotive Architecture Framework: Auf dem Weg zu einer ganzheitlichen und standardisierten Systemarchitekturbeschreibung. Tech. rep., Technische Universität München (2009). ftp://ftp.software.ibm.com/software/plm/resources/AAF_TUM_TRI0915.pdf
42. Dajsuren Y (2015) On the design of an architecture framework and quality evaluation for automotive software systems. Dissertation, Technische Universiteit Eindhoven, Eindhoven. https://pure.tue.nl/ws/files/15934981/20160307_Dajsuren.pdf
43. Pelliccione P, Knauss E, Heldal R, Ågren SM, Mallozzi P, Alminger A, Borgentun D (2017) Automotive architecture framework: the experience of volvo cars. J Syst Archit 77:83–100. https://doi.org/10.1016/j.sysarc.2017.02.005

44. Kugele S, Marmsoler D, Mata N, Werther K (2016) Verification of component architectures using mode-based contracts. In: 2016 ACM/IEEE international conference on formal methods and models for system design, MEMOCODE 2016, Kanpur, India, November 18–20, S 133–142. https://doi.org/10.1109/MEMCOD.2016.7797758
45. Sillmann B, Glock T, Ghassemi R, Sax E (2018) A multi-objective optimization approach for analysing and architecting system of systems. In: 2018 Annual IEEE International Systems Conference (SysCon), Vancouver, CDN, April 23–26. IEEE, S 1–8. https://doi.org/10.1109/SYSCON.2018.8369581
46. Duracz A, Eriksson H, Bartha F A, Xu F, Zeng Y, Taha W (2015) Using rigorous simulation to support ISO 26262 hazard analysis and risk assessment. In: High Performance computing and communications (HPCC), 2015 IEEE 7th international symposium on Cyberspace Safety and Security (CSS). IEEE, Massachusetts, S 1093–1096
47. Kuhn T, Forster T, Braun T, Gotzhein R (2013) Feral-framework for simulator coupling on requirements and architecture level. In: Eleventh IEEE/ACM international conference on formal methods and models for codesign (MEMOCODE). Beijing, S 11–22
48. Wang Y, Zhou X, Liang D (2012) Study on integrated modeling methods towards co-simulation of cyber-physical system. In: 2012 IEEE 14th international conference on high performance computing and communication 2012 IEEE 9th international conference on embedded software and systems, S 1736–1740. https://doi.org/10.1109/HPCC.2012.261
49. Bokc T, Maurer M, Farber G (2007) Validation of the vehicle in the loop (vil); a milestone for the simulation of driver assistance systems. In: 2007 IEEE intelligent vehicles symposium, S 612–617. https://doi.org/10.1109/IVS.2007.4290183
50. Nentwig M, Stamminger M (2010) Ein Verfahren zur Reproduktion von Fahrzeug-Testfahrten für die simulationsbasierte Evaluation von Bildverarbeitungsalgorithmen. In: 13th International IEEE conference on intelligent transportation systems. Madeira, S 1307–1312

Reifegrad der Softwareentwicklung

Fabian Wolf

Einführung von Fabian Wolf

In diesem Kapitel wird der Bereich der Reifegradmodelle aus der Software-Qualitätssicherung und normativen Entwicklungsprozessen im Bereich der funktionalen Sicherheit diskutiert.

Im Hinblick auf die Softwarequalität wird ein Qualitätsbewertungsrahmen zur Einstufung von Softwareprojekten vorgestellt, bevor die Beziehungen zwischen dem Nettonutzen von IT-Projekten und der Wahrnehmung der Qualität von Softwareentwicklungsdisziplinen durch CIOs untersucht werden. In der Veröffentlichung über die automatische Bewertung der Nutzungsqualität in kontextbezogenen Softwaresystemen wird eine vielversprechende Analysemethode bewertet, während in der Arbeit über konformitätsbezogene technische Prozesspläne der Fall von Softwareentwicklungsprozessen in der Raumfahrt vorgestellt wird. Auf eine empirische Untersuchung zur Korrelation von kritischen Erfolgsfaktoren mit dem Erfolg von Softwareprojekten folgt die Schätzung von Softwarequalitätsparametern für hybride agile Prozessmodelle, die modernere Entwicklungsansätze erforschen. Schließlich wird ein modellgetriebener Engineering-Ansatz zur Unterstützung von fragebogenbasierten Gap-Analyse-Prozessen durch den Einsatz von Lifecycle-Management-Systemen vorgestellt, der sich auf eine interaktionsbasierte Methode konzentriert.

Im Bereich des sicherheitskritischen System-Engineerings definiert ein Überblick über die Ansätze zur Zuweisung von Sicherheitsintegritätsstufen im Automobil die grundlegenden Prämissen für das Safety und Security Co-Engineering für hochautomatisierte Fahrzeuge. Dieser Bereich des autonomen Fahrens hat bisher die größten Herausforderungen

F. Wolf (✉)
Technische Universität Clausthal, Clausthal-Zellerfeld, Deutschland
E-Mail: fabsw@gmx.de

auf der einen Seite, bietet aber auch ein hohes Potential an Kundennutzen inklusive Preispotential und ein riesiges Forschungsfeld für die Gegenwart und sogar die langfristige Zukunft der Software im Automobil.

Maschinell erstellte Zusammenfassungen

5.1 Qualität der Software

Maschinell erzeugte Schlüsselwörter: software, qualität, softwareentwicklung, projekt, standard, methodik, ingenieurwesen, iec, software engineering, metrik, entwicklungsprozess, erfolg, zuordnung, bewerten, softwarequalität

Qualitätsbewertungsrahmen zur Einstufung von Softwareprojekten
DOI: https://doi.org/10.1007/s10515-022-00342-0

Kurzfassung – Zusammenfassung
Diese Modelle verwenden Software-Metriken zur Bewertung verschiedener Qualitätsmerkmale.

Ohne angemessene Schwellenwerte ist es sehr schwierig, plausible Interpretationen mit Softwarequalitätsattributen zu verbinden.
    Bei diesen Versuchen gelingt es nicht, die vorgeschlagenen Schwellenwerte eindeutig auf die Bewertung von Software-Qualitätsattributen zu übertragen.
    Das vorliegende Papier soll diese Lücke schließen und bietet eine Methodik für Qualitätsbewertungsmodelle auf der Grundlage von Schwellenwerten für Softwaremetriken.
    Unsere Methodik definiert Schwellenwerte für Softwaremetriken, um ordinale Daten zu erzeugen.
    Um die Effektivität unseres Rahmens für metrische Schwellenwerte in der Software zu bewerten, führen wir eine empirische Studie durch.
    Die berichteten Ergebnisse zeigen deutlich, dass der vorgeschlagene Rahmen einen signifikanten Einfluss auf die Bewertung und Evaluierung der Qualität von Softwareprodukten hat.

Einführung
Wir schlagen ein neues Qualitätsmodell für Softwareprodukte vor, das Schwellenwerte für Softwaremetriken verwendet.

    Es gibt keine klare Methodik, die die Verwendung der metrischen Schwellenwerte bei der Bewertung und Einstufung der Softwarequalität und des Produkts leitet.
    Um diese Einschränkungen zu beheben, schlagen wir einen neuen Rahmen zur Messung der Qualität von Softwareprodukten unter Verwendung von Schwellenwerten für Softwaremetriken vor.

Zu den wichtigsten Merkmalen unseres Rahmens gehören: (1) die Fähigkeit, eine beliebige Anzahl von Softwaremetriken bei der Konstruktion des vorgeschlagenen Modells zu berücksichtigen; (2) eine beliebige Anzahl von Qualitätsstufen kann über die Standardstufen „gut", „normal" und „schlecht" hinaus untersucht werden; (3) Schwellenwerte sind mit allen Stufen jeder Metrik verbunden; (4) die Qualität, die aus einer Fehlerperspektive bewertet wird, kann erweitert werden, um andere Qualitätsaspekte wie Wartbarkeit, Sicherheit und Benutzerfreundlichkeit abzudecken; und (5) obwohl das Rahmenwerk für die Bewertung der Softwarequalität formalisiert ist, kann es leicht als Qualitätsbewertungsinstrument in beliebige Qualitätssicherungsmodelle übernommen werden.

Literaturübersicht
Modelle dieser Kategorie können in folgende Gruppen eingeteilt werden: Auf fester Dekomposition basierende Modelle: In dieser Gruppe sind alle Qualitätsfaktoren, Unterfaktoren und Metriken eine Teilmenge derjenigen des in Fenton und Bieman [1] vorgestellten Modells.

Da die dekompositionsbasierten Qualitätsmodelle eine sorgfältige Planung und zusätzliche Ressourcen erfordern, betrachten viele Softwareingenieure die Softwarequalität als einen Mangel an Defekten, wobei die Defekte alle bekannten Fehler, Irrtümer und Ausfälle sind [1].
Regressionsbasierte Software-Qualitätsmodelle können in diese Kategorie eingeordnet werden (defektbasierte Qualitätsmodelle).
All diese Modelle, die durch den vorgeschlagenen Rahmen konstruiert werden, generieren Fuzzy-Informationen über Defekte, Wartbarkeit, Benutzbarkeit, Wiederverwendbarkeit usw. Diese Fuzzy-Informationen über jeden Faktor können mit denselben Verfahren aggregiert werden, um Fuzzy-Informationen über die Gesamtqualität der Software zu generieren, was den Prozess des dekompositionsbasierten Qualitätsmodells vereinfacht und automatisiert.

Methodik
Um ein Softwareprodukt in eine der drei Qualitätsstufen (gut, normal und schlecht) einzustufen, sind zwei Schwellenwerte für jede Metrik erforderlich.

Es gibt viele vorgeschlagene Methoden zur Extraktion von Schwellenwerten [2–6]. Wir verwenden jedoch die Methode von Ferreira [2], weil sie bei der automatischen Extraktion der Schwellenwerte in drei Qualitätsstufen (gut, normal und schlecht) für jede Softwaremetrik hilft.
Da der Zweck des Gewichtungsschemas darin besteht, die Korrelation zwischen dem gegebenen Merkmal und der Klasse (Zielattribut) zu analysieren und auf dieser Grundlage eine Gewichtung vorzunehmen, sehen wir, dass es besser ist, die ursprüngliche Stichprobenverteilung der Werte zu haben, ohne eine Stichprobe hinzuzufügen oder zu entfernen.
Jedes kontinuierliche Merkmal wird mithilfe von zweistufigen Schwellenwerten in drei Ordinalwerte (gut, normal, schlecht) umgewandelt.

Um das Gewicht jeder Qualitätsklasse pro Metrik zu berechnen, wird jedes ordinale Merkmal in drei binäre Merkmale umgewandelt.

Planung von Experimenten
Das Ziel dieser Forschung ist es, einen Ansatz zu entwickeln, der Schwellenwerte für Softwaremetriken verwendet, um die Qualität von Softwareprojekten zu bewerten und einzustufen.

Zielsetzung Vorschlag eines Qualitätsbewertungsrahmens für die Einstufung von Softwareprodukten im Hinblick auf Software-Metriken im Zusammenhang mit Softwarefehlern.

Forschungsfrage Wie können Schwellenwerte für Softwaremetriken verwendet werden, um ein bestimmtes Softwareprodukt zu bewerten und in eine bestimmte Qualitätsstufe einzuordnen?

Es zeigt die Anwendbarkeit des Rahmens, um eine klare Methodik zu bieten, wie die Schwellenwerte der Software-Metriken verwendet werden können, um ein Modell zur Bewertung der Qualitätsreife zu erstellen und ein Softwareprodukt in bestimmte Qualitätsstufen einzustufen.

Dieser Rahmen hilft bei der Vereinfachung des Aufbaus von anspruchsvolleren Qualitätsmodellen nicht nur im Bereich der Software, sondern auch in anderen Bereichen, in denen Qualität, Metriken und metrische Schwellenwerte allgemeine Begriffe sind, die in anderen Bereichen verwendet werden.

Modellanalyse und -bewertung
Wir führen eine lineare Regressionsanalyse durch, um die lineare Beziehung zwischen dem Grad der spezifischen Qualitätsstufe (Prädiktorvariable) und der Fehlerdichte (Ergebnisvariable) zu messen.

Sowohl der Achsenabschnitt als auch die Steigung zeigen, dass ein signifikanter linearer Zusammenhang zwischen dem mit der vorgeschlagenen Methode berechneten Grad der schlechten Qualität und der Fehlerdichte besteht ($P < 0{,}02$).

Sowohl der Achsenabschnitt als auch die Steigung zeigen, dass ein signifikanter linearer Zusammenhang zwischen den mit der vorgeschlagenen Methode berechneten Qualitätsstufen Gut und Regulär und dem Verhältnis der fehlerfreien Klassen besteht ($P < 0{,}02$).

Wir stellen fest, dass die mit dem vorgeschlagenen Rahmenwerk berechneten Qualitätsstufen eine signifikante Korrelation mit der Fehlerdichte für die gegebenen Softwareprodukte aufweisen.

Das vorgeschlagene Qualitätsreife-Modell ist ein Anwendungsfall zur Bewertung der Softwarequalität aus einer Perspektive, nämlich der Fehlerdichte.

Bedrohungen der Gültigkeit
Was die Konstruktvalidität betrifft, so besteht die Sorge, dass die zur Konstruktion des vorgeschlagenen Qualitätsmodells verwendeten Softwaremetriken nicht reflektierend sind.

5 Reifegrad der Softwareentwicklung

Eine weitere mögliche Gefahr für die Konstruktvalidität besteht darin, dass die verwendeten Softwaremetriken nicht validiert sind, um das zu messen, was sie messen sollen.

Der Rahmen basiert auf den Software-Metriken, die zur Messung der Wartbarkeit beitragen.

Dies kann durch die Anpassung geeigneter Software-Metriken und Schwellenwerte zur Messung solcher Attribute geschehen.

Eine weitere mögliche Bedrohung hängt mit dem Tool zusammen, das zur Extraktion der Softwaremetrikwerte verwendet wird, da es mehrere Tools zur Berechnung von Softwaremetriken gibt, aber jedes Tool kann diese Metriken auf unterschiedliche Weise berechnen und unterschiedliche Werte mit einer unterschiedlichen Skala für jede Metrik erzeugen [7].

Wir sollten uns darüber im Klaren sein, dass die Extraktion der Metrikwerte durch andere Werkzeuge eine erneute Extraktion der Schwellenwerte erfordert, die von der Skala des vom neuen Werkzeug berechneten Metrikwertes abhängt.

Schlussfolgerung

Ziel dieser Arbeit ist es, einen Rahmen für die Qualitätsbewertung zu schaffen, der zur Beurteilung der Softwarequalität anhand von Schwellenwerten für Softwaremetriken verwendet werden kann.

Die Ergebnisse zeigen, dass Schwellenwerte für Softwaremetriken zur Erstellung von Qualitätsbewertungsmodellen verwendet werden können, um die Softwareprodukte einem bestimmten Qualitätsniveau zuzuordnen.

Wir haben sieben Software-Metriken verwendet, um das vorgeschlagene Qualitätsmodell zu erstellen.

Das vorgeschlagene Qualitätsmodell wird unter Verwendung von drei Schwellenwerten (gut, normal und schlecht) für jede Metrik erstellt, die auf der Grundlage der Ferreira-Methode ermittelt wird.

Wir haben eine Methodik vorgeschlagen, die zeigt, wie die Schwellenwerte der Softwaremetrik zur Bewertung und Einstufung von Softwareprodukten verwendet werden können.

Danksagung

Eine maschinell erstellte Zusammenfassung basierend auf der Arbeit von Alqmase, Mohammed; Alshayeb, Mohammad; Ghouti, Lahouari
2022 in Automatisierter Softwareentwicklung

Untersuchung der Beziehungen zwischen dem Nettonutzen von IT-Projekten und der Wahrnehmung der Qualität von Softwareentwicklungsdisziplinen durch CIOs

DOI: https://doi.org/10.1007/s12599-019-00612-4

Kurzfassung – Zusammenfassung

Diese bestehen aus mehreren Disziplinen der Softwareentwicklungsmethodik (SDM) wie Anforderungserfassung, Design, Kodierung, Testen usw., die kontinuierlich verbessert und individuell auf spezifische Softwareentwicklungsprojekte zugeschnitten werden müssen.

Das Papier schlägt eine Methodik vor, die es ermöglicht, Qualitätskategorien für SDM-Disziplinen zu identifizieren und den Nettonutzen von SDM-Disziplinen zu bewerten.

Die Ergebnisse der explorativen Studie zeigen, dass in den einzelnen SDM-Disziplinen unterschiedliche Arten von Kano-Qualität vorhanden sind und dass sich die Anwendungen der einzelnen SDM-Disziplinen in ihrem Verhältnis zum Nettonutzen von IT-Projekten erheblich unterscheiden.

Modelle zur Bewertung der Softwareprozessqualität sollten mehrere Qualitätskategorien statt nur einer bewerten und nicht davon ausgehen, dass die Anwendung jeder einzelnen SDM-Disziplin die gleiche Wirkung auf den Nettonutzen des Unternehmens hat.

Einführung

Diese Rahmenwerke bewerten nicht die tatsächlichen Auswirkungen der Softwareentwicklungsqualität auf den Nettonutzen des Unternehmens, d. h. das Ausmaß, in dem SDM-Disziplinen zum Erfolg des Unternehmens beitragen [8–10].

Ziel dieser Arbeit ist es, eine Methodik zu entwickeln und zu testen, mit der verschiedene Qualitätskategorien von SDM identifiziert werden können, um die Zufriedenheit von Softwareentwicklungsunternehmen mit der Anwendung ihres SDM zu erhöhen.

Solche Informationen können Softwareentwicklungsunternehmen dabei helfen, SDM-Verbesserungen (Techniken, Werkzeuge usw.) auszuwählen, die zu den identifizierten Qualitätskategorien der einzelnen SDM-Disziplinen passen, und so ihren Softwareentwicklungsprozess zu verbessern.

Die vorgeschlagene Methodik stützt sich auf Algorithmen zur Bewertung von Attributen aus dem maschinellen Lernen, mit denen wir den Beitrag einzelner Attribute (d. h. SDM-Disziplinen) zur Gesamtzufriedenheit bewerten und ihre Eigenschaften untersuchen, um ihre Qualitätskategorien zu ermitteln.

Hintergrund und verwandte Arbeiten

Es ist wahrscheinlich, dass Unternehmen, die front-loaded SDM einsetzen, den Einsatz von SDM in den Disziplinen Anforderungserfassung, -analyse und -design als eine eindimensionale Qualitätskategorie wahrnehmen, denn je höher die Qualität, desto größer die Zufriedenheit.

Die Kategorie indifferente Qualität zeigt keinen signifikanten Zusammenhang zwischen Attributwert und Zufriedenheit.

Die umgekehrte Qualitätskategorie weist eine negative lineare Beziehung zwischen Attributwert und Zufriedenheit auf.

In der vorgeschlagenen Methodik verwenden wir ReliefF, um wichtige Attribute zu identifizieren, und OrdEval, um sie gemäß dem Kano-Modell zu charakterisieren. Dies ermöglicht uns, Daten zur Kundenzufriedenheit auf Attributsebene zu analysieren und Erkenntnisse zu gewinnen, die mit anderen Methoden nicht möglich sind.

Um die Auswirkung einer Erhöhung eines bestimmten Attributwertes auf die Gesamtzufriedenheit zu bewerten, berechnet der Algorithmus die Wahrscheinlichkeit für eine solche Auswirkung bei ähnlichen Befragten mit einem größeren Wert dieses Attributs.

Die vorgeschlagene Methodik
In der ersten Phase messen wir die Zufriedenheit der CIOs mit der Anwendung der einzelnen SDM-Disziplinen und dem Nettonutzen von IT-Projekten.

Wir verwenden ReliefF [11], um die Zusammenhänge zwischen der Zufriedenheit der CIOs mit der Anwendung von SDM in den einzelnen Entwicklungsdisziplinen und dem Nettonutzen von IT-Projekten unter Berücksichtigung möglicher Attribut-Interdependenzen zu analysieren.

In der dritten Phase verwenden wir den OrdEval-Algorithmus [12], um die Auswirkungen der Attributwerte zu analysieren, d. h. die Zufriedenheitswerte der CIOs für die einzelnen Disziplinen, was uns einen Rückschluss auf die Attributeigenschaften gemäß dem Kano-Modell ermöglicht.

In der vierten Phase nutzen wir die in den vorangegangenen Phasen gesammelten Informationen, um Verbesserungen vorzubereiten, die sich auf die SDM-Disziplinen mit den größten Auswirkungen auf den Nettonutzen des Unternehmens konzentrieren und den Qualitätskategorien der einzelnen SDM-Disziplinen entsprechen.

Explorative Studie
Unsere explorative Studie zielt darauf ab, die Fähigkeit der vorgeschlagenen Methodik zu beweisen, die Auswirkungen der SDM-Disziplinen auf den Nettonutzen der Unternehmen zu bewerten (RQ1) und verschiedene Qualitätskategorien in spezifischen SDM-Disziplinen zu identifizieren (RQ2).

Die Ergebnisse zeigen, dass die Anwendung von SDM in allen Disziplinen (mit Ausnahme des Projektmanagements) positiv mit dem Nettonutzen von IT-Projekten verbunden ist.

Die Zufriedenheit der CIOs mit der Anwendung von SDM im Bereich des Projektmanagements steht in keinem positiven Zusammenhang mit dem Nettonutzen der IT-Projekte.

Dies deutet darauf hin, dass die attraktive Qualitätskategorie der SDM-Anwendung in der Disziplin Anforderungserfassung einen starken statistisch signifikanten Einfluss auf die Zufriedenheit der CIOs mit der Disziplin hat, jedoch ist auch ein eindimensionaler Einfluss der Qualitätskategorie vorhanden.

Die Kodierungs- und Integrationsdisziplin wird weitgehend durch SDM-Ansätze definiert, die wichtige Softwareentwicklungsprozesse systematisieren, die den Nettonutzen von IT-Projekten positiv beeinflussen.

Diskussion

Unsere Anwendung des Kano-Modells im Bereich der Softwareentwicklungsprozesse zeigt, dass verschiedene Teile von Softwareentwicklungsprozessen (wie z. B. Disziplinen) auch verschiedene Qualitätskategorien aufweisen (von „must-be" bis „attractive quality") und dass es nicht immer der Fall ist, dass der Nutzen linear mit dem Anstieg des Qualitätsniveaus zunimmt, insbesondere bei Disziplinen der Kategorie „must-be quality".

Forscher auf dem Gebiet der Modelle zur Bewertung der Software-Prozessqualität sollten die etablierten Modelle wie CMMI und ISO/IEC um die Schlüsselfähigkeit der vorgeschlagenen Methodik erweitern, d. h. um die Identifizierung von Qualitätskategorien bestimmter Software-Entwicklungsdisziplinen oder -Prozessteile.

Nach dem Kano-Modell, der bestehenden Forschung im Bereich der IT-Produktentwicklung und unserer Studie kann der höchste Nutzen durch die Verbesserung der Teile des Softwareentwicklungsprozesses erwartet werden, die entweder zu einer Muss-Qualitätskategorie mit einem niedrigen Attributwert oder zu einer attraktiven Qualitätskategorie mit mittlerem Attributwert gehören.

Schlussfolgerung

Wir haben eine neuartige Methodik vorgeschlagen, um verschiedene Qualitätskategorien der SDM-Disziplin (Teile) zu identifizieren, mit dem Ziel, die Zufriedenheit von Softwareentwicklungsunternehmen mit der Anwendung ihres SDM zu erhöhen.

Wir kategorisierten die Qualität der SDM-Disziplinen nach dem Kano-Modell.

Diese Informationen können Softwareentwicklungsunternehmen dabei helfen, SDM-Disziplinen mit hohem Verbesserungspotenzial zu identifizieren.

Durch die Verbesserung des Verständnisses des Qualitätskonzepts im Bereich der Modelle zur Bewertung der Softwareprozessqualität könnten Praktiker ähnliche Vorteile erzielen wie in den Bereichen, in denen das Kano-Modell zur Qualitätsbewertung bereits eingesetzt wird.

Eine weitere Möglichkeit zur Verbesserung der vorgeschlagenen Methodik besteht darin, sie mit den kürzlich entwickelten quantitativen Kano-Modellen zu integrieren.

Danksagung

Eine maschinell erstellte Zusammenfassung basierend auf der Arbeit von Vavpotič, Damjan; Robnik-Šikonja, Marko; Hovelja, Tomaž
2019 in Business & Information Systems Engineering

Automatische Bewertung der Nutzungsqualität kontextbezogener Softwaresysteme

DOI: https://doi.org/10.1007/s12652-021-03693-w

Kurzfassung – Zusammenfassung

Wie die Qualität dieser Systeme im Hinblick auf die Benutzerwahrnehmung und die Kontexterkennung bewertet werden kann, ist noch ein offenes Problem.

Unser Ziel in dieser Arbeit ist es, die Quality-in-Use (QinU) für kontextbezogene Softwaresysteme gemäß dem ISO/IEC 25010-Standard und auf automatisierte Weise zu bewerten.

Wir verwenden probabilistische Modelle zur Erkennung von Nutzermustern, heuristische Metriken zur QinU-Schätzung, Clustering-Techniken zur Erstellung von Nutzerprofilen entsprechend ihrer QinU und Merkmalsauswahl zur Identifizierung relevanter Kontextfaktoren.

Wir schlagen einen Rahmen für die Bewertung der QinU in kontextabhängigen Softwaresystemen vor, den wir Framework for Assessing Quality-in-use of Software (FAQuiS) nennen.

Wir analysieren die Mechanismen, die die QinU-Bewertung in kontextabhängigen Systemen unterstützen, die Machbarkeit der QinU-Quantifizierung und die Eignung der Integration in Unternehmen.

FAQuiS kann als Lösung zur Bewertung von QinU auf der Grundlage des ISO 25010-Standards und der Modelle für das Nutzerverhalten in verschiedenen Kontexten verwendet werden.

Diese Lösung analysiert die Kontextänderungen in der Benutzerinteraktion, kann den Qualitätsverlust in diesen Kontexten quantifizieren und erfordert keinen großen Aufwand, um in einen Softwareentwicklungsprozess integriert zu werden.

Erweitert:
Die Qualitätsmerkmale aus ISO SQuaRE [13] werden zur Schätzung der QinU-Werte herangezogen.

Die künftige Arbeit sollte auf diese Herausforderungen ausgerichtet sein.

Einführung

Nach dieser Definition können wir den Benutzer selbst, die Anwendung und jede andere für die Interaktion relevante Einheit als Teil des Kontexts betrachten.

Die Quality-in-Use (QinU) ist definiert als „die Sicht des Benutzers auf die Qualität eines Systems, das Software enthält, die anhand des Ergebnisses der Benutzung der Software und nicht anhand der Eigenschaften der Software selbst gemessen wird" [14].

Während die interne und externe Perspektive die Produktqualität bewertet, beurteilt die QinU die Wirkung der Interaktion zwischen Benutzer und Software und die Benutzererfahrung.

Die QinU-Analyse ist eine Herausforderung, die bei kontextbezogenen Systemen zu berücksichtigen ist, da sie bewerten kann, wie die Systeme relevante Informationen in Bezug auf den Kontext und die Aufgabe des Benutzers liefern.

Wir untersuchen das Problem der automatischen Bewertung der QinU von kontextabhängiger Software mit mehreren Benutzern und dynamischem Kontext.

Verwandte Arbeiten

Die Norm ISO/IEC 25010, bekannt als System- und Softwarequalitätsanforderungen und -bewertung (SQuaRE), integriert zwei Modelle: (i) ein Softwarequalitätsmodell, das sich auf interne und externe Eigenschaften konzentriert, und (ii) ein QinU-Modell zur Messung der „Gesamtqualität des Systems in seiner Betriebsumgebung für bestimmte Benutzer zur Ausführung bestimmter Aufgaben" [13].

Maßgeschneiderte QinU-Modelle wurden von SQuaRE abgeleitet, um spezifische Unterstützung für die Evaluierung von nicht kontextabhängigen Softwaresystemen zu bieten [15–19].

In unserem Ansatz [20] schlagen wir eine Methode zur Modellierung des Nutzerverhaltens in diesen dynamischen Kontexten durch die Verarbeitung von Protokolldaten vor.

Die Unterstützung dieses Rahmens zielt auf die Verwaltung von Kontext- und Benutzerverhaltensmodellen ab, die analysiert werden, um Metriken zu berechnen, die die vom SQuaRE-Standard angegebenen QinU-Merkmale quantifizieren.

Rahmenwerk

FAQuiS setzt sich zusammen aus: (i) eine Reihe von heuristischen Metriken zur Schätzung von QinU-Merkmalen; (ii) eine Reihe von Metamodellen zur Definition von Benutzer-, Aufgaben- und Umgebungsmodellen; (iii) eine Methodik zur Anwendung des Bewertungsprozesses auf ein bestimmtes CASS; (iv) eine Reihe von Werkzeugen zur Erstellung der Spezifikationen, Verarbeitung der Daten und Schätzung der Quality-in-Use des Systems.

Als letzte Aktivität der Methodik müssen wir die Ergebnisse der QinU-Analyse interpretieren, die durch das Bewertungstool von FAQuiS extrahiert wurden. In diesem Fall liefert das Tool: (i) numerische Ergebnisse und Diagramme der QinU-Metriken für jedes Benutzerprofil und die Abweichung vom Idealfall; (ii) relevante Kontextbedingungen in jedem Profil; (iii) Zustandsmaschinendarstellungen von Aktionen und Kontextänderungen für jedes Profil.

Hinsichtlich des Protokollmodells (d. h. der Menge der bei der Protokollverarbeitung zu verarbeitenden Variablen) gibt der Auswerter jedes der Felder in den Interaktionsdatensätzen an, die den Benutzer, das Datum und die Uhrzeit sowie bestimmte Kontextstatus- oder Umgebungsinformationen identifizieren.

5 Reifegrad der Softwareentwicklung

Fallstudie

Das Projektteam kam zu dem Schluss, dass die wichtigste Erkenntnis aus der QinU-Evaluierung darin besteht, dass Collbets neue Mechanismen zur Unterscheidung zwischen synchronen und asynchronen Kollaborationskontexten einführen und die Systemfunktionalitäten an jeden Fall anpassen sollte.

Dank dieser Unterstützung konnte das Projektteam flexibel festlegen, welche Elemente des Kontexts (Standort, andere Nutzer usw.) berücksichtigt werden sollten, um ihre Auswirkungen auf die QinU von Collbets zu untersuchen.

Aus der Analyse der vom Projektteam und den Collbets-Nutzern bereitgestellten Daten sowie der in der Fallstudie berechneten Metriken können wir schließen, dass es möglich ist, die Unterstützung des Rahmens zur Quantifizierung der QinU-Merkmale des SQuaRE-Modells (SRQ2) anzuwenden.

Das Projektteam argumentierte, dass dieser Aufwand durch den Vorteil einer objektiven Interpretation der QinU-Metrikwerte gerechtfertigt ist, die auf dem Grad der Ähnlichkeit mit einem Fall basiert, der von Experten, Entwicklern oder Bewertern als ideal angesehen wird, um eine Aktivität in einem bestimmten Kontext auszuführen.

Diskussion

In der letztgenannten Arbeit wurden probabilistische Verhaltensmodelle aus Protokolldaten ermittelt und anschließend Korrelationen zwischen QinU-Metriken und Verhaltensclustern von Benutzern untersucht.

Andere Vorschläge wählen oder entwerfen Metriken, die auf den Standard-QinU-Beschreibungen basieren [21–25, 19] wie der FAQuiS-Ansatz.

Die Process-Mining-Studien nutzen zwar diese Art von Modell, zielen aber nicht auf eine QinU-Bewertung ab.

Im Vorschlag von FAQuiS werden Techniken des maschinellen Lernens eingesetzt, um die QinU-Analyse zu automatisieren.

FAQuiS verwendet einen Process-Mining-Ansatz, bei dem Log-Aufzeichnungen verwendet werden, um Markov-Strukturen des Nutzerverhaltens zu entdecken und die QinU-Merkmale zu schätzen.

Es gibt viele referenzierte Studien, die Process-Mining-Ansätze anwenden, um Modelle von Benutzeraktivitäten und -verhalten zu entdecken.

FAQuiS führt einige Neuerungen ein und hat Vorteile im Vergleich zum aktuellen Stand der Technik, wie z. B. die Allzweckfähigkeit, die Kontextintegration und die teilweise Automatisierung des QinU-Sicherungsprozesses.

Schlussfolgerungen

Dies motivierte uns zur Entwicklung von FAQuiS, einem modellbasierten Rahmen zur Bewertung von QinU unter Berücksichtigung des Einflusses des Kontexts.

Die Methodik umfasst eine Reihe von Aktivitäten und Aufgaben, die die Nutzer von FAQuiS bei der Durchführung von QinU-Evaluierungsprozessen anleiten, die sich an diesen Modellen orientieren.

Die Unterstützungswerkzeuge ermöglichen die Erstellung spezifischer Modelle und Prozessrepositorien mit den Benutzeraktionen in verschiedenen Kontexten, wobei Metriken geschätzt werden, die die QinU-Merkmale der Norm ISO 25010 quantifizieren.

Axpe Consulting, ein Softwareentwicklungsunternehmen, wandte FAQuiS an, um die QinU einer mobilen App zu bewerten, die kollaboratives Wetten unterstützt und über kontextabhängige Funktionen verfügt.

Das Team war der Ansicht, dass FAQuiS eine Lösung zur Bewertung von QinU unter Verwendung des ISO 25010-Standards und der Modellierung des Benutzerverhaltens in verschiedenen Kontexten darstellt.

Das Projektteam hebt besonders die Unterstützung durch FAQuiS bei der Modellierung der verschiedenen Kontexte und der Interpretation der quantitativen Werte der Metriken hervor.

Danksagung
Eine maschinell erstellte Zusammenfassung basierend auf der Arbeit von Salomón, Sergio; Duque, Rafael; Montaña, José Luis; Tenés, Luis
2022 in Journal of Ambient Intelligence and Humanized Computing

Auf die Einhaltung der Vorschriften ausgerichtete technische Prozesspläne: der Fall der Softwareentwicklungsprozesse in der Raumfahrt
DOI: https://doi.org/10.1007/s10506-021-09285-5

Zusammenfassung
Die Industrienormen schreiben in ihren Prozessanforderungen vernünftige Schritte vor, auf die die Regulierungsbehörden vertrauen.

Die Hersteller dokumentieren sorgfältig die Einhaltung der einzelnen Anforderungen, um nachzuweisen, dass sie nach akzeptablen Kriterien handeln.

Auf der Grundlage von Compliance-by-Design ermöglichen die ACCEPT-Funktionen (d. h. die Modellierung von Prozessen und Normen sowie die automatische Prüfung der Einhaltung von Normen) die Erstellung von Compliance-aware Engineering Process Plans (CaEPP), die die planungszeitliche Zuordnung von Normanforderungen aufzeigen können, d. h., ob die durch die Normanforderungen festgelegten Elemente an bestimmten Stellen im Engineering Process Plan vorhanden sind.

Wir führen eine Fallstudie durch, um zu verstehen, ob die von ACCEPT erstellten Modelle die Planung von Softwareentwicklungsprozessen in der Raumfahrt unterstützen können.

Im europäischen Kontext ist ECSS-E-ST-40C der De-facto-Standard für die Produktion von Weltraumsoftware.

Die Planung von Prozessen in Übereinstimmung mit den projektspezifisch geltenden ECSS-E-ST-40C-Anforderungen ist bei vertraglichen Vereinbarungen zwingend erforderlich.

Unsere Analyse basiert auf qualitativen Kriterien, die auf den Aufwand abzielen, der für die Erstellung eines CaEPP für die Softwareentwicklung mit ACCEPT erforderlich ist.

Erste Beobachtungen zeigen, dass der Aufwand für die Modellierung von Compliance- und Prozess-Artefakten erheblich ist.

Ein solches Niveau ist angemessen, da es dem Informationsbedarf des ECSS-E-ST-40C-Rahmens gerecht wird.

Erweitert:

Im europäischen Raumfahrtkontext, in dem Projekte zwischen Unternehmen, die als Zulieferer fungieren, und anderen, die als Kunden auftreten, aufgeteilt werden, ist der De-facto-Standard, der die Softwareentwicklung regelt, der ECSS-E-ST-40C. Ein solcher Standard enthält Anforderungen, die den Kunden helfen, ihre projektspezifischen Anforderungen zu formulieren (ECSS Applicability Requirements Matrix oder EARM), und den Lieferanten, ihre Antworten vorzubereiten und die Arbeit umzusetzen (ECSS Compliance Matrix oder ECM).

Dieser Abdeckungsgrad ist angemessen, da er dem Informationsbedarf des ECSS-E-ST-40C-Rahmens entspricht, d. h. den von den EARM- und ECM-Matrizen geforderten Informationen, dem Prozess, den sie regeln, und ihrer erforderlichen Anpassung (Anmerkungen zur Einhaltung der Vorschriften, Analyse und Ergebnisse).

Einführung

ACCEPT wird durch regelbasierte Technologien unterstützt, um automatisch zu prüfen, ob ein anforderungsgerechter Engineering-Prozessplan (CaEPP) entworfen wurde, d. h. ob die in den Anforderungen festgelegten Elemente (z. B. Aufgaben, Personal, Arbeitsprodukte, Techniken und Werkzeuge sowie deren Eigenschaften) an bestimmten Stellen im Engineering-Prozessplan vorhanden sind.

Die von Regorous geforderten annotierten Prozessmodelle, d. h. Prozesse, die durch Annotationen, die die formalisierten Anforderungen darstellen, mit Compliance-Effekten angereichert sind, werden über SPEM 2.0 (Systems & Software Process Engineering Metamodel) [26] bereitgestellt.

All diese Eigenschaften erleichtern die Modellierung prozessbezogener Compliance-Artefakte, d. h. technischer Prozesse und ihrer Elemente sowie von Normenanforderungen und daraus abgeleiteten Regelwerken, kommentierten Prozessplänen und Workflow-Darstellungen, die auch wiederverwendet, angepasst und explizit dokumentiert werden können.

Die Planung von Prozessen in Übereinstimmung mit den projektspezifisch geltenden ECSS-E-ST-40C-Anforderungen ist bei vertraglichen Vereinbarungen zwingend erforderlich.

Hintergrund
SPEM 2.0 (Software and Systems Process Engineering Metamodel) [26] ist eine Modellierungssprache, die die für die Planung von Entwicklungsprozessen erforderlichen Elemente definiert.

Sowohl Hinweise zur Einhaltung von Prozessen als auch Muster zielen darauf ab, die Formalisierung von prozessbezogenen Anforderungen in FCL-Regeln zu erleichtern.

Anleitungen können für jedes Element des Prozesses (Aufgaben, Arbeitsprodukt, Werkzeug oder Rolle) definiert werden.

SPEM 2.0 ist flexibel, d. h. die Konzepte können angepasst und erweitert werden, so dass nicht nur prozessbezogene Artefakte erstellt werden können, sondern auch Artefakte zur Überprüfung der Konformität, wie z. B. Standardanforderungen, Regeln und annotierte Prozesspläne.

Gründe für solche Verbesserungen können Workflow-Probleme (Fehler bei der Platzierung von Aufgaben), Fehler im Annotationsprozess (Fehler bei der Zuweisung von Compliance-Effekten), Fehler bei der Auswahl von Prozesselementen (z. B. fehlende Elemente) oder Fehler im FCL-Regelwerk (nicht anwendbare Regeln aufgrund von Anpassungen oder Normenentwicklung) sein.

Gestaltung der Fallstudie
Der Abdeckungsgrad wird unter Berücksichtigung der Frage analysiert, wie die Modelle auf die Informationen reagieren, die im ECSS-E-ST-40C-Rahmen erforderlich sind, d. h. Informationen über Normen, Prozesspläne und die Einhaltung von Vorschriften (d. h. EARM- und ECM-Matrizen).

Unser Ziel ist es, den derzeitigen Aufwand für die Modellierung eines CaEPP in ACCEPT für Softwareentwicklungsprozesse gemäß ECSS-E-ST-40C und den Abdeckungsgrad solcher Modelle qualitativ zu analysieren.

Wir betrachten ein Schema von vier Aspekten der Validität von Fallstudien im Software-Engineering, das von Runeson et al. [27] definiert wurde. (1) Die Konstruktvalidität spiegelt das Ausmaß wider, in dem die Forschung die in der Studie verwendeten theoretischen Konzepte repräsentiert. (2) Die interne Validität ist von Bedeutung, wenn kausale Zusammenhänge untersucht werden. (3) Die externe Validität bezieht sich auf die Verallgemeinerbarkeit der Forschungsergebnisse. (4) Die Zuverlässigkeit bezieht sich auf das Ausmaß, in dem die Daten und die Analyse von bestimmten Forschern abhängig sind.

Datenerhebung

Wir verwenden PCP 4, um die obligatorische Anleitung zu definieren (siehe Regel r5.5.2.5. guide). Anforderung 5.5.2.6 ist die Definition der Aufgabe Nutzung von Beschreibungstechniken für das Softwareverhalten (siehe Regel r5.5.2.6) und ein Punkt wird erwartet (siehe Regel r5.5.2.6.ei). Anforderung 5.5.2.7 ist die Definition der Aufgabe Bestimmung der Konsistenz von Entwurfsmethoden für Echtzeitsoftware (siehe Regel r5.5.5.2.7) und ein Punkt wird erwartet (siehe Regel r5.5.2.7.ei). Anforderung 5.5.2.8 ist die Definition der Aufgabe Entwicklung und Dokumentation des Software-Benutzerhandbuchs (siehe Regel r5.5.2.8) und ein Punkt wird erwartet (siehe Regel r5.5.2.8.ei). Anforderung 5.5.2.9 ist die Definition der Aufgabe Definition und Dokumentation der Anforderungen und des Plans für den Software-Einheitstest (siehe Regel r5.5.2.9).

Analyse der Fallstudie

Wir beziehen uns in dieser Analyse auf den Aufwand, der erforderlich ist, um die Modelle zu erstellen und zu verstehen und die Entwicklung zu dokumentieren und zu verwalten.

Es besteht die Notwendigkeit, Anforderungen manuell (und iterativ) zu formalisieren, Konformitäts- und Prozessartefakte grafisch zu modellieren und die Auswirkungen der Konformität zu erweitern und zu notieren.

Der Aufwand für die Modellierung des ECSS-E-ST-40C-Requirements-Plugins ist nur beim ersten Mal signifikant.

Diese Abstraktion bietet einen Ansatz für die direkte Zuordnung von Anforderungen zu Prozessmodellen.

Der erforderliche hohe Modellierungsaufwand führt zu einem geringeren Dokumentationsaufwand für die Einhaltung der Vorschriften.

Wir beurteilen den Abdeckungsgrad der Modelle, indem wir berücksichtigen, wie die von den CaEPP-Modellen gelieferten Informationen in die vom ECSS-E-ST-40C-Rahmen geforderten Informationen passen.

Die in ACCEPT verwendeten Modelle decken mehrere Aspekte ab, die für die Einhaltung von Prozessen erforderlich sind.

Die Modelle liefern alle erforderlichen Informationen, um die Einhaltung der Vorschriften zu dokumentieren.

Diskussion

Um vertragliche Verpflichtungen in Bezug auf Softwareprojekte festzulegen, müssen die Diskussionen über die technischen Spezifikationen auf der Grundlage der von ECSS-E-ST-40C bereitgestellten Anforderungsgrundlage bereits in einer frühen Phase des Lebenszyklusprozesses geführt werden.

Die manuelle Überprüfung von Software-Prozessplänen auf Übereinstimmung mit den EARM-Anforderungen ist in diesem Zusammenhang eine gängige Praxis.

Ausgefüllte Checklisten weisen auf spezifische Mängel im Prozess (z. B. fehlende Aufgaben) hin, die die definierten Anforderungen nicht erfüllen und die Quelle von Compliance-Risiken (sowie rechtlichen Risiken) während der Prozessausführung sein können.

Außerdem geben diese Checklisten Hinweise zur Verbesserung der Prozessleistung und zur Neuverhandlung von Anforderungen, wenn die vollständige Einhaltung der Anforderungen für das jeweilige Projekt zu anspruchsvoll oder unnötig geworden ist.

Das in ECSS-E-ST-40C enthaltene Wissen ist sehr umfangreich (656 Anforderungen), und seine Komplexität (es gibt Verbindungen zwischen verschiedenen Anforderungen und Normen) wirkt sich unmittelbar auf die Korrektheit der resultierenden Prozesspläne aus, d. h. auf die Reihenfolge der Prozessaufgaben und die Definition der Eigenschaften dieser Aufgaben.

Verwandte Arbeiten

In Anlehnung an die Arbeiten von Panesar-Walawege und anderen [28], de la Vara und Panesar-Walawege [29], Eito-Brun und Amescua [30] betrachten wir SPEM 2.0 (ohne irgendeine Erweiterung vorzunehmen), eine Spezifikation der Object Management Group, die gut dokumentiert, ausgereift und offen ist und es erlaubt, nicht nur die Prozesse und die dazugehörige Bibliothek zu modellieren, sondern auch die Artefakte, die für die Durchführung der Konformitätsprüfung erforderlich sind.

In Bartolini und anderen [31] stellen die Autoren einen Rahmen vor, der auf der Semantik natürlicher Sprache und Techniken der natürlichen Sprachverarbeitung basiert, um Zusammenhänge zwischen Bestimmungen in einer Norm und Anforderungen in einem bestimmten Gesetz zu erkennen.

In Wang et al. [32] stellen die Autoren einen Ansatz zur Darstellung von SPEM 2.0-Prozessmodellen in Beschreibungslogiken vor, um Prozessanalysen wie Schlussfolgerungen und Konsistenzprüfungen zu ermöglichen.

Schlussfolgerungen und künftige Arbeiten

Ein CaEPP verhindert, dass Verfahrensingenieure die Aufgaben im Zusammenhang mit dem Management der Einhaltung von Verfahrensvorschriften als reaktiv erleben, d. h. es bietet einen Risikokontrollmechanismus zur Planungszeit, der den Entscheidungsprozess erleichtert.

Die Planung von Software-Engineering-Prozessen in Übereinstimmung mit den projektspezifisch geltenden ECSS-E-ST-40C-Anforderungen ist bei vertraglichen Vereinbarungen obligatorisch.

Ziel der Fallstudie war es, den derzeitigen Aufwand für die Modellierung eines CaEPP in ACCEPT für Softwareentwicklungsprozesse nach ECSS-E-ST-40C und den Abdeckungsgrad solcher Modelle qualitativ zu analysieren.

Dieser Abdeckungsgrad ist angemessen, da er dem Informationsbedarf des ECSS-E-ST-40C-Rahmens entspricht, d. h. den von den EARM- und ECM-Matrizen geforderten

Informationen, dem Prozess, den sie regeln, und ihrer erforderlichen Anpassung (Anmerkungen zur Einhaltung der Vorschriften, Analyse und Ergebnisse).

Die Ergebnisse dieser Fallstudie gelten nur für konformitätsbewusste Softwareentwicklungsprozesse mit den von ECSS-E-ST-40C geforderten Eigenschaften. Andere sicherheitskritische Engineering-Prozesse, wie z. B. sicherheitskritische Prozesse in chemischen Anlagen, können zusätzliche Herausforderungen aufweisen.

Danksagung
Eine maschinell erstellte Zusammenfassung basierend auf der Arbeit von Castellanos-Ardila, Julieth Patricia; Gallina, Barbara; Governatori, Guido
2021 in Künstliche Intelligenz und Recht

Zusammenhang zwischen den kritischen Erfolgsfaktoren und dem Erfolg von Softwareprojekten: eine empirische Untersuchung
DOI: https://doi.org/10.1007/s11219-018-9419-5

Kurzfassung – Zusammenfassung
Software-Engineering-Forscher haben im Laufe der Jahre verschiedene kritische Erfolgsfaktoren (Critical Success Factors, CSF) vorgeschlagen, von denen man annimmt, dass sie entscheidend mit dem Erfolg von Softwareprojekten korrelieren.

Um eine empirische Untersuchung der Korrelation von CSFs mit dem Erfolg von Softwareprojekten durchzuführen, adaptieren und erweitern wir in dieser Arbeit ein bestehendes contingency fit Modell von CSFs.

Zu unseren Ergebnissen gehört, dass die drei wichtigsten CSFs, die am stärksten mit dem Projekterfolg verbunden sind, folgende sind: (1) Erfahrung des Teams mit den Softwareentwicklungsmethoden, (2) Erfahrung des Teams mit der Aufgabe und (3) Projektüberwachung und -steuerung.

Software-Ingenieure könnten die Ergebnisse nutzen, um ihre Fähigkeiten in verschiedenen Bereichen zu verbessern, und Forscher könnten die Ergebnisse nutzen, um Prioritäten zu setzen und weiterführende, vertiefte Studien zu diesen Faktoren durchzuführen.

Erweitert:

Zu unseren Ergebnissen gehörte Folgendes: Die drei wichtigsten CSFs, die die meisten signifikanten Assoziationen mit Variablen zur Beschreibung des Projekterfolgs aufwiesen, waren: (1) die Erfahrung des Projektteams mit den Softwareentwicklungsmethoden, (2) das Fachwissen des Projektteams über die Aufgabe und (3) die Projektüberwachung und -steuerung.

Einführung
Unser Ziel ist es, die CSFs zu charakterisieren und ihre Korrelationen mit dem Erfolg von Softwareprojekten mittels einer fragebogenbasierten Umfrage zu analysieren.

Die Rangfolge ergibt sich aus der quantitativen Anordnung der CSFs auf der Grundlage ihrer Korrelationen mit dem Erfolg von Softwareprojekten für verschiedene Aspekte der Wahrnehmung des Projekterfolgs.

Die Beiträge dieses Papiers sind dreifach: Ein Überblick über die bestehenden CSF-Klassifizierungsschemata und die Anwendung notwendiger Verbesserungen auf eines der komprimiertesten Modelle [33], ein Beitrag zu weiteren empirischen Erkenntnissen im Bereich der Projektergebnisse und CSFs durch die Bewertung der Korrelationen zwischen den CSFs und verschiedenen Projekterfolgskennzahlen, die erste Arbeit, in der Veränderungen in der Wichtigkeitseinstufung von CSFs für verschiedene Unternehmensgrößen (größere versus kleinere Unternehmen), verschiedene Projektgrößen (in Bezug auf die Anzahl der Teammitglieder) und auch verschiedene Softwareentwicklungsmethoden (Agile versus traditionelle) empirisch bewertet werden.

Hintergrund und verwandte Arbeiten

In der Literatur gibt es nur wenige Studien, in denen versucht wurde, die CSF von Softwareprojekten entweder durch Sichtung der einschlägigen Literatur oder durch empirische Untersuchungen (z. B. anhand von Meinungsumfragen) zu ermitteln.

Es gibt viele „primäre" Studien über Erfolgsfaktoren und CSFs in Softwareprojekten, und es ist daher unmöglich, jede dieser Studien in diesem Papier zu überprüfen und zu diskutieren.

Eine der Studien [34] führte eine Literaturrecherche durch, um zunächst eine Liste von CSFs zu erstellen, und führte dann eine auf einem Fragebogen basierende Umfrage durch, um die Bedeutung der einzelnen CSFs in agilen Projekten zu bewerten.

Auf der Grundlage einer empirischen Untersuchung kam die Studie zu dem Schluss, dass es in der Tat Unterschiede zwischen den Faktoren gibt, die für den Projekt-/Produkterfolg in verschiedenen Branchen wichtig sind.

Forschungsziel und Methodik

Ähnlich wie bei unseren Erhebungen in Kanada [35, 36] und der Türkei [37, 38] fanden wir Teilantworten nützlich, d. h. selbst wenn ein bestimmter Teilnehmer nicht alle 53 Fragen beantwortete, waren seine Antworten auf eine Teilmenge von Fragen für unseren Datensatz nützlich.

Wir sehen, dass im Allgemeinen unter den 101 Datenpunkten viele Fragen fast vollständig beantwortet wurden, mit Ausnahme von fünf Fragen, die lauteten: F8: Ist Ihr Unternehmen/Team nach einem der Prozessverbesserungsmodelle (z. B. CMMI, ISO 9000, ISO/IEC 15504) zertifiziert? (72 der 101 Befragten beantworteten diese Frage), Ausfüllquote = 71,2 %: Da es sich bei den meisten Befragten um Entwickler handelt, die auf Projektbasis arbeiten, und Prozessverbesserungsaktivitäten in der Regel unternehmensweit durchgeführt werden, können wir davon ausgehen, dass viele Befragte (fast 30) einfach keine Kenntnis von (formalen) Prozessverbesserungsaktivitäten auf der Grundlage von Standardmodellen in ihren Unternehmen hatten und diese Frage daher unbeantwortet ließen.

5 Reifegrad der Softwareentwicklung

Demografische Daten des Datensatzes und unabhängige Statistiken zu den Faktoren
Es ist anzumerken, dass einige Teilnehmer Schwierigkeiten hatten, diese Variable des Projekterfolgs zu bewerten, da 9 bzw. 6 der Datenpunkte die Optionen „ich weiß nicht" bzw. „trifft nicht zu" enthielten.

Für einen Datenpunkt mit einer Liste von 17 Werten für seine Erfolgsfaktoren {4, 3, 4, 4, 4, 4, 4, 4, 4, 4, 4, 4, 1, 4, 4, 4, 4} beträgt die aggregierte Metrik 3,76 von 4 oder 0,94 nach der Normalisierung, was auf ein sehr erfolgreiches Projekt hinweist.

Wir haben alle Datenpunkte (Projekte) im Originaldatensatz nach ihrer aggregierten Erfolgsmetrik sortiert.

Für die weitere Analyse verwenden wir einen Originaldatensatz, der alle Projekte umfasst (d. h. 101 Datenpunkte), und einen ausgewogenen Datensatz, der eine gleiche Anzahl von weniger und mehr erfolgreichen Projekten enthält (d. h. 42 Datenpunkte).

Ergebnisse und Erkenntnisse
Diese Gesamtwerte zeigen für jeden GFK (Zeilen) und jede Projekterfolgsvariable (Spalten), wie stark sie mit den Faktoren der anderen Gruppe korreliert ist.

Nur ein Kontingenzfaktor (Projekt) (von sieben), nämlich PF.07 (Softwareentwicklungsmethodik), ist mit vier (von 14) der Variablen, die den Projekterfolg beschreiben, auf einem statistisch signifikanten Niveau negativ korreliert.

Diese Durchschnittswerte zeigen für jede GFK (Zeile) und jede Projekterfolgsvariable (Spalte), wie stark sie mit den Faktoren der anderen Gruppe korreliert ist.

Von allen CSFs ist nur die Projektüberwachung und -steuerung (OF.05) signifikant und positiv mit allen Variablen korreliert, die den Projekterfolg in den Kategorien Produkteigenschaften und Zufriedenheit der Stakeholder beschreiben.

Unter Verwendung des Originaldatensatzes sind die drei wichtigsten Projekterfolgskennzahlen, die die größten durchschnittlichen Assoziationen mit den vorgeschlagenen GFK aufweisen, folgende: (1) SF.02 (Teamzufriedenheit), (2) ProcF.04 (Teambildung und Teamdynamik) und SF.03 (Zufriedenheit des Topmanagements).

Erörterungen und Auswirkungen der Ergebnisse
Die Zusammenfassung der Ergebnisse zu Frage 2 lautet wie folgt: Die drei wichtigsten GFK, die die meisten signifikanten Assoziationen mit Variablen zur Beschreibung des Projekterfolgs aufwiesen, waren: (1) OF.05 (Projektüberwachung und -steuerung), (2) OF.04 (Projektplanung) und (3) TF.07 (Erfahrung des Teams mit den Entwicklungsmethoden).

Zu den oben zusammengefassten Erkenntnissen und Implikationen können Praktiker von unseren Ergebnissen wie folgt profitieren: Die allgemeinen empirischen Ergebnisse unserer Studie deuten darauf hin, dass die Erfahrung des Projektteams mit SDM (TF.07), das Fachwissen des Projektteams über die Aufgabe (TF.06) und die Überwachung und Steuerung (OF.05) die wichtigsten CSFs für Softwareprojekte sind.

Wie in anderen Umfragestudien üblich (z. B. 39, 34), gehen wir davon aus, dass die Ergebnisse, die auf solchen Abstimmungsdaten und statistischen Schlussfolgerungen beruhen, die Wahrnehmungen der Befragten über die Werte der CSFs und Variablen, die den Projekterfolg beschreiben, in ihren Projekten widerspiegeln.

Schlussfolgerungen und künftige Arbeiten
Wir haben ein Contingency-Fit-Modell der CSFs aus einer neueren Arbeit [33] adaptiert und leicht überarbeitet und eine empirische Untersuchung über die Korrelation von CSFs und ihrer relativen Wichtigkeit (Ranking) mit dem Erfolg von Softwareprojekten durchgeführt.

Es liegt auf der Hand, dass umfassendere Studien (auch auf „Meta"-Ebene, z. B. Sekundär- oder sogar Tertiärstudien) zur Synthese mehrerer Fallstudien und aus verschiedenen Populationen erforderlich sind, um die Theorie im Bereich der CSFs in Softwareprojekten zu verbessern, z. B. unter Verwendung von Techniken wie der Meta-Analyse [40].

Zu unseren Plänen für künftige Arbeiten gehören die folgenden: (1) Durchführung halbstrukturierter Interviews, um tiefere Einblicke in die hochrangigen CSFs zu erhalten; (2) Untersuchung der niedrigrangigen Faktoren, z. B, Softwareentwicklungsmethodik und andere Projektfaktoren, die sowohl in unserer Studie als auch in [33] völlig außer Acht gelassen wurden; und (3) Durchführung einer faktorenübergreifenden Analyse (wie in [41]), um Faktoren wie Rolle, Erfahrung, Zertifizierungen und Zielbranche der Befragten bei der Analyse der CSFs zu berücksichtigen.

Danksagung
Eine maschinell erstellte Zusammenfassung basierend auf der Arbeit von Garousi, Vahid; Tarhan, Ayça; Pfahl, Dietmar; Coşkunçay, Ahmet; Demirörs, Onur
    2018 in Software Quality Journal

Schätzung von Softwarequalitätsparametern für ein hybrides agiles Prozessmodell
DOI: https://doi.org/10.1007/s42452-021-04305-0

Zusammenfassung
Das Hauptziel des hybriden agilen Modells ist die rechtzeitige Lieferung von Projekten an Kunden mit hoher Qualität zu einem geringeren Preis.

Die Hauptschwierigkeit im hybriden agilen Modell, die Softwarequalitätsattribute effektiv zu reflektieren.

Das Ergebnis des entwickelten Qualitätsattributs HAQPE wurde durch die Bewertung des hybriden agilen Prozesses bewertet, indem es auf ein kommerzielles Projekt der Softwareindustrie angewendet wurde.

Die Ergebnisse zeigen, dass das entwickelte Modell der Qualitätsattribute effizienter ist als der bisherige agile Entwicklungsprozess.

Erweitert:
Die Anforderungsspezifikationen des hybriden agilen Modells können in Zukunft durch den Einsatz von Techniken der künstlichen Intelligenz, des maschinellen Lernens und anderer Projekte automatisiert werden.

Einführung
Methoden der agilen Softwareentwicklung wie Extreme Programming (XP), Scrum, Kanban, Dynamic Systems Development Method (DSDM), Lean Software Development, Feature Driven Development (FDD) und andere sind am bekanntesten für die schnelle Entwicklung von Lebenszyklen, den geringen Dokumentationsbedarf und die niedrigen Projektkosten [42, 43].

Agile Methoden werden in jüngster Zeit von immer mehr Unternehmen eingesetzt, da sich die traditionellen Frameworks als zu starr erwiesen haben und die Komplexität von Softwareprojekten zunimmt [44]. Agile Methoden werden als neuer Prozess in der Softwareentwicklung eingesetzt.

Die meisten agilen Methoden werden von Unternehmen eingesetzt, die Software entwickeln, um qualitativ hochwertige Dienstleistungen und Produkte herzustellen.

Das hybride agile Modell beinhaltet alle Stärken der bereits existierenden Modelle Scrum, Extreme Programming und Lean Software Development.

Hintergrund
Extreme Programming, auch bekannt als XP, ist eine agile Methodik, die auf schnelle Kommunikation, schnelles Feedback und Einfachheit bei der Entwicklung eines Softwareprodukts setzt [45].

Lean Software Development ist ein agiles Framework, das auf der Optimierung von Zeit und Ressourcen für die Entwicklung, der Eliminierung von Verschwendung und der Lieferung dessen, was für ein Produkt benötigt wird, basiert.

Schlanke Softwareentwicklung wie Scrum ist eher eine Reihe von Projektmanagementpraktiken als ein genauer Prozess.

Die schlanke Softwareentwicklung zielt darauf ab, wie CEOs den Wandel beim Management von Projekten betrachten.

Meistens ist die schlanke Softwareentwicklung als Minimum-Viable-Product-Strategie bekannt, bei der ein Team das Minimum eines Produkts auf den Markt bringt, von den Kunden erfährt, was ihnen nicht gefällt und was hinzugefügt werden soll, und später auf der Grundlage des angebotenen Feedbacks iteriert.

Ein vorgeschlagenes hybrides agiles Modell
Die letzte Phase des hybriden agilen Modells ist die Phase der Produktfreigabe, die ein funktionierendes Produktinkrement beinhaltet.

Die verschiedenen Teilnehmer des Sprint Kick-off Meetings sind die Experten des hybriden agilen Modells, der Eigentümer des Produkts und das Produktionsteam des hybriden agilen Modells.

Die Teilnehmer des Scrum-Review-Meetings und des Scrum-Review-Meetings sind der Experte des hybriden agilen Modells, das Produktionsteam des hybriden agilen Modells, der Product Owner, die Kunden und andere Geschäftspartner des Projekts.

Die Entwicklungsphase im hybriden agilen Modell ist der erste Entwurf des Projekts mit geeigneten Qualitätsparametern.

Die Entwicklungsphase im hybriden agilen Modell findet statt, sobald die Sprints in Sprint-Kick-off-Meetings festgelegt wurden.

Die Produktfreigabephase ist die letzte Phase des hybriden agilen Modells, die auch eine Nachprojektphase ist.

Ergebnisse und Diskussionen
Die erste Zeile zeigt, dass die ersten beiden Sprints in zwei Wochen abgeschlossen sind, während die letzten jeweils eine Woche dauerten, so dass insgesamt sechs Sprints für den Abschluss des Projekts erforderlich sind.

Zeile 7 ist die Gesamtzahl der Codezeilen für das Projekt, und das Produktionsteam hat insgesamt 55.331 Zeilen für das Projekt codiert.

Zeile 11 zeigt eine Gesamtzahl von Post-Release-Fehlern, die von den Kunden oder dem Product Owner während des Sprint-Evaluierungsmeetings aufgezeigt wurden, nämlich 13.

Zeile 16 zeigt das Produktivitätsteam, das die Anzahl der Zeilen angibt, die das Entwicklungsteam in einer Stunde codiert.

Zeile 16 zeigt die Teamproduktivität und wird als die Anzahl der vom Entwicklungsteam in einer Stunde codierten Zeilen erklärt.

Schlussfolgerung
Das hybride agile Modell bietet einen vollständigen Lebenszyklus der Softwareentwicklung, funktioniert aber nur dann am besten, wenn es in Unternehmensprojekten eingesetzt wird und für alle Projektformen geeignet ist.

Dieses Papier bietet eine Erweiterung eines neuen hybriden agilen Modells, das einen vollständigen Lebenszyklus der Softwareentwicklung für Softwareentwicklungsunternehmen bietet.

Das entwickelte HAQPA-Qualitätsattributionsmodell wird erfolgreich für das hybride agile Modell implementiert und erzielt bessere Ergebnisse.

Das hybride agile Modell ist ein Modell, das für IoT-Systemprojekte verwendet werden soll.

Das Modell kann so modifiziert werden, dass es in jeder Art von Projekt eingesetzt werden kann, indem zusätzliche Merkmale von XP, Scrum und schlanker Softwareentwicklung implementiert werden.

Danksagung
Eine maschinell erstellte Zusammenfassung basierend auf der Arbeit von Neelu, Lalband; Kavitha, D.
2021 in SN Angewandte Wissenschaften

Ein modellgesteuerter Engineering-Ansatz zur Unterstützung von fragebogenbasierten Gap-Analyse-Prozessen durch Application Lifecycle Management-Systeme
DOI: https://doi.org/10.1007/s11219-019-09479-w

Kurzfassung – Zusammenfassung
Die Lückenanalyse ist ein in der Industrie üblicher Ansatz, um die Lücken zwischen den implementierten Softwareprozessen und den Anforderungen von Prozessqualitätsrahmenwerken oder Standardnormen zu bewerten.

Ziel dieses Beitrags ist es, neuartige Ansätze für die Durchführung von fragebogenbasierten Gap-Analysen (QBGA) in der industriellen Praxis zu untersuchen.

Wir führen eine Umfrage in der Industrie durch, um die Hauptprobleme zu verstehen, die sich auf fragebogenbasierte Gap-Analyseprozesse in der industriellen Praxis auswirken.

Wir nutzen modellgesteuertes Engineering für den Aufbau eines ALM-basierten Tools, das die Ausführung des QBGA-Prozesses unterstützt und es uns ermöglicht, die aufgetretenen Prozessprobleme zu überwinden.

Zwei verschiedene QBGA-Prozesse wurden in einem ALM-System mit Unterstützung des GADGET-Tools konfiguriert und implementiert.

Das daraus resultierende ALM-Tool wurde für die Durchführung der Gap-Analyseprozesse verwendet.

Die Ergebnisse der Fallstudie zeigen, dass die Einführung von ALM die Qualität der fragebogenbasierten Gap-Analyseprozesse verbessert.

Die Einführung des modellgesteuerten Engineering-Ansatzes, der durch das GADGET-Tool umgesetzt wird, bietet eine praktikable Lösung für die Konfiguration von Application Lifecycle Management-Systemen und die Unterstützung der Prozessausführung.

Erweitert:

Die Gap-Analyse ist eine in der Industrie weit verbreitete Technik zur Bewertung der implementierten Entwicklungsprozesse im Hinblick auf die in Prozessqualitätsrahmenwerken oder -normen vorgeschriebenen Anforderungen.

Einführung
Einer der pragmatischsten und am weitesten verbreiteten Ansätze für Gap-Analysen im industriellen Umfeld basiert auf Interviews und Fragebögen [46].

Zur Umsetzung dieses Ansatzes werden Fragebögen benötigt, die von den Prozessexperten im Unternehmen beantwortet werden und deren Antworten zur Bewertung der bestehenden Lücken herangezogen werden.

Die Beiträge dieses Papiers im Bereich der Prozessqualität und -verbesserung lassen sich in den folgenden drei Hauptaspekten zusammenfassen: Es wird die Anwendung der ALM-Technologie zur Unterstützung der Ausführung von QBGA-Prozessen vorgeschlagen; es wird ein MDE-Ansatz vorgestellt, der durch ein Tool namens GADGET unterstützt wird, um ein ALM-basiertes Tool zur Unterstützung der Ausführung von QBGA-Prozessen zu generieren; es wird eine Fallstudie vorgestellt, die in einem realen industriellen Umfeld durchgeführt wurde und die Machbarkeit des vorgeschlagenen Ansatzes für QBGA-Prozesse zeigt.

Ein Überblick über QBGA-Prozesse im industriellen Umfeld
Die Umfrage wurde mittels halbstrukturierter Interviews durchgeführt, an denen Mitarbeiter aus drei großen multinationalen Unternehmen der Automobilbranche beteiligt waren. Ziel war es, fünf verschiedene Aspekte von QBGA-Prozessen zu untersuchen, die in einem realen industriellen Umfeld durchgeführt werden, wie z. B. die an den Aktivitäten beteiligten Akteure und ihre Rollen, die von ihnen genutzten und produzierten Artefakte, die verwendeten unterstützenden Werkzeuge und die Probleme, die bei der Durchführung dieser Prozesse am häufigsten auftreten.

Bei den Befragten handelt es sich um Mitarbeiter, die für die Beantwortung einer Teilmenge der Fragen des Fragebogens ausgewählt wurden, da sie über spezifische technische Fähigkeiten und Kenntnisse des Entwicklungsprozesses verfügen.

Bei der Fragebogenanalyse analysiert ein interner Prüfer die Antworten auf die Fragebögen, um die bestehenden Lücken in Bezug auf den betreffenden Standard zu ermitteln.

Der Hauptkritikpunkt, der aus der Umfrage hervorging, war der Mangel an geeigneten Werkzeugen, die die Ausführung der verschiedenen Aktivitäten des QBGA-Prozesses unterstützen.

Die vorgeschlagene Lösung auf der Grundlage von ALM-Systemen
Systeme für das Application Lifecycle Management (ALM) werden in Unternehmen häufig eingesetzt, um Entwicklern und Projektmanagern bei der Verwaltung und Verfolgung der Software-Artefakte zu helfen, die in Software-Entwicklungsprozessen verwendet werden.

Jedes ALM-Projekt wird für einen bestimmten Softwareentwicklungsprozess entwickelt.

Wenn ein ALM-Projekt auf einer ALM-Plattform implementiert und als ALM-basiertes Tool gestartet wird, kann es den Lebenszyklus der Softwareprodukte eines bestimmten Softwareprozesses, für den es entwickelt wurde, verwalten.

Wir haben uns entschieden, den Lebenszyklus der QBGA-Artefakte durch ein ALM-System zu verwalten und die Abschluss- und Analyseaktivitäten des QBGA-Prozesses durch die Funktionen eines eigens entwickelten ALM-basierten Tools zu implementieren.

5 Reifegrad der Softwareentwicklung

Die ALM-basierte Tool-Entwicklung erfolgt in der Regel über geeignete Benutzerschnittstellen, die vom ALM-System bereitgestellt werden, und besteht in der Festlegung der Eigenschaften der Softwareprodukte, die vom ALM-Projekt verwaltet werden.

Die von der vorgeschlagenen Lösung genutzten Metamodelle
Die ersten drei Metamodelle beschreiben den Anwendungsbereich des QBGA-Prozesses und stellen das Dokument des Standards, den QBGA-Fragebogen bzw. den Lebenszyklus der QBGA-Prozesselemente dar.

Verschiedene in der Literatur beschriebene Arbeiten versuchen, die besonderen Elemente zu identifizieren, die ein bestimmtes Standarddokument charakterisieren, und sie mit Hilfe von Modellen, Profilen oder Metamodellen zu beschreiben [47, 48].

Im Gegensatz zu den meisten in der Literatur vorgestellten Arbeiten haben wir uns zum Ziel gesetzt, ein generisches Metamodell zu definieren, das die Eigenschaften von mehr als einer Norm darstellen kann.

Das Hauptelement dieses Metamodells, der Fragebogen, enthält alle Fragen, die für jede identifizierte Anforderung der Norm definiert wurden.

Das letztgenannte Metamodell, das für unseren Ansatz benötigt wird, beschreibt die Eigenschaften des ALM-Projekts, das wir als Zieltechnologie zur Unterstützung der Ausführung von QBGA-Prozessen gewählt haben.

In dieser Arbeit wurde ein ALM-Metamodell definiert, um Daten zur Identifizierung von Anti-Patterns im Projektmanagement zu sammeln.

Umsetzung der vorgeschlagenen Lösung mit Hilfe des GADGET-Tools
In der Aktivität Generierung des QBGA-ALM-Modells wird das QBGA-Prozessmodell zunächst automatisch in ein QBGA-ALM-Modell übersetzt, wobei eine Reihe von Transformationsregeln angewendet wird, die gemäß einem ALM-Metamodell definiert sind.

Die Aktivität Implementierung des QBGA ALM-Projekts erstellt ein QBGA ALM-Projekt für eine bestimmte ALM-Technologie und wendet eine Reihe von plattformabhängigen Transformationsregeln auf das QBGA-Prozessmodell an.

Die beiden Entwickler mussten in GADGET die Transformationsfunktionen implementieren, die es ermöglichen, die QBGA-Prozessmodelle automatisch in das endgültige ALM-Projekt zu übersetzen, das die QBGA-Prozessausführung unterstützen soll.

Der erste Schritt implementiert die Aktivität Generierung des QBGA ALM-Modells, die eine Modell-zu-Modell-Transformation durchführt, bei der das QBGA-Prozessmodell in ein generisches QBGA ALM-Projektmodell übersetzt wird.

Bewertung des vorgeschlagenen Ansatzes: eine Fallstudie im Automobilbereich
Die Studie wurde nach den von Runeson und anderen vorgeschlagenen Richtlinien durchgeführt [27] und zielte auf die Beantwortung der folgenden Forschungsfragen ab: RQ1 Wie unterstützt der vom GADGET-Werkzeug implementierte MDE-Ansatz die Entwick-

lung von ALM-basierten Werkzeugen zur Ausführung von QBGA-Prozessen?RQ2 Wie wirken sich ALM-basierte Werkzeuge auf die Ausführung von QBGA-Prozessen aus?

Die Ausführung der Aktivitäten der verantwortlichen Personen wurde durch das ALM-basierte Tool gut unterstützt, da sie den beteiligten Personen die definierten Rollen zuweisen konnten und den Fortschritt der Prozessausführung auf einfache Weise überwachen konnten.

Die Benutzerfreundlichkeit des Prozesses wurde durch die Einführung des ALM-basierten Werkzeugs positiv beeinflusst, da die Probanden alle ihnen zugewiesenen Aufgaben mit Hilfe eines einzigen Werkzeugs, in dem sie alle für die Beantwortung der Fragen oder die Analyse der Lücken erforderlichen Informationen finden, leicht ausführen konnten.

Verwandte Arbeiten
Im Sicherheitsbereich werden Techniken und Methoden der Lückenanalyse vorgeschlagen, um die Einhaltung von Informationssicherheitsstandards durch Unternehmen zu bewerten.

In Karabacak und Sogukpinar [49] wurde eine Methode zur Lückenanalyse vorgeschlagen, um die Übereinstimmung mit der Norm ISO 17799 zu bewerten.

Auf der Grundlage einer Lückenanalyse wurde vorgeschlagen, die Konformität von Informationssystemen im Kontext von KMU mit der ISO 27001-Norm zu bewerten [50].

Im Zusammenhang mit Software-Prozessen wird die Gap-Analyse hingegen als Instrument zur Unterstützung von Organisationen bei der Bewertung ihrer Prozesse, bei der Suche nach Prozessverbesserungen oder bei der Planung der Einhaltung eines bestimmten Standards eingesetzt [46].

Ceccarelli und Silva [51] schlugen einen Rahmen für eine Lückenanalyse vor, um die Übereinstimmung der Praktiken, Kenntnisse und Fähigkeiten des Unternehmens mit den Anforderungen einer Norm für die Entwicklung sicherheitskritischer Systeme zu messen.

Schlussfolgerungen und künftige Arbeiten
Um die aufgezeigten Mängel zu beheben, haben wir in dieser Arbeit einen werkzeugunterstützten Ansatz zur Unterstützung der Ausführung von QBGA-Prozessen vorgeschlagen.

Der Ansatz nutzt ALM, ein in der Praxis weit verbreitetes Paradigma zur Unterstützung der Ausführung von Softwareentwicklungsprozessen.

Wir haben das Tool GADGET entwickelt, das den MDE-Ansatz unterstützt, indem es Funktionen zur Modellierung von QBGA-Prozessen und zur automatischen Übersetzung solcher Modelle in ALM-basierte Tools gemäß dem MDE-Paradigma bietet.

Die Einführung des ALM-basierten Tools verbesserte die Qualitätsattribute Sichtbarkeit, Akzeptanz und Supportfähigkeit der ausgeführten QBGA-Prozesse.

5 Reifegrad der Softwareentwicklung

Da ALM-basierte Werkzeuge in Softwareunternehmen weit verbreitet sind, um den Lebenszyklus der Artefakte ihrer Entwicklungsprozesse zu verwalten und zu überwachen, beabsichtigen wir, den vorgeschlagenen MDE-Ansatz zur Unterstützung des Entwurfs und der Implementierung solcher ALM-basierten Werkzeuge zu nutzen.

Danksagung
Eine maschinell erstellte Zusammenfassung basierend auf der Arbeit von Amalfitano, Domenico; De Simone, Vincenzo; Scala, Stefano; Fasolino, Anna Rita
  2020 in der Zeitschrift Software Quality

5.2. ISO 26262

Maschinell erzeugte Schlüsselwörter: funktionale Sicherheit, Sicherheit, Zuweisung, Sicherheitsanforderung, automatisiertes Fahrzeug, iso, hochautomatisiert, Sicherheit, automatisieren, automatisiertes Fahren, Angriff, Anpassung, Automobilsystem, Gefahr, iec

Ein Überblick über die Ansätze für die Zuweisung von Sicherheitsintegritätsstufen für Kraftfahrzeuge
DOI: https://doi.org/10.1007/s11668-018-0466-9

Kurzfassung – Zusammenfassung
Um das Ziel des Entwurfs und der Entwicklung zuverlässiger Automobilsysteme zu erreichen, verwendet ISO 26262 das Konzept der Automotive Safety Integrity Levels (ASILs), eine Anpassung der Safety Integrity Levels.

Die Zuteilung von ASILs ist ein schwieriges Problem, das darin besteht, die optimale Zuordnung von Sicherheitsstufen zur Systemarchitektur zu finden, die gewährleisten muss, dass die höchsten Sicherheitsanforderungen erfüllt werden, während die Entwicklungskosten des Automobilsystems minimal gehalten werden.
 Dieses Papier gibt einen Überblick über verschiedene Ansätze, die zur Lösung des ASIL-Zuordnungsproblems verwendet wurden.
 Der Bericht gibt einen Überblick über die Sicherheitsanforderungen einschließlich der entsprechenden Normen, gefolgt von einer Untersuchung der Lösungsmethoden der bestehenden Ansätze.
 Die Studie jedes Ansatzes enthält eine detaillierte Erläuterung der verwendeten Methodik und eine Diskussion ihrer Stärken und Schwächen sowie der wichtigsten offenen Herausforderungen.
 Erweitert:
 Um sicherheitskonforme Systeme zu entwickeln, schreibt die ISO 26262 einen Zyklus der funktionalen Sicherheit vor, um die Konformität eines Produkts von der Konzeption bis zur Außerbetriebnahme zu überprüfen.

Um festzustellen, welcher ASIL einem Sicherheitsziel zuzuordnen ist, durchläuft das Produkt einen Sicherheitsprozess gemäß ISO 26262, um das Risiko zu verringern, das dem Fahrer oder den Verkehrsteilnehmern Schaden zufügen oder sie gefährden kann.

Die Zuteilung von ASILs ist ein schwieriges, komplexes Problem, bei dem es darum geht, die am besten geeignete Zuordnung von Sicherheitsanforderungen zu den Komponenten des Automobilsystems zu finden.

Die Zuweisung von ASILs ist eine der wichtigsten Aufgaben, die in der Automobilindustrie durchgeführt werden müssen, um die Norm ISO26262 zu erfüllen, damit die Sicherheitsanforderungen des zu entwickelnden Systems erfüllt und gleichzeitig die Entwicklungskosten gesenkt werden.

Es ist zu erwarten, dass verschiedene Fallstudien und Problemformulierungsmethoden zur Erprobung der einzelnen Ansätze eingesetzt werden, um eine bessere Leistung zu erzielen.

Einführung

ISO 26262 verwendet das Konzept der Automotive Safety Integrity Levels (ASILs), die eine Anpassung der SILs in der Automobilindustrie darstellen.

ASILs sind die Schlüsselkomponente der ISO 26262, die verwendet wird, um die Schwere der Sicherheitsanforderungen darzustellen.

Die Zuteilung von ASILs ist ein schwieriges, komplexes Problem, bei dem es darum geht, die am besten geeignete Zuordnung von Sicherheitsanforderungen zu den Komponenten des Automobilsystems zu finden.

Eine geeignete ASIL-Zuordnung zu Komponenten und Teilsystemen muss die Erfüllung der risikoärmsten Sicherheitsanforderungen mit den geringsten Entwicklungskosten gewährleisten.

Da das Problem der ASIL-Zuweisung von entscheidender Bedeutung für die Sicherheit von Automobilsystemen ist, muss eine geeignete Zuweisung gefunden werden.

Nach einem Überblick über den Hintergrund der Sicherheitsanforderungen, einschließlich der Sicherheitsnormen, wird eine eingehende Studie über die bestehenden Ansätze für das Problem der ASIL-Zuweisung vorgestellt.

Sicherheitsanforderungen: Eine Hintergrundstudie

Im Gegensatz zur IEC 61508, die die Zuverlässigkeit von Sicherheitsfunktionen misst und die maximale Zielwahrscheinlichkeit verwendet, basiert die ISO 26262 auf der Verletzung von Sicherheitszielen und stellt Anforderungen zur Erreichung eines akzeptablen Risikoniveaus.

Um festzustellen, welcher ASIL einem Sicherheitsziel zuzuordnen ist, durchläuft das Produkt einen Sicherheitsprozess gemäß ISO 26262, um das Risiko zu verringern, das dem Fahrer oder den Verkehrsteilnehmern Schaden zufügen oder sie gefährden kann.

5 Reifegrad der Softwareentwicklung

SILs spielen eine doppelte Rolle bei der Entwicklung und Verifizierung von Systemen [52], indem sie die Top-Down-Zuweisung von Sicherheitsanforderungen an Teilsysteme und Komponenten entsprechend ihrer Kritikalität ermöglichen.

SILs werden verwendet, um gefährlichen Komponenten von kritischen Systemen Sicherheitsanforderungen zuzuweisen, um sicherzustellen, dass ihr Design aus sicherheitskritischen Funktionen besteht, denen ein effektiver SIL zugewiesen wurde, ohne dass zwangsläufig alle Komponenten dieser Funktionen mit dem maximalen SIL verbunden sein müssen.

ASILs Zuteilungsproblem
Die Algebra legt fest, dass, wenn das Versagen einer Gruppe von Komponenten eine bestimmte Gefahr verursacht, die der Gefahr zugeordnete ASIL über die Gruppe von Komponenten zerlegt wird.

Aus diesen Gründen ist die ASIL-Zuweisung nicht nur ein Optimierungsproblem, bei dem es darum geht, den Komponenten einfach Stufen zuzuweisen.

Es handelt sich um ein komplexes, kritisches Optimierungsproblem, bei dem es darum geht, die am besten geeignete ASIL-Zuweisung zu finden, die die Kosten minimiert und gleichzeitig die gegebenen Sicherheitsanforderungen erfüllt.

Eine praktikable Lösung für die Zuweisung von ASILs muss die Sicherheitsanforderungen erfüllen, d. h. sie darf keine ASIL verletzen, die dem Sicherheitsziel der entsprechenden Gefahr zugeordnet ist.

Diese Fehlerbäume beschreiben, wie der Ausfall einer Systemkomponente eine Gefahr verursachen kann, der ein ASIL sowie ein damit verbundenes Sicherheitsziel zugeordnet wird.

Zugewiesene ASILs werden durch unabhängige Komponenten implementiert, wobei der Ausfall dieser Komponenten insgesamt eine Verletzung des Sicherheitsziels verursacht.

ASILs Zuteilungsalgorithmen
Es gab einige Versuche, das ASILs-Zuordnungsproblem mit Hilfe dieser Solver zu lösen, um alle exakten Lösungen zu finden.

Um dann eine Lösung für das ASILs-Zuordnungsproblem zu finden, werden diesen Variablen Werte innerhalb des ASILs-Zahlenbereichs {0, 1, 2, 3, 4} zugewiesen.

Die Lösung dieses Problems garantiert eine optimale Zuteilung von ASILs durch die Optimierung einer Zielfunktion, die eine Reihe von Beschränkungen in Betracht zieht.

Das Framework stellt einen Constraints Solver zur Lösung von ILP-Problemen zur Verfügung, um eine optimale ASILs-Zuweisung zu finden.

Der Constraint Solver wird dann zur Lösung des ILP-Problems verwendet, um die optimale Zuordnung von ASILs zu Systemkomponenten zu finden.

Wenn sie angemessen ist, wird die Zuweisung der ASILs zu den Systemkomponenten eingeleitet und das EAST-ADL-Modell automatisch entsprechend der neuen Lösung geändert, andernfalls muss der Sicherheitsingenieur einige Änderungen an seinen Präferenzen vornehmen und den Solver erneut ausführen.

Diskussion und Zukunftsaussichten
Wenn es eine Lösung für ein bestimmtes ASILs-Zuordnungsproblem gibt, garantieren die exakten Ansätze, dass die Lösung gefunden wird.

Die Einführung von Optimierungsansätzen hat die Ausführungsleistung des ASIL-Zuteilungsprozesses erheblich verbessert.

Die Optimierungsansätze können auf die ASIL-Zuweisung von Großsystemen angewendet werden, was mit exakten Ansätzen nicht möglich ist.

Der auf Ameisenkolonien basierende Ansatz hat sich gegenüber allen anderen Ansätzen verbessert, indem er den Suchraum durch die Anwendung von zwei Strategien verkleinert und das ASILs-Zuordnungsproblem als Graphen-Suchproblem formuliert hat, was ihn zum bisher besten Ansatz macht.

Alle Ansätze lösen das ASILs-Zuordnungsproblem auf der Grundlage einer qualitativen Analyse der Fehlerbäume, d. h. auf der Grundlage der minimalen Schnittmengen.

Einige der bestehenden Ansätze erlauben es einem Systemanalytiker, seine Präferenzen in den ASIL-Zuweisungsprozess einzubringen.

Schlussfolgerung
Wir haben die Zuteilung von ASILs als ein reales Problem mit kombinatorischem Charakter eingeführt, das in direktem Zusammenhang mit dem Leben der Menschen steht.

Das Fehlen einer solchen Literaturübersicht, die einen Überblick über das Problem gibt, war die Hauptmotivation für die Überprüfung der Konzepte und Ansätze, die für die Zuweisung von ASILs verwendet werden.

In der Übersicht wurden die Ursprünge des Problems erläutert und eine Hintergrundstudie zu den grundlegenden Konzepten im Zusammenhang mit dem Problem der Zuweisung von ASILs durchgeführt.

Wir stellen kurz die Normen IEC 61508 und ISO26262 vor und erläutern dann ausführlich das ASILs-Zuordnungsproblem, einschließlich der Fitnessfunktion und der Messung der Lösungsqualität.

Danksagung
Eine maschinell erstellte Zusammenfassung basierend auf der Arbeit von Gheraibia, Youcef; Kabir, Sohag; Djafri, Khaoula; Krimou, Habiba
2018 in Journal of Failure Analysis and Prevention

Safety und Security Co-Engineering für hochautomatisierte Fahrzeuge

DOI: https://doi.org/10.1007/s00502-021-00934-w

Kurzfassung – Zusammenfassung

Künftige hochautomatisierte Fahrzeuge (HAV) müssen regelmäßig aktualisiert werden, um sie kontinuierlich zu verbessern und mit der enormen Entwicklungsgeschwindigkeit des gesamten Ökosystems des automatisierten Fahrens (AD) Schritt zu halten.

Die Sicherheit wirkt sich unmittelbar auf die Sicherheit der Fahrzeuge aus.

Angriffe müssen in allen Phasen des Lebenszyklus eines Fahrzeugs, einschließlich der Entwicklung, des Betriebs, der Wartung und der Entsorgung, abgewehrt werden, um die Sicherheitsrisiken und damit auch die Sicherheitsrisiken zu verringern.

Sowohl die Normen für die funktionale Sicherheit als auch für die Cybersicherheit müssen erfüllt und in den (Entwicklungs-)Prozessen entsprechend berücksichtigt werden.

Methoden der Co-Analyse und des Co-Designs im Bereich Sicherheit und Cybersicherheit werden für den Automobilsektor mit Schwerpunkt auf HAVs vorgestellt.

Diese Sicherheits-, Cybersecurity- und Co-Engineering-Methoden werden in der Praxis anhand eines realen Fahrzeugs evaluiert, und es werden die ersten Ergebnisse gezeigt.

Diese Plattform ermöglicht die Erprobung von Bauteilen und Fahrzeugfunktionen in der Praxis und unter rauen Umweltbedingungen, was eine Voraussetzung für die Gewährleistung der Sicherheit ist.

Erweitert:

Sicherheit und Cybersicherheit sollten in das System integriert sein und nicht erst am Ende der Entwicklung hinzugefügt werden.

Einführung

Kritische Szenarien müssen alle Tests für Sicherheitsfunktionen abdecken und Sicherheitsangriffe einschließen.

Wir müssen die kontinuierliche Entwicklung einschließlich des Co-Engineering im Bereich der Sicherheit in die Zulassungs- und Zertifizierungsprozesse integrieren, die (a) für ihren Zweck geeignet sind; ein System, das die Zulassung besteht, sollte die geforderte Sicherheit, Zuverlässigkeit und andere geforderte Qualitäten aufweisen, (b) von den Regulierungsbehörden akzeptiert werden, d. h. die Zulassung sollte so erfolgen, dass alle Sicherheitsargumente verständlich und von Dritten überprüfbar sind, und (c) vom Endnutzer dieser Systeme akzeptiert werden, d. h. die Öffentlichkeit muss darauf vertrauen können, dass diese Systeme die gewünschten Qualitäten aufweisen [53].

Wichtige Aktivitäten sind die Co-Analyse von Sicherheitsrisiken bereits in der Konzeptphase, das Co-Design von Sicherheitsmaßnahmen unter Berücksichtigung von Interdependenzen und den daraus resultierenden Auswirkungen auf das System sowie effiziente Testmethoden zur Reduzierung der Anzahl von Testfällen.

Sicherheitsmethoden
In der kommenden Automobilsicherheitsnorm ISO/SAE FDIS 21434 [54] müssen die finanziellen, betrieblichen, datenschutzrechtlichen und sicherheitstechnischen Auswirkungen unterschieden und bei der Entwicklung analysiert werden.

Die Analyse der Sicherheitsrisiken ist bereits zu Beginn des Entwicklungsprozesses (Konzeptphase) von großer Bedeutung.

Gemäß der ISO-Sicherheitsnorm umfasst die Bedrohungsanalyse und Risikobewertung (TARA) die Identifizierung von Vermögenswerten, die Identifizierung von Bedrohungsszenarien, die Bewertung der Auswirkungen, die Analyse der Angriffspfade, die Bewertung der Durchführbarkeit von Angriffen, die Bestimmung des Risikowerts und die Entscheidung über die Risikobehandlung [54].

Bei den in der Cybersicherheitsnorm [54] genannten Sicherheitsmethoden handelt es sich um Bedrohungsmodellierungsansätze, die auf Rahmenwerken und Projekten wie EVITA (E-safety vehicle intrusion protected applications), TVRA (Threat, Vulnerability and Risk Assessment), PASTA (Process for Attack Simulation and Threat Analysis) oder STRIDE basieren.

SAHARA kombiniert die Gefahrenanalyse und Risikobewertung im Automobilbereich (HARA) mit dem STRIDE-Ansatz für den Sicherheitsbereich, um die Auswirkungen von Sicherheitsbedrohungen und Sicherheitsrisiken auf Systemkonzepte in der ersten Konzeptphase zu quantifizieren [55].

Co-Engineering für Sicherheit und Gefahrenabwehr
Dazu gehört die Co-Analyse von Sicherheit und Gefahrenabwehr, die sich auf Methoden und Techniken bezieht, mit denen Sicherheitsrisiken und Sicherheitsbedrohungen in einem gemeinsamen Ansatz ermittelt werden können.

Wir fassen ausgewählte Co-Engineering-Methoden zusammen, um Beispiele für die Integration von Sicherheit und Schutz zu zeigen.

Im Zusammenhang mit dem Automobilbereich können die bestehenden, in ISO 26262 standardisierten Methoden der Sicherheitsanalyse in die Sicherheitsanalyse integriert werden.

Die vorgeschlagene Methode zur gemeinsamen Analyse von Sicherheit und Gefahrenabwehr integriert HARA und TARA an zwei Punkten: a) Zuweisung der Beziehungen zwischen Fehlfunktionen und Schwachstellen von Gegenständen und b) Verwendung der Sicherheitsrisikobewertung für die Bewertung der Auswirkungen bei der Sicherheitsrisikobewertung.

Ein gemeinsames Ingenieurteam erarbeitet und definiert, wenn möglich, Sicherheitsmaßnahmen auf der Grundlage verfügbarer Muster. (S3.D) Harmonisierte Entscheidung.

Ein gemeinsames Entwicklungsteam muss Prioritäten setzen, welcher Aspekt wichtiger ist, und es muss eine Kompromissanalyse zwischen Sicherheits- und Schutzmaßnahmen durchgeführt werden.

5 Reifegrad der Softwareentwicklung

Anwendungsfall
Die Konfiguration der Kollisionsvermeidungsfunktion soll einen sicheren Betrieb von SPIDER ermöglichen.

Für die vollständige Analyse der Kollisionsvermeidungsfunktion müssen erstens Sicherheitsanalysen, zweitens Sicherheitsanalysen und drittens Co-Analysen durchgeführt werden, die in den folgenden Abschnitten beschrieben werden.
In dieser Situation wird der SPIDER angehalten, aber die Kollisionsvermeidungsfunktion ist immer aktiviert, auch wenn die Geschwindigkeit des Roboters gleich Null ist.
Eine Fehlfunktion im Low-Level-Controller könnte den SPIDER unbeabsichtigt starten, und wenn gleichzeitig die Notbremse nicht richtig funktioniert, könnte es zu einem Zusammenstoß kommen.
Die erste verbindet die Sicherheitsfunktion Kollisionsvermeidung mit den Sicherheitsanlagen.
Die Zwangsbremse wird durch das von der Kollisionsvermeidungsfunktion gesendete Signal aktiviert, wenn ein Objekt im Gefahrenbereich von SPIDER erkannt wird (vgl.
Für die Konfiguration der Kollisionsvermeidungsfunktion gibt es keine zusätzlichen Fehlermöglichkeiten und damit keine Auswirkungen auf die Sicherheit).

Schlussfolgerung und Ausblick
Safety- und Security-Co-Engineering sind von wachsender Bedeutung und haben in den letzten Jahren in der Automobilindustrie an Aufmerksamkeit gewonnen, seit bekannt ist, dass die neue Cybersecurity-Norm ISO/SAE 21434 verpflichtend ist.

Ein Hauptziel des Co-Engineering im Bereich Sicherheit ist die Verringerung des Aufwands durch die Anwendung integrierter Ansätze, bei denen Methoden kombiniert werden.
Weitere Vorteile eines integrierten Ansatzes bestehen darin, dass Interdependenzen von Sicherheit und Gefahrenabwehr leichter zu erkennen sind und die Sicherheitsmaßnahmen koordiniert werden.
Sicherheitsnormen geben nur Hinweise darauf, wo im Produktlebenszyklus Koordinierungspunkte bestehen.
Wir haben bereits bei unserer mobilen Hardware-in-the-Loop (HiL)-Plattform SPIDER Ansätze für das Co-Engineering von Sicherheit und Schutz angewendet.
SPIDER ist sicherheitsrelevant und wird zur Durchführung reproduzierbarer szenariobasierter Tests auf Testgeländen eingesetzt.
Die Erfahrungen haben gezeigt, dass das Co-Engineering von Sicherheit und Gefahrenabwehr dazu beiträgt, den Aufwand und die Kosten zu senken, und für eine ganzheitliche Betrachtung unbedingt erforderlich ist.

Danksagung
Eine maschinell erstellte Zusammenfassung basierend auf der Arbeit von Schwarzl, Christian; Marko, Nadja; Martin, Helmut; Expósito Jiménez, Víctor; Castella Triginer, Joaquim; Winkler, Bernhard; Bramberger, Robert
2021 in e & i Elektrotechnik und Informationstechnik

Literatur

1. Fenton N, Bieman J (2014) Software metrics: a rigorous and practical approach. CRC Press,
2. Ferreira KA, Bigonha MA, Bigonha RS, Mendes LF, Almeida HC (2012) Identifying thresholds for object-oriented software metrics. J Syst Softw 85(2):244–257
3. Alves TL, Ypma C, Visser J (2010) Deriving metric thresholds from benchmark data. In: 2010 IEEE international conference on software maintenance. Timisoara
4. Alqmase M, Alshayeb M, Ghouti L (2019) Threshold extraction framework for software metrics. J. Comput. Sci. Technol. 34(5):1063–1078
5. Oliveira P, Valente MT, Lima FP (2014) Extracting relative thresholds for source code metrics. In: 2014 Software evolution week-IEEE Conference on software maintenance, reengineering, and reverse engineering (CSMR-WCRE). Antwerp
6. Do Vale GA, Figueiredo EML (2015) A method to derive metric thresholds for software product lines. In: 2015 29th Brazilian symposium on software engineering. Belo Horizonte-MG
7. Lincke R, Lundberg J, Löwe W (2008) Comparing software metrics tools. In: Proceedings of the 2008 international symposium on software testing and analysis. New York
8. Urbach N, Müller B (2011) Das aktualisierte Erfolgsmodell von DeLone und McLean für Informationssysteme. In: Dwivedi Y, Wade M, Schneberger S (Hrsg) Information systems theory. Springer, New York, S 1–18
9. Vavpotič D, Hovelja T (2012) Improving the evaluation of software development methodology adoption and its impact on enterprise performance. Comput Sci Inf Syst 9(1):165–187
10. Hovelja T, Vasilecas O, Vavpotič D (2015) Exploring the influences of the use of elements comprising information system development methodologies on strategic business goals. Technol Econ Dev Econ 21(6):885–898
11. Robnik-Šikonja M, Kononenko I (2003) Theoretische und empirische Analyse von ReliefF und RReliefF. Mach Learn 53(1–2):23–69
12. Robnik-Šikonja M, Vanhoof K (2007) Bewertung von ordinalen Attributen auf Wertebene. Data Min Knowl Disc 14(2):225–243
13. ISO, IEC 25010 (2011) ISO 25010-Systems and software quality requirements and evaluation (SQuaRE)-system and software quality models. Iso/Iec Fdis 25010:2011
14. Bevan N (1999) Quality in use: meeting user needs for quality. J Syst Softw 49(1):89–96. https://doi.org/10.1016/S0164-1212(99)00070-9
15. Al-Nanih R, Al-Nuaim H, Ormandjieva O (2009) New health information systems (HIS) quality-in-use model based on the GQM approach and HCI principles. In: Jacko JA (Hrsg) Human-computer interaction. Interaktion in verschiedenen Anwendungsdomänen. Springer, Berlin, S 429–438. https://doi.org/10.1007/978-3-642-02583-9_47
16. Alnanih R, Ormandjieva O, Radhakrishnan T (2013) A new quality-in-use model for mobile user interfaces. In: 2013 joint conference of the 23rd international workshop on software measurement and the 8th international conference on software process and product measurement. Massachusetts, S 165–170
17. Orehovački T, Granić A, Kermek D (2013) Evaluierung der wahrgenommenen und geschätzten Qualität bei der Nutzung von Web 2.0-Anwendungen. J Syst Softw 86(12):3039–3059. https://doi.org/10.1016/j.jss.2013.05.071. http://www.sciencedirect.com/science/article/pii/S0164121213001362
18. Osman NB, Osman IM (2013) Attribute für die Qualität in der Nutzung von mobilen Regierungssystemen. In: 2013 International conference on computing, electrical and electronic engineering (ICCEEE), S 274–279. https://doi.org/10.1109/ICCEEE.2013.6633947

19. Souza-Pereira L, Ouhbi S, Pombo N (2021) Quality-in-use characteristics for clinical decision support system assessment. Comput Method Programs Biomed 207:106169. https://doi.org/10.1016/j.cmpb.2021.106169. https://linkinghub.elsevier.com/retrieve/pii/S0169260721002431
20. Salomón S, Duque R, Montaña JL, Tenés L (2019) A method for analyzing the quality-in-use in collaborative contexts. In: Proceedings of the XX international conference on human computer interaction, association for computing machinery, New York, NY, USA, Interaccion'19. https://doi.org/10.1145/3335595.3335633
21. Alshareet O, Itradat A, Doush IA, Quttoum A (2018) Incorporation of ISO 25010 with machine learning to develop a novel quality in use prediction system (QiUPS). Int J Syst Assur Eng Manag 9(2):344–353. https://doi.org/10.1007/s13198-017-0649-x. http://link.springer.com/10.1007/s13198-017-0649-x
22. Ben Ayed E, Kolski C, Magdich R, Ezzedine H (2016) Towards a context based evaluation support system for quality in use assessment of mobile systems. In: 2016 IEEE international conference on systems, man, and cybernetics (SMC), S 004350–004355. https://doi.org/10.1109/SMC.2016.7844915
23. Hynninen T, Kasurinen J, Taipale O (2018) Framework for observing the maintenance needs, runtime metrics and the overall quality-in-use. J Softw Eng Appl 11(04):139–152. https://doi.org/10.4236/jsea.2018.114009. http://www.scirp.org/journal/doi.aspx?DOI=10.4236/jsea.2018.114009
24. Rana R, Staron M (2015) Machine learning approach for quality assessment and prediction in large software organizations. In: 2015 6th IEEE International Conference on Software Engineering and Service Science (ICSESS), IEEE, vol 2015-Novem, S 1098–1101. https://doi.org/10.1109/ICSESS.2015.7339243. http://ieeexplore.ieee.org/document/7339243/
25. Seffah A, Donyaee M, Kline RB, Padda HK (2006) Usability measurement and metrics: a consolidated model. Softw Qual J 14(2):159–178. https://doi.org/10.1007/s11219-006-7600-8. http://link.springer.com/10.1007/s11219-006-7600-8
26. OMG (2008) Software & systems process engineering meta-model specification. V. 2.0
27. Runeson P, Host M, Rainer A, Regnell B (2012) Case study research in software engineering: guidelines and examples, 1. Aufl. Wiley Publishing, Hoboken
28. Panesar-Walawege RK, Sabetzadeh M, Briand L, Coq T (2010) Characterizing the chain of evidence for software safety cases: Ein konzeptionelles Modell auf der Grundlage der Norm iec 61508. In: 3rd international conference on software testing, verification and validation. IEEE, Paris, S 335–344
29. de la Vara JL, Panesar-Walawege RK (2013) Safetymet: Ein Metamodell für Sicherheitsstandards. In: International conference on model driven engineering languages and systems. Springer, Berlin, S 69–86
30. Eito-Brun R, Amescua A (2017) Dealing with software process requirements complexity: an information access proposal based on semantic technologies. Requir Eng 22(4):527–542
31. Bartolini C, Giurgiu A, Lenzini G, Robaldo L (2016) Towards legal compliance by correlating standards and laws with a semi-automated methodology. In: Benelux conference on artificial intelligence. Springer, Berlin, S 47–62
32. Wang S, Jin L, Jin C (2006) Represent software process engineering metamodel in description logic. World Acad Sci Eng Technol 11:109–113
33. Ahimbisibwe A, Cavana RY, Daellenbach U (2015) Ein Contingency-Fit-Modell der kritischen Erfolgsfaktoren für Softwareentwicklungsprojekte. J Enterp Inf Manag 28(1):7–33
34. Chow T, Cao DB (2008) A survey study of critical success factors in agile software projects. J Syst Softw 81(6):961–971
35. Garousi V, Zhi J (2013) Eine Übersicht über Software-Testverfahren in Kanada. J Syst Softw 86(5):1354–1376

36. Garousi V, Varma T (2010) Eine wiederholte Umfrage zu Software-Testverfahren in der kanadischen Provinz Alberta: What has changed from 2004 to 2009? Z Syst Softw 83(11):2251–2262
37. Garousi V, Coşkunçay A, Can AB, Demirörs O (2015b) A survey of software engineering practices in Turkey. J Syst Softw 108:148–177
38. Akdur D, Garousi V, Demirörs O (2015) Eine Übersicht über Software-Modellierung und modellgetriebene Techniken in der Entwicklung eingebetteter Systeme: Results from Turkey. In: Proceedings of the Turkish National Software Engineering Symposium „Ulusal Yazılım Mühendisliği Sempozyumu" (UYMS). Canakkales
39. Stankovic D, Nikolic V, Djordjevic M, Cao D-B (2013) Eine Übersichtsstudie über kritische Erfolgsfaktoren in agilen Softwareprojekten in IT-Unternehmen des ehemaligen Jugoslawiens. Z Syst Softw 86(6):1663–1678
40. Cruzes DS, Dyb T (2010) Und #229, Synthesizing evidence in software engineering research. Präsentiert im Rahmen des internationalen ACM-IEEE-Symposiums 2010 über empirische Softwaretechnik und -messung, Bozen, Italien
41. Garousi V, Coşkunçay A, Demirörs O, Yazici A (2016e) Cross-factor analysis of software engineering practices versus practitioner demographics: an exploratory study in Turkey. J Syst Softw 111:49–73
42. Cockburn A (2004) Crystal clear: a human-powered methodology for small teams: a human-powered methodology for small teams. Pearson Education, London, S 1–313
43. Lalband N, Kavitha D (2019) Software Engineering for Smart Healthcare Applications. Int J Innov Technol Explor Eng 8:325–331
44. Abrahamsson P, Babar MA, Kruchten P (2010) Agility and architecture: can they coexist? IEEE Softw 27(2):16–22
45. Beck K (2000) Extreme programming explained: embrace change. Addison-Wesley Professional, Boston, S 1–24
46. McMahon PE (2010) Integration von CMMI und agiler Entwicklung: Fallstudien und bewährte Techniken für eine schnellere Leistungsverbesserung, 1. Addison-Wesley Professional, Boston
47. Panesar-Walawege R, Sabetzadeh M, Briand L, Coq T (2010). Charakterisierung der Beweiskette für Software-Sicherheitsfälle: A conceptual model based on the iec 61508 standard. In: 2010 3rd international conference on software testing, verification and validation (ICST), S 335–344. https://doi.org/10.1109/ICST.2010.12
48. Panesar-Walawege RK, Sabetzadeh M, Briand L (2013) Unterstützung der Verifizierung der Einhaltung von Sicherheitsnormen durch modellgetriebenes Engineering: Ansatz, Tool-Unterstützung und empirische Validierung. Inf Softw Technol 55(5):836–864. https://doi.org/10.1016/j.infsof.2012.11.009. http://www.sciencedirect.com/science/article/pii/S0950584912002352
49. Karabacak B, Sogukpinar I (2006) Eine quantitative Methode für die iso 17799 Lückenanalyse. Comput Secur 25(6):413–419. https://doi.org/10.1016/j.cose.2006.05.001. http://www.sciencedirect.com/science/article/pii/S0167404806000757
50. Valdevit T, Mayer N (2010) Ein Gap-Analyse-Tool für kleine und mittlere Unternehmen, das auf die Einhaltung der ISO/IEC 27001 abzielt. In: ICEIS 2010 – Proceedings of the 12th international conference on enterprise information systems, vol 3, ISAS, Funchal, Madeira, Portugal, June 8–12, S 413–416
51. Ceccarelli A, Silva N (2015) Computer safety, reliability, and security: SAFECOMP 2015 Workshops, ASSURE, DECSoS. ISSE, ReSA4CI, and SASSUR, Delft, The Netherlands, September 22, 2015, Proceedings, Springer International Publishing, Cham, Ch. Analysis of companies gaps in the application of standards for safety-critical software, S 303–313
52. Papadopoulos Y, Walker M, Reiser M-O, Weber M, Chen D, Törngren SD, Abele A, Stappert F, Lönn H, Berntsson L, Johansson R, Tagliabo F, Torchiaro S, Sandberg A (2010) Automatic allocation of safety integrity levels. In: Proceedings of 1st workshop critical automotive applications: Robustheit und Sicherheit. Valencia, S 7–10

53. Marko N, Möhlmann E, Nickovic D, Niehaus J, Priller P, Rooker M (2020) Challenges of engineering safe and secure highly automated vehicles. White Paper. arXiv:2103.03544
54. ISO (2021) ISO/SAE FDIS 21434 Straßenfahrzeuge – Cybersicherheitstechnik
55. Macher G, Schmittner C, Armengaud E, Ma Z, Kreiner Ch, Martin H, Brenner E, Krammer M (2017) Integration von Sicherheit in den Entwicklungslebenszyklus von verlässlichen automobilen CPS. In solutions for cyber-physical systems, S 383–423. https://doi.org/10.4018/978-1-5225-2845-6.ch015

Erratum zu: Strukturierte Softwareentwicklung

Erratum zu:
Kapitel 3 in: F. Wolf (Hrsg.), *Software im Automobil*,
https://doi.org/10.1007/978-3-662-67156-6_3

Es gab nachträgliche Korrekturen an diesem bereits veröffentlichten Titel, die in Kap. 3, Seite 197, eingearbeitet wurden. Die Überschrift 3.4 hatte fälschlicherweise noch einen Hinweis enthalten, und ein DOI war in der ursprünglich veröffentlichten Fassung nicht eingefügt worden. Dies wurde nun korrigiert.

Die aktualisierte Version des Kapitels ist verfügbar unter:
https://doi.org/10.1007/978-3-662-67156-6_3

Printed by Printforce, the Netherlands